国家科学技术学术著作出版基金资助出版

中国南方暴雨野外科学试验(SCHeREX)

倪允琪　张人禾　刘黎平　崔春光
万齐林　王晓峰　陈葆德　孙建华
赵思雄　孟智勇　谌　芸　赵　坤
高　梅　吴多常　卫　捷　张小玲
陈子通　接连淑　张文华　李红莉
彭菊香　邱学兴　许晓林　王宇红
徐文慧　汪小康　李　丰　李　斌
崔哲虎　赵盛华　张艳霞
著

气象出版社
China Meteorological Press

内容简介

在科技部"973"国家重点基础研究发展计划项目"我国南方致洪暴雨形成机理与预测的理论和方法研究"支持下,2008—2009年汛期,在中国南方十二省、两市开展了暴雨野外科学试验,获取了大量的观测资料,建立了数据库。本书利用这些资料开展了对暴雨的大尺度背景、β中尺度对流系统的结构和机理的研究,并应用这些资料开展了数值预报的应用研究,尤其是在野外试验中我国首次实施了机载下投式探空观测与应用试验,得到了一系列国内首次得到的观测、研究和分析结果。同时,本书还对该野外试验要解决的科学问题和野外试验的设计思想做了详细的介绍。这些成果对暴雨野外科学试验的设计、资料库建设、资料的应用研究具有重要的参考价值。

本书可供大专院校、研究部门的气象、水文师生和研究人员参考和应用,对从事业务的工作人员也有参考价值。

图书在版编目(CIP)数据

中国南方暴雨野外科学试验:SCHeREX/倪允琪等著.
北京:气象出版社,2012.10
(我国南方致洪暴雨监测与预测的理论和方法研究系列专著;7)
ISBN 978-7-5029-5578-6

Ⅰ.①中… Ⅱ.①倪… Ⅲ.①暴雨-野外试验-研究-中国
Ⅳ.①P426.62

中国版本图书馆 CIP 数据核字(2012)第230516号

Zhongguo Nanfang Baoyu Yewai Kexue Shiyan(SCHeREX)

中国南方暴雨野外科学试验(SCHeREX)

倪允琪 等 著

出版发行:气象出版社

地　　址:北京市海淀区中关村南大街46号　　**邮政编码**:100081

总 编 室:010-68407112　　**发 行 部**:010-68409198

网　　址:http://www.cmp.cma.gov.cn　　**E-mail**:qxcbs@cma.gov.cn

责任编辑:李太宇　王祥国　　**终　　审**:周诗健

封面设计:蓝色航线　　**责任技编**:吴庭芳

印　　刷:北京中新伟业印刷有限公司

开　　本:787 mm×1092 mm　1/16　　**印　　张**:18.25

字　　数:467千字　　**彩　　插**:8

版　　次:2013年10月第1版　　**印　　次**:2013年10月第1次印刷

定　　价:65.00元

序

中国气象科学研究院主持的“国家重点基础研究发展计划”项目（即“973”项目）“我国南方致洪暴雨监测与预测的理论和方法研究”（2005—2009 年）课题组在暴雨的遥感监测技术、南方暴雨的结构与机理研究、暴雨预报理论和方法以及我国南方暴雨野外科学试验等方面取得了一系列重要研究成果，其中包括遥感监测和数值预报模式系统的应用软件系统，在国内外重要学术刊物上发表的 702 篇学术论文（其中 SCI 文章 212 篇）。在此基础上，课题组专家又进一步总结、完成了研究成果系列专著。这套系列专著反映了我国近年来在暴雨机理、监测与预测方面的最新研究成果，并将研究成果与提高气象观测预报业务能力相结合，注重研究成果的业务应用，体现了国家“973”项目面向国家需求的正确方向，也体现了项目组研究人员对基础研究成果在气象业务中应用的重视。为此，我对该课题组取得的丰硕研究成果和系列专著的出版表示由衷的祝贺，也对课题组为研究成果的应用所付出的努力表示衷心的感谢。这套系列专著既对深入研究我国暴雨问题起着进一步推动作用，又对于大气科学及相关领域的科研、业务、管理人员以及广大读者来说，具有很好的参考价值。

在近代科学发展中，基础科学具有根本性的意义，是一切科学技术创新的源泉。开展基础科学研究对于整个学科的发展具有很重要的意义。如何将大气科学基础研究的成果转化为气象业务应用技术，这是大气科学领域科学家们面临的现实问题。如何把大气科学及相关交叉学科的基础研究成果应用到各种尺度的大气现象及其运动的监测，并做出正确的预测，这更是中国大气科学领域科学家们必须面对并努力解决的问题。科学家的责任在于从科学实践中不断推进科学基础研究的进步，并造福于人类。因此，我很高兴地通过这套系列专著看到，我国有一批大气科学研究的科学家从提升气象业务能力出发研究大气科学的基础问题，推动基础研究成果应用于实际气象业务中。这确实是大气科学研究本身进步的表现。

当前，我国气象工作者正在按照国务院提出的“到 2020 年，要努力建成结构完善、功能先进的气象现代化体系”的战略目标努力工作。要实现这一宏伟目标，必须依靠科技进步的推动，其中要努力解决气象业务服务中的一系列基础科学问题。因此，重视国家重大项目的研究，包括国家“973”项目的研究，对于提升我国气象业务服务能力和水平，加快实现气象现代化具有十分重要的意义。中国气象局将继续支持广大科技工作者围绕气象业务服务需求，开展大气科学基础理论研究、应用研究和研究成果的推广应用。

郑國光

（中国气象局局长）

2012 年 4 月于北京

目　录

第1章　绪　论

1.1　实施暴雨野外试验的目的和意义

暴雨引发的洪涝灾害是中国主要的气象灾害之一，它对中国社会发展和经济、国防建设的影响日益加剧。最近十年因暴雨引发的洪涝灾害造成粮食损失平均每年为200亿kg，经济损失达2000亿元人民币，相当于国内生产总值(GDP)的1%～3%。例如，1998年长江流域因持续性暴雨引发的全流域洪涝造成直接经济损失达2500亿元人民币，死亡人数超过3000人，给国家经济与人民生命财产造成巨大损失。为此，中国各级政府非常关注这类气象灾害的发生和持续的时间以及造成的灾害及其对社会、经济的影响。因此，深入了解暴雨的形成机理和开展对暴雨监测、预测理论和方法研究一直是中国科学家极为关注的重要气象研究方向，也是提高中国减灾防灾总体能力的国家重大需求。

然而，造成这类暴雨的天气系统往往都是空间尺度几十千米到几百千米，时间尺度几小时到10多小时的中尺度强对流系统，尤其是β中尺度强对流系统。例如，2004年7月12日，一个空间尺度只有几十千米的强对流云团侵袭上海(图1.1)，引发上海地区狂风暴雨，造成7人死亡、20多人受伤，城市积水，局部地区交通堵塞；2005年3月22日一次飑线过程由广西东移横扫广东省(图1.2)，造成广州市暴雨、强风，甚至落下直径达10 mm的冰雹；更有甚者，2006年8月14—15日登陆的“碧利斯”热带气旋(图1.3)，在湖南、广西、广东、福建等省(区)造成暴雨，引发洪涝和泥石流灾害，死亡人数超过800人，而造成这次持续暴雨的也正是登陆的“碧利斯”热带气旋内形成的一系列中尺度强对流系统。近几年由于这些中尺度强对流系统的活跃，致使中国许多地方屡屡发生这类局部性的激烈的天气灾害。目前，传统气象观测网和预报系统很难实施有效的监测和准确的预报，这是中国当前天气监测与预报业务所面临的最大挑战，即使是当前国际最为先进的数值预报模式也由于模式初始场中不包含有丰富的中尺度信息、模式系统中描写这类中尺度过程的物理过程还不甚完善。因此，同样很难做出较为准确和精细的中尺度灾害天气发生、发展和影响区域与影响范围的定点、定量与定时预报。

(a)

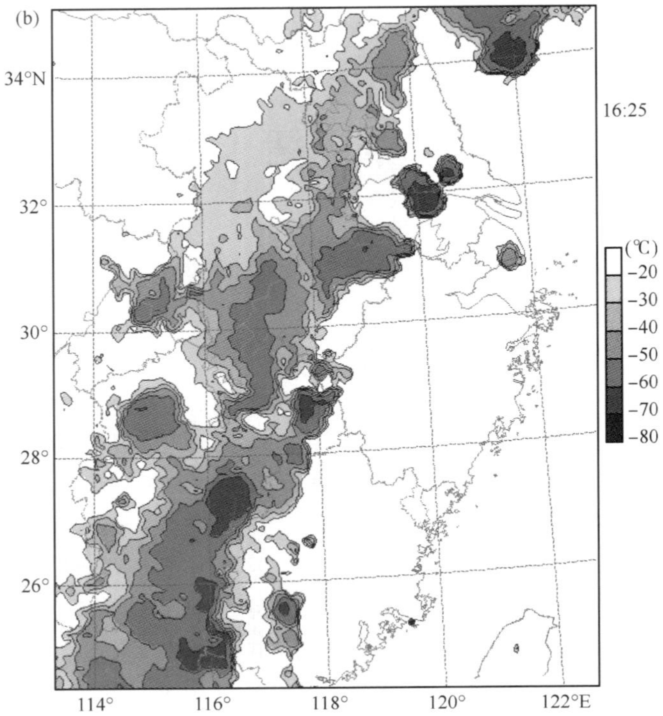

图 1.1　(a)2004 年 7 月 12 日暴雨过程中上海市内涝灾害,(b)2004 年 7 月 12 日 16 时 25 分① TBB 资料

---

① 书中时间除注明外,均为北京时。

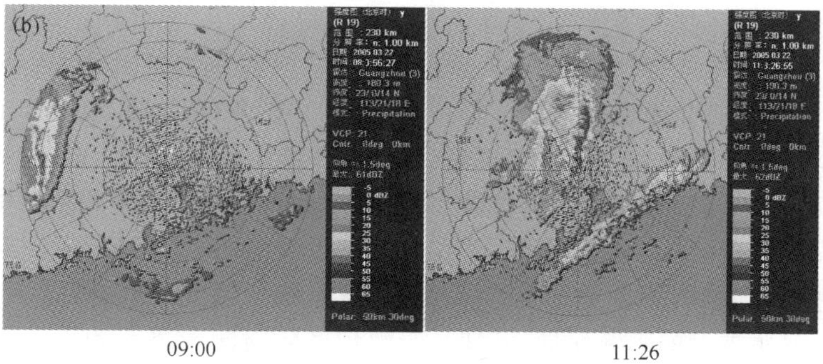

图 1.2 (a)2005 年 3 月 22 日飑线过程造成的广州城市灾害，
(b)广州雷达 09 时和 11 时 26 分观测的飑线过程

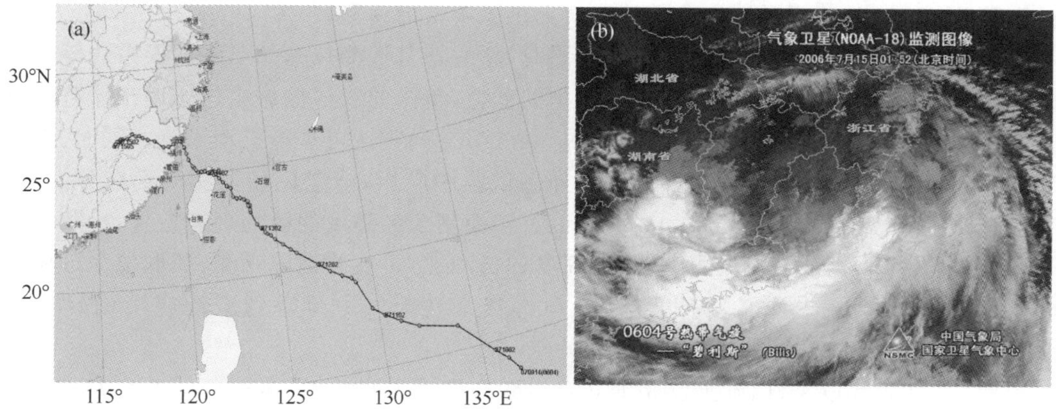

图 1.3 (a)“碧利斯”热带气旋路径；(b)2006 年 7 月 15 日 01 时 52 分热带气旋“碧利斯”登陆后的云团

上述情况充分说明目前我们传统的气象观测网很难捕获到这类中尺度系统的三维结构资料，而中国气象业务使用的数值模式系统由于初始场的不精确性以及模式的不完善，也很难做出准确的预报。由此可见，如何实施有效的中尺度观测，获取丰富的中尺度三维气象资料是中尺度灾害天气监测与预报所面临的首要科学问题。正因为如此，组织与实施针对中尺度灾害天气、尤其是空间尺度几十千米至一二千米的 β 中尺度观测和野外试验是完全必要的，这不仅为中尺度灾害天气的研究提供丰富的中尺度观测资料，同时也是对如何实施中尺度观测、提高中尺度灾害天气监测与预测能力的一种探索性试验。

另外，国家“973”项目“我国南方致洪暴雨监测与预测的理论和方法研究”的主要研究目标就是研究 β 中尺度强暴雨系统的结构与机理，因此获取具有 β 中尺度分辨率的三维气象资料对完成国家“973”项目是至关重要的基本条件与基础。通过中国南方暴雨野外科学试验，获取中尺度观测资料将为完成国家“973”研究任务和实现研究目标奠定坚实的资料基础，不仅是必要的，而且是十分重要的。

1.2 中外研究现状和发展趋势

1.2.1 国际研究情况与发展趋势

对暴雨形成机理以及影响其发生、发展的中尺度动力、物理过程的理解和认识，是推进中尺度气象学进步和提高定时、定点、定量降水预报的关键，长期以来受到国际关注和重视。

在 20 世纪 80、90 年代，国际上一些发达国家组织了一系列有针对性的中尺度天气研究计划，其中比较有影响的研究计划和外场试验有：美国的 PROFS(区域性观测和预报服务计划)、SESAME(强风暴和中尺度试验)和 STORM(中尺度外场观测试验)、日本的 NWW/AMeDAS(国家天气监测系统)等。通过上述外场试验和研究，对于暴雨、强风暴等剧烈中尺度天气系统的结构和发生发展机理的认识有了提高，并在此基础上发展了如 MM5、ARPS、RAMS、ETA、MRI-NHM 等中尺度模式，大大提高了对中尺度天气系统的数值预报能力。

随着航天和遥感技术的不断发展，尤其是遥感仪器辐射测量精度的提高和资料同化技术的发展，卫星遥感资料在中尺度数值模式的初值形成中起着越来越重要的作用。从国际上看，目前气象和环境卫星正处在更新换代的高速发展时期，EOS/MODIS 以及 AMSU 等新型遥感资料的取得，为大气、陆地和海洋参数的反演提供了丰富的信息。

同时，发达国家在大力发展地基雷达的同时，新的地基探测技术如双线偏振雷达等正得到迅速发展，以提高探测降水强度和微物理结构的能力，美国的双线偏振雷达应用于冰雹等强对流天气的微物理探测中。机动雷达如美国的 5 cm 多普勒雷达可进行机动观测。同时，探测降水形成前的云物理过程如毫米波雷达也在外场试验中应用，晴空风场探测得到充分的重视。另一方面，由于机载直接探测技术的发展可以直接探测云和降水的微物理等参量，机载雷达如双波束多普勒雷达、机载毫米波雷达，具有高度的机动性，可连续追踪观测，获取整个过程的资料。因此，机载雷达在探测暴雨、龙卷和台风等灾害性天气中也得到广泛应用(程明虎等，2004)。

20 世纪 90 年代以来，国际上已相继开发出融合多种观测技术、多种概念模型方法的短时预报系统(THORPEX，2005；Numerical Weather Prediction Progress Report，2002；Fritsch and Carbone，2002)。目前，世界上比较先进的临近预报或短时预报系统如：美国 NCAR 发展的 Auto-Nowcaster 系统(ANC)、美国强风暴实验室研制的警报决策保障系统(WDSS)、英国的对流天气短时预报系统(Nowcasting and Initialization for Modeling Using Regional Observation Data，NIMROD)以及澳大利亚的对流天气临近预报系统 S-PROG 等。这些系统一方面吸收了雷达回波演变特征的识别新算法及预报新理论；另一方面，这些系统还利用了常规高空观测、地面中尺度加密观测、卫星观测资料以及数值模式的预报产品，通过经验权重系数将以上的预报结果进行集成做出临近预报。此外，这些短时预报系统还有一个比较明显的特点就是引入了描述暴雨的触发、发展、维持及消亡的物理概念模型。

近年来，随着如前所述气象卫星、雷达以及 GPS、自动气象站等非常规探测技术和计算机技术的快速进步，中尺度气象研究开始进入一个观测和模式研究优化融合、建立互动系统研究的崭新阶段(THORPEX，2005)。这一特点从国际上正在实施的一系列相关研究计划(如：THORPEX 计划、美国的“改进暖季定量降水预报的研究”计划和“加州登陆急流计划”、日本科技研究核心项目“中尺度对流系统的结构和发生发展机制研究”等)中凸显出来。这些研究计划特别重视利用多种先进手段进行综合外场观测、外场科学试验，并与数值试验及模式改进紧密结合，来揭示新的中尺度观测事实和从深层次认识高影响天气的可预报性及不同尺度的相互作用机理等。其中“观测系统研究与可预报性实验”计划(THORPEX，2005)——即 THORPEX(THe Observing system Research and Predictability EXperiment)就是一个非常有特色、为期 10 a 的国际研究计划。美国、加拿大以及欧洲的一些国家的研究表明，对于某一地理区域的中短期天气预报来说，在其上游地区存在着对应的敏感区，如果能及时地获取该敏感区的加密观测资料，并将这些资料同化应用到数值模式中，将会大大提高数值天气预报的水平。THORPEX 计划的核心内容就是确定敏感区，实施目标观测及其相关技术的研究，它以一种全新的思路，将传统的“被动观测”变为“主动观测”，使预报与观测发生“互动”，来探索加速提高对高影响天气 1—14 d 的预报准确率和改进观测系统的途径。

中尺度相关研究新进展的另一个突出表现，就是发达国家加强了资料同化和精细模式技术以及集合预报技术的研究，着重于暴雨等强降水天气过程的短期和临近数值预报（THORPEX，2005；Numerical Weather Prediction Progress Report，2002；Fritsch 和 Carbone，2002）。一方面，发展高分辨率、反映更广域的大气运动谱（非静力完全方程组）的模式动力框架和更精确的模式物理过程表达（重点是陆面过程的精细化、边界层及边界层和云的耦合、湍流、对流云和云物理过程等描述的精确化和物理化），如：美国多个研究和业务部门已联合成功研制了新一代天气研究与预报模式——WRF，日本、加拿大、英国、德国等也都在发展或者已研制成功新一代非静力天气模式；另一方面，发展与此相应的资料同化技术、中尺度现象的诊断分析技术及配套系统。美国的研究显示，对 GOES 卫星云顶气压信息的同化大大改善了模式初始场中云和降水的信息、提高了模式的短期预报能力；利用雷达回波和闪电资料同化水成物的新技术也使得模式对于降水和云的短期预报得到了很大的改善。日本气象厅的中尺度数值预报模式在引入四维变分同化以后对梅雨锋大—暴雨的预报能力大大提高，TS 评分从 0.21 提高到了 0.28。同时，中尺度模式超级集合预报技术对于提高降水预报技巧具有一定的作用，美国 NCEP/NOAA 自 2002 年开始已经将这一技术应用于业务。

在上述研究工作基础上，美国的定量降水业务预报能力也正在逐步提升中，美国 NOAA 的水文气象预报中心对近 30 a 5—8 月的业务降水预报能力做了一个统计（THORPEX，2005），统计表明，24 h 降水量大于 1 inch①（相当于 25.4 mm/(24 h)，即中国的大雨标准）的预报技巧不超过 30%（即图 1.4 左坐标所指的 0.30），最近 30 年，平均每年降水预报技巧提升 1%（图 1.4）。

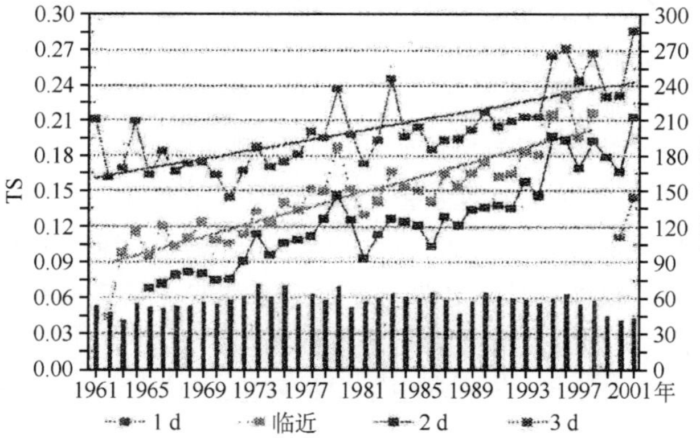

图 1.4 美国 NOAA 水文气象预报中心所做降水量>1 inch/(24 h)的 24 h 预报正确率的估算

① 1 inch=2.54 cm

1.2.2 中国研究进展与发展趋势

中国气象工作者对暴雨问题的研究也一直极为重视。从20世纪50年代开始,谢义炳、陶诗言等气象学家对中国暴雨、特别是产生暴雨的大尺度环流和天气尺度系统作了许多深入的研究(谢义炳,1956;陶诗言,1980)。"75·8"大暴雨后,中国也组织了一系列的外场观测试验(华南前汛期暴雨试验、华东中尺度天气试验、梅雨试验、台风现场科学与业务试验等),获得了一些翔实的暴雨过程资料,使得对中国暴雨的环境场特征和暴雨中尺度分布特征有了一定的认识。20世纪中后期,结合"七五"攻关项目,在京津冀地区、长江三角洲、珠江三角洲以及三峡地区建立起了中尺度灾害性天气监测基地,且以中国气象科学研究院为主研究开发出0~12 h短时天气预报系统,并在京津冀地区进行了试验运行,取得了良好的经济社会效益。特别是1998年由中国气象局组织实施的空前规模的四大气象科学试验,其中"海峡两岸及邻近地区暴雨试验研究"所获得的中尺度资料和研究成果是20世纪后期暴雨研究中最为瞩目的成果之一,对华南暴雨系统的结构、机理、暴雨的数值模拟与数值预报等方面的研究都取得了重要进展(周秀骥等,2003)。

继华南暴雨试验与研究之后,1999年中国重点基础研究发展规划项目"我国重大天气灾害形成机理与预测理论研究"正式启动,通过80多位科学家5 a的努力,该项目于2003年12月顺利通过科技部组织的项目结题验收,验收专家一致认为该项目在暴雨的机理研究、监测与预测理论和方法研究上均取得重大进展,使中国在暴雨研究的总体水平上上了一个新的台阶。该项目取得的重要进展主要体现在以下五个方面(倪允琪,2003;科技部基础司,2003):

第一,集中研究了梅雨锋以及锋上α中尺度强对流系统(即较大尺度的对流云团)的结构与机理,提出了完全基于多种实时观测资料的梅雨锋中尺度暴雨的多尺度物理模型。这对暴雨研究具有重要的理论意义和学术价值。

第二,初步掌握了利用多普勒雷达资料与卫星遥感资料反演中尺度暴雨系统的三维结构的理论和方法,并把这些理论和方法形成的遥感产品应用于2001和2002年野外科学试验。

第三,解决了变分同化在中尺度格点模式上应用的困难,自主研究开发了三维变分同化系统和发展了配有三维变分同化系统的中尺度暴雨数值预报模式系统。该系统在2002和2003年汛期长江中下游地区进行业务应用试验,并在淮河抗洪救灾中发挥了积极作用。两年应用试验结果表明,该模式系统对降水区的短期变动以及大到暴雨的预报能力均有明显的提高。

第四,研制成功新一代非静力中尺度数值预报模式,研制并发展了微物理过程比较完善的双参数准隐式云模式与相应的云辐射方案,反映地表及多种尺度湍流相互作用的边界层模式以及二阶矩湍流闭合边界层模式。项目还发展了完全采用自主研究的高保真守恒格式设计的中尺度数值模式,在地形和高保真计算上取得很好的结果。

第五,成功组织了2001和2002年长江中下游梅雨锋暴雨的野外科学试验,试验范围达七省一市,中游地区前后持续二年时间(每年6月10日—7月20日),下游地区持续到2003年汛期,捕获了20个暴雨过程资料,建立了较为完备的暴雨数据库,在项目内部和七省一市业务部门已经实现资料共享。

上述研究成果反映了近几年中国暴雨研究的特点是实施了以实时观测资料分析为基础的梅雨锋暴雨的多尺度综合研究;加强了针对中尺度暴雨的定量遥感理论和方法研究;开展了多种观测资料的同化与预报系统的结合研究,建立了配有三维变分同化系统的中尺度暴雨模式系统等。很多方面的研究成果都填补了中国的空白，这为进一步研究中尺度暴雨，提高中尺度暴雨的监测与预测能力奠定了良好的科学基础。

然而，暴雨天气多尺度活动的复杂性和中尺度强对流系统的地域性特征，尤其是中尺度强暴雨系统的空间尺度小，时间演变快，使得暴雨研究十分困难。通过前一国家"973"项目(1999—2003)的实施，我们也深刻理解暴雨研究的难点与关键，为此，我们在前一国家"973"项目(1999—2003)研究成果基础上，借鉴中外已有研究成果与经验，在新的国家"973"项目"我国南方致洪暴雨监测与预测理论和方法研究"项目支持下(2005—2009)成功实施中国南方暴雨野外科学试验(2008—2009)，竭尽全力解决好关键的科学与技术问题，使中国的中尺度暴雨研究取得重要的突破性进展：

(1)成功实施了2008—2009年中国南方暴雨野外科学试验(SCHeREX)，获取了大量的观测数据，建立了野外试验数据库，实现了资料共享。

国家"973"项目和灾害天气国家重点实验室合作在四个观测区所在三省一市(广东、湖北、安徽三省以及上海市气象局)的支持和积极参与下成功实施了覆盖12省2市的2008和2009年中国南方暴雨野外科学试验。

(2)建立了以天基、空基和地基为基础的移动观测系统，实现了三维观测。

1)多部多普勒雷达的组网观测，生成了一系列新的组网观测产品，提供业务使用。

2)发展了双偏振雷达和毫米波雷达，对云内参数的观测与算法做了探索性研究。

3)成功实施了机载下投式探空的观测试验。在运八飞机上成功地组装了机载下投式探空观测系统，并在2009年8—9月成功地实施了三次机载下投式探空的观测试验，共投放了46个下投式探空仪，其中39个获取了探空廓线。

(3)应用LAPS中尺度分析系统，生成高时空分辨率的中尺度气象分析场。

应用LAPS中尺度分析系统，融合各种观测资料，包括雷达资料、探空(加密探空)资料、地面自动站资料，现在还引入风云气象卫星资料，在华南、华中、江淮和长三角四个观测区生成5 km、3 h分辨的中尺度实时分析场和再分析场，利用大别山地区特设的5个探空站资料生成3 km、1 h分辨的中尺度再分析场，提供业务和预报使用。

(4)自主研制了基于GIS和WEB-GIS技术的中尺度暴雨监测、分析与预报平台(M-WAFS)，并在四个观测与应用试验基地应用试验。

针对空间尺度小、时间变化快的中尺度灾害天气系统的监测与预报应用开发。其目的是利用先进的高科技技术，集成国家重大科研项目的最新研究成果以及气象行业关键的业务产品，建立一个快速、有效地监测、分析与预测中尺度灾害天气的系统平台，为及时跟踪和获取中尺度暴雨信息，有效地指导外场提供帮助。

(5)在野外试验中获取了云内参数的观测资料，发展了云分类和水凝物含量的反演算法，为研究暴雨云内的微物理过程奠定了科学基础。

(6)首次实施机载下投式探空观测，成功地获取了近40个探空廓线，机载下投式探空资料在中国暴雨和台风研究和业务应用中取得了实质性的进步。

(7)应用野外试验资料，提高中尺度暴雨业务数值预报准确率。

(8)对2008年8次典型暴雨过程开展分析研究，利用高时空分辨观测资料和再分析资料分析得到β中尺度强对流系统三维结构，并研究了它的形成机理，使β中尺度强系统研究取得重要进展。

以上分析清楚地表明,国家"973"项目组织的暴雨野外试验为国家做出了三方面的贡献:第一,获取了高时空分辨资料,利用这些资料分析研究了中尺度暴雨系统结构与机理为推动中国灾害天气学科的发展和业务应用打下了坚实的科学基础,同时为国家"973"项目研究任务与研究目标的完成提供了必要的高时空分辨的观测资料;第二,应用野外试验资料提高对暴雨的监测与观测能力,为业务能力的提高探索新的途径与发展新的技术;第三,研发新的观测装备在野外试验中进行应用试验既推动了在观测领域中的新技术与新装备的应用,也使野外试验提高了获取更多观测资料的能力。

1.3　全书结构与各章作者

本书的主要作者:倪允琪、张人禾、刘黎平、高梅、崔春光等

本书分章作者:

第1章　前言

作者:倪允琪、张人禾

第2章　2008—2009年中国南方暴雨野外科学试验(SCHeREX)的科学目标和科学问题

作者:倪允琪、张人禾

第3章　2008—2009年中国南方暴雨野外科学试验(SCHeREX)的设计和实施

作者:倪允琪、张人禾

第4章　南方暴雨野外科学试验的资料处理和资料库建设

作者:接连淑、高梅、张文华、李丰、李斌、赵盛华

第5章　发展中尺度再分析系统生成高时空分辨率的中尺度再分析气象场

作者:崔春光、倪允琪、李红莉、彭菊香、张艳霞、邱学兴、许晓林

第6章　中尺度暴雨的监测、分析与预报预警平台及其在野外试验中的应用

作者:高梅、张文华、接连淑、李丰、李斌、赵盛华、倪允琪

第7章　机载下投式探空观测试验

作者:刘黎平、崔哲虎、倪允琪

第8章　2008/2009年野外试验期间主要暴雨过程综述

作者:谌芸、卫捷、张小玲、孙建华

第9章　2008/2009年野外试验期间典型暴雨过程的综合分析

作者:孙建华、赵思雄

第10章　利用SCHeREX中尺度再分析资料对大别山地区的β中尺度对流涡旋系统的分析和研究

作者:徐文慧、汪小康、倪允琪

第11章　利用双雷达观测资料和数值模拟对华南β中尺度强对流系统的分析与研究

作者:赵坤、孟智勇、吴多常

第12章　多种暴雨野外试验观测资料在区域数值预报中的应用试验

作者:万齐林、陈子通、王晓峰、陈葆德、崔春光、王宇红

第13章　综述

作者:倪允琪、张人禾

第 2 章　2008—2009 年中国南方暴雨野外科学试验(SCHeREX)的科学目标和科学问题

2.1　科学目标

引发中国南方暴雨的主要系统是活跃在中国南方汛期的 β 中尺度强对流系统，但是由于这类系统空间尺度小、生命史短，具有突发性、持续性等特点，使用常规观测资料很难对它的结构与机理进行深入研究和了解，也很难使用常规资料对这类系统的发生、发展做出正确的预报与预警，同时，深入了解引发中国南方暴雨的 β 中尺度强对流系统的结构与机理，尤其是影响暴雨落区、强度和发生时间的强对流云内的微物理过程不仅具有重要的科学意义，而且为进一步改进预报模式奠定重要的科学基础。因此，除通过使用常规观测网获取资料外，采用遥感技术(包括卫星、雷达等)、飞机探测、移动装备等非常规观测手段以及常规探空的加密观测(即通过野外科学试验)获取时、空尺度更为精细的观测资料，为研究 β 中尺度强暴雨系统的结构与机理提供必要数据资料，同时也为数值模式提供更为精细和更为精确的初始资料，从而提高模式对暴雨的预报精度。因此，这必然涉及获取什么样的资料，如何获取这些资料，提供什么区域、什么时刻的资料对提高暴雨预报的精度贡献最大、效益最高等诸多问题。因此，如何建设中尺度暴雨的观测网以及预报、预警平台，才能真正提高对中尺度暴雨的监测与预报、预警能力是我们所关注的重要科学问题和要实现的科学目标。

上述分析清楚表明中国南方暴雨野外科学试验(South China Heavy Rainfall Experiment，简称 SCHeREX 计划)要实现的科学目标是：

(1)获取丰富的具有 β 中尺度分辨率的观测资料，深入了解中国南方 β 中尺度暴雨系统的结构与机理；

(2)探索如何建设中尺度暴雨的监测与预报业务平台，提高对中尺度暴雨的监测与预报、预警能力。

要实现上述两大科学目标，我们必须通过野外试验获取两组气象资料，即具有 β 中尺度分辨率的三维高时空分辨的气象资料，包括温、压、湿、风等；能描写对流云结构特征的云内参数。

但是，要想获取上述两组在常规观测中无法获取的高时空分辨率的气象资料，我们必须在野外科学试验中实现三方面的功能，即：

(1)建立高时空分辨，具有适应性功能的中尺度观测网，其中包括移动观测系统，具有中尺度三维观测功能。所谓适应性功能是指建立敏感区和实施目标观测，具有跟踪对流系统移动的三维观测系统以及建立观测与预报的互动。

(2)发展中尺度再分析系统，该系统具有同化多种观测资料，包括卫星、雷达以及其他非常规、常规观测资料,形成高时空分辨的中尺度气象再分析场。具有中尺度分析功能。

(3)建立与观测系统互动的高时空分辨的数值预报系统。具有观测与预报互动功能。

2.2 科学问题

2.2.1 深入了解华南前汛期暴雨与长江中下游梅雨锋暴雨的结构与机理以及它们之间的异同

前一国家“973”项目“我国重大天气灾害形成机理与预测理论研究”项目(1999—2003)侧重研究了梅雨锋结构以及梅雨锋上的 α 中尺度暴雨系统的结构与机理,由于当时观测条件的限制,在 2001—2002 年长江中下游梅雨锋暴雨野外科学试验中还很难获取某一区域里具有 β 中尺度分辨率的高时空分辨的气象资料,因此,要研究梅雨锋上 β 中尺度强对流系统的结构与机理仍有不少困难。而在新的国家“973”项目“我国南方致洪暴雨监测与预测的理论和方法研究”的一个要实现的重要科学目标是深入了解中国南方 β 中尺度暴雨系统的结构与机理,为了实现这一目标,我们组织实施的中国南方暴雨野外科学试验(SCHeREX 计划)中重点要获取具有 β 中尺度分辨率的气象资料,为此,我们采取了三个不同的新技术观测手段:第一,在华南地区实施双雷达组网观测,可在几千平方千米的区域内获取水平分辨 1～2 km 的三维风场;第二,采用以机载下投式探空为主,结合地基车载雷达组成的追踪观测系统;第三,在某些重要的 β 中尺度强对流系统频发区增加探空站的空间密度。从上述观测系统中获取中尺度观测资料,再通过中尺度再分析系统,把各种资料同化、集成为一个具有高时空分辨(3 km)的中尺度再分析场(含云场),从而为研究中国南方暴雨结构与机理提供实时观测与再分析资料,确保上述研究目标的实现。

同时,我们也注意到梅雨锋上的 β 中尺度系统与华南前汛期 β 中尺度系统有可能在结构与机理上不尽相同,由于纬度的差异,前者冷空气较明显,冷暖空气在长江流域交汇,形成强烈的中尺度对流系统,而后者暖空气更为活跃,冷空气影响相对较弱,在这种情况下中尺度系统的结构与机理究竟有什么不同,值得我们进一步研究。另外,后者更多地发生在暖区中形成中尺度强对流系统,冷空气影响不明显,在这种情况下系统的结构与机理又有什么差异。

基于上述原因,在研究上述科学问题时必然会涉及到另外两个重要的科学问题,即不同尺度系统之间的非线性相互作用对中尺度暴雨系统发生、发展的影响;中高纬度系统的相互作用,高低空耦合对中尺度暴雨系统的影响。

总之,通过上述研究使我们才能清楚、全面地了解中国南方暴雨的结构与机理,从而为建立中国南方暴雨的多尺度物理模型奠定科学基础。

2.2.2 影响暴雨系统发生、发展和产生强降水的重要物理过程研究

上述第 1 个科学问题是从天气和动力学角度研究 β 中尺度强对流系统的结构与机理,最终建立中国南方暴雨的多尺度物理模型。但事实上任何中尺度对流系统的发生、发展都是通过边界层过程、陆面过程的影响以及云物理过程来实现的,陆面过程对中尺度系统起了重要的强迫作用,而边界层过程实现了陆面、大气与中尺度系统之间的动量与水汽交换和输送,对中尺度系统的发生、发展起了重要的桥梁与促进作用。这两方面过程对中尺度系统的影响与作

用的研究相对较多，但是更为重要的对流云内的微物理过程对强降水产生，尤其是强降水发生的地点、强度以及时间的影响是至关重要的，这方面的研究由于资料的缺乏很难深入。为此，深入研究引发强降水的微物理过程是十分重要的。由深对流云系统造成的降水，其发生的时间、地点和强度，不仅仅受到多尺度动力环流的影响，同时也与云中的微物理过程密切相关，因为降水粒子(如雨滴、雪晶和冰雹)是通过多种微物理过程形成的。在大气数值模式中，目前比较先进的、同时也比较适合于天气预报(要求计算时间不能太长)的云—降水微物理参数化方案是整体方案，如 bulk microphysics schemes(整体微物理学方案)。这种方案一般把凝结(华)物分为云水、雨水和几种冰相凝华(冻结)物(云冰、雪、冰雹)，用特定的函数(比如 Gamma 函数、指数函数、常用对数函数)来表示各种凝结(华)物的谱分布，描述多种微物理过程对各种凝结物的质量(和数浓度)的影响。由于降水性对流云系统往往比较深厚，同时有暖云和冷云生成，其中的微物理过程不仅十分复杂，而且暖云中发生的微物理过程和冷云中发生的微物理过程也不尽相同，我们可以通过数值模拟试验来探讨这些微物理过程对降水发生的时间、地点和强度的影响。同时，通过把模拟结果和观测(如：降水、雷达观测的反射率因子，等)相对比，有可能找出它们两者的可能关系，为强降水定点、定时、定量预报提供科学依据。在 2008—2009 年实施的中国南方暴雨野外科学试验(SCHeREX 计划)中，我们依靠两部双偏振雷达与一部测云雷达来探测对流云内的水凝物分布和变化及其与强降水的关系，同时我们也利用卫星遥感反演产品在更大范围内进一步研究云微物理过程对强降水的作用与影响。

2.2.3　对流层低层急流对 β 中尺度强对流系统的发生、发展以及对强降水发生地点、时间与强度的影响研究

研究表明，任何中尺度强对流系统的发生、发展与低层急流(辐合)以及高层急流(辐散)有着密切的关系，但是还没有研究工作明确指出低层急流的位置、强度以及辐合程度与中尺度强对流系统产生强降水的关系，而这一问题的研究不仅在理论上，而且在实际应用上具有重要意义。我们在这次野外科学试验中采用机载下投式探空(如图 2.1)，如果能对低空急流实施具有一定空间密度的三维观测，其结果对研究低层急流对强对流系统发生、发展的作用，研究低空急流强度、辐合程度对强降水产生地点、强度以及时间的影响具有重要意义。为此，有可能

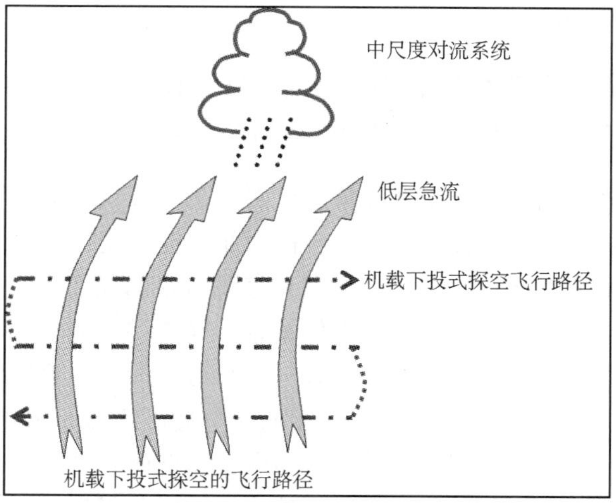

图 2.1　机载下投式探空示意图

利用这一结果改进和提高我们中尺度数值模式对暴雨发生地点、时间与强度预报精度有重要作用,这为我们中尺度观测网的设计,提高暴雨预报、预警能力找到一条行之有效的途径。

2.2.4　登陆台风内的中尺度活动及其与台风暴雨的关系

事实表明,登陆台风常常由于地形影响和台风内部流场变异而产生台风环流内的切变线或辐合线,而在这些地方常常生成中尺度强对流系统,而这些中尺度强对流系统往往是登陆台风环流内引发暴雨甚至大暴雨的主要中尺度天气系统。以往人们往往从登陆台风环流本身去讨论暴雨的生成与分布,因此,很难深入地了解登陆台风产生暴雨的地点、强度以及可能发生的时间,我们利用野外试验高时空分辨率的三维气象资料以及卫星、雷达资料仔细分析登陆台风暴雨与登陆台风环流内的中尺度系统活动之间的关系,在登陆台风环流内产生中尺度对流系统的原因、机理及其活动规律,从这个意义上去研究登陆台风的暴雨发生及其演变规律对登陆台风暴雨研究以及预报、预警能力的提高具有重要的学术意义与应用前景。

2.2.5　确定敏感区的研究

敏感区的概念最早来自于THORPEX计划,THORPEX在研究如何提高1～14 d的大尺度天气预报时提出什么区域的观测误差的增长对预报区的1～14 d预报误差增长最为敏感,这就是敏感区的概念。我们把这一概念引伸用到中尺度观测与预报上来,这对指导中尺度观测网的设计具有重要意义。因此,所谓暴雨敏感区是指影响预报区暴雨预报精度的最为敏感的观测区所在区域以及最为敏感的气象观测因子,我们现有的研究表明,影响暴雨预报的敏感区有两个:一个是暴雨预报区的上游观测区的观测资料的精度,另一个是暴雨预报区的水汽输送区的观测资料的精度。上述问题的研究既基于一般暴雨分析研究结果,也基于暴雨预报敏感区的研究结果。为此,进一步利用野外试验资料开展对暴雨敏感区的研究不仅对中尺度观测网与观测系统的设计具有重要意义,而且对暴雨的预报与预警能力的提高具有实际应用价值。目前开展这方面研究主要有两种方法,即奇异向量法和集合预报法。我们在野外试验中将应用野外试验资料进一步研究暴雨敏感区的确定,在此基础上进一步提出中尺度观测网与预测系统的设计原则与设计理论,这对今后开展中尺度观测与预报、预警具有重要的理论与实际应用价值。

2.2.6　如何建设具有适应性功能的中尺度观测网以及有效的监测、预报与预警系统,提高对中尺度灾害天气的监测与预报预警能力

如何建设中尺度观测网是长期困惑气象业务部门的重要问题,我们在这次野外科学试验中,通过四个方面的试验,希望能提出具有适应性功能的中尺度观测网建设的基本理论和基本原则:(1)通过敏感区的研究确定对中尺度灾害天气预报最为敏感的观测区和气象因子,从而为中尺度加密观测区的确定与建设提供科学依据;(2)建立追踪观测系统,通过试验我们可以了解和认识追踪观测系统对提高中尺度灾害天气监测与预报能力的作用;(3)探空站的空间加密观测,这个问题是我们气象部门长期未能试验而又对此困惑的问题,通过野外试验探空站的空间加密观测试验可以了解和认识探空站的空间密度加密而获取的探空资料对提高预报能力的作用和意义,有了这些科学依据,我们可以清楚地认识到目前探空站的密度是否适应当前国家对减灾、防灾能力提高的需求,为探空站建设与完善提出科学依据。(4)多种观测资料的融

合、同化形成高时空分辨率的格点场，这是这次野外试验中极为重要的部分，这种中尺度格点场既为预报员提供中尺度天气图，了解中尺度系统的演变过程，同时又可为模式提供包含有丰富中尺度信息的初始场。通过上述试验我们为中尺度观测网的建设以及如何建设中尺度灾害天气的监测、预报与预警系统提出有试验结果作为依据的理论和原则。

总之，我们围绕国家“973”项目的目标与任务的实现，围绕国家需求，在我们实施的2008—2009 年中国南方暴雨野外科学试验中提出了上述六个科学问题，这些问题总体上概括为两个方面：一，获取中国南方 β 中尺度强对流系统的三维资料，深入研究中国南方 β 中尺度强对流系统的结构与机理，在此基础上提出中国南方暴雨的多尺度物理模型；二，探索如何建设中尺度灾害天气的观测、监测、预报与预警平台，提高对中尺度灾害天气与登陆台风引发的各种气象灾害的监测、预报与预警能力。这一试验完全体现了国家“973”项目的目标与任务的实现，体现了科学家在解决国家需求方面的努力，是试验、科研与业务紧密结合的综合体现。

2.3　结论和讨论

中国南方暴雨野外科学试验要实现的科学目标是：

(1)获取丰富的具有 β 中尺度分辨率的观测资料，深入了解中国南方 β 中尺度暴雨系统的结构与机理；

(2)探索如何建设中尺度暴雨的监测与预报业务平台，提高对中尺度暴雨的监测与预报、预警能力。

针对上述科学目标，通过 SCHeREX 要解决六个方面的科学问题，即：

(1)深入了解华南前汛期暴雨与长江中下游梅雨锋暴雨的结构与机理以及它们之间的异同；

(2)影响暴雨系统发生、发展和产生强降水的重要物理过程，包括边界层过程、陆面过程以及云物理过程等；

(3)对流层低层急流对 β 中尺度强对流系统的发生、发展以及对强降水发生地点、时间与强度的影响；

(4)登陆台风内的中尺度对流系统活动及其与台风暴雨的关系；

(5)确定敏感区的研究；

(6)如何建设具有适应性功能的中尺度观测网以及有效的监测、预报与预警系统，提高对中尺度灾害天气的监测与预报预警能力。

第3章　2008—2009年中国南方暴雨野外科学试验(SCHeREX)的设计和实施

野外试验的实施计划——建设野外试验的三个平台。

为了更有效地实施野外作业和科研成果的业务化，要建成观测平台、观测与预报互动平台及指挥平台。进而组建八个技术工作组构成野外试验的指挥、观测与预报互动试验网(图3.1)。

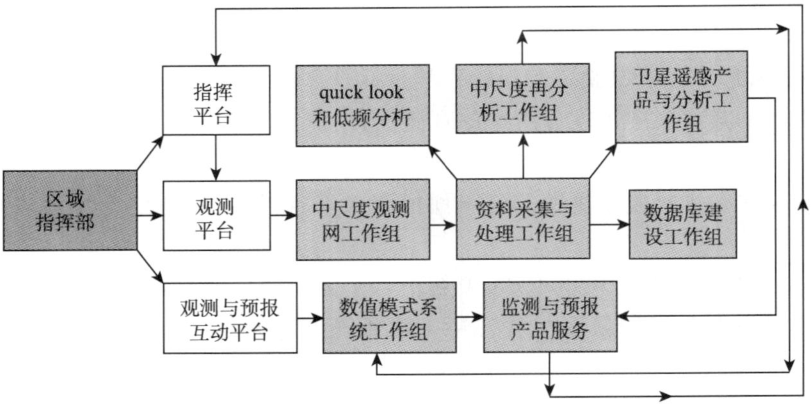

图3.1　野外试验指挥、观测、预报互动网络结构平台

3.1　华南试验区的平台建设

3.1.1　观测平台的建设

3.1.1.1　具有适应性观测功能的中尺度观测网的设计与建设

(1)中尺度观测的基本考虑

1)中尺度观测网设计的基本出发点

中尺度观测网设计的基本点是实施具有适应性的观测功能，它具有以下几个特点：一是确定敏感区，实施目标观测；二是在传统观测网的加密观测基础上，建立具有机动功能的追踪三维观测系统；三是建立观测系统与预报系统的互动。

2)敏感区的确定

根据已有研究结果可知，影响降水预报的敏感区在降水区的上游以及降水区以南的水汽通道区，为此我们确认目标观测区的范围为敏感区加上预报区。例如，为了提高广东省暴雨预报的精度，敏感区暂定为广西东部地区和广东南面的南海热带海域，预报区域为广东全省。

3)实施目标观测

根据广东省年平均暴雨日分布(图 3.2)可以看到，暴雨频发区主要出现在广东省中部以及沿海附近的东北、西南部三个区域。因此，广东的中部为暴雨预报主要关注区。而广州以南地区为都市群区，是广东经济发达区，同样也是暴雨预报的主要关注区。

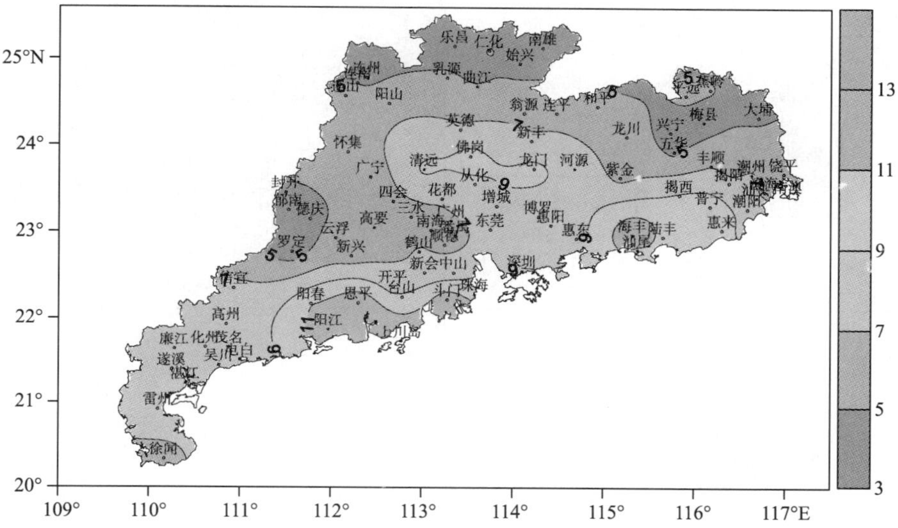

图 3.2　广东省多年平均年暴雨日数分布(d)

根据上述分析可见，目标观测区主要由暴雨预报区的上游区和暴雨预报区的水汽通道区以及暴雨预报区组成。第一个暴雨预报区为英德以南、广州以北、清远与河源之间的地区，该区即为广东省三大暴雨频发区之一，第二个暴雨预报区为广州市及其以南都市群区。暴雨预报区的上游区定为两大主要预报区以西的广东省境内试验区。暴雨预报区的水汽通道区为广州市以南陆地区域(对于广东中部预报区而言)与南海部分海域(对广州都市群预报区而言)。整个目标观测区范围为：

暴雨预报区之上游区：(21.6°—24.2°N，110.8°—112.7°E)

暴雨预报区之水汽通道区：(21.6°—23.0°N，112.7°—114.8°E)以及南海部分海域；

暴雨预报区：(23.0°—24.2°N，112.7°—114.8°E)以及(21.6°—23.0°N，112.7°—114.8°E)。

(2)华南试验区 α 中尺度观测网

1)α 中尺度观测网的范围

在华南试验区 α 中尺度观测的范围为(20°—26.5°N，109°—117°E)的区域，包括广西东部、广东全省、湖南和江西的南部、福建省西南部以及部分南海海域(图 3.3)。

2)α 中尺度观测网的构成(见图 3.3，图 3.4)：

华南试验区雷达 15 部；

华南试验区探空站 10 个；

华南试验区风廓线仪 3 个；

华南试验区地面站 224 个(图 3.4)：广东 85，广西 49，湖南 43，江西 24，福建 41；自动站 196 个：广东 85，广西 28，湖南 21，江西 24，福建 41。

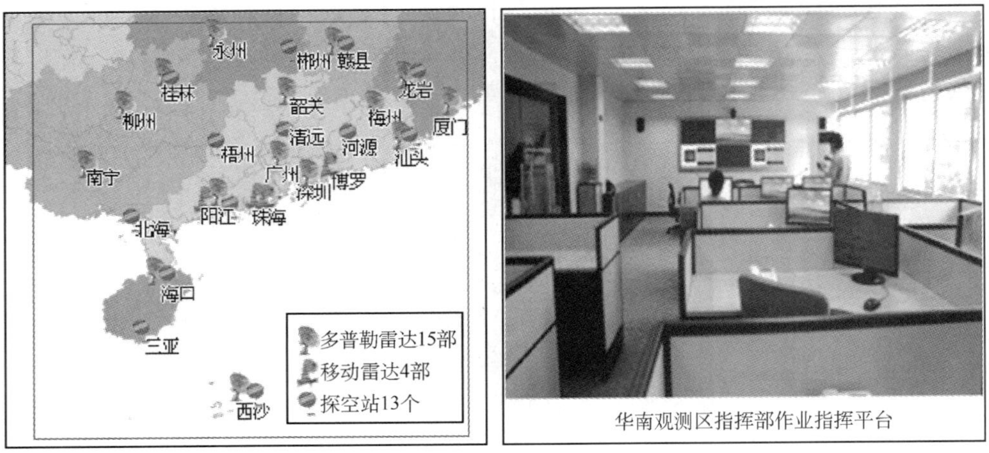

华南观测区指挥部作业指挥平台

图 3.3　华南 α 中尺度试验区(106.8°—117.0°E，16.0°—26.5°N)

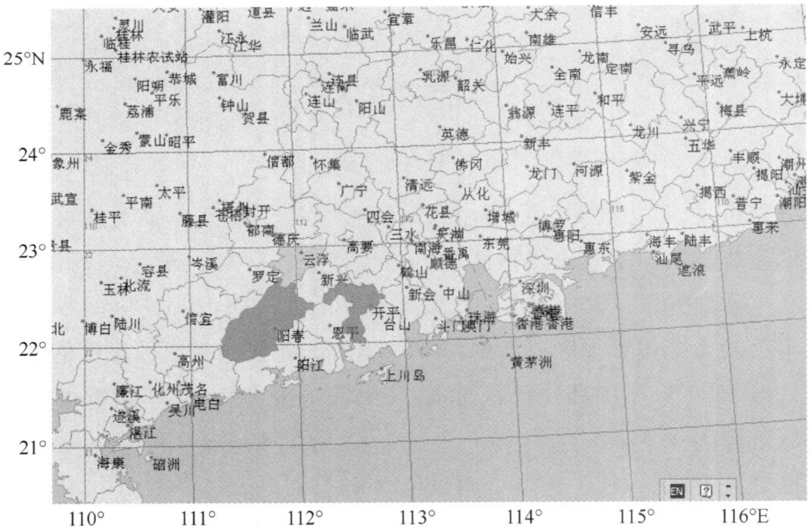

图 3.4　华南 α 中尺度试验区地面站分布

(3)华南试验区 β 中尺度观测网设计对华南的目标观测区实施 β 中尺度观测(图 3.5)

1)在 β 中尺度试验区建立双多普勒雷达观测网，覆盖广东中部与广州以东都市群试验区(图 3.6)

组建多对双雷达组网观测，在华南观测区的广州、深圳、香港、罗博和珠海等地由 3 部业务多普勒雷达和 2 部车载雷达构成多对双雷达同步观测网，获取高时空分辨的三维风场。

2)华南观测区的海—陆—气相互作用过程观测

由海南省、广东省沿海 17 个海洋气象观测塔和测风塔组成海—陆—气相互作用观测站网观测海洋与大气、大气与陆地的水汽和热量交换等相互作用的物理过程(图 3.7)。

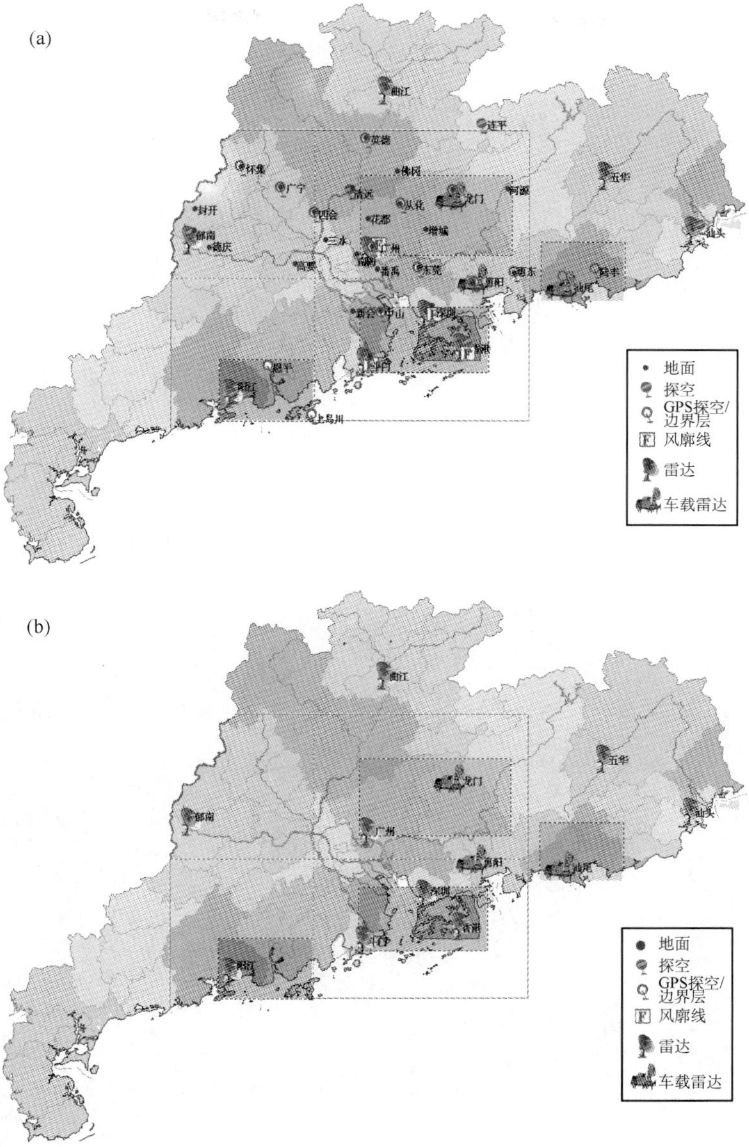

图 3.5　(a)华南试验区的 β 中尺度观测网和(b)雷达站分布

3.1.1.2　追踪观测系统的建设

(1)地面追踪观测系统

由中国气象科学研究院灾害天气国家重点实验室提供一部 5 cm 波长双偏振多普勒雷达和 8 mm 波长的测云雷达,实施对中尺度灾害天气的跟踪观测(图 3.9),主要观测两方面的数据,即:中尺度灾害天气系统的三维结构和中尺度灾害天气系统的对流云内的参数。

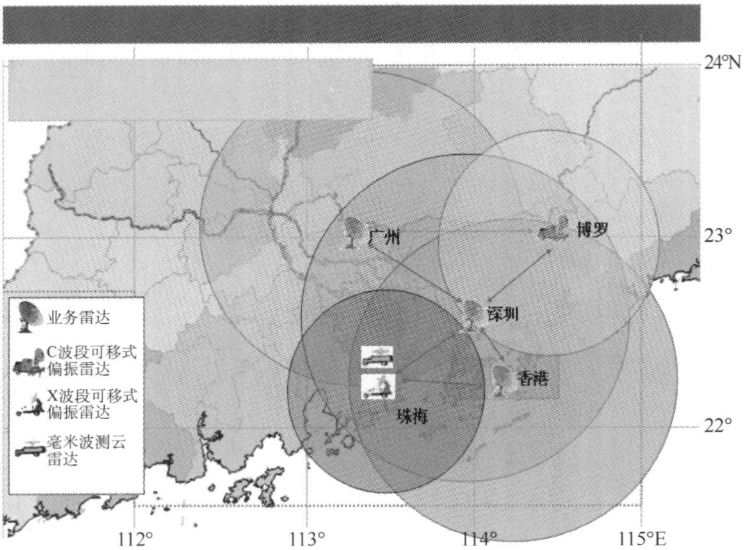

图 3.6　5 部雷达构成的多普勒雷达同步观测覆盖区

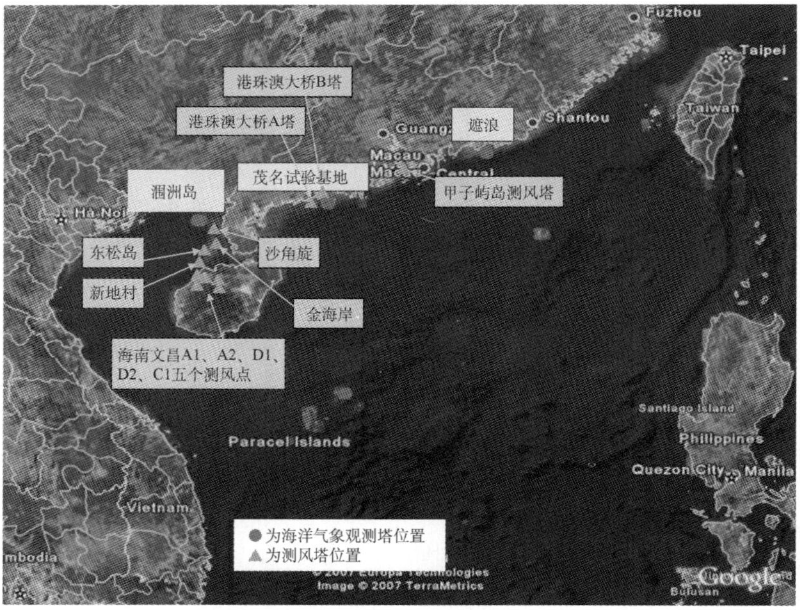

图 3.7　海—陆—气相互作用观测站网

(2)空基遥感的追踪观测系统

由中国气象科学研究院灾害天气国家重点实验室、广东省气象局与空军合作租用空军气象飞机，由中国气象科学研究院灾害天气国家重点实验室出资购置芬兰生产的下投式探空仪，2008 年汛期组织在广东省和南海近海海域实施机载下投式探空观测(图 3.10—3.12)。

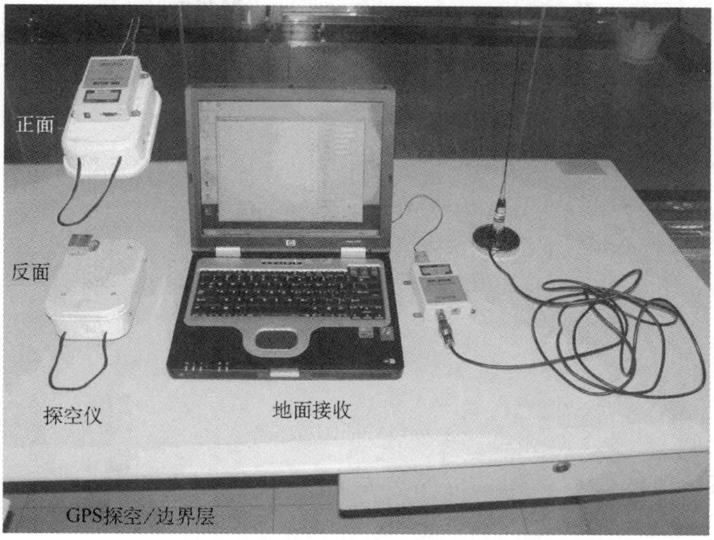

图 3.8　GPS 探空设备

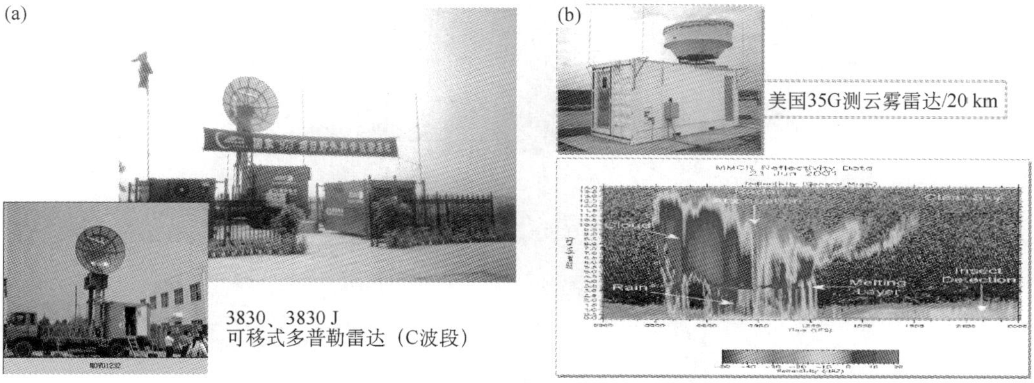

图 3.9　(a)可移式多普勒雷达 C 波段,(b)美国 35 GHz 测云雾雷达

图 3.10　参加试验的运八飞机

图 3.11　运八飞机及投下的探空仪

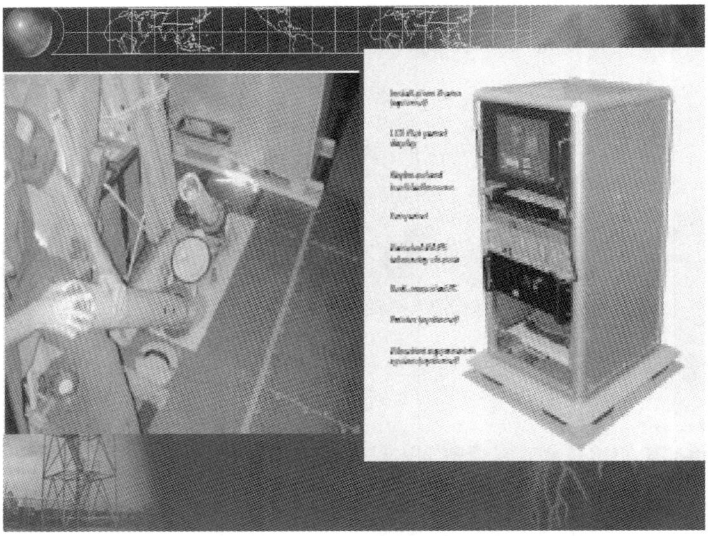

图 3.12　下投装备和数据接收装备

上述对灾害天气系统的追踪观测和β中尺度观测网的联合实施实现了天基、空基与地基(三基)联合构成三维对地中尺度观测网(图 3.13),在中国有可能实现对中尺度灾害天气(包括台风)真正意义上的三维追踪观测(中尺度灾害天气的适应性观测),并获取完整的中尺度灾害天气系统的三维结构。

3.1.1.3　遥感信息在中尺度观测中的应用

在中国气象科学研究院灾害天气国家重点实验室和广东省气象局已有研究成果的基础上,通过双方合作,研究机动观测和新一代天气雷达资料质量控制及主要产品生成方法,形成基于新一代天气雷达网的三维数字组网和临近预报业务试运行系统,提供外场试验分析数据。该系统提供 10 min 滑动的 1 h 降水估测、TREC(雷达回波相关跟踪法)风场、30 和 60 min 回波位置和强度预报等产品,既可以作为省市气象局现有临近预报系统的基础,也可以自成体系,进行临近预报,提供 10 min 滑动的 1 h 降水估测、TREC 风场、30 和 60 min 回波位置和强度预报等产品。

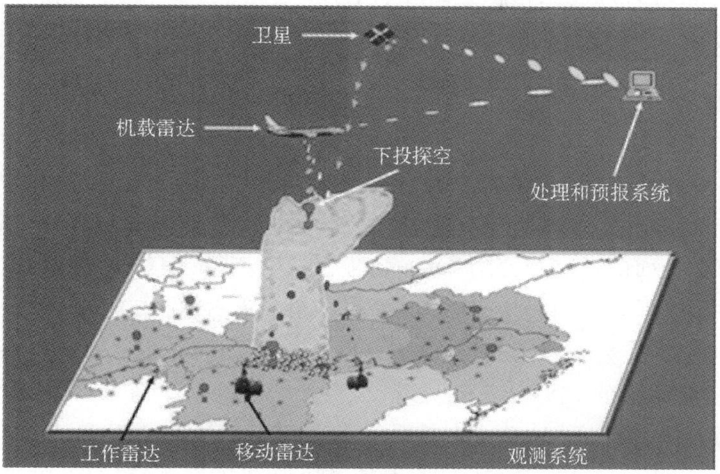

图 3.13　三基联合构成的三维对地中尺度观测网

3.1.1.4　观测平台的功能、构成和总体框架

(1)功能

①装备监控与资料采集

②资料质量控制

③数据库建设

④资料向观测与预报互动一站台以及中心平台的传输

(2)观测平台的总体框架(图 3.14)

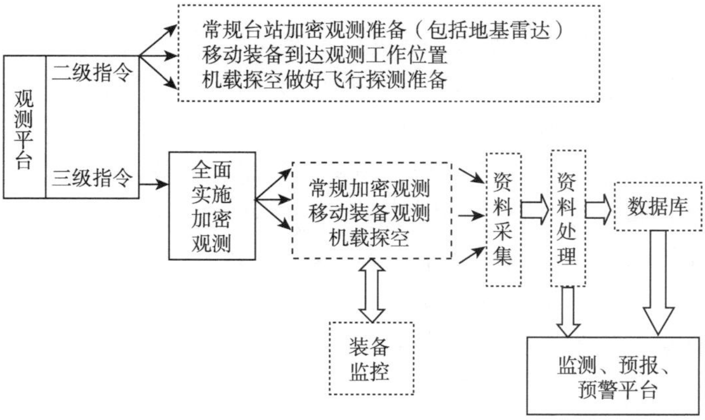

图 3.14　观测平台的总体框架

3.1.2 观测与预报互动平台

根据模式系统的预报结果决定下一时段目标观测区。同时把目标观测所获取的中尺度观测资料实时处理与传输进入数值模式系统，实现实时更新初始场，以此来提高对中尺度灾害天气的预报水平，并实现野外观测与预报的互动功效。

3.1.2.1 中尺度气象再分析系统的建设

(1)自主开发的中尺度快速循环分析与预报系统

中国气象局广州热带海洋气象研究所以中国数值预报研究中心自主开发的全球/区域同化预报系统(GRAPES)为核心，建立起多级模式单向嵌套逐时同化分析与模式预报循环(the Cycle of Hourly Assimilation and Forecast，简称“CHAF”)业务系统。CHAF系统主要用于提高加密资料的多时刻信息同化能力，实现常规、雷达、自动站、卫星等多种资料的合理应用，既能为预报模式提供高质量的初值，又能提供高质量的格点场，用来做中尺度暴雨系统的深入分析。

(2)引进美国FSRL的LAPS分析系统

LAPS系统(Local Analysis Prediction System)，即局地分析预报系统，是美国ESRL实验室(Earth System Research Laboratory，地球系统研究实验室)研究开发的并实现本地化的气象应用系统。该系统利用所有可以获取的资料，创建分析和预报网格，建立为专门预报应用服务的产品。其优点是有利于增加国家集中的产品，提高空间分辨率，改善云和降水预报，捕捉更详细的地形作用，提高时间分辨率，可以更灵活地满足局地需要。

LAPS系统可以融合的资料包括：数值模式产品，地面资料，机场发布的例行天气报告，常规天气报告，浮标/船只观测资料，中尺度网观测资料，GPS地面观测，雷达、卫星资料等。LAPS系统将这些实际观测资料融合、转化成覆盖范围为1040 km×1240 km的逐时三维高分辨率格点资料，其水平分辨率为1 km到48 km，垂直方向可分为21层，模式层顶为100 hPa。

LAPS系统输出的产品有20多种，可用来进行暴雨系统的分析。

3.1.2.2 中尺度暴雨的短期、短时与临近预报系统

(1)GRAPES-Meso/973中尺度暴雨数值预报模式系统

区域中尺度数值预报系统GRAPES-Meso是GRAPES数值预报系统的重要组成部分之一。自2004年3月正式发布第一个区域中尺度版本以来，GRAPES项目的研发人员与国家气象中心、广州区域气象中心、上海台风研究所的数值预报业务专家合作，针对全中国降水、局地中小尺度天气、台风路径与强度等预报的业务需求，在上述三个业务中心分别建立了业务环境试验平台，按照业务运行与应用的要求对GRAPES系统进行完善、效果评估与优化改进。2006年，这三个GRAPES-Meso系统相继正式进入了业务运行并成为主要的业务区域中尺度数值预报系统，在日常天气预报中发挥着重要作用。

(2)AREMS中尺度暴雨数值预报模式系统

AREMS系统所用资料包括两部分：常规地面和高空观探测资料以及全球数值预报/分析产品。这里全球数值预报/分析产品可以是中国气象局全球预报产品(T213)，NCEP分析、再分析资料，AVN资料，ERA40再分析资料等。

全球数值预报资料主要用于为本系统的区域气象资料同化分析提供背景场和为高分辨区域数值预报模式提供侧边界条件。这类资料的处理包括场数据解读和分类整理、场数据水平网格变换、场数据垂直插值转换、地面要素数据处理和数据标准化存储等。

本系统的基本输出量和物理诊断量有 30 种。

(3)中尺度快速分析与预报系统

该系统可实现逐时观测资料的加入,使模式的形势预报和降水预报有了显著提高。

(4)基于雷达资料与数值模式结合的临近预报系统

在中国气象科学研究院灾害天气国家重点实验室和广东省气象局已有研究成果的基础上,通过双方合作,研究机动观测和新一代天气雷达资料质量控制及主要产品生成方法,形成基于新一代天气雷达网的三维数字组网和临近预报业务试运行系统。该系统主要由 8 个子系统组成,其中的临近预报子系统为 0～3 h 外推预报。

(5)集合预报的试验与研究

集合预报是当前改进数值预报的一个新途径,“973”项目已研制和开发了多个中尺度模式,在此基础上进行集合预报试验与研究,为外场试验提供更有价值的指导预报。

3.1.2.3 遥感资料反演产品的应用

(1)卫星遥感资料反演产品的分析与诊断

为“973”外场试验提供的卫星遥感产品包括三种类型的产品;数字图像产品、定量反演产品和卫星云图分析产品。

第一类数字图像产品:表 3.1 给出卫星遥感数字图像产品,包括 FY2C/D 和 MTSAT 的红外、水汽和可见光数字图像,可以是圆盘图或(和)投影图像,时间分辨率 30 min(汛期 15 min,根据卫星中心业务系统),空间分辨率为原始分辨率。

表 3.1 卫星遥感数字图像产品列表

卫星	内容	范围	空间分辨率	时间分辨率(min)	投影方式
FY2C/D,MTSAT	红外云图	全圆盘	原始分辨率	15～60	标称投影
FY2C/D,MTSAT	水汽云图	全圆盘	原始分辨率	15～60	标称投影
FY2C/D,MTSAT	可见光云图	全圆盘	原始分辨率	15～60	标称投影
FY2C/D,MTSAT	红外云图	(0°—60°N,70°—140°E)	原始分辨率	15～60	等经纬度投影
FY2C/D,MTSAT	水汽云图	(0°—60°N,70°—140°E)	原始分辨率	15～60	等经纬度投影
FY2C/D,MTSAT	可见光云图	(0°—60°N,70°—140°E)	原始分辨率	15～60	等经纬度投影

第二类定量产品:主要是卫星中心通过 9210 下发的 FY2C/D 和 MTSAT 产品,定量产品种类见表 3.2,空间分辨率为 10 km,时间分辨率为 15 min 到 3 h。当“973”外场试验有特殊需要时,可以对这些定量产品的时间和空间分辨率重新处理,但是重新处理后的定量产品不能通过 9210 方式发送,可以与图像产品的发送方式一致,通过 FTP 方式传送到中国气象科学研究院服务器上。

表 3.2　卫星遥感定量产品列表

产品名称	SAT 96 代码	产品代码
相当黑体亮度温度	TMG	TBB
降水估计	TEG	PRE
射出长波辐射	TOG	OLR
总云量	TCZ	CTA
地面入射太阳辐射	TRR	SSI
海面温度	TTG	SSI
降水指数	TEL	PRI
对流层中上层水汽量	TZT	UTH
云区湿度廓线	TZC	HPF
晴空大气可降水量	TZP	TPW
云分类	TCC	CLC
雪覆盖	TSG	TSG
大气运动矢量(云迹风)	TWD(ir) TWW(wv)	AMV

第三类为外场试验提供的卫星云图分析产品：根据 SCHeREX 的要求，外场试验期间，卫星天气组要给出对试验区域中尺度对流系统发展演变的综合分析意见，建议以卫星报告的形式提供。

(2)雷达遥感资料反演产品的分析与诊断

1)新一代天气雷达观测资料的产品生成

为满足"973"项目其他课题的需求，对雷达观测的原始资料进行质量控制(地物识别、杂点剔除)，并给出回波强度误差的信息供参考，生成：三维组网的回波强度、经向速度和速度谱宽资料；基于新一代天气雷达组网和自动雨量站 1 h 降水资料；提供各种资料格式、读取同化显示程序等。

2)双多普勒雷达风场反演产品

选点个例的风场反演数据产品。

3)双线偏振雷达资料的产品

双线偏振雷达资料的质量分析和控制的雷达原始资料产品；

双线偏振雷达和自动雨量站定量观测 1 h 降水产品；

冰雹和降雨识别产品；

降水粒子相态识别产品。

4)毫米波雷达的资料分析和产品

雷达原始资料；

经过衰减订正和其他质量控制的原始格式的数据；

云顶、云底高度产品、垂直速度产品；

云冰和云水识别产品；

云水含量产品。

其中部分产品仅供研究参考。

3.1.2.4　暴雨过程的快速天气分析与低频影响的预测试验

建立实时观测资料的快速天气分析系统,并预测其变化。

3.1.2.5　基于 GIS 平台的中尺度暴雨监测与预报产品显示系统

灾害天气预警系统(SWeWaS)主要是用来显示国家“973”项目“我国重大天气灾害形成机理与预测理论和方法研究”研究的卫星反演产品、雷达反演产品、AREMS 中尺度暴雨数值模式产品的综合平台。该系统是结合地理信息系统在显示、查询地理信息方面的优势,基于 GIS 平台开发的多种气象资料分析显示系统,能为用户提供在 GIS 平台上多种资料的叠加、分析、显示解决方案,并且能让多种气象信息和地理信息直观地叠加显示出来,发现地形等地理要素对天气的影响,实现了多种数据在同一平台下的对比显示功能,提高对中尺度的暴雨监测、预测与预警能力。

3.1.2.6　观测与预报互动平台功能与总体框架

(1)功能

1)高时空分辨格点再分析资料形成;

2)利用遥感与低频分析技术对暴雨过程作出监测与分析结果;

3)预报产品生成;

4)对指挥平台与预报中心提供产品服务

(2)观测与预报互动平台的总体框架(图 3.15)

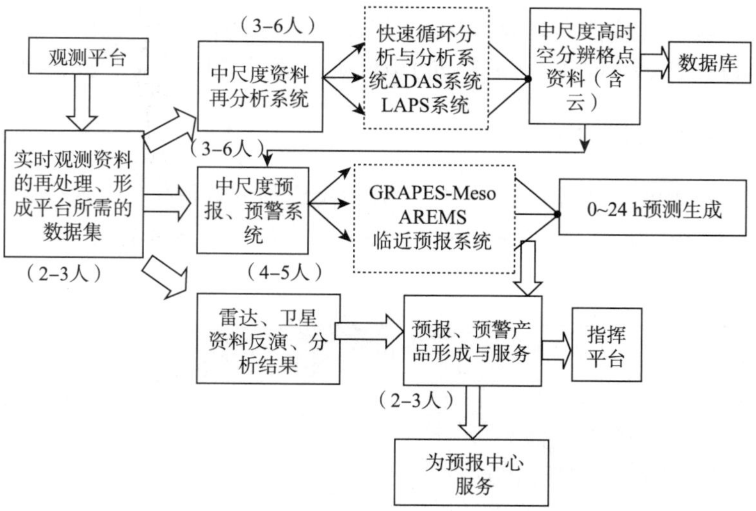

图 3.15　观测与预报互动平台的总体框架

3.1.3　指挥平台的建设

组建华南暴雨野外科学试验加密观测指挥部,指挥部设在广东省。指挥部分两个层面:第一层面野外试验指挥部主要根据天气演变形势与特征负责野外试验的实施指挥,并根据相关专家意见确定过程试验区域,发布过程试验指令与过程结束试验指令。

3.1.3.1　指挥平台功能

(1)接收观测与预报互动平台的监测与预报信息；

(2)接收预报业务中心的预报信息；

(3)做出指挥决策；

(4)监测与预报产品显示、装备运行显示以及多方位交流讨论。

3.1.3.2　指挥平台总体构架(图 3.16)

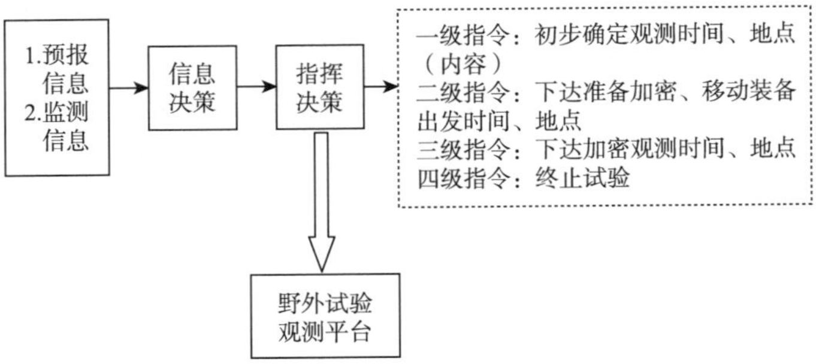

图 3.16　指挥平台总体构架

3.2　华中试验区、江淮流域试验区以及长三角试验区的设计与建设

长江中下游试验区分别为华中试验区、江淮流域试验区以及长三角试验区梅雨锋暴雨野外科学试验分别以湖北、安徽、上海(长三角)地区为主要试验区实施加密观测。

3.2.1　华中试验区的建设

华中试验区以湖北地区为主要试验区，实施中尺度加密观测。

区域范围：(27.7°—36.6°N　106.8°—116°E，图 3.17)，涉及的省(市)有湖北、湖南、重庆、江西；区域内设有：

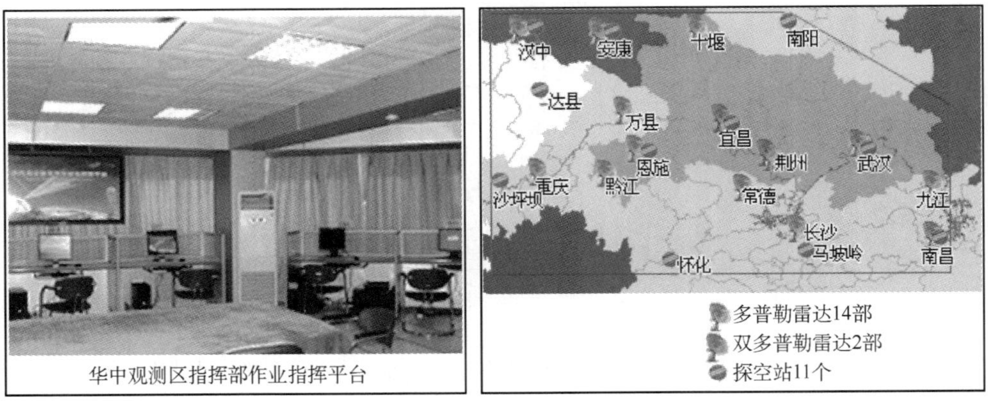

华中观测区指挥部作业指挥平台

图 3.17　华中试验区(106.8°—116.0°E，27.7°—36.6°N)

(1)华中试验区雷达 14 部;

(2)华中试验区双偏振多普勒雷达 2 部;

(3)华中试验区探空站 11 个:湖北 3 个、湖南 2 个、江西 1 个、陕西 1 个、安徽 1 个、四川 1 个、重庆 1 个、河南 1 个。

3.2.2　江淮流域试验区的建设

江淮流域试验区以安徽地区为主要试验区,实施中尺度加密观测。其区域范围为(28°—35°N,113.4°—119°E),涉及的省份有安徽、江苏、河南、湖北、江西(图 3.18),区域内设有(详见附录 1):

(1)探空站 8 个:安徽 2,江苏 2,江西、浙江、湖北、河南各 1;

(2)GPS 探空 5 套:大别山地区(图 3.19);

(3)多普勒雷达 12 部:安徽 3 部,河南 3 部,江苏 2 部,江西 3 部,湖北 1 部;

(4)地面站 201 个:安徽 79 个,江苏 9 个,江西 43 个,浙江 3 个,湖北 67 个;

(5)自动站 198 个:安徽 77 个,江苏 8 个,江西 43 个,浙江 3 个,湖北 67 个。

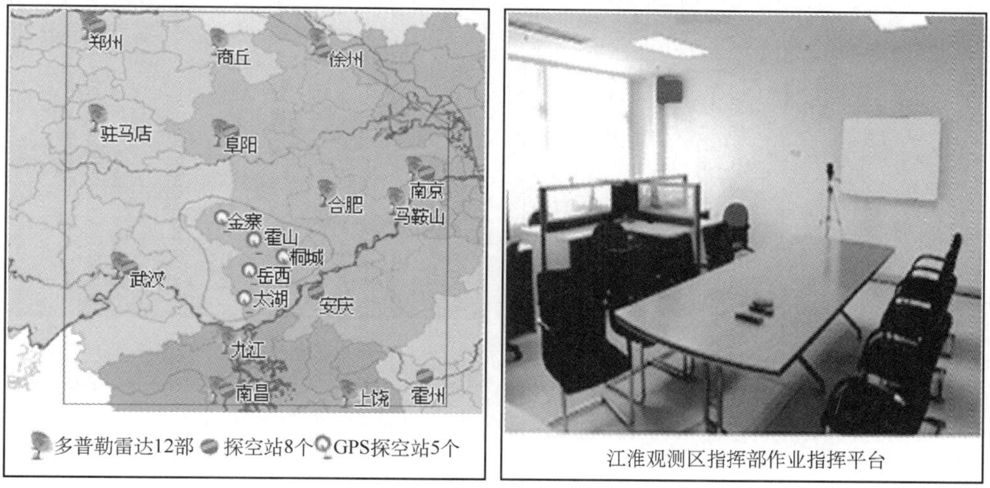

江淮观测区指挥部作业指挥平台

图 3.18　江淮流域试验区(113.4°—119.0°E,28.0°—35.0°N)

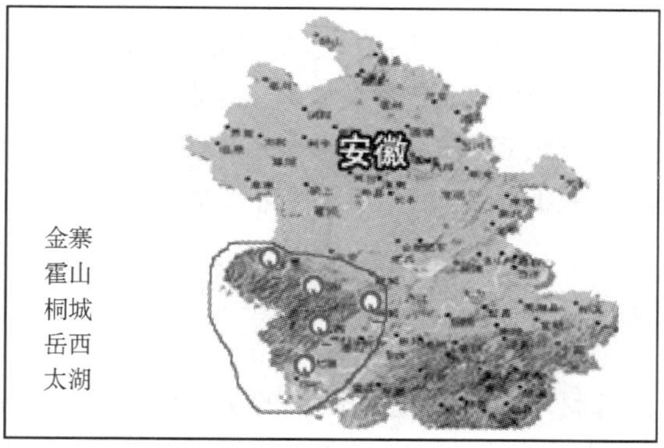

图 3.19　大别山地区增设的 5 个探空站

3.2.3 长三角试验区的建设

长三角试验区以上海(长三角)地区为主要试验区,实施中尺度加密观测(图 3.20)。区域内设有:

(1)地面站 162 个:江苏 57,安徽 24,上海 10,浙江 68,江西 3;

(2)自动站 140 个:江苏 35,安徽 24,上海 10,浙江 68,江西 3;

(3)探空站 6 个:江苏 2,上海 1,浙江 3;

(4)业务雷达 14 部:江苏 4 部,浙江 4 部,安徽 1 部,上海 1 部;

(5)移动雷达 1 部(上海);

(6)GPS 站 14 个:江苏 4,安徽 3,上海 5,浙江 2;

(7)风廓线仪 4 部:江苏 1,上海 1、安徽 2;

(8)闪电定位仪 23 部:江苏 8;安徽 3;浙江 9;上海 3;

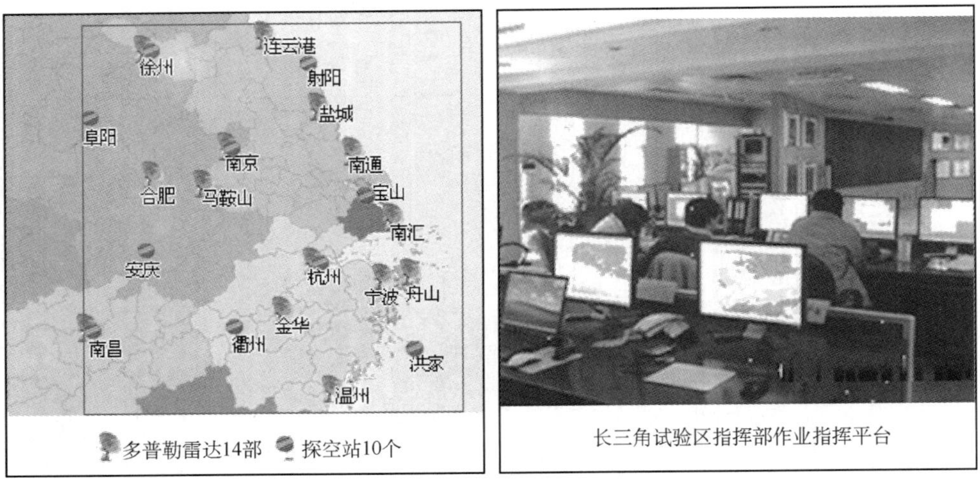

长三角试验区指挥部作业指挥平台

图 3.20 长三角试验区(116.0°—125°E,27.5°—34.0°N)

3.2.4 三个试验区的功能

三个试验的主要作用是:一方面获取中尺度观测资料,另一方面强化灾害天气国家重点实验室长江中下游三个中尺度观测与应用试验基地的功能,提高中尺度监测与预报、预警能力。所有加密观测均以华南暴雨野外科学试验相关规定,相关实施方案参照实施。

上述三个试验区的观测平台、观测与预报互动平台以及指挥平台建设完全参照华南试验区三大平台建设的内容进行,根据各试验区的条件可作适当调整。

3.3 试验区域与时段

第一阶段,华南暴雨野外科学试验是野外试验的主要阶段。以广东省为中心,包括周边五省(区),其中有广西壮族自治区东部区域、湖南省南部区域、江西省南部区域、福建省西南部区域和海南省。国家"973"项目的主要可移动装备安置在广东省试验区内。时间定为 2007—2009 年的 5 月上旬到 6 月中旬,对南海登陆台风的飞机探测可延伸到 7 月,整个野外试验结束。

第二阶段，长江中下游梅雨锋暴雨试验。主要以长江中下游三个中尺度观测基地，包括华中(湖北、重庆、湖南、江西、安徽)、淮河流域(安徽、河南、江苏、江西、湖北)以及华东(长三角，其中包括江苏、安徽、浙江)中尺度观测试验基地，加密观测与所有中尺度观测装备为基础的中尺度观测试验时间为 2007—2009 年的 6 月中上旬到 7 月中旬。

需要强调指出的是，南方暴雨野外科学试验以华南暴雨试验为主，并对长江中下游梅雨锋暴雨实施加密观测。这种考虑是基于我们不仅可以获取华南前汛期暴雨的中尺度资料，同时还可以获取由于夏季风随季节演变而引起梅雨锋雨带的推移和暴雨区的变动资料。

参加这次野外试验的省市除广东、湖北、安徽、上海三省一市外，还有海南、广西、湖南、江西、福建、河南、江苏、浙江、四川、重庆等八省一市。总计将有 12 省 2 市将参加这次暴雨野外科学试验(图 3.21)。

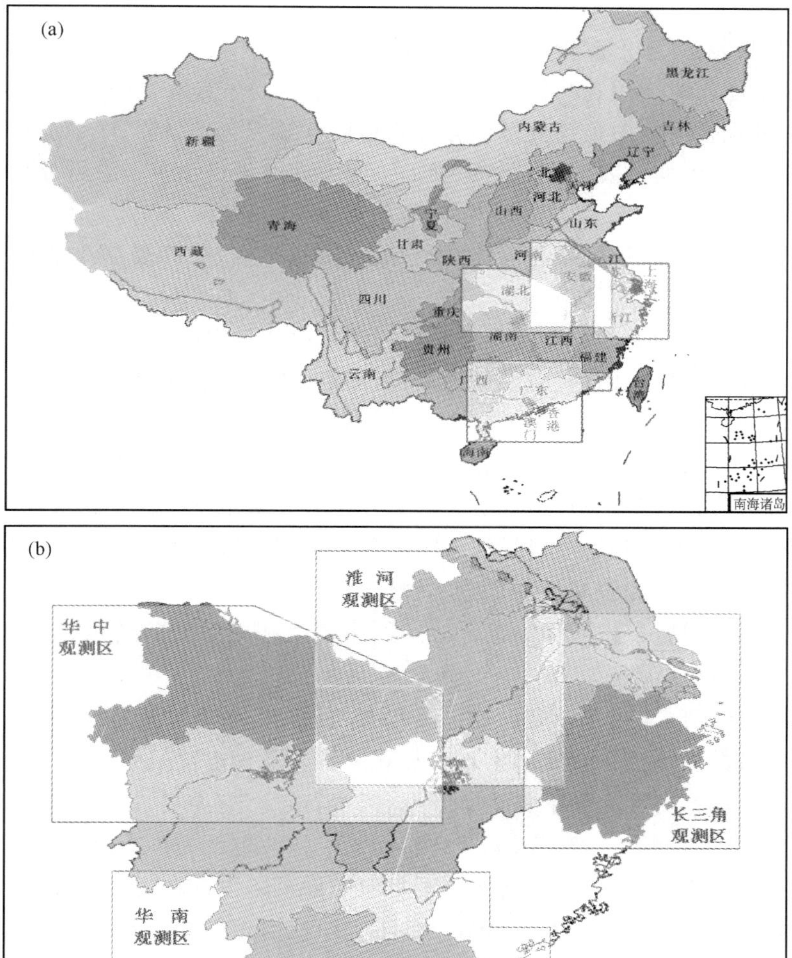

图 3.21　(a)中国南方致洪暴雨外场试验示意图，(b)中国南方致洪暴雨外场观测试验区

3.4　结论和讨论

中国南方暴雨野外科学试验(SCHeREX)根据科学目标和科学问题设计和建设了四个试验区,即华南试验区、华中试验区、江淮试验区和长三角试验区,每个试验区又设计和建设了三个平台,即观测平台、指挥平台以及观测和预报互动平台。每个观测试验区具有以下几个特点:

第一,能从事多尺度观测和获取相应资料,其中包括天气尺度,α 中尺度(几百千米)和 β 中尺度(几十千米至一、二百千米)的观测资料。

第二,依托国家业务观测系统,配置了多部、多种移动观测装备,包括车载 C 波段和 X 波段的多普勒天气雷达、8 mm 波长的测云雷达、C 波段和 X 波段的双偏振多普勒雷达,以及机载下投式探空观测装备等,形成较为完整的移动观测系统。

第三,建设了能实时应用观测资料以及观测和预报互动平台提供的预报产品,通过中尺度天气监测、分析和预报平台向预报员提供分析和预报产品的实时服务。

通过 SCHeREX 的实施我们深刻认识到如下两大问题值得从事气象野外科学试验的科学家重视和关注:

(1)野外试验的观测设计必须与野外试验要实现的科学目标和要解决的科学问题的时空尺度匹配。

首先要知道野外试验是为了要实现科学目标和解决科学问题而通过野外试验加密观测获取所需要的多种观测资料。因此,野外试验的设计和实施是能否完成野外试验的科学目标和要解决的科学问题的关键,但野外试验方案的设计必须根据两方面来思考:

第一,要实现野外试验的科学目标和问题,所涉及的时间、空间尺度,这种时间、空间尺度要求什么时空分辨率的观测资料,由此决定了野外试验观测站点的密度和每日观测频数;

第二,要实现科学目标和解决科学问题需要什么物理变量的观测资料,要获取这样的观测资料应采用什么观测手段和观测设备才能实现。

上述两方面问题是野外试验方案设计必须严格遵循和思考的问题,这也是野外试验能否圆满完成的关键所在。

(2)根据确定敏感区实施目标观测是提高暴雨预报精度的有效途径。

在暴雨野外试验中敏感区确定和实现目标观测是提高暴雨预报精度的一条重要途径。在 SCHeREX 实施过程中我们发现在实际操作中有相当难度,它主要取决于讯息交换快速和高度自动化程度、观测装备的机动程度、尤其是机动性最强的机载下投式探空观测实施的可能性等客观条件和我们主观能力,这点可能在中国目前条件下还很难真正实现,但如何在进一步改进固定装备配置和补充地面机动观测装备条件下,在确定敏感区前提下努力实现目标观测是值得我们进一步尝试的重要途径,我们希望尽快能在这方面取得实质性进展。

我们认为野外试验设计中应考虑的上述两个方面的问题以及实施过程中最有难度的一点都是提高野外试验中的探测水平和取得更为理想的结果的重要方面。

第 4 章　南方暴雨野外科学试验的资料处理和资料库建设

2008 和 2009 年 5—8 月，为实现国家“973”项目“我国南方暴雨监测与预测的理论和方法研究”的重要科学目标，深入了解中国南方中尺度暴雨系统的结构与机理，项目组织开展了中国南方暴雨野外科学试验(SCHeREX 计划)。外场试验区域包括以广东、广西、湖南、海南、福建等为主的华南试验，以及长江中下游的华中试验区、江淮流域试验区以及长三角试验区。通过 2 a(2008、2009 年)汛期的暴雨加密观测试验，获取了大量的观测资料，建立了 SCHeREX 数据库，并实现了资料共享。

4.1　外场试验资料源和资料的收集

外场试验资料的主要来源有：

(1)试验区加密观测资料和加工处理产品；

(2)试验区中尺度再分析资料；

(3)试验区特种观测资料；

(4)中国气象局常规业务观测资料和模式产品。

4.1.1　四个试验区的加密观测资料和产品

(1)华南试验区

1)15 部雷达拼图产品，其中包括：

三维拼图、云顶高度、组合反射率等。

15 个雷达站：韶关、梅州、广州、阳江、深圳、汕头、桂林、柳州、南宁、海口、西沙、龙岩、厦门、永州和赣县。

2)加密探空观测数据

2008 年试验期间累计加密(由一天两次观测加密为一天四次观测)350 次，2009 年试验期间累计加密 260 次。参加华南试验区加密观测的探空站共计 13 个。

13 个探空站：清远、阳江、汕头、河源、桂林、梧州、北海、彬州、龙岩、赣县、海口、三亚、西沙。香港虽不参加加密，但探空观测资料仍收集进 SCHeREX 数据库。

3)质量控制后的自动站资料

质量控制后的地面自动站资料可用站点约 1000 个。要素包括温度、气压、湿度、风和逐时雨量。

(2)江淮试验区

1)GPS 探空资料

2008 年试验期间累计加密观测 306 次，2009 年试验期间累计加密观测 324 次。

新增的5个GPS探空站集中布设在大别山地区的金寨、霍山、岳西、桐城和太湖。

2)12部雷达拼图产品,包括:三维拼图、云顶高度、组合反射率等。

12个雷达站:阜阳、合肥、马鞍山、南昌、上饶、九江、商丘、驻马店、郑州、武汉、徐州和南京。

3)加密探空观测

2008年试验期间累计加密观测236次,2009年试验期间累计加密观测320次。参加加密探空观测的测站有8个。

8个探空站:阜阳、安庆、郑州、徐州、南京、衢州、武汉和南昌。

4)质量控制后的自动站资料

质量控制后的地面自动站资料可用站点约1000个。要素包括温度、气压、湿度、风和逐时雨量。

(3)华中试验区

1)14部雷达拼图产品,包括:三维拼图、云顶高度、组合反射率。

14个雷达站:汉中、安康、十堰、恩施、宜昌、荆州、武汉、重庆、黔江、万县、常德、长沙、南昌和九江。

2)加密探空观测

2008年试验期间累计加密观测224次,2009年试验期间累计加密观测279次。参加加密探空观测的测站有11个。

11个探空站:汉中、安康、南阳、达县、恩施、宜昌、马坡岭、南、沙坪坝、怀化和武汉。

3)质量控制后的自动站资料

质量控制后的地面自动站资料可用站点约1000个。要素包括温度、气压、湿度、风和逐时雨量。

(4)长三角试验区

1)14部雷达拼图产品,包括:三维拼图、云顶高度、组合反射率。

14个雷达站:南汇、南京、南通、盐城、连云港、徐州、杭州、宁波、温州、舟山、金华、合肥、马鞍山和南昌。

2)加密探空观测

2008年试验期间累计加密观测290次,2009年试验期间累计加密观测246次。参加加密探空观测的测站有10个。

10个探空站:宝山、徐州、南京、射阳、杭州、衢州、洪家、安庆、阜阳和南昌。

3)质量控制后的自动站资料

质量控制后的地面自动站资料可用站点约800个。要素包括温度、气压、湿度、风和逐时雨量。

(5)资料显示方式

使用"973"项目组研发的M-WAFS提供的图像显示软件浏览产品图像。

4.1.2　中国气象局常规业务观测资料和模式产品

在SCHeREX数据库中把常规业务观测资料和预报模式产品也收集其中,收集的数据时段和种类是:

(1)时段:2008年5月1日—7月20日

2009年5月1日—7月20日

(2)种类:

1)地面常规观测资料;

2)地面自动站资料；

3)自动雨量站逐分雨量资料；

4)探空常规观测资料；

5)雷达基数据；

6)FY-2C 和 FY-2D 卫星产品资料；

7)T213 模式输出资料。

4.1.3　试验区再分析资料

(1)四个试验区利用 LAPS 分析系统融合、同化了野外试验获取的雷达、探空和地面资料生成分辨率为 5 km(或 3 km)、3 h(或 1 h)的中尺度再分析资料。

1)资料时段：2008 年 5—7 月，2009 年 5—7 月。

2)区域范围：华南：(14°—32°N，102°—123°E)，

江淮：(28°—35°N，113°—119°E)，

华中：(27°—37°N，106°—116°E)；

长三角：(27°—35°N，116°—122°E)。

3)水平分辨率：大别山地区 3 km；其他区域 5 km。

4)分析时次：每天 8 个时次，每天资料量约 2.13 GB。

5)资料总量：约 500 GB。

6)文件名时间：世界时。

(2)日本提供的再分析资料：

1)资料时段：2001 年 01 月—2009 年 12 月。

2)区域范围：(20°—50°N，110°—150°E)；

3)分辨率：20 km，每天 4 个时次。

4.1.4　特种观测资料

在 SCHeREX 观测试验中还获取了多种特种观测资料，包括激光雷达、车载双偏振雷达、毫米波雷达和风廓线雷达的观测资料：

(1)激光雷达资料

观测地点：青岛

观测时间：2008 年 5 月 10—14 日，2008 年 8 月 11—22 日。

资料类别：激光雷达基数据 RAW；

激光雷达风场反演数据 3DVAR；

激光雷达风场反演数据 4DVAR；

(2)毫米波雷达数据

观测地点：东莞

观测时间：2008 年 7 月 4—9 日，2008 年 8 月 17—31 日，2008 年 9 月 1 日

资料类别：观测数据

(3)双线偏振雷达数据

C 波段

观测地点与时间:博罗 2008 年 6 月 5—6 日,珠海 2008 年 8 月 21—24 日。

X 波段

观测地点与时间:阳江 2008 年 8 月 21—24 日。

(4)风廓线雷达数据

观测地点:东莞

观测时间:2009 年 7 月 3—30 日,2009 年 8 月 1—31 日。

数据类别:风廓线雷达产品数据 OBS;

风廓线雷达谱参数 RAD;

风廓线雷达基数据 RAW。

4.2　野外科学试验数据库系统建设

野外科学试验数据库分两部分:实时数据库和历史数据库。

4.2.1　实时数据库

4.2.1.1　实时数据库的主要功能

(1)实时接收、处理外场试验观测数据。综合利用网络技术、数据库技术以及数据处理技术等实现实时数据的快速存储与服务;

(2)为中尺度数值预报模式、中尺度分析模式、区域雷达拼图和产品生成系统、中尺度灾害天气分析与预报平台(M-WAFS)等提供实时观测数据;

(3)实时存储、管理、提供中尺度分析、预报模式输出的各类数值产品,雷达拼图产品,卫星遥感产品,自动气象站实时观测等数据生成的产品,实时提供中尺度灾害性天气监测、分析与预报信息。

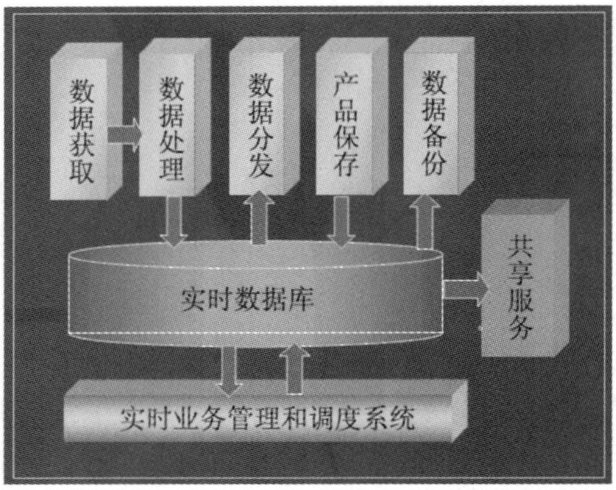

图 4.1　实时数据的组成和技术架构

外场试验期间,该实时数据库系统已经先后在广州、武汉、上海、安徽四个外场试验基地安装运行。

4.2.1.2　实时数据库的组成和技术架构

实时数据库由数据获取、数据处理、数据分发、产品保存、数据备份和共享服务等模块组成,其组成和技术架构如图 4.1 所示。所有模块由实时业务管理和调度系统组织和管理,形成可业务化实施运行的实时数据库系统。

4.2.1.3　实时数据库在野外试验区的部署

在野外试验区,实时数据库是部署在气象部门内网里的。通过当地业务系统的局域网与实时气象业务系统连接,收集、处理和管理气象常规业务资料和外场加密观测资料。具体部署如图 4.2 所示。

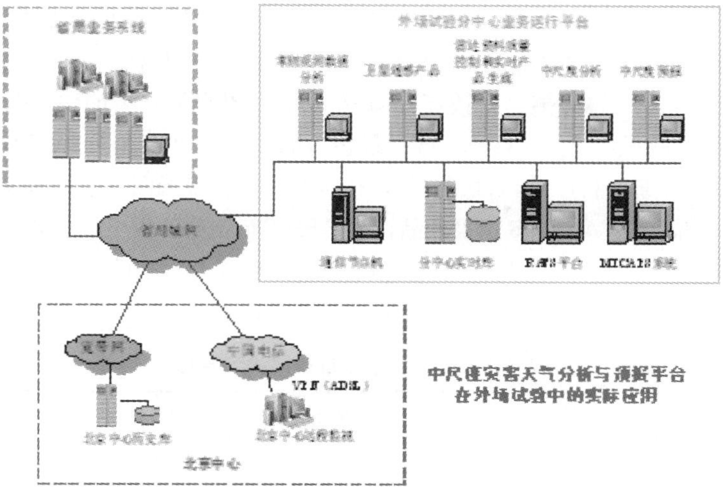

图 4.2　实时数据库在野外试验区的部署

4.2.1.4　实时数据库的数据流向

实时数据库的数据流向见图 4.3。可以概括为输入、输出、显示。输入是指所有实时进库的观测数据和产品数据，该数据供 RAFS 系统数据分析模块、分析模式和预报模式实时调用。在此把这类数据称为源数据，源数据主要有地面、地面加密观测数据，探空、加密探空数据，GPS 探空数据，GPS 水汽数据，风廓线数据，雷达基数据，FY 卫星云图，NCEP 预报产品等。输出是指由 M-WAFS 系统数据分析模块、分析模式、预报模式的产品，在此把这类数据称为产品数据，产品数据主要有雷达拼图产品，地面要素分析产品，LAPS 分析产品，GRAPES 模式预报产品，AREMS 模式预报产品，WRF 模式预报产品等。显示数据是指可以在 M-WAFS 系统显示的产品数据。

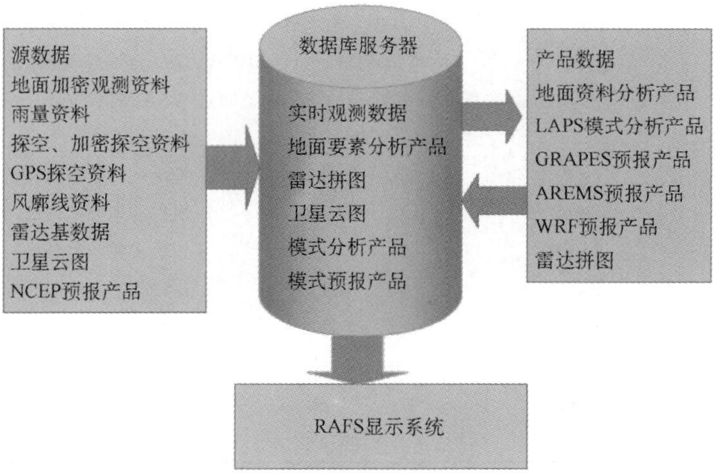

图 4.3　实时数据库数据流向

4.2.1.5　实时数据库的目录结构

实时数据库为层次目录结构，按源数据、M-WAFS 系统显示产品、归档数据三个类别组织并分层管理。

源数据目录 rawdat:源数据目录包含的数据是供数据分析模块、分析系统和预报模式调用的数据，主要有地面、地面加密观测资料，雨量资料，探空、加密探空资料，GPS 资料，风廓线资料，雷达基数据等观测资料;雷达拼图产品，FY 卫星云图产品，NCEP 预报产品等。

M-WAFS 系统产品显示目录 swewas:该目录包含的数据是可以在 M-WAFS 平台上显示的产品。主要有地面观测要素分析产品，雨量资料，雷达拼图，FY 卫星云图，风廓线，GPS 资料，LAPS 分析产品，GRAPES 预报产品，AREMS 预报产品，WRF 预报产品，ECMWF 预报产品等。

归档目录 DataBak:归档目录是 rawdat 和 swewas 两个目录的数据备份，以供从中遴选典型个例纳入个例历史库，为暴雨研究积累个例。辅助描述见表 4.1。

表 4.1　实时数据库目录结构示意图

一级目录	二级目录	三级目录	目录内容简述
rawdat\	aws\		地面加密观测数据
	awso\		质控后的地面观测数据
	awss\	t\t0\p0\rh\uv\	地面要素分析产品:温度、露点、海平面气压、相对湿度、风
	rain\		雨量资料
	high		探空资料
	radr\		雷达基数据
	star\		卫星云图
swewas\	awss\	t\t0\p0\rh\uv\ r\r6\r24\	地面要素:温度、露点、海平面气压、相对湿度、风、逐时降水、6 h 降水、24 h 降水
	star\	tbb\amv\clc\hpf\ vis\ir\vapor\	FY 卫星云图:黑体亮温、云导风、云分类、云区湿度廓线、可见光、红外云图 、水汽云图
	radar\	cr\et\vil\mref\	雷达拼图：组合反射率、回波顶、垂直累积液态水含量、反射率
	laps\		LAPS 分析产品
	grapes\	02\05\08\11\14\17\20\23\	GRAPES 预报产品
	wrf\	02\05\08\11\14\17\20\23\	WRF 预报产品
	arems\	08\20\	AREMS 预报产品
databack\	aws\	年月\	地面观测数据归档备份
	awso\	年月\	质控后地面数据归档备份
	radar\	年月\	雷达拼图归档备份
	laps\	年月\	LAPS 分析产品归档备份
	star\	年月\	卫星云图归档备份
	grapes\	年月\	GRAPES 预报产品备份
	wrf\	年月\	WRF 预报产品备份
	arems\	年月\	AREMS 预报产品备份

4.2.2　历史数据库

4.2.2.1　历史数据库的主要功能

收集整理 2001 年以来中国南方致洪暴雨外场试验观测数据和业务观测数据，为暴雨研究提供高可用性的数据集。2001—2008 年该数据库已经收集了南方暴雨过程 37 个,其中 2008 年有 6 个过程。2009 年收集了 8 个暴雨过程,其中包括持续性暴雨过程两次,台风降水过程两次。

该数据库系统通过网站提供数据服务,项目组成员可以登录网站浏览或下载资料(下载资料需有项目组开户授权)。网站地址:

http://www.cams.cma.gov.cn/cams_973/cheres_index.htm

4.2.2.2 历史数据库系统逻辑架构设计

历史数据库系统逻辑上分为硬件支持层、软件支持层、数据存储层、数据规范层、应用软件服务层、应用软件操作层和用户操作层。(图 4.4)。

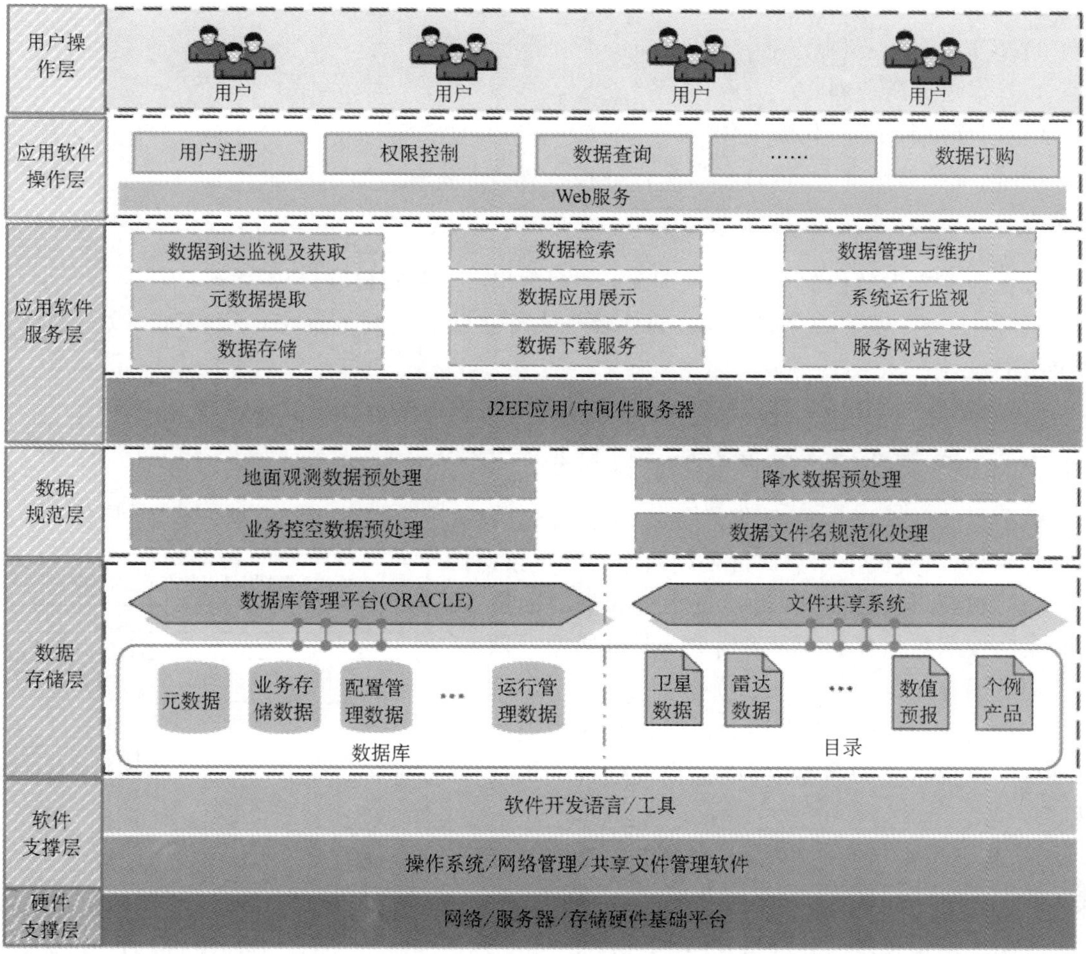

图 4.4 历史数据库系统逻辑架构设计

采用客户/服务器(B/S)三层体系结构的架构设计可以很好地实现历史数据库的应用需求。在数据管理层(server)和用户界面层(client)增加一层称为中间件(middleware)的结构,使整个体系结构成为三层。利用中间件将应用分为表示层、业务逻辑层和数据存储层三个不同的处理层次。实现客户机与服务器、服务器与服务器间的连接和通信;实现应用与数据库的高效连接;提供一个三层结构应用的开发、运行、部署和管理的平台。

4.2.2.3　历史资料库的数据类别

(1)地面:地面常规,地面加密;质控后的地面观测资料。

(2)探空:常规探空,加密探空;质控后的探空观测资料。

(3)降水:逐时雨量,分钟雨量,6 min 雨量,24 h 雨量。

(4)雷达:基数据,质控后的基数据,雷达拼图,雷达产品。

(5)卫星:FY-2C/FY-2D 的数值产品和图像。

(6)模式产品:

1)中尺度再分析(LAPS)不同区域和精度的产品;

2)T213 分析产品;

3)NCEP 分析、预报产品;

4)日本再分析资料。

(7)江淮试验区 GPS 探空资料。

(8)试验区加密观测雷达:毫米波、双偏振、激光雷达等。

4.2.2.4　历史数据库的数据存储管理设计

历史数据库中数据的存储管理分为文件和数据库两种存储管理模式:

(1)基于文件模式的存储管理主要侧重于文件存储区的划分及文件存储区下文件目录结构层次的设计;

(2)基于数据库模式存储管理的设计主要侧重于数据库信息模型的设计。

4.2.2.5　历史数据库数据存储区域划分

数据存储区域划分成:数据准备区、数据存储区、不合格数据区和数据下载区。

(1)数据准备区用于存放待处理入库的各类数据;

(2)数据存储区保存经过质量检查和处理的待入库数据。按照数据存储管理策略分为基础数据存储区和个例数据存储区;

(3)不合格数据区用于存储在数据质量检查和处理过程中发现问题的数据,待进一步进行人工检查和纠正;

(4)数据下载区存放网络用户查询和检索的待下载的数据。

数据库数据存储区域的划分见图 4.5。

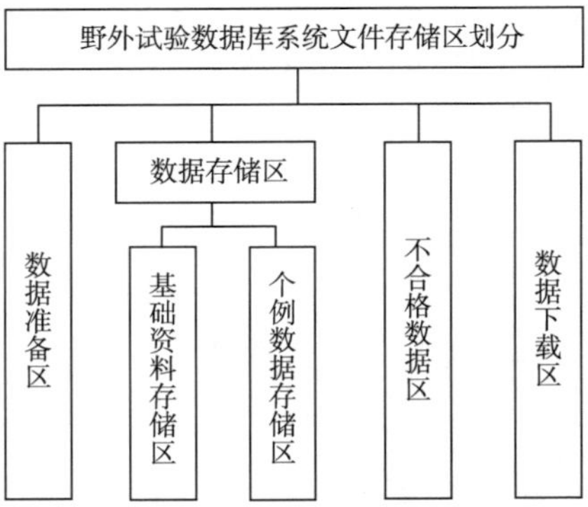

图 4.5　历史数据库数据存储区域划分

4.2.2.6　历史数据库数据文件存储规划

历史数据库的数据文件分为基础数据文件和项目数据文件。依据数据文件的分类对数据文件的存储规划如图 4.6 和 4.7 所示。

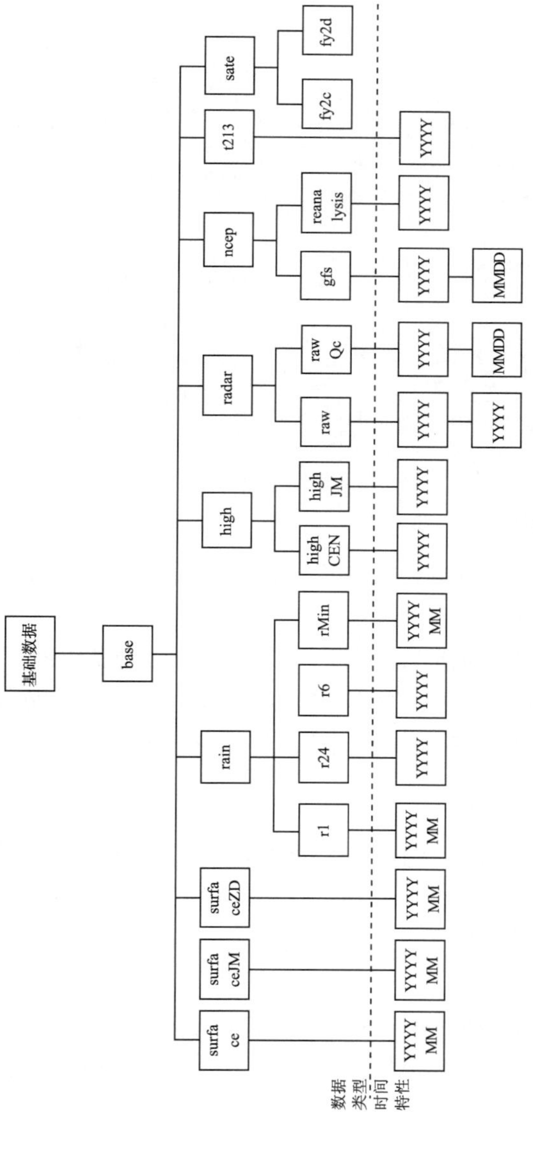

图4.6　历史数据库基础数据文件存储架构规划

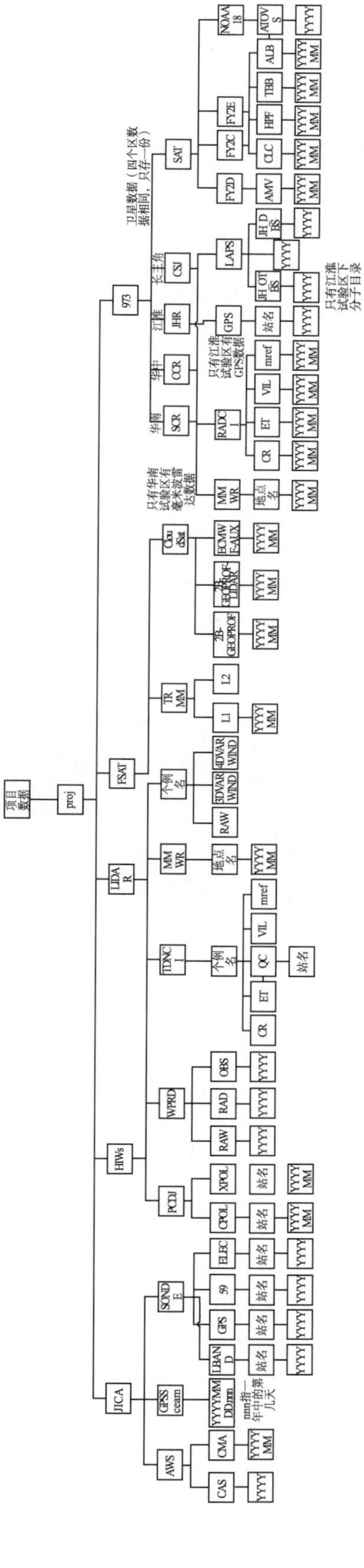

图4.7　历史数据库项目数据库存储架构规划

4.2.2.7　历史数据库数据存储规划

历史数据库的数据存储划分为:物理分布层、逻辑分布层和逻辑存储层(图 4.8)。

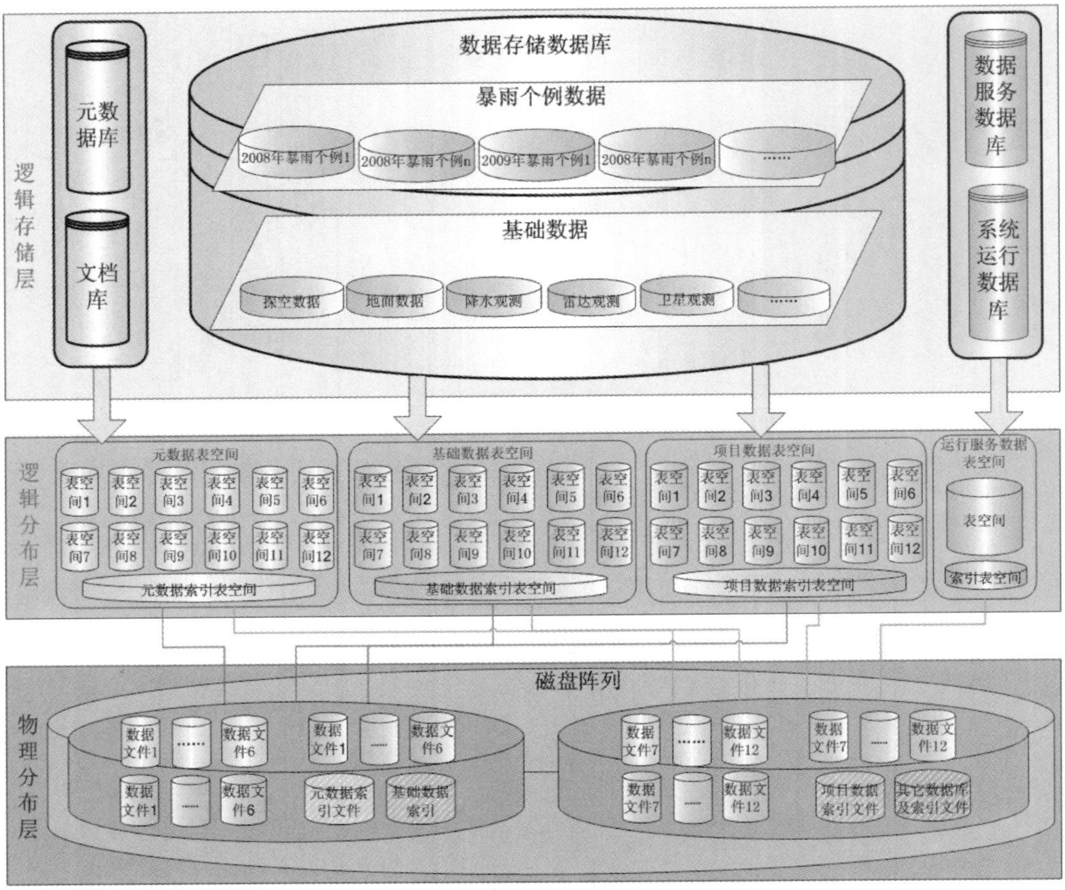

图 4.8　历史数据库数据存储规划

物理分布层:为了提高数据库的运行效率,加快数据检索速度,将数据库的数据存储部署在 2 个存储设备上。

逻辑分布层包括:元数据表空间、基础数据表空间、项目数据表空间和运行服务数据表空间。

逻辑存储层包括 3 类存储数据:技术数据和个例数据(数据实体)、元数据和文档数据(数据描述和文档说明)、共享服务和运行管理数据(数据库运行管理和共享服务信息)。

4.2.2.8　历史数据库的功能模块

历史数据库的主要功能包括:数据存储规划、数据存储管理、数据在线服务、统一调度管理、系统监控及维护和信息管理服务等功能。

数据存储规划功能包括:数据特性分析、数据获取策略规划、数据文件存储规划、元数据提取策略规划和数据库存储规划等子功能。

数据存储管理功能包括:数据获取、元数据提取、数据解析入库和不合格数据处理等子功能。

数据在线服务功能包括:元数据检索、数据内容检索、数据使用展示、订单接收服务、数据下载服务和数据在线接口服务等子功能。

统一调度管理功能包括:数据存储调度管理、数据在线服务调度、数据维护调度管理和信息调度管理等子功能。

系统监控及维护功能包括:系统参数配置、数据存储状态监控、数据服务状态监控、数据库备份恢复、数据存储空间维护和日志信息监视等子功能。

信息管理服务功能包括:用户注册、用户登录、最新数据发布、公告发布、栏目管理、快速链接和在线帮助子功能。功能模块的组成见图 4.9。

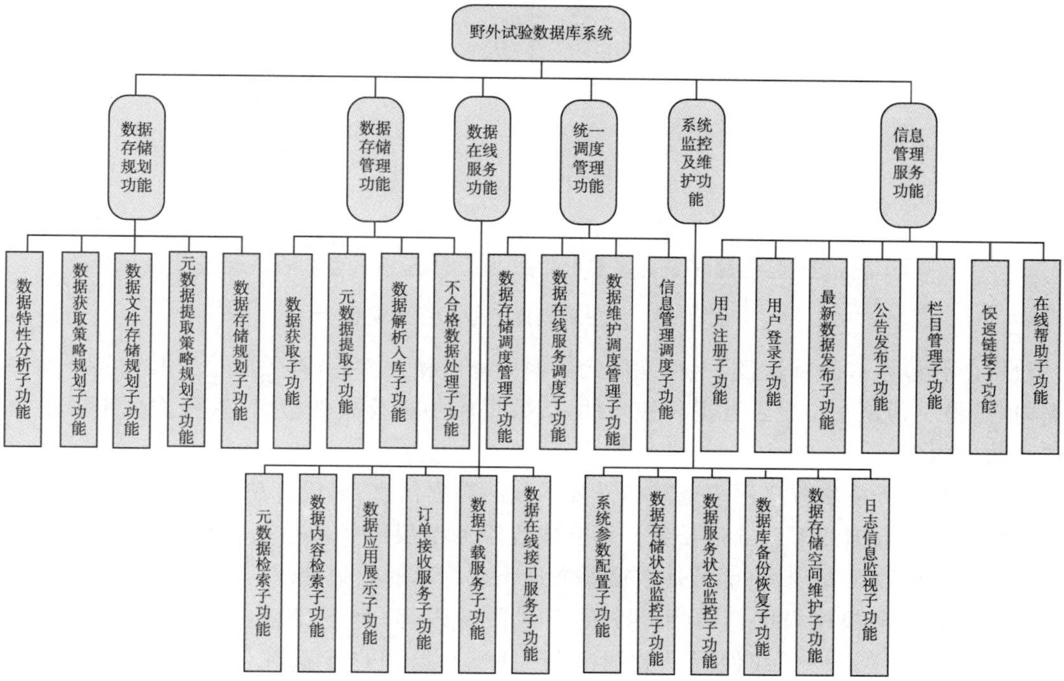

图 4.9　历史数据库的功能模块

4.2.2.9　历史数据库的数据存储流程

首先,由数据获取子功能根据各类数据的获取策略监视数据准备区中相应的数据目录,当有新的数据到达时,将数据移入数据存储区。

其次,元数据提取模块根据各类数据元数据的提取策略,从文件名或文件头中取出相关元数据信息记入元数据库。将数据存储区域中的非结构化数据以文件方式保存在在线磁盘上,将另一部分结构化数据送给数据解析入库功能模块进行数据内容解析,并存储到数据库中,如常规资料、数值预报、探空数据等。将在正常存储流程中处理失败的数据移到不合格数据区,由用户对其进行人工干预处理。

历史数据库的数据存储流程见图 4.10。

4.2.2.10　历史数据库的在线服务流程

数据存储调度管理模块为各级用户提供元数据检索、数据内容检索以及数据下载等数据服务。通过元数据检索为用户从元数据库中查询目前系统中用户需要的数据,以便用户进一步进行数据检索和下载。

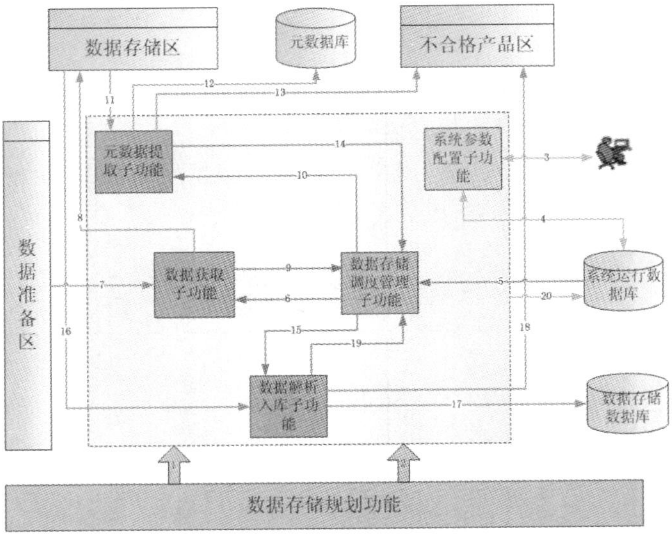

图 4.10　历史数据库的数据存储流程

数据内容检索有两种途径:一种是从元数据先查出相关文件,再关联检索其中某个文件的数据内容;另一种是直接设定数据属性条件,从数据库中进行条件检索,这种方式不限于单个文件的数据内容。

订单接收服务模块收集用户选择的需要下载的数据信息,形成订单写入数据库,由数据下载服务功能实现数据的下载准备任务。订单接收服务模块的任务包括两部分:一部分是文件形态数据订单的收集处理,一部分是数据库数据下载订单的收集处理。

数据下载服务模块根据订单所要求的下载数据内容,为下载用户准备数据,并将数据送到数据下载区供用户下载使用。数据准备完成后,给用户发送邮件,通知用户数据获取的地址。

历史数据库的在线服务流程如图 4.11 所示。

4.3　野外科学试验数据的管理和使用策略

为了更好地管理和使用 2 年野外试验获取的大量珍贵的关于中尺度暴雨三维结构的第一手资料,项目制定了一系列的关于野外科学试验数据的管理和使用策略。

根据《中华人民共和国气象法》和中国气象局《气象资料共享管理办法》的有关规定,为保证"我国南方致洪暴雨监测与预测的理论和方法研究"项目所收集的气象资料的安全管理和合理使用,提高气象资料的使用效率,项目制订了"973"项目资料管理使用协议、"973"项目资料使用登记表和"973"资料使用反馈表等。要求资料使用人员登记资料的获取和使用情况,及时反馈资料使用中遇到的问题和不足。同时为了及时快速地提供准确、可靠的科学数据,项目资料组在外场试验结束之后,迅速地收集和整理资料,分期分批地提供给研究人员使用。例如 2008 年外场试验结束后,资料组分 4 批提供了长江以南试验区资料清单和资料格式。

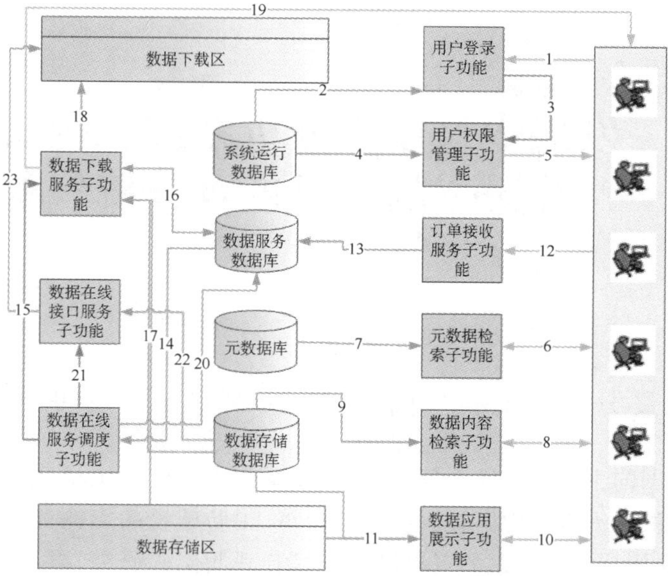

图 4.11　历史数据库的在线服务流程

4.4　总结

中国暴雨外场试验共收集了 14 个典型暴雨个例，包括 4 个外场试验区的加密观测、特种观测、试验区中尺度再分析资料和数据产品等共 12 个类别，约 4.2 TB 的数据。为项目科学家顺利地完成研究工作提供数据基础。

外场实验期间建立的外场试验实时资料库系统实现了实时数据的快速收集、处理和管理，为中尺度数值预报模式、中尺度分析模式、区域雷达拼图和产品生成系统、中尺度灾害天气分析与预报平台的实时运行提供数据资源，为实现外场试验期间的观测与预报互动建立了数据环境。此外，采用 ORACLE 数据库管理系统和 IBM WebSphere 中间件技术，基于 AIX 操作系统平台，采用事件关联，数据联动机制，建立了基于暴雨个例查询的中国暴雨外场试验数据库系统。

中国暴雨个例数据库的建设将是一个长期持续的过程，在未来项目支持下将进一步加强历史数据的整理，实现历史数据和实时数据全部在线共享。在此基础上整合 2001 年以来两个“973”野外科学试验数据，建立规范完整的中国暴雨外场试验数据库。提供统一规范的数据管理系统和数据共享平台，使其成为中国暴雨研究的重要数据资源。

第5章　发展中尺度再分析系统和生成高时空分辨率的中尺度再分析气象场

5.1　发展中尺度分析系统和生成高时空分辨率中尺度再分析资料的重要性

暴雨是影响中国的主要灾害性天气之一,它涉及中小尺度系统相互作用以及云物理学的问题。暴雨引起的洪涝灾害对中国社会发展和经济、国防建设的影响日益加剧。有关研究指出,需要采用新的观测技术和稠密的观测网进行综合观测实验研究,弄清暴雨过程的事实,并将这些事实提高到理性认识阶段,给出暴雨清晰的物理图像,提出准确的暴雨预报方法(陶诗言等,1980)。深入了解暴雨的形成机理和开展对暴雨监测、预测理论和方法研究一直是中国科学家极为关注的重要研究方向,也是提高中国防灾、减灾能力的需求。

20世纪60年代以来,中国已进行过多次暴雨外场观测试验,获取了很多观测资料,对暴雨的理性认识更加深刻。即使这样,现有应用于业务的中尺度探测网的四维时空分辨率仍然难以给出β中尺度暴雨系统结构的完整资料,还必须依靠多种观测资料的集成同化,把资料和天气动力学分析诊断以及高分辨率中尺度数值模拟有机地结合起来,才能进一步深入揭示暴雨系统中尺度结构与过程的变化机制与规律(倪允琪等,2006)。探测技术的不断发展和成熟,提供了越来越多的分辨率较高的实时非常规观测资料。卫星资料水平分辨率高、观测面广,对海洋、沙漠这些资料高度缺乏区域尤其重要。加密部署的新一代天气雷达资料时空分辨率很高,对于了解中小尺度天气系统的发生、发展机理尤其突出。

自20世纪90年代以来,利用资料同化技术来综合分析和处理历史的气象观测数据、重建长期而连续的格点再分析资料取得了长足发展。再分析资料的问世为人们深入了解大气运动的方式、认识不同时空尺度内气候变化和变率提供了强有力的、甚至不可替代的研究工具,然而,作为一种利用资料同化方法把数值预报产品和观测资料融合起来的“再生产物”,再分析产品在不同时空尺度内都包含有数值模式、同化方案和观测系统变更所引人的误差,特别是观测系统的改变可能会在气候长期变化的趋势中引入虚假的信号。

除了受观测系统变更所引入的误差影响外,再分析产品的质量还受到数值预报模式和同化方案等所含系统性误差的影响,特别是受模式系统误差的影响比较大(Trenberth,*et al.*,2001)。模式系统误差的影响不仅体现在一些重要的物理参数化方案所存在的缺陷或不足,而且也体现在其会放大观测系统所引入的误差,反映出虚假的气候变化信号。研究表明(Bengtsson,*et al.*,2004),由于地表观测资料不能显著影响高空位势涡旋,故,再分析系统所同化的高空观测资料对再分析产品的质量来说具有更为重要的意义。根据再分析资料受观测系统和模式强迫影响的相对大小,可把其产品归为四类,其中位势高度场、温度场和风场等产品的质量主要受所同化的观测资料的影响,而受模式系统的影响相对较小。因此,这类产品是最值得信赖的。

近年来，随着各种再分析数据集的广泛使用，人们开始更加关注不同再分析产品之间的差别与质量问题，不少研究探讨再分析资料在东亚和中国区域气候变化研究中的适用性问题（赵天保和符淙斌，2009；施晓晖等，2006），但这些工作大多是一些针对气候变化研究的可信度分析和验证，而再分析场对中尺度研究的适用性问题，中国目前研究较少，究其主要原因是我们缺少有力的中尺度分析场。为了解决在中尺度系统研究中缺少中尺度分析工具的问题，中国气象局武汉暴雨研究所于 2005 年与美国 NOAA 下属的 ESRL 合作并引进了 LAPS 系统（Local Analysis and Prediction System），即局地分析预报系统。LAPS 的基础算法是在背景场基础上将观测数据采用距离权重插值得到网格点值，然后对地面风压关系采用二维变分进行约束，对高空温、压、风关系采用三维变分进行约束，对垂直水汽分布采用一维变分进行约束等，其每一步的物理意义都很明确，LAPS 系统通过调整权重等参数，可以使分析场与观测实况很接近。

武汉暴雨所通过对其进行本地化移植，实现了在天气预报业务中对于多种中尺度资料的及时有效利用。在“973”项目支持下，武汉暴雨所将引进开发的 LAPS 系统在广州热带海洋气象研究所、上海台风研究所以及安徽省气象台进行了安装运行，为华南、华中、江淮、长三角 4 个野外试验基地的中尺度系统的搭建创造了条件。目前，该系统已经具备基于 MICAPS/9210 业务数据平台、完全自动化的业务运行功能。LAPS 系统在湖北、安徽、上海、广东 4 个基地以及中国气象科学研究院实现了 2 a 业务运行，并每隔 3 h 输出中尺度分析场，为各个区域的中尺度分析以及预报服务。虽然 LAPS 系统已经被成功移植到中国运行，也结合暴雨过程做了一些分析、检验评估（崔春光等，2009；李红莉等，2009），但尚未结合批量数值试验对其进行系统的检验评估。为此，本项目对 2008 年 5—7 月 4 个外场观测基地的 LAPS 分析结果进行客观的检验评估，以期从评估结果中更加理性地认识 LAPS 系统的分析能力，并客观评价其中尺度分析场的可信度，为 LAPS 用户提供客观的使用依据。

5.2　LAPS 系统简介及运行流程

5.2.1　系统简介

美国 NOAA 下属的地球系统研究实验室 ESRL 研究开发的 LAPS 系统，是融合分析多种资料的中尺度分析系统，解决预报员不能在同一数值平台上看到所有资料信息的难题，尤其是全国区域模式未充分应用诸如多普勒雷达资料以及中尺度加密观测资料在内的局地探测资料的问题。该系统利用所有可以获取的资料，创建分析和预报网格，建立为专门预报应用服务的产品。其优点是充分利用各类探测资料和数值模式分析产品，提高空间分辨率，改善云和降水预报，捕捉更详细的地形作用，提高时间分辨率，可以更灵活地满足局地需要。该系统从 20 世纪 90 年代开发以来，经过十多年的发展，由 ERSL 负责维护，不断更新，现仍在免费对外发布。LAPS 系统可以融合的资料包括：

（1）全国/区域/局地数值模式产品；

（2）探空资料；

（3）地面资料：METAR（机场发布的例行天气报告），常规天气报告，浮标/船只观测资料，LDAD（FSL 开发的局地资料获取和发布系统）中尺度网观测资料，GPS 地面观测等；

(4)雷达;

(5)原始卫星资料;

(6)卫星/辐射计/探空仪;

(7)云导风;

(8)各种探测的风廓线资料;

(9)GPS 水汽资料;

(10)飞机报;

(11)RASS。

该系统将以上各种可能获取的观测资料融合分析到针对某个区域的高分辨率网格上,形成覆盖任一区域三维高时空分辨率的网格分析场。LAPS 系统将这些实际观测资料融合、转化成覆盖范围为 1040 km×1240 km 的逐时三维高分辨率格点资料,其水平分辨率为 1~48 km,垂直方向可分为 21 层,层顶为 100 hPa。

LAPS 分析模块包括风分析、地面处理、温度分析、云分析、水汽分析等基本物理量的分析,此外,还提供了一些由上述分析量导出的衍生产品,包括结冰指数、K 指数、对流有效位能、螺旋度、火灾天气指数等。

模式初始化及后处理:LAPS 系统还提供了将 LAPS 分析场处理成其他局地预报模式的初始场格式的模块,这些模式包括 MM5、RAMS、WRF 等,只要在控制参数文件中选择相关选项即可。需要指出的是,要得到这些模式的初始场,LAPS 需要完成风分析、温度及高度分析、相对湿度分析、比湿分析、云分析、地面分析以及降水分析,缺一不可。另外,LAPS 还可以将大尺度模式预报场处理成这些预报模式的侧边界条件的格式。

5.2.2 LAPS 运行流程

LAPS 主要包括资料融合模块、资料分析模块、接入预报模式模块三个部分。LAPS 资料融合模块的功能,主要是通过对各种类型的观测资料做相应处理,生成 LAPS 网格上的中间数据,提供给 LAPS 分析模块。LAPS 资料分析模块包括风分析、温度—高度分析、云分析、湿度分析,并根据输出场反演其他物理量的导出分析,降雪/液态等价物降水分析,土壤湿度分析以及高度、风及云的准地转平衡处理等几个部分。LAPS 输出量除常规的温度、高度、湿度及风场外,还提供许多有指导意义的指数,如火灾天气指数、热指数、风暴指数、三维结冰指数等;另外,还包括多种物理量,如地面位温、地面风场、海平面气压、地面能见度、地面相当位温、边界层层顶高度、土壤湿度等。鉴于多普勒雷达资料在 LAPS 分析中的重要性,下面将详细说明雷达资料在 LAPS 系统中的应用方法。

5.2.3 多普勒雷达资料在 LAPS 系统中的应用方法

(1)多普勒雷达资料在 LAPS 系统中的预处理

1)雷达回波

首先,以 LAPS 网格点为中心,取一立体单元空间,大小由 LAPS 网格水平分辨率和垂直分辨率决定,为 $\delta x, \delta y, \delta p$;然后,将该立体单元空间内所有仰角观测值进行平均,定义为该网格点的雷达回波值;再进行逐点计算后,即可得到整个分析区域的回波场。得到 LAPS 分析区域回波场后,再对该回波场进行质量控制——即移除杂波:将该回波场与地形杂波场进行比较，分析回波强度大于地形杂波 10 dBZ 以上的部分，定为真正的天气回波场。

2)雷达经向风

同雷达回波，取定一立体单元空间，进行资料筛查：假设立体单元空间内的资料量小于总观测仰角数的 40%，则认为该网格点的经向风资料缺测。筛查结束后，其他计算方法与回波场相同。

(2)多普勒雷达经向风在风分析中的应用

LAPS 按照以下几步进行分析。

第一步，首先读进地面观测、探空、飞机报、风廓线仪等风场资料，结合背景模式场，将观测的风向、风速资料内插到分析网格上，得到观测内插风场；再将模式背景风场也内插到 LAPS 区域网格点，称为第一初猜场。再将观测内插风场减去第一初猜场，定义为差量场，然后，进行质量控制。质量控制使用的方法是，若差量值大于阈值，则该观测资料将被剔除，阈值越大，观测资料越容易通过检定，表示观测资料越可信；而阈值的大小，随不同观测仪器标准不同，其中，多普勒雷达经向风场的阈值为 12 m/s，飞机报为 10 m/s，风廓线仪为 22 m/s，其他如地面观测、探空等为 30 m/s。质量控制完成后，将差量场延伸到垂直上、下各一层上，采用的垂直权重函数如下：

$$v = e - \frac{z}{r_v}, \tag{5.1}$$

式中 z：与观测站的垂直距离，$r_v = \frac{\delta p}{2}$，$\delta p = 50\ \text{hPa}$ ；

再利用 Barnes 权重函数进行逐次订正法客观分析，Barnes 权重函数公式如下：

$$w = vte - \left(\frac{s}{r_h}\right)^2 \tag{5.2},$$

式中 v：垂直权重函数，s：观测站与网格间距离，r_h：影响半径，t：资料类型参数，通常等于 1；其中，影响半径 r_h 在逐次计算中逐渐变小，并且每次分析的结果都作为下一次分析的背景场，如此循环分析，将可逐步显现大气中的中小尺度风场特征。然后，将客观分析的差量场加回到第一初猜场，可得初步三维风场。最后，当有两部或多部多普勒雷达观测资料时，进行如下步骤：先挑选出同时具有 2 部或多部雷达经向风观测的网格点，将这些网格点的多普勒雷达风场资料与初步三维风场进行合并(方法见第二步)，再配合非雷达资料进行 Barnes 分析，所得的结果即为第一步的风场。

第二步，主要目的是引进完整的多普勒雷达三维经向风资料。首先，读取雷达经向风场，接着利用第一步推算出的相对于雷达的切向风分量，与经向风进行合并；然后将合并风场再利用第一步的方法分析一次，则得第二步的风场。上述合并风场的做法，同时也适用于第一步中的最后步骤。如果 LAPS 分析区域只有单部多普勒雷达观测，则省略第一步中的最后步骤，第二步所得的风场就是最终风分析结果。

第三步，假如有 2 部或多部雷达同时观测时，则利用第二步风场分析，推导出第二个雷达的切向风分量，与经向风场结合，进入下一个分析。如此循环，直到所有的雷达都计算完毕，才可得到最终的三维水平风场。

(3)多普勒雷达反射率在云分析中的应用

LAPS 结合地面观测、飞机、卫星红外辐射及可见光辐射、多普勒雷达回波资料，再配合 LAPS 温度场与高度场分析结果，进行三维云分析，步骤如下：

第一步:将地面观测及飞机报内插至 LAPS 网格点,得到初步分析,提供云层垂直与水平大致分布。

第二步:引进模式背景场的云液态水、云冰、混合比等云参数,利用 Barnes 分析法,结合第一步的观测资料,进行逐层水平分析,可得初步三维云结构;然后利用 LAPS 温度及高度分析场,推导出初步云结构的三维亮温分布。

第三步:利用卫星观测的云顶温度值,调整第二步所推导的初步云结构。由于卫星红外辐射对于低云的探测不灵敏,因此对判断依据加以调整:若飞机观测或地面观测的云顶高度低于 800 m,则使用第二步的云顶温度,即不订正该区域;若云顶高于 800 m,则利用卫星观测的云顶温度进行订正。根据这个调整,将改变第二步中云顶高于 800 m 的云厚度。

第四步:利用卫星红外辐射所观测的云顶温度场,配合 LAPS 温度场与高度场分析结果,推导出云顶高度场,再调整第三步的云结构。该步调整属于云系追加过程,可分为两种情况,一是原本第三步就已分析出该处有云,但云顶低于卫星推导的云顶高度值,此时,就在第三步的结果上追加云系;二是卫星观测有云,但第三步中并未分析出来,则以卫星资料为主,在该处追加云系,这种情况通常用于高云族,追加时则假定云厚度为 1500 m。

第五步:引进雷达回波资料,当雷达观测到回波时,先以地形杂波场及其他资料(卫星、地面观测等),消除杂波,然后将回波高度高于云底的部分,追加到第四步的云结构上,加强云分析。

第六步:引进卫星可见光辐射资料,修正云覆盖率。上述五步的三维云分析产品以云覆盖(数值为 0~1)来表示,可解释为云系在单元网格体积内所占的比例。当 LAPS 引进可见光资料后,先将其投影,内插到分析网格上,再利用 Albers 等(1996)订正法,进行云图亮度订正,并推导出反照率与云覆盖率。由于可见光资料分辨率高,低云显示能力较强,因此,若第一步到第五步的云覆盖值高于可见光推导的结果,则以可见光资料进行订正,完成后即可得到最终的三维云分析产品。

(注意:根据所能提供给 LAPS 的资料,LAPS 云分析对每种资料均设置了控制开关,若有这种资料,则打开开关,若无,再关闭开关,执行下一步分析。)

5.3 应用野外试验多种观测资料的融合同化生成的 SCHeREX 中尺度分析场

在 2008 和 2009 年 5—7 月的 SCHeREX 外场试验期,在四个野外试验观测区应用 LAPS 系统生成高时空分辨率的中尺度分析场。

LAPS 中尺度分析系统融合同化的国家"973"项目"我国南方致洪暴雨监测与预测理论和方法研究"于 2008 和 2009 年 5 月 1 日—7 月 20 日在中国南方 12 个省 2 个市实施中国南方暴雨野外科学试验(SCHeREX)(图 5.1)并与武汉暴雨所合作在 SCHeREX 野外试验中利用 LAPS 分析系统融合和同化了在中国南方暴雨野外试验中获取的多种常规和非常规资料,按照 LAPS 的流程(图 5.2),建立了分别覆盖华中、华南、江淮、长三角四个观测区、水平分辨率为 5 km、时间分辨率为 3 h 的中尺度分析场(以下称"SCHeREX 中尺度分析场"),尤其是在江淮观测区的大别山地区生成 3 km,1 h 空间—时间分辨的中尺度分析场。观测资料来自于四个观测区表 5.1 所列的观测装备。例如华中区域包含了武汉、宜昌、恩施、十堰、常德、长沙、南昌、九江等 13 部雷达资料,汉中、安康、南阳、达县、恩施、宜昌、马坡岭、南昌、沙坪坝、怀化、武汉等 12 个探空站资料,还有 1600 多个自动站和常规地面站观测资料(图 5.1)。LAPS 融合分析的数据包括地面观测资料(包括常规地面观测站、自动站)、高空加密观测资料(4 次/d),SA、SB 波段多普勒雷达基数据。

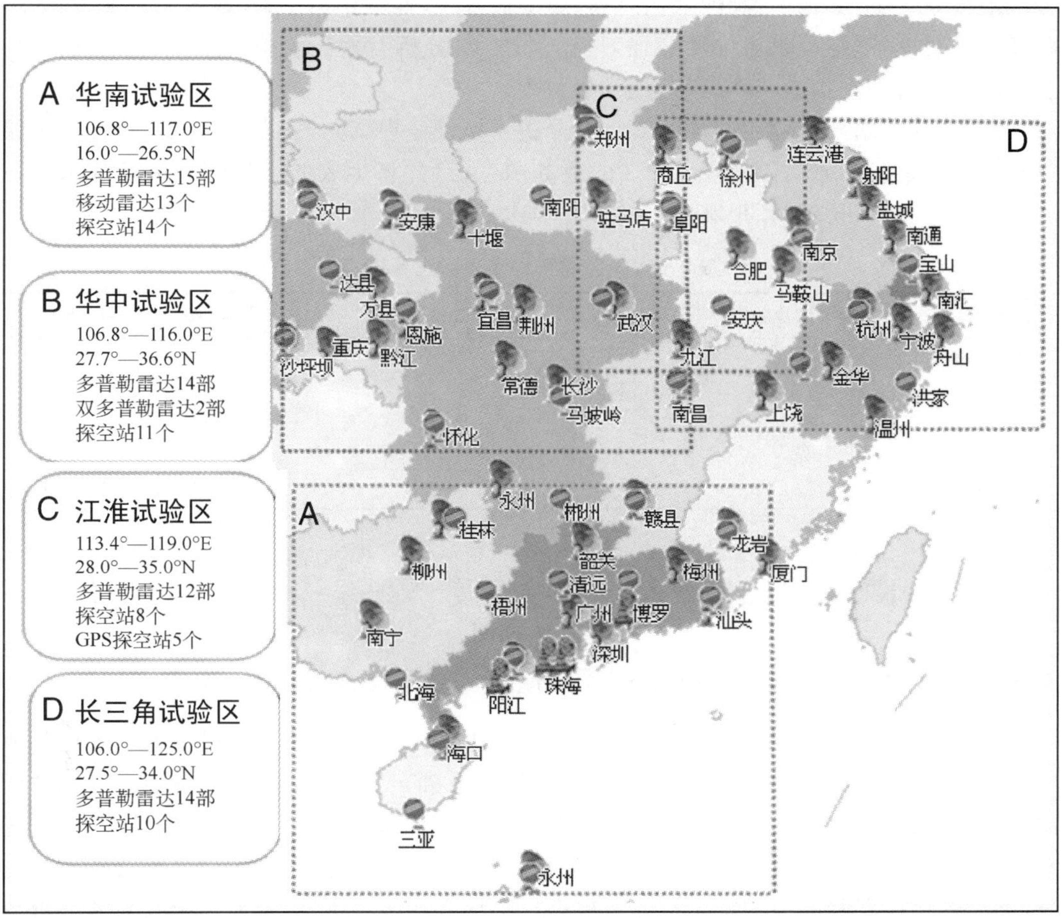

图 5.1　四个野外试验观测区(106.8°—125.0°E,16.0°—36.6°N)

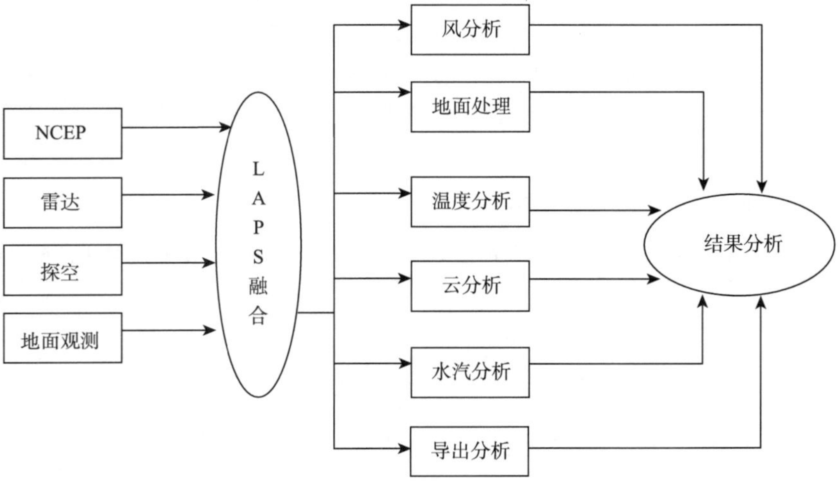

图 5.2　中国南方暴雨野外试验利用 LAPS 的流程

SCHeREX 中尺度分析场的垂直分为 21 层,模式顶为 100 hPa,中尺度气象分析场的气象变量包括各位面的温度、位势高度、湿度(包括相对湿度)、风向和风速等,同时还包括多种地面和近地层气象变量,如地面位温、地面风场、海平面气压、地面相当位温、地面能见度、边界层顶高度和土壤湿度等,还提供对中尺度强对流天气诊断分析有使用价值的物理量,如 CAPE 指数、K 指数、对流抑制指数 CIN,以及抬升指数等。

目前,由武汉暴雨研究所引进的 LAPS 分析系统已经在湖北、安徽、上海、广东四个试验基地以及中国气象科学研究院实现了 2 a 的业务试运行,并将生成的中尺度分析场应用于各个区域的中尺度分析研究与预报服务。

表 5.1 南方暴雨外场试验主要设备

观测设备地区	华南试验区	华中试验区	淮河试验区	长三角试验区	合计
业务雷达	16	13	13	14	56
业务探空	13	12	10	9	44
新增探空			5		5
车载雷达	2	1	1	1	5
自动站	1700	1690	2100	1458	6948

5.4 SCHeREX 中尺度分析场对中尺度诊断分析的适用性评估

5.4.1 SCHeREX 中尺度分析场对中尺度系统的再现能力

SCHeREX 中尺度分析场对中尺度系统(尤其是 β 中尺度系统)的再现能力是体现其融合各种观测资料后所表现出来的重要属性。由于暴雨及强对流过程具有明显的 β 中尺度特性,因而在暴雨过程中 LAPS 分析场能否合理、有效地表现出降水系统的 β 中尺度特性则是权衡其融合效果的最重要的指标。下面首先对 LAPS 分析场在暴雨过程中的中尺度特性进行统计分析,然后对试验期间的一些重要暴雨过程进行中尺度系统分析,以全面揭示 LAPS 分析场对暴雨过程中中尺度系统的再现能力。

定义常规观测站单站观测的 24 h 降水量超过 50 mm 为暴雨日。分别统计 2008 和 2009 年 5 月 20 日至 7 月 20 日 4 个试验区域内的暴雨日。对这些暴雨日的 SCHeREX 中尺度分析场进行逐个分析,普查引发暴雨的中尺度暴雨系统(β 中尺度强对流系统)在 925、850 和 700 hPa位面上对应的中尺度强对流系统的天气特征及其与观测站强降水的对应情况,从而分析 SCHeREX 中尺度分析场对中尺度暴雨系统的再现能力,分析结果如表 5.2 和 5.3 所示(华南试验区未统计不同系统出现的次数):

表 5.2 2008 年 5 月 20 日至 7 月 20 日的暴雨日及 SCHeREX 中尺度分析场的中尺度系统统计

试验区	暴雨日	925 hPa 位面上对应有中尺度系统活动的日数和类别	
		日数	类别
江淮	16	12(75%)	辐合线(5),低涡(4),低槽(3)
华南	27	21(78%)	辐合线,切变线,低涡系统
华中	27	25(93%)	辐合线(5),低涡(6),切变线(5),低槽(4),中气旋(4)
长三角	26	26(100%)	低涡(6),辐合线(1),低槽(1),切变线(4)、α 中尺度涡旋(6),水汽通量散度大值区(8)

表 5.3　2009 年 5 月 20 日至 7 月 20 日的暴雨日及 LAPS 分析场的中尺度系统统计

试验区	暴雨日	925 hPa 位面上对应有中尺度系统活动的日数和类别	
		日数	类别
江淮	17	15(88%)	辐合线(10),低涡(3),切变线(2)
华南	22	16(73%)	辐合线、切变线、低涡系统
华中	23	21(91%)	辐合线(11),低涡(4),切变线(4),低压(1),中气旋(1)
长三角	12	12(100%)	5 辐合线(5),低涡(1),低槽(2),切变线(4)

表 5.2 和 5.3 清楚地表明 LAPS 系统生成的 SCHeREX 中尺度分析场对绝大多引发暴雨的中尺度系统具有再现能力。结果也同时表明在不同地区和不同高度位面上与暴雨对应的中尺度系统也有差异,例如 2008 年 5 月 20 日—7 月 20 日在江淮地区,在 925 hPa 位面上与暴雨对应的中尺度系统有 75%,而在华中地区可达到 93%的暴雨对应有中尺度系统。在 850 hPa 位面上江淮地区有 81%的暴雨与中尺度系统对应,而华中地区可达到 89%(表略);2009 年 5 月 20 日—7 月 20 日,在 925 hPa 位面上江淮地区有 88%的中尺度系统能与暴雨相对应,而华中地区可达 91%,在 850 hPa 位面上江淮地区仅有 71%中尺度系统与暴雨相对应,而在华中地区可达 96%(表略)。这一结果也反映了不同地区的中尺度系统的垂直结构可能有一定的差异,这种差异也反映在不同高度的位面上。同时也可以看到对于那些暴雨范围较大、暴雨出现的地点集中、大雨或暴雨成片出现,降水局地性不强的个例具有很好的再现能力。另外,不能明显分析出影响系统的个例都表现出对流性强降水特征,局地性强,周边观测站降水量小或无降水,空间分布不均匀,其中有部分个例均是单站出现暴雨,降水时段集中。对于这种降水过程,SCHeREX 中尺度分析场时空分辨率上表现不足,需要融合同化更多时空分辨率更高的观测资料,并增加 LAPS 系统的分析时次。值得一提的是,以上进行的中尺度系统统计是利用 LAPS 系统分析的流场或高度场来进行统计的,这仅从一个角度粗略地表明了 LAPS 分析系统对于中尺度强对流系统的分析能力,但并不能完全说明其生成的 SCHeREX 尺度分析场对中尺度暴雨系统真实的再现能力,因为流场上看不到的影响系统,在水汽通量散度场上可能有所反映。

5.4.2　利用 SCHeREX 中尺度分析场对中尺度系统的个例分析

SCHeREX 中尺度分析场与雷达回波、TBB 以及实况降水的对比

选取 2008 年 5 月 18 日华南暴雨过程、2008 年 6 月 10 日长三角地区暴雨过程、2008 年 6 月 21 日江淮流域暴雨过程以及 2009 年 6 月 2 日华南暴雨过程,分别分析 SCHeREX 中尺度分析场上中尺度系统的发展演变过程,并与地面降水、雷达回波及 TBB 进行对比,以检验 SCHeREX 中尺度分析场对引发暴雨过程的中尺度强对流系统的再现能力。再选取多个暴雨过程,对 SCHeREX 中尺度分析场与 NCEP 分析场进行对比,以检验 SCHeREX 中尺度分析场在融合了各种观测资料尤其是非常规中尺度观测资料后,与 NCEP 分析场(该分析场作为应用 LAPS 系统做中尺度分析的背景场)对比所表现出来的更强的中尺度属性以及在中尺度分析中的适用性。

2008 年 5 月 17 日 18 时到 5 月 18 日 12 时(世界时,下同)在广西的中、北部出现了较强的降水,5 月 18 日 13 时降水开始南移并逐步加强,18 日 18 时(图 5.3),降水主要分布在广西南

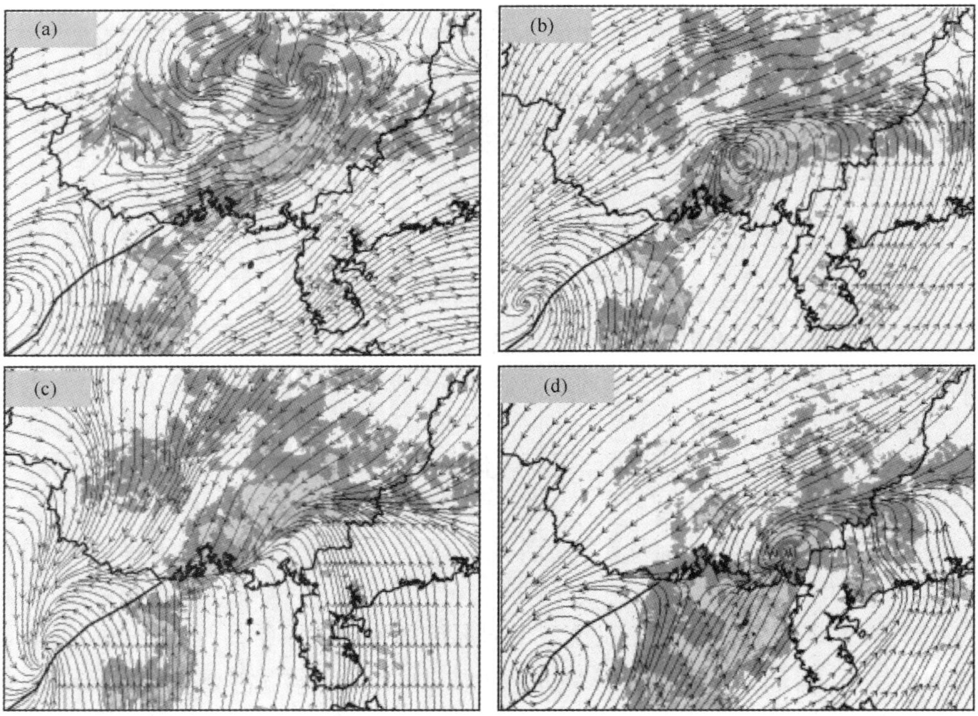

图 5.3　2008 年 5 月 18 日华南区域 SCHeREX 流场及雷达回波(阴影)

(a. 18 时 700 hPa, b. 18 时 850 hPa, c. 18 时 950 hPa, d. 21 时 850 hPa)

部,此时对流层低层有明显的中尺度对流系统发生、发展:从 700 hPa(图 5.3a)上可以看到,在广西中南部有一个空间尺度约 200 km 的中尺度气旋生成;在 850 hPa(图 5.3b)上,广西南部则有一个明显的 β 中尺度气旋发展;而在 950 hPa(图 5.3c)上,该区域则是一条中尺度辐合线。随后整个中尺度对流系统逐步向东南方向移动,3 h 后 850 hPa(图 5.3d)β 中尺度气旋已经移动到了两广交界处。该中尺度对流系统在垂直方向上明显向北倾斜,从 18 时雷达回波的发展配置可以看到,强对流回波位于 700 hPa 中尺度气旋南侧的西南暖湿气流中,与 850 hPa 的 β 中尺度气旋密切对应,在随后的数小时之内该 β 中尺度气旋影响的范围降水明显加强,雨团强度超过 50 mm/h,其强雨团维持的时间与 β 中尺度气旋的生命史一致。以上分析表明,对于华南区域这次由 β 中尺度气旋发展东移造成的强降水过程,SCHeREX 中尺度分析场能很好地再现其中尺度对流系统的发展演变过程。

2008 年 6 月 10 日在长三角地区出现了一次大暴雨过程,10 日 00 时—11 日 00 时绍兴 24 h 降水 146 mm,其中最主要的降水出现在 10 日下午,图 5.4 给出了 10 日 09 时流场和雷达反射率,从图 5.4 可以看到,700、850 和 925 hPa 在安徽南部和江苏南部各有一个中尺度气旋生成,其中 700 hPa 的气旋略为偏北,而 850 和 925 hPa 的中尺度气旋与两个强降水中心的位置一致,并与此时雷达回波的强中心一致,从图 5.4d 还可以看到,850 hPa 上与两个中尺度气旋相配合的是两个中尺度低压,由于 10 日下午是此次降水过程的主要时段,因此上述中尺度系统的发生、发展是引发这次强降水过程的主要天气系统,由此也可以看出 SCHeREX 中尺度分析场对中尺度系统有较好的再现能力。

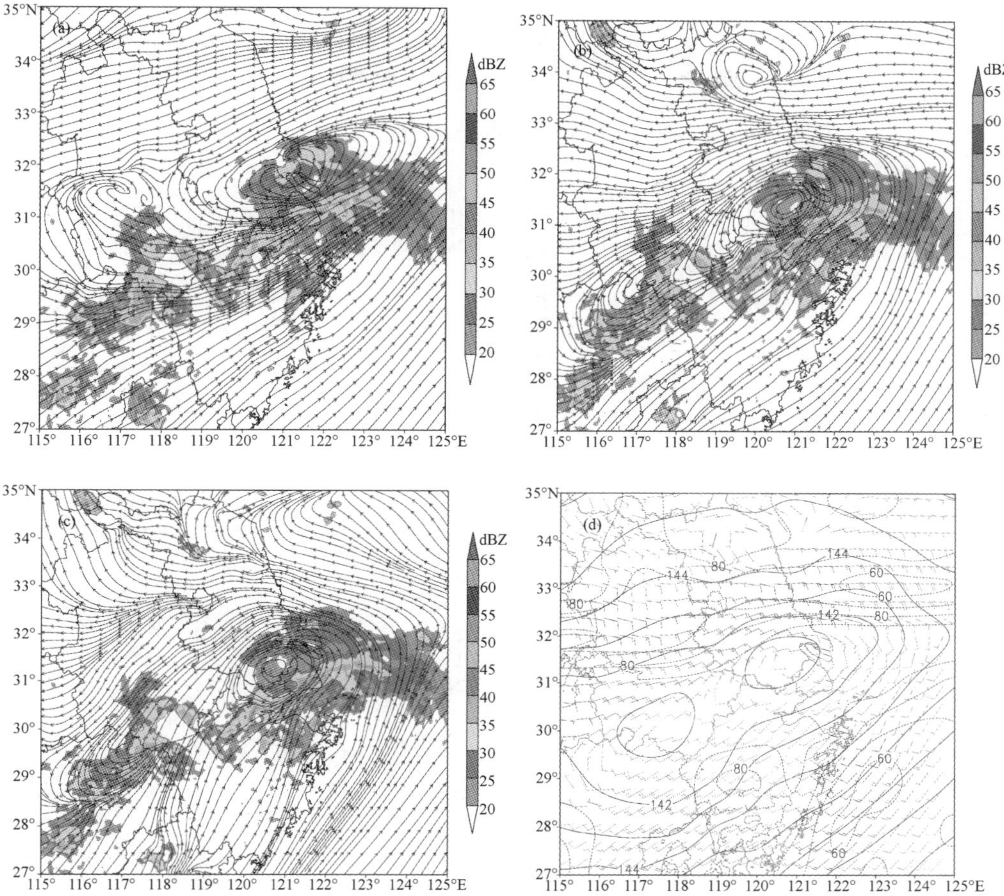

图 5.4　2008 年 6 月 10 日 09 时长三角地区 LAPS 流场、雷达回波

(a. 700 hPa, b. 850 hPa, c. 925 hPa)和高度场(d. 850 hPa, 单位: 10 gpm)

图 5.5(另见彩图 5.5)给出了 2009 年 6 月 2—3 日发生在华南区域的一次暴雨过程中 SCHeREX 中尺度分析场、雷达回波与 TBB 对比情况。2 日 18 时，广东省西北部出现较强降水，850 hPa风场上可看到在降水西北侧有低涡系统影响，与 TBB 图上低值区域吻合；3 h 后，系统分裂向东北移动，降水的北侧有低涡系统影响，风场在降水区形成辐合，TBB 图上则在风场辐合区域对应低值中心；6 h 后，系统减弱，降水区继续呈风场辐合，降水位置基本与 21 时相近，同时 TBB 图上对应的低值中心范围减小，强度减弱，与 SCHeREX 中尺度分析场的风场的变化一致。

图 5.6(另见彩图 5.6)给出了 2008 年 6 月 21 日 06—12 时发生在江淮区域的一次暴雨过程中 SCHeREX 中尺度分析场、雷达回波与 TBB 对比情况，该中尺度分析场的空间分辨率为 3 km，时间分辨率为 1 h，比上述中尺度分析场具有更高的时空分辨率。6 月 21 日 06 时，850 hPa 风场上河南南部以及安徽中部分布着一条东西向切变线，与雷达回波高值区域吻合，同时与 TBB 图上的低值区域一致，说明在系统开始阶段，SCHeREX 中尺度分析场能很好地分析出影响系统。3 h 后 850 hPa 风场上在河南南部有低涡生成，恰好对应着雷达回波高值区及 TBB 低值区，说明在系统发展阶段，SCHeREX 中尺度分析场能分析出系统的演变趋势。6 h 后，随着系统的东移南压，SCHeREX 中尺度分析场的风场上在湖北、河南、安徽交界处出现了

成熟的低涡系统，同时对应着局地较强降水发生，也与雷达回波高值区及 TBB 低值区相对应，说明 SCHeREX 中尺度分析场能完整地再现此次降水过程中中尺度系统的发展演变过程，并与雷达及卫星实况观测十分吻合。此次过程分析表明，SCHeREX 中尺度分析场对于由低涡发展演变引起的江淮区域局地暴雨具有较好的再现与分析能力。

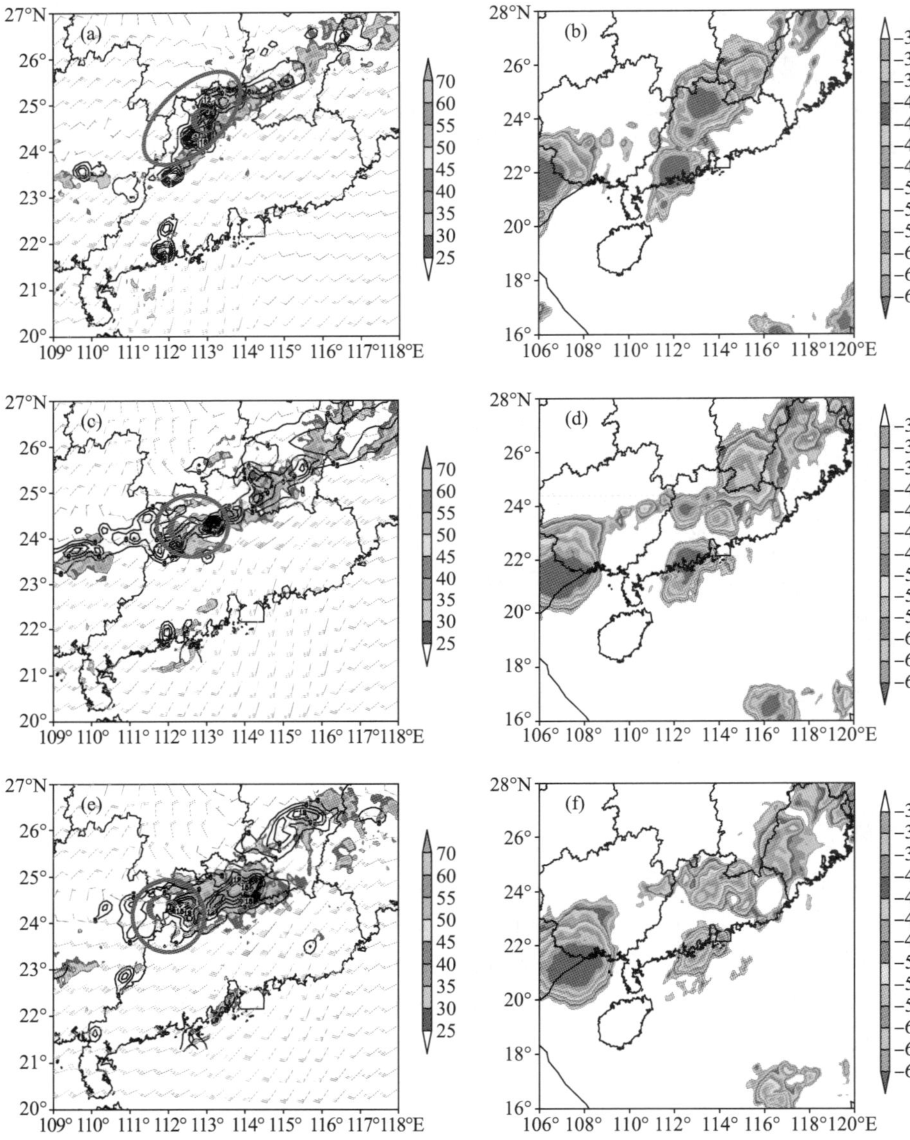

图 5.5　2009 年 6 月 2 日华南区域 850 hPa 的 SCHeREX 风场、雷达回波(阴影，单位：dBZ)及未来 1 h 降水(图中数字，单位：mm)和 TBB 图(单位：℃)

(a. 2 日 18:00 SCHeREX 风场，b. 2 日 18:00 TBB，c. 2 日 21:00 SCHeREX 风场，d. 2 日 21:00 TBB，e. 3 日 00:00 SCHeREX 风场，f. 3 日 00:00 TBB)

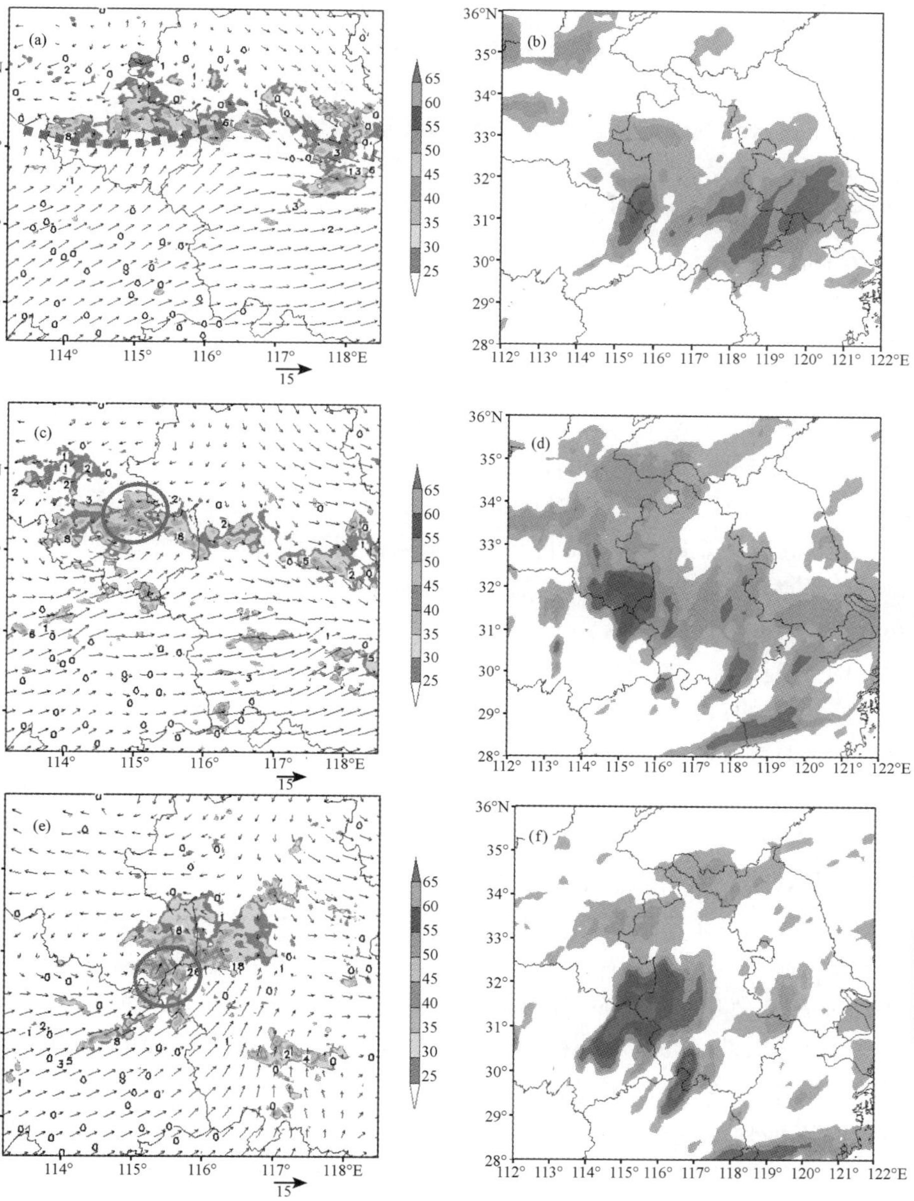

图 5.6 2008 年 6 月 21 日江淮区域 850 hPa 的 SCHeREX 风场、雷达回波（阴影，单位：dBZ）及未来 1 h 降水（图中数字，单位：mm）和 TBB（单位：℃）

（a. 06:00 LAPS，b. 06:00 TBB，c. 09:00 LAPS，d. 09:00 TBB，e. 12:00 LAPS，f. 12:00 TBB）

5.4.3 SCHeREX 中尺度分析场的误差评估分析

(1)评估方法

利用平均偏差和均方根误差对 SCHeREX 中尺度分析场的质量进行定量检验评估。

$$MB = \frac{1}{N}\sum_{i=1}^{n}(x_i - x_0) \tag{5.3}$$

上式为平均偏差定义公式，其中 MB 为平均偏差。平均偏差计算时正负偏差会相互抵消，它反

映的是统计区域内的某种系统性偏差。如采用均方根误差 RMSE,则

$$RMSE = \left[\frac{1}{N}\sum_{i=1}^{n}(x_i - x_0)^2\right]^{\frac{1}{2}} \tag{5.4}$$

均方根误差反映了该区域内误差幅度的平均状况,表示随机误差。以上公式中 x_i 为分析气象要素场,x_0 为观测真值。N 为样本数。

中国南方暴雨野外观测试验时段为 2008 和 2009 年 5 月 20 日 00 时—7 月 20 日 18 时(世界时,下同),采集的资料包括每 6 h 一次的探空资料,6 min 扫描一次的多普勒雷达资料,连续观测的地面观测资料(包括自动站资料),S 波段雷达观测资料等。检验方法:(1)SCHeREX 中尺度分析场与实际探空资料对比。首先将一天 4 次的加密探空资料视为观测真值 x_0,把 SCHeREX 中尺度分析场的格点资料插值到各探空站 11 个层次(11 个层次如下述)的等压面上的值视为 x_i,再利用上述两个公式分别针对四个区域来检验每一层次的平均偏差和均方根误差,其中各个区域的探空站数,华南 13 个、华中 14、江淮 13 个、长三角 10 个。(2)SCHeREX 中尺度分析场与 NCEP 再分析场对比。分别将 NCEP 10 km×10 km 的再分析资料和 SCHeREX 中尺度分析场 5 km×5 km 的分析资料插值到各个探空观测站的 11 个等压面上,对比要素包括位势高度、温度、相对湿度、风向和风速,垂直方向 11 个层次分别为:1000、925、850、700、500、400、300、250、200、150 和 100 hPa。

(2)SCHeREX 中尺度分析资料的误差估计

SCHeREX 中尺度分析资料的三维平均偏差和均方根误差及其分布特征分析。

三维平均偏差是指根据式(5.1)计算得到的各气象变量在各层面(垂直方向上)和每一个水平格点上的偏差值在垂直所有层面和水平所有格点上的算术平均值,以下简称“平均偏差”。如表 5.4 所示,SCHeREX 中尺度分析场各气象变量的平均偏差都比较小,尤其是高度场和风场的平均偏差明显较小。从平均偏差的地区分布来看,长三角地区的平均偏差略为偏大,但相对湿度平均偏差最大区域是华中地区,其他区域的各气象变量的平均偏差大致相当,但平均偏差的大小并不能反映 SCHeREX 中尺度分析资料的真实的分析精度,但它能大致反映分析偏差的正、负偏差的格点数量上的分布,反映了分析偏差偏高观测值的正方向或负方向,它反映的是一种系统性误差。能真实反映分析误差的是利用式(5.2)计算得到的均方根误差,它给出了分析误差的定量范围(表 5.5),由表 5.5 可以清楚地看到 SCHeREX 中尺度分析场分析得到的位势高度的平均均方根误差为 44～45 gpm,温度为 1～1.1℃,相对湿度比较大,可达 35%,风速为 2.5 m/s,风向为 24°～25°。这一结果清楚地表明 SCHeREX 中尺度分析场的位势高度的分析误差可达 44～45 gpm;温度的平均分析误差范围可达 1～1.1℃,相对湿度的分析误差可达 35%;风速的分析误差范围在 2.5 m/s 以内,风向分析误差在 24°～25°。实际上均方根误差反映的是一种随机误差,平均均方根误差的空间分布同样具有明显的区域特征,位势高度的平均均方根误差最大在江淮观测区达到 85 gpm,而最小的在华中观测区,仅为15 gpm,而另外两个区域均为 50 gpm 左右;温度的平均均方根误差最大值出现在长三角观测区为 1.4℃,最小出现在华南观测区为 0.8℃,其他两个区域平均为 0.9 和 1.1℃;相对湿度的平均均方根误差在四个观测区大体相当,为 30%～37%;风速的平均方根误差在四个区域更具有一致性,都在 2.0～2.5 m/s。

表 5.4　2008 及 2009 年野外试验期间 SCHeREX 中尺度分析场 4 个区域各要素的平均误差

区域	气象变量				
	高度(gpm)	温度(℃)	相对湿度(%)	风向(°)	风速(m/s)
华南	−5.009	0.022	22.683	6.39	−0.057
华中	−5.099	0.029	18.541	8.818	−0.175
江淮	−4.750	0.001	11.753	9.789	−0.145
长三角	12.640	−1.778	−13.561	19.839	0.138
平均	2.218	−1.726	9.854	11.209	−0.060

表 5.5　2008 及 2009 年野外试验期间 SCHeREX 中尺度分析场对 4 个区域各要素的均方根误差区

区域	高度(m)	温度(℃)	相对湿度(%)	风向(°)	风速(m/s)
华南	54.535	0.762	36.893	18.154	1.922
华中	15.374	0.879	35.589	22.235	1.395
江淮	85.078	1.116	30.044	22.582	2.194
长三角	21.542	1.376	35.800	34.583	4.404
平均	44.133	1.033	34.582	24.389	2.479

图 5.7 给出了江淮观测区的位势高度、温度和湿度的平均偏差和均方根误差随高度的变化。图 5.7 清楚表明，平均偏差随高度升高没有明显变化，而均方根误差随高度升高而迅速增

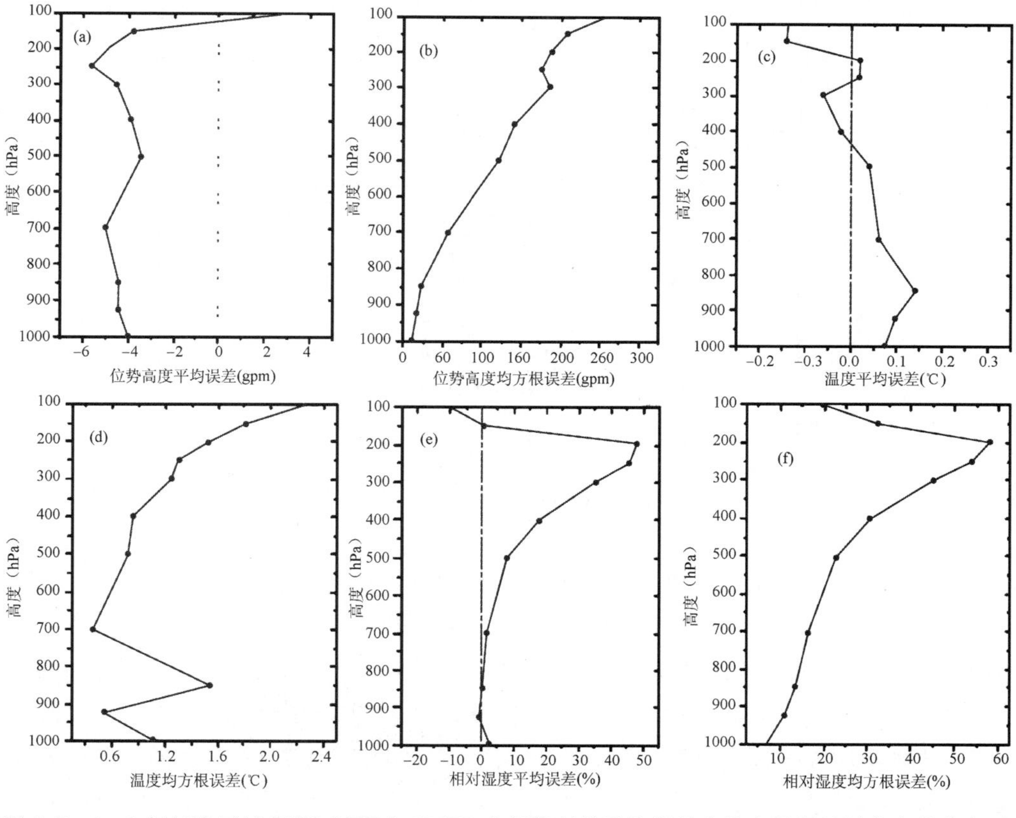

图 5.7　2008 年江淮区域 SCHeREX 与 NCEP 分析资料的平均误差和均方根误差随高度的分布图

（a. 位势高度平均误差（单位：gpm），b. 位势高度均方根误差（单位：gpm），c. 温度平均误差（单位：℃），d. 温度均方根误差（单位：℃）；e. 相对湿度平均误差（单位：%），f. 相对湿度均方根误差（单位：%））

大。非常有意思的是图5.7给出的江淮区域SCHeREX中尺度分析资料均方根误差随高度的分布表明，位势高度的均方根误差在700 hPa位面以下其位势高度均方根误差不超过50 gpm，850 hPa位面仅为25 gpm，925 hPa位面仅为12～13 gpm，500 hPa位面迅速增大到125 gpm，200 hPa位面达到175 gpm。温度的均方根误差在700 hPa以下均小于1.6℃，尤其对流层中低层除850 hPa位面外，均在1℃以下；相对湿度在700 hPa以下其均方根误差均小于15%，400 hPa位面以下均小于20%。上述变量的均方根误差的大值区均出现在400 hPa位面以上。我们知道反映中尺度强对流的环流系统(或位势高度场)主要反映在700 hPa及其以下位面，水汽也集中反映在对流层中低层，对流层中低层水汽通量散度和强降水的关系最为密切，因此，700 hPa及其以下位面上的温度、相对湿度和位势高度的均方根误差越小说明其描述中尺度气象特征的能力越强。根据上述分析，在700 hPa及其以下位面的位势高度的分析误差不超过50 gpm，温度的分析误差不超过1.6℃，相对湿度的分析误差不超过15%完全满足中尺度分析所需要的分析精度，因为这些分析误差均在观测误差范围内。

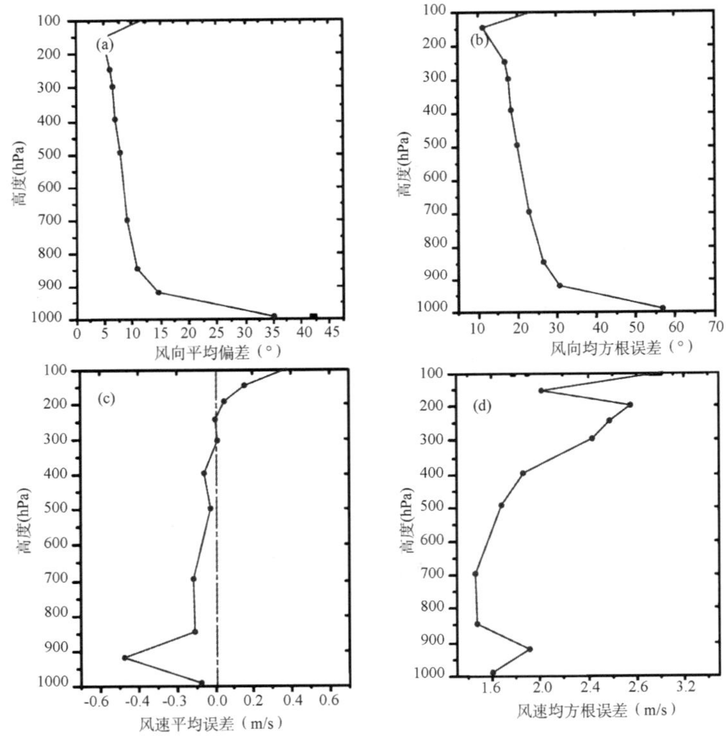

图5.8　LAPS与NCEP分析场的平均偏差和均方根误差随高度的分布

(a. 风向平均偏差，b. 风向均方根误差，c. 风速平均误差，d. 风速均方根误差)

图5.8给出了江淮观测区的风向与风速的平均偏差和均方根误差随高度变化的曲线，由图5.8a和b可以看到风向的平均偏差和均方根误差都是随高度的升高而减小，在对流层低层(925 hPa)的风向均方根误差可以达到30°，而到了500 hPa仅为20°。风速的平均偏差和均方根误差又反过来，低层小，随着高度的升高而增大，从850 hPa位面到500 hPa位面风速的均方根误差都不超过1.6 m/s。而在925 hPa位面却达到1.8 m/s。这一结果可能有两个原因：一是低层风受地形和下垫面影响，因此，风向的均方根误差随高度升高而减小，由于LAPS分

析系统融合了雷达的经向风资料，提高了中低层的风速的分析精度，减小了风速的均方根误差。从上述分析可以得到在江淮观测区的 SCHeREX 中尺度分析场在 925—700 hPa 的风向分析误差为 20°～30°，风速的分析误差在 500 hPa 以下不超过 1.6 m/s，而 925 hPa 达到 1.8 m/s。这些结果对中尺度分析而言是可以接受的，也在观测误差范围之内。

图 5.9 给出了长三角观测区的 SCHeREX 中尺度分析资料的位势高度、温度和相对湿度的平均偏差和均方根误差的垂直分布，图 5.9 给出的上述三个变量的垂直分布特征与江淮观测区的垂直分布特征类似，而各高度位面的均方根误差在长三角观测区都比江淮观测区要小，位势高度的均方根误差在 500 hPa 位面以下不超过 20 gpm，从大气低层到 200 hPa 位面温度的均方根误差不超过 0.6℃，而相对湿度 500 hPa 位面以下的均方根误差不超过 20%，长三角观测区的上述三个变量的均方根误差均小于江淮观测区，这些结果都达到了中尺度分析所需要的分析精度，这些分析误差都在观测误差范围之内。

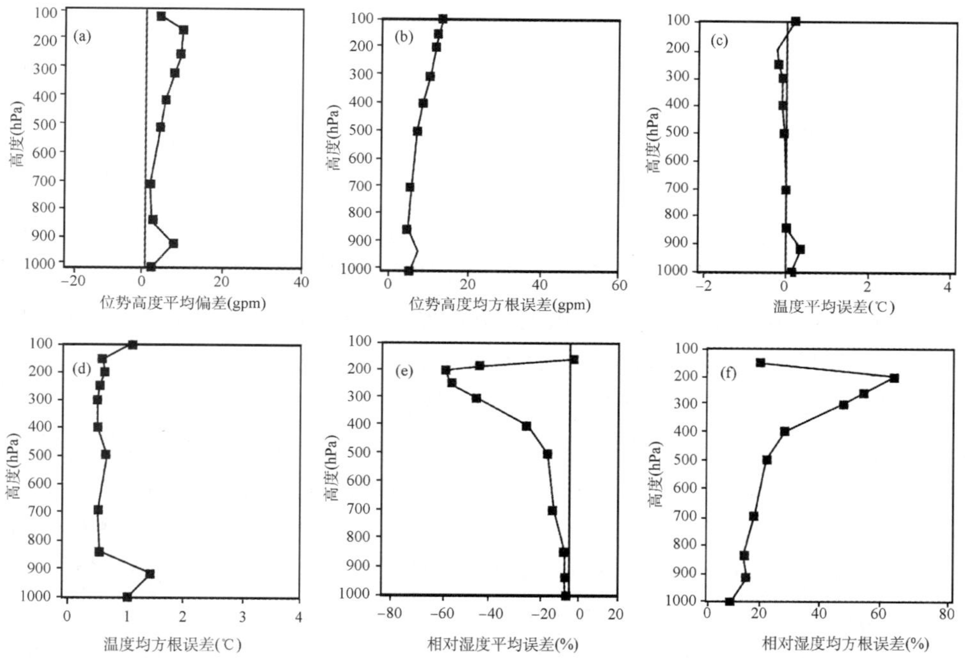

图 5.9　2009 年长三角区域 SCHeREX 与 NCEP 分析资料的平均偏差和均方根误差随高度的分布
(a. 位势高度平均偏差，b. 位势高度均方根误差，c. 温度平均偏差，
d. 温度均方根误差，e. 相对湿度平均偏差，f. 相对湿度均方根误差)

图 5.10 给出了长三角观测区 SCHeREX 中尺度分析资料的风向和风速的平均偏差和均方根误差随高度的变化，有意思的是风场变量的两个分量随高度变化的特征趋势与江淮观测区几乎完全一致，风向的均方根误差随高度减小，而风速的均方根误差随高度增大，但增大的趋势要明显小于江淮观测区。在 850 hPa 以上风向的均方根误差均小于 20°，而到了 925 hPa 位面时达到 40°。风速均方根误差从 850～500 hPa 均小于 2.0 m/s，而 925 hPa 位面风速的均方根误差达到了 3.5 m/s，925 hPa 位面的风向与风速的均方根误差的增大都是和地形与下垫面影响有关，但到了 850 hPa 位面以上这些影响基本消失，其分析误差达到了观测误差的范围内。

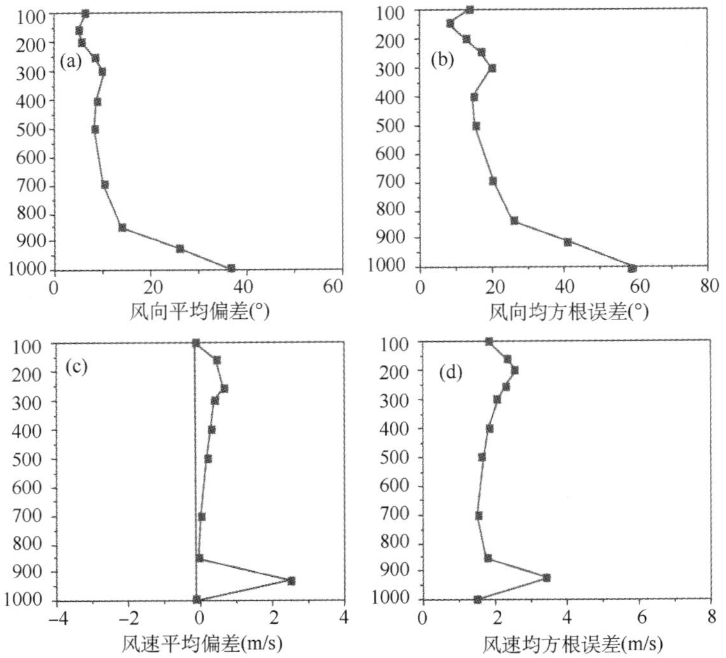

图 5.10 2009 年长三角区域 SCHeREX 与 NCEP 分析场的平均偏差和均方根误差随高度的分布
(a. 风向平均偏差,b. 风向均方根误差,c. 风速平均偏差,d. 风速均方根误差)

华南观测区和华中观测区的 SCHeREX 中尺度分析场的位势高度、温度、相对湿度和风向、风速的均方根误差随高度分布的特点基本与江淮长三角观测区类似,在此不再赘述。

上述分析清楚地表明 SCHeREX 中尺度分析场在 925～700 hPa 位面的位势高度的平均分析误差约为 45 gpm,温度的平均分析误差为 1～1.1℃,相对湿度的平均分析误差不超过 20%,风速的平均分析误差为 1.5～2 m/s,而风向的平均分析误差为 20°～25°。上述变量的分析误差随高度的升高而增大(除个别变量,如风向)。江淮观测区是四个观测区的分析误差较大的地区。这些结果就中尺度分析而言都是合理的,也是在观测误差范围内的。

国际上,有些科学家对 LAPS 生成的中尺度分析场也做了分析误差的评估,如 McGlinley 等(1991)指出仪器和分析误差仍然会导致 1℃左右的温度误差,2℃左右的露点温度误差(由于缺少卫星资料),并导致了±2℃的 θ_{se} 误差及 1～2 m/s 的风速误差,并导致 $1\times10^{-5}\,s^{-1}$ 的散度误差和 4 km 高度处 2.5 cm/s 的垂直速度误差(在测站平均间距 100 km 的情况下),由地形导致的垂直速度误差粗略估计有 5～10 cm/s。Snook 等(1997)指出平均来看 LAPS 的地表分析中,温度分析差值为 0.5～1.0 K,露点温度分析差值为 1.0～1.5 K,风速差值为 1～2 m/s,均在可接受的仪器误差之内。Hiemstra 等(2006)对比了 LAPS 的分析结果和 CLPX 气象站观测结果指出由 LAPS 生成的中尺度气象分析场的风场再现能力最强,但其精确度随高度的增加而减小。国际上的这些评估结果与本文 SCHeREX 中尺度分析场的评估结果基本一致,这进一步证明了本文对 SCHeREX 中尺度分析场的分析质量评估的结论基本是可信的,SCHeREX 中尺度分析场的分析误差基本在可接受的仪器和分析误差范围之内。

5.5　结论及讨论

应用由武汉暴雨研究所引进的 LAPS 分析系统融合了 2008—2009 年 5 月 1 日—7 月 20 日中国南方暴雨野外科学试验期间所获得的四个观测区(华南、华中、江淮和长三角)的加密观测探空资料、雷达资料和地面资料，生成了水平分辨率为 5 km，时间分辨率为 3 h 的 SCHeREX 中尺度分析资料。对上述资料从两个方面做了质量评估分析：一方面结合发生在野外试验期的典型暴雨过程，比较了 SCHeREX 中尺度分析资料和雷达回波以及卫星云顶亮温 TBB 观测资料，分析 SCHeREX 中尺度分析资料对中尺度暴雨系统的再现能力；另一方面，以探空观测资料为基准，计算了 SCHeREX 中尺度分析资料的平均偏差和均方根误差及其随高度的分布，从而定量地评估分析了 SCHeREX 中尺度分析资料的误差。根据上述两方面的结果得到 SCHeREX 中尺度分析资料对中尺度诊断分析的适用性。根据上述分析得到如下结论：

(1)利用 SCHeREX 中尺度分析场，结合 2008 和 2009 年四个区域汛期暴雨日观测实况，统计 SCHeREX 中尺度分析场上再现的中尺度暴雨系统，表明 LAPS 系统生成的 SCHeREX 中尺度分析场平均来讲对 80%～90%引发暴雨过程的中尺度影响系统具有较强的中尺度再现能力。

(2)结合四个区域的典型暴雨过程，将 SCHeREX 中尺度分析场与雷达回波，TBB 实况进行对比分析，结果表明，对于几个区域由低涡东移及切变线引发的暴雨过程，SCHeREX 中尺度分析场均能很好地再现其中尺度影响系统的发展演变过程及其特征。

(3)通过 SCHeREX 中尺度分析场对四个观测区域内发生的几个暴雨个例分析时发现，中低层的 SCHeREX 中尺度分析场均能再现 β 中尺度强对流系统，并有雷达回波高值区与之对应，这一结果充分说明 SCHeREX 中尺度分析场对于中尺度系统的再现能力方面具有很强的适用性，可作为深入研究 β 中尺度强对流系统结构和跟踪 β 中尺度强对流系统活动的中尺度分析资料，同时，这也表明生成 SCHeREX 中尺度分析场的 LAPS 中尺度分析系统是中尺度分析的有效工具。

(4)通过以探空资料为基准，分析 SCHeREX 中尺度分析场总的平均误差和均方根误差及其随高度的分布特征。结果表明，SCHeREX 中尺度分析场的位势高度、温度、相对湿度、风向和风速的分析误差均在观测误差范围内，尤其是 SCHeREX 中尺度分析场在 925～700 hPa 位面位势高度的平均分析误差为 45 gpm，温度的平均误差为 1～1.1℃，相对湿度的平均误差不超过 20%，风速的平均误差为 1.5～2.0 m/s，风向为 20°～25°。SCHeREX 的分析平均误差与均方根误差随高度升高而增大，平均分析误差增长很快，分析误差在对流层中高层明显大于对流层中低层，显然平均分析误差主要来自于对流层中高层的分析误差，而中尺度环流系统的主要结构特征再现在对流层中低层。因此，上述误差随高度的分布特征对中尺度的诊断与分析不会产生明显的影响。上述结果清楚表明，SCHeREX 中尺度分析场具有很高的使用价值和充分的可信度，对中尺度分析具有很强的适用性。

通过上述分析我们同时可以看到 SCHeREX 中尺度分析场在质量上还有很大的改进余地，我们下一步的工作主要是通过在 LAPS 分析系统中如何更为充分有效地使用卫星资料，尤其是卫星辐射资料，改进中高层的分析质量，同时要进一步研究雷达回波反射率在 LAPS 系统的水汽分析中的应用问题，从而改进 SCHeREX 中尺度分析场的水汽分析的质量。通过上述改进我们希望能进一步提高 SCHeREX 中尺度分析场的整体分析质量，尤其是形成更接近实际大气的模式初始场，进一步改进数值模式对强降水的预报质量和提高中尺度诊断分析能力。

第6章　中尺度暴雨的监测、分析与预报、预警平台(M-WAFS)及其在业务中的应用

中尺度暴雨的监测、分析与预报、预警平台(Meso-Weather Analysis and Forecasting System,简称 M-WAFS)是针对空间尺度小、时间变化快的中尺度灾害天气系统的监测、分析与预报应用开发的。该系统集成了中国重大科研项目产出的有关中尺度灾害天气研究成果以及气象行业关键的业务产品,综合应用计算机网络、地理信息系统、数据库以及气象专业分析模型等信息处理技术建立的一个能快速、有效地监测、分析与预测中尺度灾害天气的应用平台,为及时跟踪和获取中尺度暴雨信息,有效地指导野外科学试验提供技术支持。

6.1　M-WAFS 系统的主要特点

M-WAFS 提供了实时数据收集、处理和综合分析、中尺度产品快速生成、快速浏览、细分析、实时数据监视、产品保存、打印等多项功能。是集数据收集、分析、处理、预报为一体的综合应用平台。主要特点是:

基于 WebGIS 技术,通过融合气象特有的分析和显示方法,开发了 B/S 和 C/S 两种技术架构的客户端应用,实现了基于 GIS 的多种气象资料的综合分析和显示。用户既可以通过浏览器快速获取高时空分辨率的中尺度信息,也可以进行本地个性化的细分析。

提供多种数据分析和显示工具,可方便地进行分析产品、观测数据和预报结果的叠加综合分析,为中尺度系统观测与预报互动提供了工具。

提供高精度的地理信息数据,通过采用高效的存储管理策略、动态数据调度和优化的绘制算法实现了海量遥感信息的快速可视化,较好地满足了基于网络的地理信息的应用需求。

建立了完备的后台数据管理机制和自动化运行业务流程,保证各应用子系统和前端用户对实时和历史数据及产品的访问和显示。提供方便的数据接口,可支持任意格式的气象数据使用。

图 6.1　M-WAFS 系统界面

M-WAFS 系统界面如图 6.1 所示:

6.2 M-WAFS 系统组成

M-WAFS 系统由数据支持子系统、中尺度监测、分析和预报产品生成子系统及综合分析显示子系统三部分组成(图 6.2)。

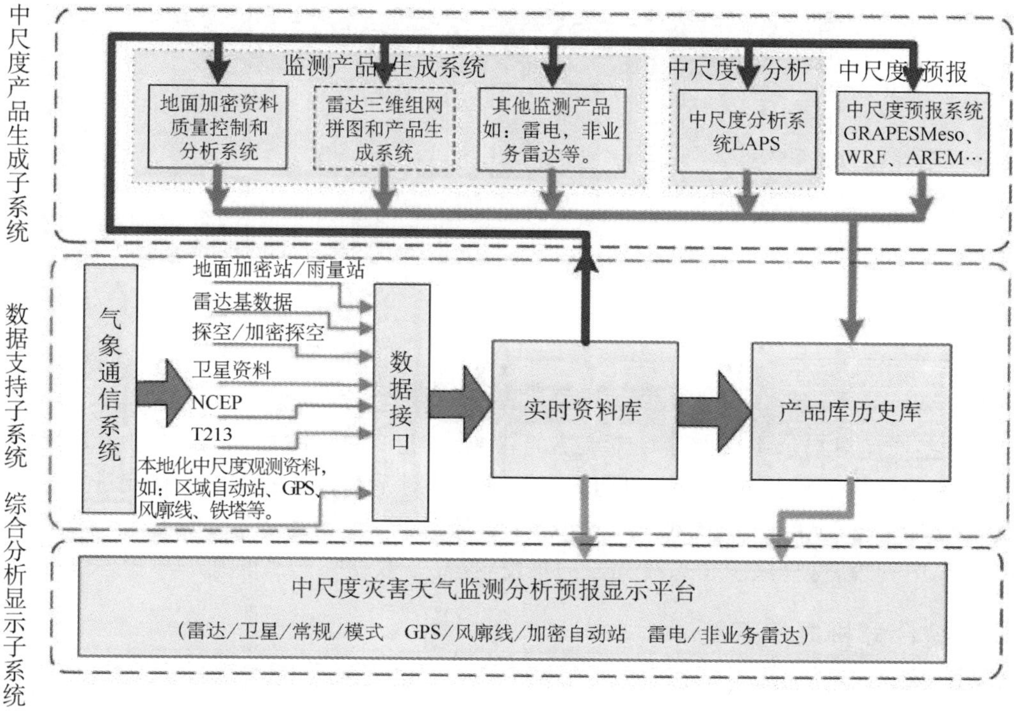

图 6.2 M-WAFS 系统组成

6.2.1 数据支持系统

由数据的获取、质量控制、存储管理、动态分发等模块组成(图 6.3)。通过建立自动化的后台数据管理和数据分发业务流程,实现观测数据和中尺度分析预报产品的收集和共享。为了探索和检验新型观测装备、区域中尺度观测资料以及不同质控方案等对提高中尺度灾害天气预报能力的效果,该系统建立了灵活的数据接口,可以支持除日常业务数据之外的多种特殊观测数据如移动雷达资料、风廓线资料、边界层资料、GPS 资料等的输入。图 6.3 是数据支持系统的主要功能。

6.2.2 中尺度产品生成系统

是多项中尺度灾害性天气研究成果的应用集成。其关键技术包括多雷达遥感反演技术,中尺度资料融合和再分析技术(基于 LAPS 系统发展和本地化),中尺度数值模式技术和高密度自动站的质量控制和分析技术等(陈荣等,2008;陈泰然等,2002;陈德辉和沈学顺,2006;党建涛等,2007;丁一汇和胡国权,1998;丁一汇和王笑芳,1988;冯业荣和王作述,1995;傅慎明等,

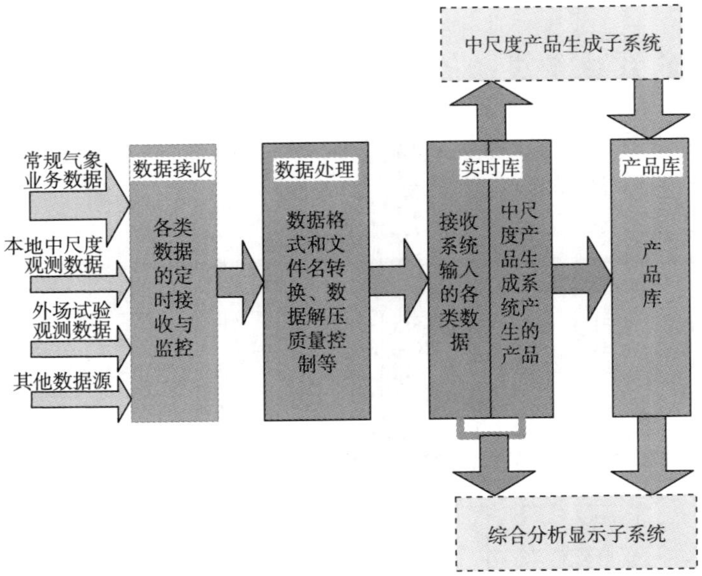

图 6.3 数据支持子系统功能

2009)。这些产品对揭示中尺度强对流系统的三维结构和形成、发展机理,为中尺度灾害性天气监测和预报提供了科技支撑。在本地化应用时可针对不同区域的需求和特点进行定制。产品生成系统中每个应用子系统都可以相对独立地运行,其输入、输出的数据和产品由 M-WARFS 集中管理,这样减少了系统集成的难度,提高了数据和产品的共享与管理效率。

6.2.3 综合分析显示系统

基于 WebGIS 技术建立,充分利用 GIS 技术在数据管理和查询,地理空间数据分析处理,可视化表达,以及能够提供空间和动态的地理信息等方面的技术优势,将 GIS 空间分析能力与气象信息处理技术相结合,提供了气象信息的快速浏览、细分析、实时监视、预报产品生成和制作等多项功能,实现了对中尺度灾害天气实时、快速的跟踪和灵活方便的分析显示。它是 M-WAFS 产品综合展示的窗口,是系统的终端用户平台。

6.3 M-WAFS 综合分析显示系统

综合分析显示系统采用了客户端/服务器(简称 C/S)和浏览器/服务器(简称 B/S)两种体系结构,针对不同的应用需求开发了相应的用户端使用界面。C/S 客户端侧重于实现复杂的数据分析和显示功能,提供对历史个例数据的回顾和细分析,满足个性化研究,进行细分析使用;C/S 系统更适合专业分析、个例总结和研究使用。B/S 客户端则更强调系统对实时资料的快速准确的提取和表现,实现信息与资源的远程共享,更适合预报员或远端用户使用。采用菜单驱动和地图操作相结合的方式,用户既可以在个人电脑上进行个性化的操作与分析,又可在会商室或远程通过浏览器快速获取实时灾害性天气的监测、分析与预报信息。M-WAFS 综合分析显示系统包括了基础数据服务器、处理分析服务器、产品发布服务器和用户端界面等主要部分。其技术架构和组成如图 6.4 所示。

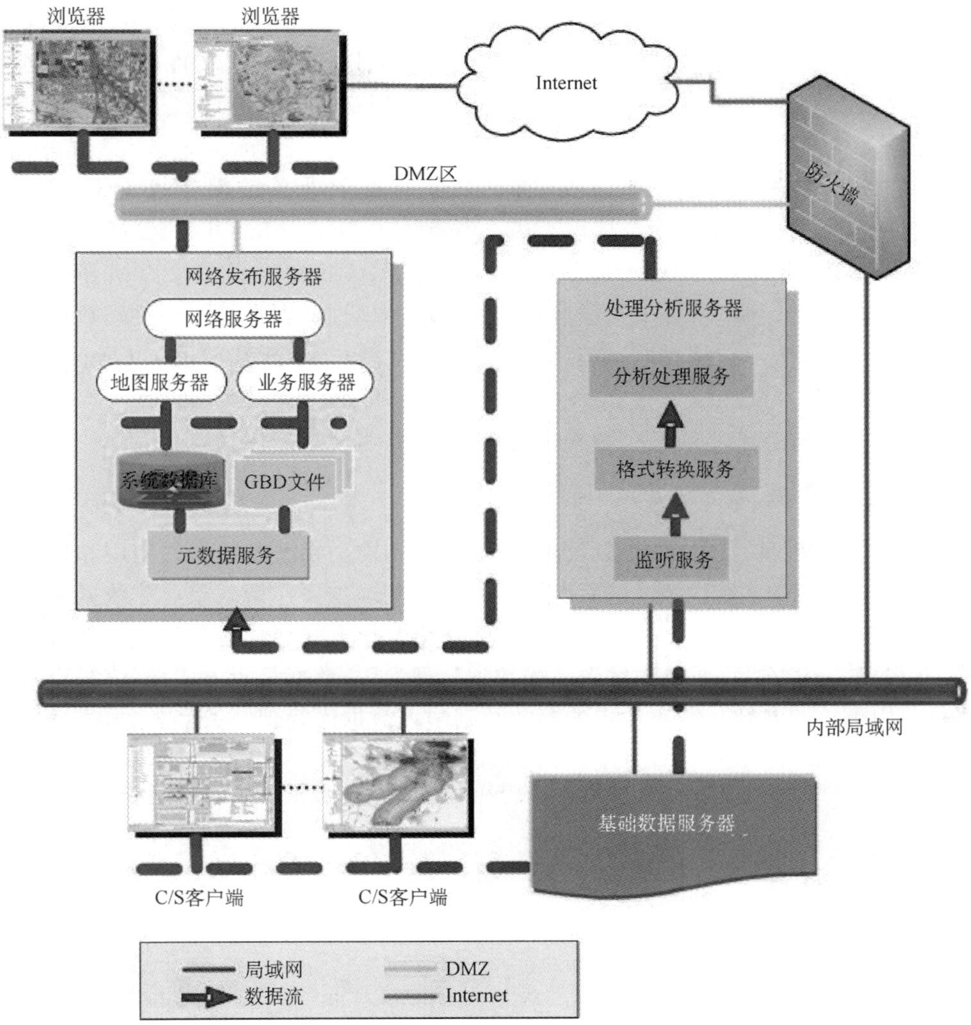

图 6.4　M-WAFS 系统技术框架

6.3.1　综合分析显示系统的组成和主要功能

M-WAFS 综合分析显示系统采用三层体系架构设计，由基础数据服务器，数据处理分析服务器、网络发布服务器和客户端四个部分组成。

6.3.1.1　基础数据服务器

用于实时观测数据、中尺度分析、预报产品等几十类气象数据的接收、处理、存储和管理。由于每类数据的更新频率、空间尺度、文件大小、数据格式及命名规则差别很大，数据增长迅速，为及时满足不同的产品生成系统的复杂的数据需要，系统规范了数据文件的命名规则和数据文件格式，建立了相应的业务调度和管理流程。

6.3.1.2　数据处理分析服务器

数据处理分析服务器是综合显示分析系统的核心部件，它将基础数据按照预先制定的处理和显示策略转化成可用于网络发布的图形数据文件。M-WAFS 系统的信息发布是基于中国科学院遥感应用研究所开发的网络地理信息系统平台——地网 GeoBeans 开发与实现的。为了提高 B/S 网络客户端用户的显示效率，采用直接调用图形数据文件的技术方案，将气象业务数据预处理成 GeoBeans 发布系统支持的图形数据文件 .GBD 格式文件，以实现气象数据的快速发布。

利用 GeoBeans 进行网上信息发布，首先必须将气象业务数据转换为 GeoBeans 格式的.GBD文件。GeoBeans 图形系统提供了 ArcView 的(.shp)、MapGis 的(.wa?)、MapInfo 的(.mif)、AutoCAD 的(.dxf)、Arcinfo 的(.E00)及 BMP、GIF 和卫星图像.TM等格式向.GBD 文件格式的转换功能。其次，对于图形数据直接关联的属性数据建立一个空间数据索引字段，通过相应的 ID 号与图形数据关联，属性数据可存放在 Access、SQLServer、Oracl 等数据库系统中。

数据处理分析服务器实现发布数据预处理、实时监听和数据传输。

6.3.1.3　发布数据预处理

采用基于策略管理的预处理参数设置技术，针对不同类别气象数据的使用和显示特点，制定相应的预处理方案和绘图策略，进而设置预处理参数。主要包括气象业务数据的存放路径、文件名、网络发布服务器的路径、数据更新频率、数据交换方式等环境参数；数据处理的区域范围、投影方式、数据格式、数据处理优先级等数据处理参数；数据显示方式、等值线绘制参数、绘图彩色表调用等绘图参数。所有设定的参数全部纳入数据库管理。

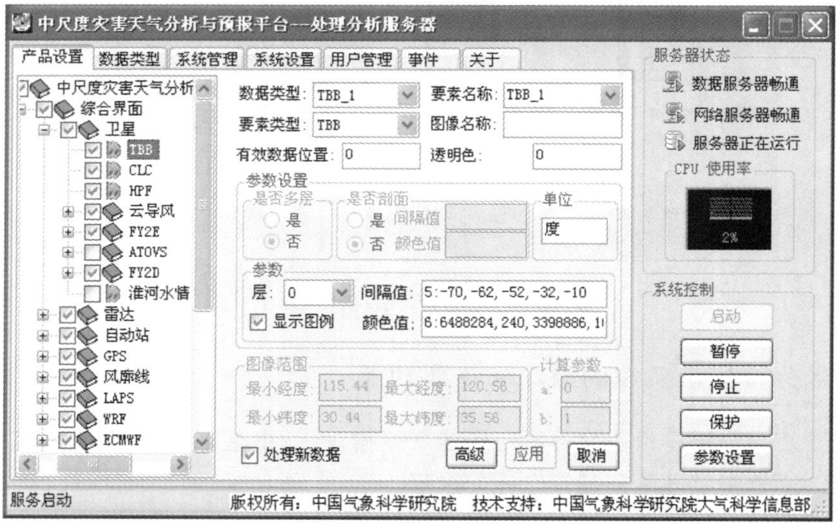

图 6.5　数据处理分析服务器管理界面

图 6.5 是处理分析服务器的管理界面，通过这个管理界面可以实现不同类别气象数据的各类控制参数的设定。

数据处理分析服务器由线程控制器根据数据库中的业务数据的更新状态创建线程。采用多线程并发机制，实现业务数据处理、传输和状态更新。

(1)实时监听

实时监听程序负责对业务数据的更新状况、网络发布服务器的连接状况和当前数据的处理状况进行监听，提供相应的信息提示和日志。根据监听结果，系统将自动启动多线程数据处理作业。当出现异常，系统自动启动异常情况处理方案。

(2)数据传输

实现图形数据生成后，数据处理分析服务器与数据发布服务器之间的数据通讯。根据数据到达时间、完成情况等状态标志，在数据处理结束后启动数据通讯进程。采用FTP方式对数据进行批量发送。数据处理分析服务器的工作流程如图6.6所示。

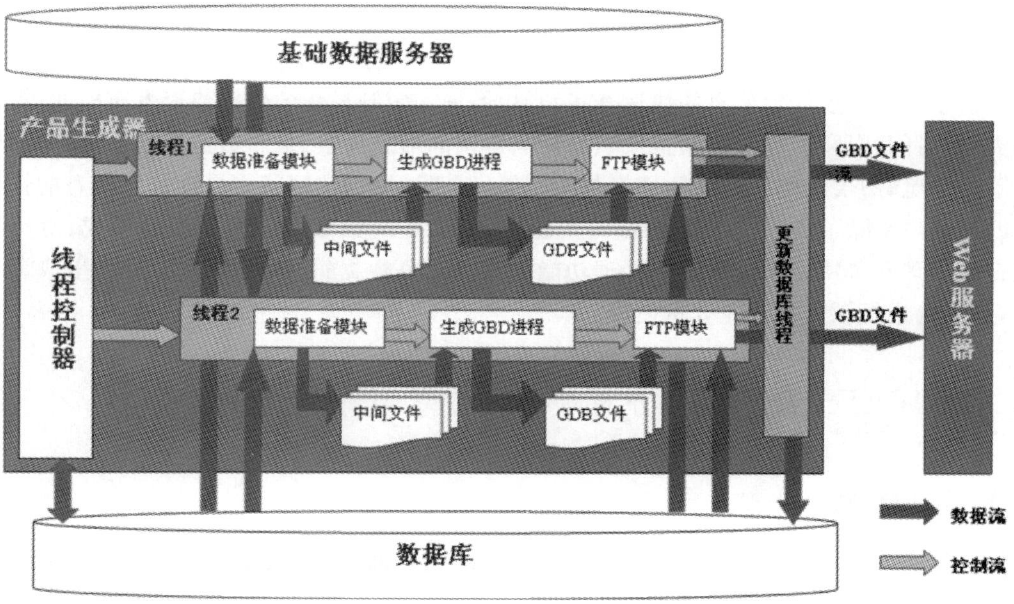

图6.6　数据处理分析流程

数据传输模块由服务器端程序和客户端程序组成。在网站发布的WEB服务器上架设FTP服务器，用于接收各个要素处理后的.GBD数据。在处理分析服务器上，将产品生成流程与FTP文件传输流程分离，分别形成两个自动循环调度流程，作业相互独立，产品生成器对每个GBD文件的处理结果进行输出，FTP文件传输流程对每批(每类).GBD数据进行批量并行传输，并且支持多线程传输。

FTP的控制模块包含数据传输信息管理和FTP线程控制两个功能模块。数据传输信息管理主要负责从数据分批模块传过来的SortList中，读取文件路径和FTP目录信息，如果FTP上没有这个目录，该模块还要创建目录。当文件传输完成时，删除SortList中记录和本地磁盘上的.GBD文件。该模块主要负责FTP传输线程的创建和关闭。当FTP传输线程数达到用户规定的最大值时，新来的数据要进行等待，直到有FTP传输线程完成传输关闭后，再创建新的线程开始传输。

为实现数据传输与数据处理的分离，需要增加FTP产品输出线程，以确保系统运行的稳定以及提高系统运行效率。其工作流程是从数据分批模块获取控制信息，数据输入从临时数据池中获取数据文件，启动FTP通讯进程，进行用户登录、身份认证，采用多线程FTP并发作业，并发作业量可自定义，对.GBD文件进行向Web-SEVER的文件传输；完成后，删除临时数据池中已经传输完成的.GBD文件，并对数据库文件控制表单中文件传输属性表示进行确认。

6.3.1.4　网络发布服务器

提供地图服务、业务数据服务以及网络服务。提供面向网络用户的数据发布，实现数据查询、检索、下载和分析等功能。实现基本地理信息操作，提供空间地理信息数据和符合地理信息数据描述的气象业务数据的绘图及绘图操作，实现多种地理投影方式显示、图层切换和图层控制管理等。

6.3.1.5　客户端应用

提供多种中尺度气象信息的快速查找和显示：采用定制模版的数据快速发布模式；提供按数据类别、时间和地域，以及按预报或预警产品类别的信息检索；最新数据自动检索；多图层信息的动态浏览；图层的空间和时间切换与动画等，基于浏览器实现了中尺度气象信息的快速访问。C/S 客户端除了实现 B/S 客户端的功能外，增加了气象专用分析模型的集成、对历史个例数据的管理和调用以及人机交互处理功能。完善业务数据符号自定义、等值线生成算法选择等，更适合进行深入的专业分析使用。

6.4　M-WAFS 系统综合分析显示系统的功能特点

6.4.1　功能设计

综合分析与显示系统提供了用户操作和应用的主界面，其功能设计直接关系到系统的可用性。在充分考虑了专业人员的使用习惯和尽量减化操作、方便使用的原则下，设计了 M-WAFS 综合分析显示功能，主要模块如图 6.7 所示。

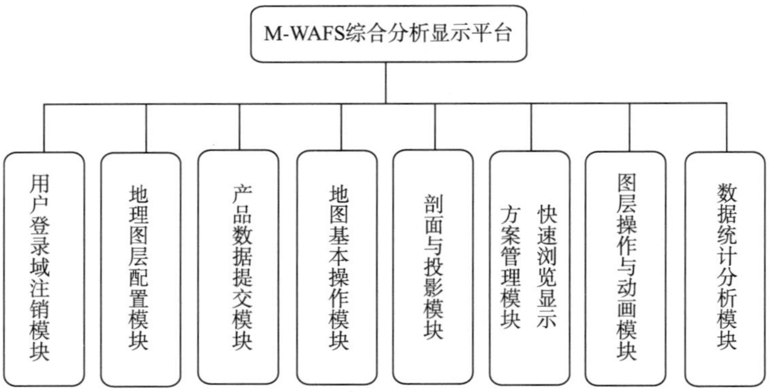

图 6.7　M-WAFS 综合分析显示系统功能模块

6.4.2　特色功能分析

6.4.2.1　数据产品特点

M-WAFS 的数据产品具有明显的中尺度特点，主要体现在高时空密度的中尺度观测数据；具有较高使用价值和很强适用性的中尺度分析场数据；同化了雷达、卫星等遥感数据的中尺度预报场产品；为研究而增加的特殊观测数据。

(1)高密度自动站观测数据:温度、气压、湿度、风速、风向、降水和累计降水等要素的高密度分钟观测数据。

(2)雷达组网三维拼图产品:区域实时组网三维回波拼图、回波云顶高度、组合反射率、垂直液态水含量等数据产品。

(3)卫星产品图像和数值产品:红外、可见光和水汽云图、TBB、云区相对湿度、ATOVS温、湿度廓线、云分类和云导风等。

(4)LAPS中尺度分析产品:该产品是由武汉暴雨研究所从美国ESRL实验室引进并改进的局地分析预报系统产生的。该系统融合了NCEP、S波段多普勒雷达、卫星云导风、探空和加密探空观测、地面加密观测及GPS水汽等多种气象观测资料。LAPS中尺度分析场的垂直分层为21层,模式顶为100 hPa,水平分辨率为5 km,时间分辨率为3 h,在某些地区可生成3 km 1 h更高时空密度的分析场。LAPS输出量除常规的温度、高度、湿度及风场外,还包括多种地面和近地层气象变量,如地面位温、地面风场、海平面气压、地面相当位温、地面能见度、边界层顶高度和土壤湿度等,还提供对中尺度强对流天气诊断分析有使用价值的物理量,如CAPE指数、K指数、对流抑制指数CIN,以及抬升指数等。经质量评估表明,LAPS分析场具有很高的使用价值和充分的可信度,对中尺度分析具有强适用性。

(5)中尺度数值预报产品:可集成和显示多个中尺度数值模式预报如GRAPES、AREM、WRF和MM5等的输出产品。

(6)天气系统预报产品:欧洲数值预报、T639分析和预报产品等。

(7)为研究而开展的特殊观测数据:区域中尺度加密观测、风廓线、GPS水汽和边界层数据等。

由此可见,M-WAFS综合显示系统作为一个研究型的应用平台,除提供常规的业务产品之外,还提供了多种研究性的数据产品和分析资料。

6.4.2.2　数据产品的快速获取

为使用户快速获取所需的数据产品,系统采用智能查找、快速匹配技术实现数据产品的检索和获取。当以时间或任意数据产品作为第一检索条件时,数据库自动将满足第一条件的相关数据产品提供给用户选择。通过选择按钮属性的改变,提示用户可选择的数据产品或时间。这样有效地提高了数据产品特别是时间不连续的个例数据产品的选择效率,图6.8是产品选择和提交界面。

6.4.2.3　综合显示

为了增强系统的中尺度三维结构分析能力,实现分析、预报与实时观测的互动和对比,该系统在常用显示功能之外提供了一些有用的数据处理和显示工具。

三维场数据的实时任意角度的剖面分析显示;中尺度实时观测和中尺度分析数据的叠加分析显示;站点多要素数据的时间序列统计、查询和显示;图像数据透明度的动态设置和叠加显示;图层操作、等值线分析和标注转换、数据图层的时间和高度循环动画、多图层叠加数据的同步动画等图层操作和动画显示功能;灾害性风暴指数的等值线分析、分析到站点上的时间序列显示、以及和站点观测资料的叠加显示等。

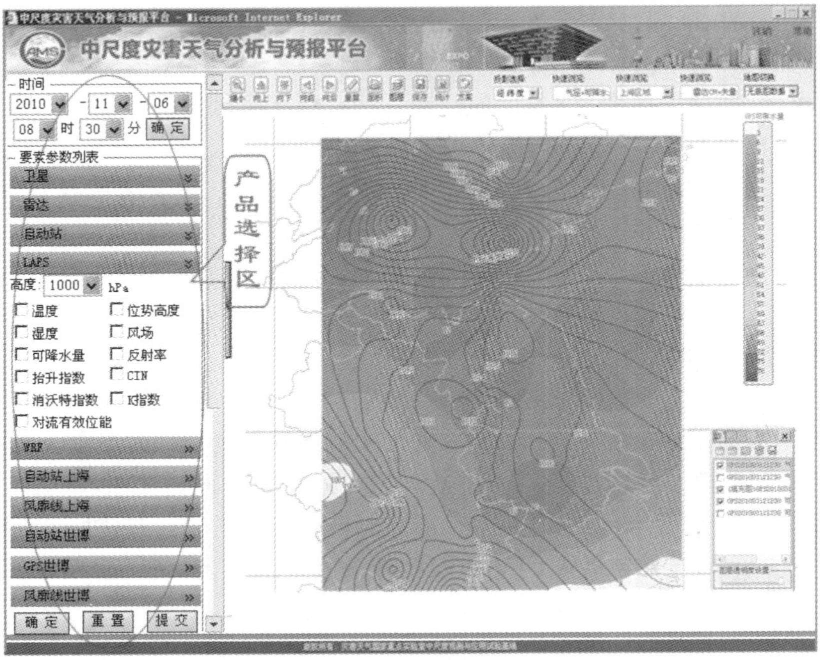

图 6.8　M-WAFS 系统可显示的气象产品

基于地理信息平台提供如鹰眼、复位、移动、放大、缩小、量算、面积、时间向前向后操作、高度数据向上向下操作、保存地图、雨量累积等基本操作。通过载入高精度地理信息数据,可以准确定位中尺度系统发生、发展的位置和路径。

此外,对显示结果提供了多种保存方式,可以.jpg、.bmp等静态图像或.gif等动画格式保存。图 6.9 是三维雷达拼图的剖面分析显示。

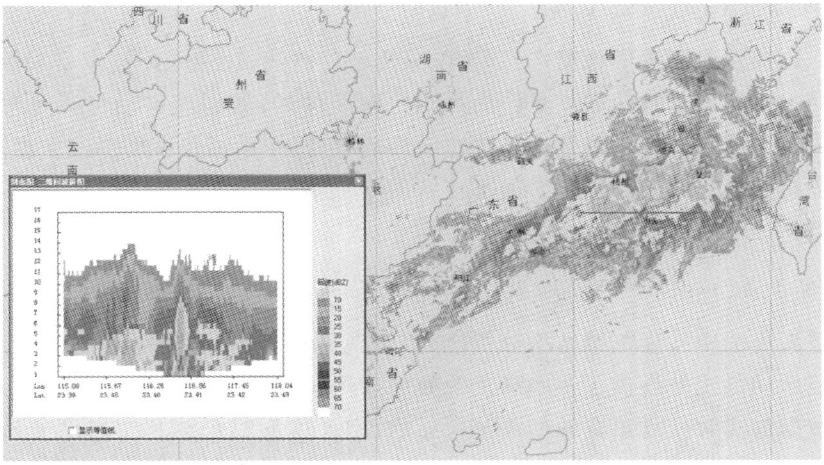

图 6.9　三维雷达拼图的剖面分析图

6.4.2.4　快速浏览

该功能提供最新气象信息的快速浏览。用户可按照使用需求,定制个性化显示内容,如资料类别、产品组合、显示属性、显示范围等,将这些事先定制好的显示内容作为快速浏览方案保存起来，再次使用时，系统将自动加载保存的显示方案并显示最新时次的产品。授权用户可以对保存的方案进行修改和删除。显示系统快速浏览界面如图 6.10 所示。

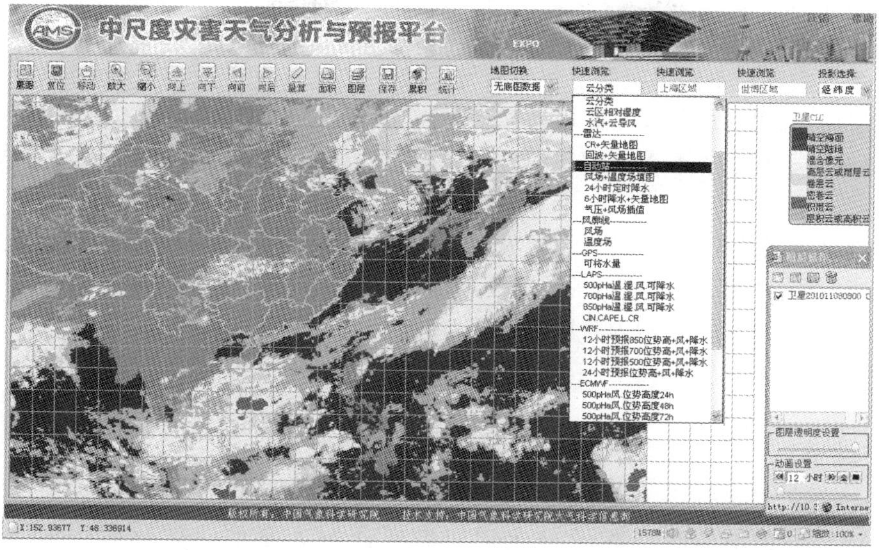

图 6.10　显示系统快速浏览界面

6.4.2.5　在线统计分析

提供对系统产品中自动站、风廓线以及离散到站点的 LAPS 指数等数据的多要素统计分析。如中尺度分析数据和观测数据叠加显示；离散到站点上的多要素中尺度分析数据和相关观测数据的时间序列显示和比较等。提供了基于时间、要素等条件的统计分析和显示。图 6.11显示的

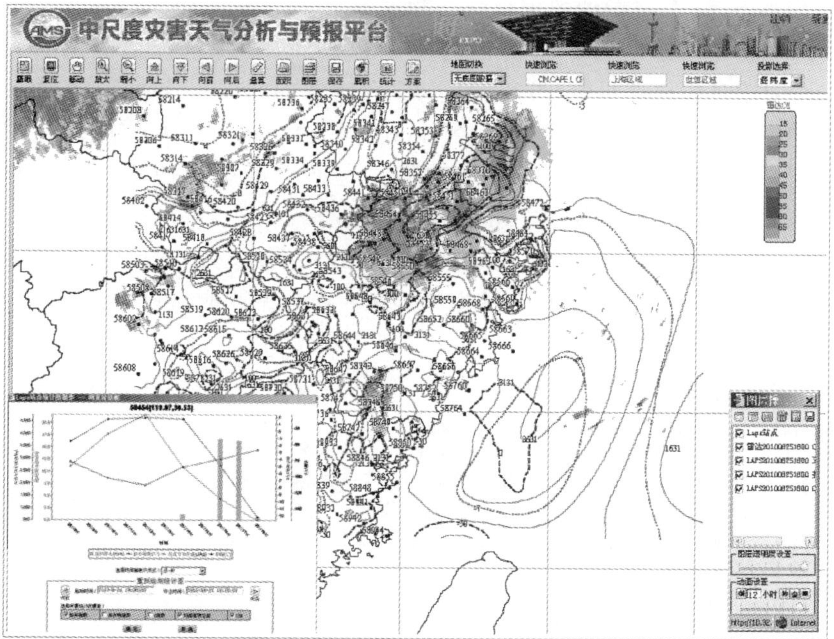

图 6.11　数据统计分析

是 LAPS 风暴指数与雷达回波的叠加显示,以及离散到站点上的风暴指数的时间序列分析显示。

6.4.2.6 其他功能

(1)动画展示:提供在设定的时段内做单图层或多图层的连续动画;按照一定的时间步长进行动画;多层次要素不同层次的上下动画等。

(2)图层操作:可以设置任意图层的显示与消隐;任意图层叠加顺序的更改;已加载图层绘图属性的更改等。可以查看多个图层的叠加效果,并可实时显示图例,便于用户对数据进行分析对比。

(3)图层显示属性修改:提供对图层显示属性如:线型、颜色、宽度;填充颜色、方式;图层的透明度设置和动态调整;风场显示的疏密度调整等修改。

(4)图层保存:将当前显示内容以.jpg、.bmp等静态图像格式保存;将动画内容以.gif等动画格式保存。

6.5 关键技术

M-WAFS 是在中国科学院遥感应用研究所研制开发的一体化网络地理信息系统 GeoBeans 基础上,采用 GeoBeans 提供的软件开发包和相关的组件经过二次开发实现的。针对每种气象资料显示和分析的具体要求,编写了相应的应用模块,对原有的 GeoBeans 平台组件进行了扩展。C/S 架构采用 VC++和 VB 开发技术,B/S 开发遵循 J2EE 标准,基于 GeoBeansMapExpress 开发环境,应用 Tomcat 服务器,提供 XML 脚本编辑配置修改能力。主要技术有:GeoBeans SDK,数据引擎,GeoBeans 地图组件,气象应用组件,气象资料处理和数据接口,VB 用户交互界面,多线程数据处理和作业调度,数据库管理和数据服务,遥感数据的实时调度与显示技术,海量影像数据组织与管理等。

GeoBeans SDK 是一系列跨平台的运行库和开发库,支持目前流行的多种开发语言。GeoBeans SDK 采用分层模式封装,最底层为与平台无关的 C/C++和 Java 语言编写的函数库和类库,主要构造 GIS 的基本数据结构,数据 I/O 处理。在其之上分别针对多种操作系统开发了各自的图形引擎库,主要完成图形渲染。为了满足用户使用工具多样化的需求,GeoBeans SDK 封装成动态链接库、COM 对象和 Web Service 三种形式。

M-WAFS 使用 GeoBeans SDK 中用 C++编写的一系列动态链接库和 COM 对象,使用动态链接库中提供的一系列函数接口和数据结构来完成数据读取和数据分析功能,使用 COM 对象来完成 GIS 数据的显示和查询。

GeoBeans SDK 组成如图 6.12 所示。

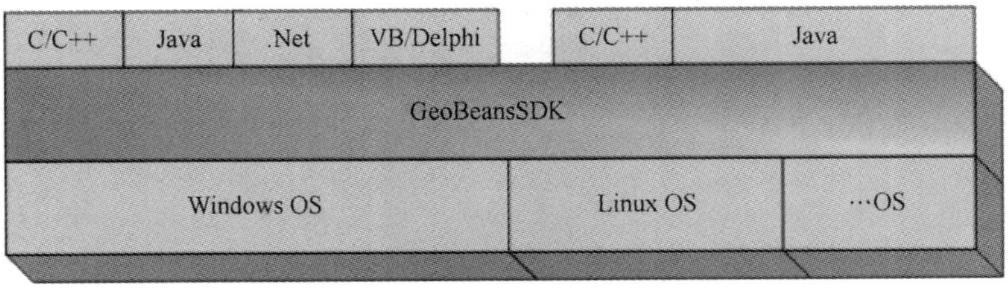

图 6.12 GeoBeans SDK 组成

(1)数据引擎

数据引擎是 GeoBeans 桌面平台中定义的一个接口规范,用户根据这个规范,实现相应的接口,并且进行相应的配置就可以扩展 GeoBeans 的桌面平台,使其可以将其他的数据转换成桌面平台支持的数据类型,进而进行数据插值,等值线分析等进一步的操作。

在 M-WAFS 中,根据各类气象数据的不同数据格式和文件名规格,实现了 GeoBeans 数据引擎中规定的相应接口,并根据气象数据显示和分析的需要,将这些数据转换成了 GeoBeans 的数据格式,之后就可以调用等值线分析、自动拓扑等模块进行等值线分析等操作了。

(2)地图组件

M-WAFS 采用了 GeoBeans 平台的 Com GIS 技术,使用各组件进行自由、灵活的重组,通过软件开发工具集成起来,形成最终的 GIS 应用。GeoBeans 地图组件就是基于 COM 实现的一个组件式地理信息系统平台。

使用 GeoBeans 地图组件,能够方便地在其应用程序中加入地理信息系统的基本功能,实现对地理数据的放大、缩小、漫游和查询等,可以灵活地建立适合用户的地图接口,在小内存空间中,可以使用多种工业标准程序环境之一去建立应用程序,可以联合使用 GeoBeans 地图组件与其它软件实现地图与用户信息的联系。

(3)气象组件

针对气象资料同一数据根据用户设置的参数不同可以有多种表达方式的特点,编写了用于设置气象数据分析参数的组件,用来在用户界面和数据引擎之间传送参数。该组件也是按照 COM 规范来实现的,因此具有组件所具备的优点:语言无关性、组件升级灵活性、应用的可定制性、位置的透明性和可重用性。这样可以方便地在 VB 编写的界面中使用该组件提供的接口进行参数的设置并与地图组件进行数据交互。

(4)用户交互界面

M-WAFS 用户交互界面采用 VB 语言编写,在 VB 编写的界面中使用 COM 组件提供的接口进行参数的设置并与地图组件进行数据交互,使得用户使用起来简单、方便、灵活。

6.6　实际应用情况

从 2007 年起 M-WAFS 就陆续在中国南方暴雨野外科学试验(SCHeREX 计划)的四个外场试验基地广东、上海、湖北和安徽安装使用,并进行准业务试验。该系统提供的基于 GIS 平台的多种气象资料的综合分析和显示,对于获取中尺度外场观测资料,试验和检验中尺度灾害天气的监测、预报与预警能力,发现地形等地理要素对中尺度天气的影响等方面提供了重要的技术支持。2008 年汛期该平台在中央气象台安装试用,为奥运气象服务提供京津冀中尺度监测、分析预报产品。根据该系统可做出未来 1～3 d 的预报意见,并提出了中国雨带未来几天内可能的变化趋势。2010 年 4 月该系统经过本地化定制开发后,在上海中心预报台安装运行,为上海世博会期间的气象服务提供技术参考。2010 年 6 月进一步改进后的 M-WAFS 作为预报参考系统在广州中心气象台运行。

6.6.1 淮河流域中尺度试验基地使用情况

(1)建设任务完成情况

完成各种试验平台的安装和调试,技术培训,标牌的制作。硬件设施完成包括服务器 2 台、UPS 1 台、DELL 计算机 10 余台的购置和配套安装。对于试验平台的软件设施分为两个阶段建设,第一阶段安装 LAPS 模式、AREM 模式、M-WAFS 平台;第二阶段安装改进的 LAPS 模式、改进的 M-WAFS 平台、GRAPES 模式、MICAPS 系统。在安徽省气象台对试验基地的技术人员完成了 M-WAFS 平台的基本技术培训工作。

(2)运行及应用情况

自 2007 年 12 月安装软件以来,LAPS 模式、AREM 模式、M-WAFS 平台一直在运行,并进行记录;自 2008 年 6 月升级和改进了平台以后,运行情况有了明显改善,每天都有值班检查,并作好相应的记录,运行状态基本良好,并在运用过程中及时与灾害天气国家重点实验室专家进行沟通,逐步完善软件系统和显示平台。目前试验基地的探测数据和模式结果,已在下列预报中得到初步应用:

①2008 年的"凤凰"台风暴雨的分析利用到 M-WAFS 平台、AREM 模式和 GRAPES 模式、以及 L 波段秒级探测数据。

②对 2008 年几次较强降水过程进行了 AREM 模式和 GRAPES 模式的比较,并有模式比较结论。

③应用 M-WAFS 平台提供的雷达拼图产品进行龙卷风等灾害性天气过程的分析诊断。

6.6.2 奥运版的 M-WAFS 系统

为适应 2008 年奥运气象服务的特殊要求,开发以北京为中心的奥运版 M-WAFS 系统,提供了京津冀实时中尺度分析预报产品。

图 6.13 是奥运版 M-WAFS 系统的界面。图 6.14 是世博版的 M-WAFS 系统首页。

图 6.13 奥运版 M-WAFS 系统界面

6.6.3　世博版的 M-WAFS 系统

图 6.14　世博版 M-WAFS 系统界面

6.7　结论和讨论

中国气象局于 20 世纪 90 年代末开发完成的“气象信息综合分析处理系统(Meteorological Information Comprehensive Analysis and Processing System,简称 MICAPS)”历经 10 多年的发展,已成为气象部门广为应用的业务系统,在预报预测业务和科研工作中发挥着越来越重要的作用。MICAPS 是针对天气尺度系统开发的综合、全面、复杂的气象信息综合分析与预报系统,主要面向气象业务人员使用,它是成熟业务的应用平台。而 M-WAFS 是专为中尺度天气系统的监测、分析与预报开发的一个探索性、试验性的研究型应用平台。通过该平台进行中尺度灾害天气监测、预报与预警等新技术研究成果的业务试验;探索如何获取能提高中尺度灾害天气预报的、高质量的中尺度观测资料;提供科研为业务服务的技术支撑。

MICAPS 在中尺度系统的精细化分析和表达,以及基于浏览器的客户端应用上需要用户通过二次开发来实现。而 M-WAFS 则具有很强的中尺度分析和综合显示能力,主要体现在:M-WAFS 提供了高时空分辨率中尺度分析场数据,解决了日益增加的、种类繁多的和各自独立的观测资料给预报员进行中尺度分析与预报带来的困难。LAPS 包含了丰富的中尺度信息和灾害性风暴指数分析,通过 M-WAFS 提供的显示工具可以方便地进行中尺度系统结构的细分析,以及与观测数据、预报结果的叠加分析,为中尺度系统的观测与预报互动提供了平台;M-WAFS 基于 WebGIS 技术开发了 B/S 和 C/S 两种技术架构的客户端应用,不仅满足了普通预报员及远程用户快速获取高时空分辨的中尺度信息的时效要求,也为需要进行个性化、深入分析的科研和业务人员提供了更强的分析工具和平台;为了满足精细化中尺度气象分析的需要,M-WAFS 提供了高精度的地理信息数据,通过采用高效的存储管理策略、动态数据调度和优化的绘制算法实现了海量遥感信息的快速可视化,较好地满足了基于网络的地理信息的应用需求。

M-WAFS 系统搭建一个科研成果向业务应用转化的中试平台，通过该平台可以集成和展示最新的研究成果，使科研成果尽可能地为业务服务，同时通过业务试验也进一步验证和改进研究的方法和技术，提高研究成果的可靠性和可用性。一旦其中的某些产品达到了业务应用的标准，完全可以纳入 MICAPS 系统显示和应用。M-WAFS 系统通过综合应用网络和网络地理信息技术、数据库技术以及气象信息处理技术，建立了一个基于 WebGIS 的中尺度灾害天气监测分析与预报平台。该平台已成为国家“973”等重大科研项目研究成果的推广应用和转化平台，通过与实际业务相结合，形成了有一定业务能力，适合业务和研究人员使用的应用系统。M-WAFS 是对天气尺度的观测和分析预报系统的补充，提供了中尺度产品的快速浏览、细分析、实时数据监视、产品保存、打印等多项功能，实现了对中尺度信息多角度、多层面、快速、灵活、方便的分析和显示。其良好的数据兼容性和方便的数据接口，保证了除常用气象数据之外其他格式的数据也能方便地接入使用。该系统建立的自动化后台数据处理和管理机制，保证了整个系统能够协调、流畅地运行。后续的开发将增强交互式预报产品制作功能，优化对高密度大容量气象数据的管理、提高产品生成器的处理效率、丰富气象算法，以实现对系统的改进和完善。

第 7 章　机载下投式探空观测试验

7.1　机载下投式探空现状和发展

下投式探空仪是在 20 世纪 70 年代发展起来的移动式探空技术，与地基探空相比，它可以到任何需要的敏感地区进行探测，大大增强了获取中尺度温度、湿度、气压、风等气象要素的能力，为灾害天气的研究和预报做出了积极的贡献。下投式探空仪可以用飞机或者火箭等方式带到一定高度，然后发射出去，探空仪按照一定的速度下落，进行大气廓线探测。而探空仪技术本身现已经历 Omega、Loran-C、GPS 导航测风三个阶段，下投探空仪实际是在常规探空仪基础上开发的。国际上出口常规探空仪最多的芬兰维萨拉公司也是出口飞机下投探空仪最多的公司。

中国现有的常规业务无线电探空系统包括：L 波段二次测风雷达—电子探空仪探空子系统、59-701 二次雷达测风系统、无线电经纬仪（RDF）等。其中：59-701 型探空测风雷达工作在 400 MHz，采样率为 1 帧/min；C 波段一次测风雷达，采样率为 10 帧/min；L 波段二次探空测风雷达，采样率为 1 帧/1.2 s。中国气象业务上主要使用 L 波段雷达—电子探空仪，并正在研制下一代。

GPS 探空系统具有测量精度高、自动化程度高和系统集成程度高等优势，其探测大气温度、水汽和风等气象要素的精度、探测范围、空间分辨率等的能力将比现有技术有很大的提高，GPS 探空在中国正在研制过程中。

目前，中国飞机探测主要应用在人工影响天气的云物理探测和催化剂的播撒等方面，专门的大气探测飞机还没有发展，虽然 GPS 探空技术得到了一定的发展，但在研发机载下投式探空技术上还是一个空白。目前，中国探空仪生产厂家上海长望气象科技有限公司（原上海无线电 23 厂）正在研制军用 8 km 以下（低空）气象火箭，并作为下投式探空仪的载体，该工作处于试验阶段。

7.2　RD93 探空系统、通讯系统及飞机平台

7.2.1　RD93 探空系统

芬兰维萨拉公司研制的 RD93 探空仪系统是当前世界上最先进的一种机载下投式探空系统（AVAPS），该系统由 RD93 型下投式探空仪、探空仪发射系统、资料接收系统组成。

探空仪在高空被探空仪发射系统弹射至舱外，几秒后自身携带的降落伞打开，由降落伞携带下落。探空仪每 0.5 s 将温度、湿度、气压、风和下落信息发给数据接收系统，接收系统接收和处理这些信息，计算温度、相对湿度、气压、风向和风速，并实时显示和存盘。由于 GPS 卫星和探空仪的运动，卫星信号的 RF 载波会产生多普勒频移，这个频移由装载在下投探空仪上的低成本 8 通道 GPS 接收机来接收。8 个通道的多普勒频率经数字化后，用 1200 波特调制到

400 MHz探空仪发射机上，传回飞机的数据处理系统。数据系统包括一个维萨拉风速处理模板(MWG201)，该模板包含一个高质量12通道GPS商用完全版接收机，此接收机能够测量本地载波相位的多普勒频率，并将其与接收到的探空仪多普勒频率进行对比。同时由于其能够产生精确的GPS时间并载有各个GPS卫星的星历数据。因此，能够识别所收到的多普勒频率是属于哪颗卫星，从而计算出风速。MWG201利用这些资料每0.5 s测量一次风速。

除了RSS903传感器和GPS111接收机模块外，下投式探空仪还包括一个用以测量和控制传感器模块的微处理器、发送数据的100 MW/400 MHz的发射机和18 V锂电池。在电路板上使用外表装配技术，以减少探空仪尺寸及便于制造。发射机可在400 M～406 MHz气象带宽中每隔20 kHz设置频点，共有300个独立频率。一个独特的正四边锥型降落伞用来减少初始震动以及使探空仪减速和稳定。从发射器弹出5 s后，探空仪开始稳定下降，基本不存在摆钟现象。

GPS下投式探空仪性能指标与探测精度：采样时间0.5 s，探空仪重量小于420 g，探空仪尺寸，直径6.98 cm，高40.6 cm，探空下降时间，12 km处开始下降，12分钟；可以同时进行4个探空仪资料的处理，有效期1a，工作距离325 km。

7.2.2 实时数据传输通讯系统

实时数据传输子系统由数字无线电台、机载GPS定位设备和电脑等组成，主要负责空—地数据传输、语音通信以及利用互联网实现通讯系统地面接收站—起降机场—北京中国气象科学研究院之间的地面通信联络。

用无线电台建立专用的无线数据传输方式比其他方式具有投资少、开通快和运行维护简单等优点，其通讯系统的误码率一般在10^{-6}，使用直接数字调制解调、有前向纠错以及DSP(数字信号处理)技术等，具有高性能、高可靠及抗干扰能力强的特点，并提供标准的RS-232数据口可直接与计算机连接，其频率范围为220 M～240 MHz。其传输距离主要由地面架设的天线高度以及空中探测飞机的飞行高度来决定。

中国无线电管理部门将专用无线数据传输业务的频段集中在220 M～240 MHz，这个频段的电波传播是通过空中进行的。由于地球曲率的影响，两个点(天线高度分别为H米和h米)之间最大可视距离D千米的计算公式为$D=4.12(\sqrt{H}+\sqrt{h})$

D(单位：km)为电台之间的传输距离，其中H(单位：m)为探测飞机的飞行高度，h(单位：m)为地面架设天线的高度，假设地面天线架设在办公楼顶$h=10$ m，探测飞机的飞行高度$H=8000$ m，则空地之间的传输距离的理论值：

$$D=4.12\times(\sqrt{H}+\sqrt{h})=4.12\times(\sqrt{8000}+\sqrt{10})\approx 381(\text{km})$$

当然实际传输距离还应考虑电磁波的衰减、上下行信号达到足够的抗干扰能力以及数据电缆引起的损耗等才能正确评估有效可靠的无线通讯距离。根据近几年来的数字无线电台在人工影响天气飞机增雨业务的使用过程情况来看，空—地的最大传输距离应在300 km左右。利用DSP(数字信号处理)芯片技术，使数字无线电台之间通信联络除了可以进行文字交流、文件传输之外还具有进行空地之间的话音通讯的能力。

(1)通讯系统硬件简介

将数字电台安装在距离试验场地比较近的区域，可增大地面与探测飞机之间的通讯距离，该区域与起降机场之间的直线距离只要在300 km以内，在遂溪的探测飞机起飞，海南文昌的电台可捕捉到飞机的飞行动态航迹并能实现空—地的通讯，使探测飞机向南和向东的海面上飞得更远而不会与地面失去通信联系。海南文昌、湛江遂溪和北京中国气象科学研究院之间的地面联络、数据传输可通过公网的 QQ 服务平台进行。

(2)通讯系统功能

空-地数字传输是实现地面气象工作人员与空中探测飞机唯一的通信联络工具，由电脑、数字电台和天线等组成的硬件平台，通过对 RS-232 串口的编程，实现空-地的文字交流和文件的上下传输。

(3)探测飞机的 GPS 定位及跟踪

通过空中数字电台、机载天线、安放在探测飞机上的 GPS、电脑以及地面上的数字电台、全向天线、电脑等设备组成的空地一体的通信传输体系，将探测飞机上的 GPS 信号分为二路，一路直接将 GPS 信号传输到飞机上的电脑，由经纬通软件读取，使飞机上的工作人员实时了解飞机的飞行动态，另一路 GPS 信号则通过数字电台传输给地面上的电脑，也是通过经纬通软件直接将探测飞机的地理信息实时动态反映出来，使地面指挥人员随时了解探测飞机的飞行动态，其中包括探测飞机的经度、纬度、飞行高度、航速和航向等。

(4)探测飞机航迹数据的解码及储存

探测飞机航迹(飞行时间、经度、纬度、高度、速度、航向)数据的保存对于研究人员在每次飞机探测后进行科学分析并对气象资料进行评估探测过程具有重要的作用。我们实时对 GPS 数据信息(NMEA-0183 协议)进行解码并生成文本数据，每隔 2 s 显示一条探测飞机的地理信息，清楚地记录探测飞机三维的飞行动态航迹，为以后开展科学研究工作提供便利。

(5)探空资料实时分析处理、传输系统

该系统的主要功能是：实时处理和分析接收与存储的探空资料的原始数据，并启动探空资料质量控制系统，将经过质量控制的探空数据传给地面接发收系统，并绘制成图像产品。同时还具备将地面台站的气象预报、天气实况等产品经过分装打包传输到飞机上的通讯能力。

该系统由机内分系统和地面分系统组成。机内分系统主要负责将获取的探空数据，经过质量控制后传输到地面接收系统。地面分系统主要负责与飞机飞行有关的气象信息，进行封装打包，实时传输到飞机上，实现飞机和地面基地的数据通讯功能，以便按计划完成飞行，并保障飞机的安全。

7.2.3　飞机平台

下投式探空系统一般加装在运输机上，也有的加装在无人机上，本文只讨论运输机平台。其关键问题主要包括飞机的选型、总体布局设计、探空仪投放安全性控制等。

7.3　机载下投探空的观测试验

近几年，全球气候变暖日益明显，台风、暴雨等灾害性天气对人们生活的影响越来越频繁，造成的损失也越来越大，世界各国都非常重视灾害性天气的监测与预报研究。中国是一个受灾害性天气影响较大的国家之一，多年来频频遭受台风、暴雨的侵扰，给国家和人民的生命财产安全带来很大的威胁。随着台风不断深入内陆，通常地面大风减弱得较快，但强降水仍能维持一段时间。8 月是一年中热带气旋登陆最多的一个月。这个时段登陆中国的热带气旋，最明显的地域分布特点就是广阔性。无论是海南、广东等华南地区，还是山东、辽宁等北方地区，都可能会直接受到热带气旋的侵袭。

由此,“973”项目“我国南方致洪暴雨监测与预测的理论和方法研究”和气象行业专项“热带西太平洋观测试验与我国高影响天气可预报性研究”,决定在 2009 年 8—9 月在中国南海进行台风观测外场试验。对于暴雨系统,主要探测从海上来的水汽区;对台风探测,主要在台风登陆前,在台风前部的引导气流等处进行探测,以期提高对台风强度、移动路径的演变规律的认识,同时为提高台风强度、移动路径、降水和大风预报的能力提供理论支持。

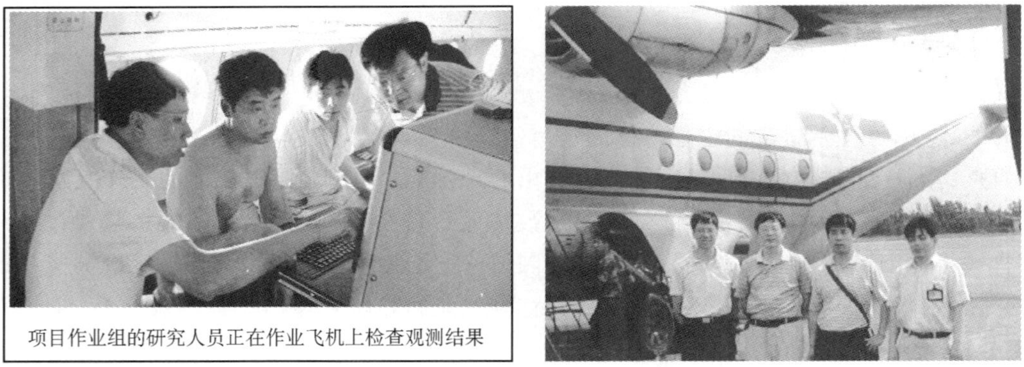

项目作业组的研究人员正在作业飞机上检查观测结果

图 7.1　参加试验的项目研究人员

7.3.1　“天鹅”台风

2009 年 8 月 2 日早晨,一个热带低压在南海生成,8 月 5 日发展成为 2009 年第 7 号台风“天鹅”,就在热带风暴“天鹅”向广东珠江口靠近之时,第 8 号热带风暴“莫拉克”也于 2009 年 8 月 4 日凌晨生成,形成“双台风”效应。

2009 年 8 月 4 日 20:00 UTC,强热带风暴“天鹅”集结在香港之西南约 110 km 处,即在(21.5°N,113.5°E)附近,第 7 号热带风暴“天鹅”于 5 日 03 时靠近上川岛后在原地打转超过 3 h,之后于 06:20 UTC 在台山海宴镇沿海地区登陆,一直在广东“小憩”不肯离去,给广东大部分地区带来了强降雨,部分地区甚至出现了特大暴雨,8 月 6 日 02:00 UTC 减弱为热带低压。受“天鹅”环流影响,香港、澳门、广东、广西和海南等地人民的生命和财产损失巨大。

7.3.2　“莫拉克”台风

2009 年第 8 号台风“莫拉克”于 2009 年 8 月 4 日凌晨生成,5 日加强为台风,7 日 23:45 UTC 在台湾花莲登陆,9 日 16:20 UTC 在福建霞浦再次登陆,9 日晚上在福建省境内减弱为强热带风暴,10 日凌晨减弱为热带风暴。从生成到结束 9 d 里给中国多省市带来严重创伤,其中台湾受创最严重。从卫星云图上可以看出,“莫拉克”尺度明显较“天鹅”庞大,是“天鹅”的几倍。由于“莫拉克”生成于西北太平洋洋面,洋面温度较高,台风有足够的发展时间。与“天鹅”相比,“莫拉克”的影响范围更大,其后期的强度也比“天鹅”更强,给沿海地区带来较强的降水和大风。

7.3.3　2009 年 8 月对中国南海区域的“天鹅”和“莫拉克”台风的外围观测

根据“我国南方致洪暴雨监测与预测的理论和方法研究”项目和气象行业专项“热带西太平洋观测试验与我国高影响天气可预报性研究”项目的要求,在 2009 年 8 月 7 和 9 日分别对“天鹅”和“莫拉克”台风进行了两次观测,观测区域位于两个台风之间,距“天鹅”台风中心约 400 km,距“莫拉克”台风中心约 1000 km,以长矩形的观测航线,每隔 50 km 投放了一枚探空仪。飞机在 8500 m 高空，共计投放 46 枚探空仪，飞行 12 h。

台风观测资料初步分析

对卫星观测资料分析发现，“莫拉克”和“天鹅”台风之间存在明显的云系交换，由此可以推断它们之间也一定存在能量交换，从台风的强度来看，其强度较强，尤其是“莫拉克”台风，该台风是 2009 年影响中国的最强台风，登陆台湾时近中心最大风力达 13 级；再次登陆福建霞浦时中心附近最大风力仍达 12 级。登陆台湾后，仍维持台风强度达 42 h，属历史少见。它们的影响范围大，“莫拉克”最大 7 级风圈半径达 500 km，南起巴士海峡，北到长江口区的广大海域和沿海，都出现了 8～12 级阵风和 12～14 级大风，涉及台湾、福建、浙江、江西、安徽、上海、江苏、山东等 8 省(市)，鼎盛时期时 7 级风圈半径达 500 km、10 级风圈半径达 120 km，台湾和福建、浙江、上海、江苏南部都出现了暴雨到特大暴雨。而“天鹅”台风也影响到香港、澳门、广东、广西和海南等广大区域。生命期都较长(均为 9 d)。同时路径复杂，“莫拉克”在移动过程中与“天鹅”和东侧热带低压相互影响、相互牵制，导致路径复杂，移向多次发生转折。而且移速不稳定，“莫拉克”从生成到到达台湾近海移速约 15 km/h，然后在台湾东部近海停留了 12 h 后才登陆花莲，“莫拉克”登陆台湾后 9 h 横穿台湾中部，又在台湾海峡滞留了 31 h 后才登陆福建。其在台湾东部近海和台湾海峡滞留时间之长为历史少有。而“天鹅”台风集结在香港之西南约 110 km 处，靠近上川岛后在原地打转超过 3 h，之后于 06:20 UTC 在台山海宴镇沿海地区登陆，登陆时中心最低气压 990 hPa，中心附近最大风力 9 级。“天鹅”登陆后，一直在广东不肯离去，给广东大部分地区带来了强降雨，之后减弱为热带低压，中心附近最大风力 7 级，已影响广西区，然后“天鹅”再度加强为热带风暴，2009 年 8 月 8 日 05:00 UTC，“天鹅”中心位于(19.1°N，108.2°E)，也就是在东方市以西 45 km 的海面上，中心附近最大风力 8 级，7 级大风范围半径 100 km。这两个台风移速慢，停滞少动时间长。移动速度仅为 10 km/h 左右，并且结构不对称，登陆前主要降水带分布在其东侧和南侧，登陆后，结构出现显著变化，主要降雨带分布在其北侧，空心结构明显。在台风减弱的时候，700 hPa 以上湿度较快地变小，而在 700 hPa以下却增大，并且风速也随之减弱，但温度变化较小。飞机观测发现台风外围云系高度均在 8500 m 以下，台风外围螺旋云带也都是由一个一个的对流云组成。

图 7.2　探测飞机上拍摄的云照片

7.4　下投探空资料的应用试验

7.4.1　下投探空资料与探空站观测资料的比较

为了了解下投探空资料的可用性，选取了香港(45004)、海口(59758)和西沙(59981)三站，分别与离这些站最近的下投探空资料进行比较。

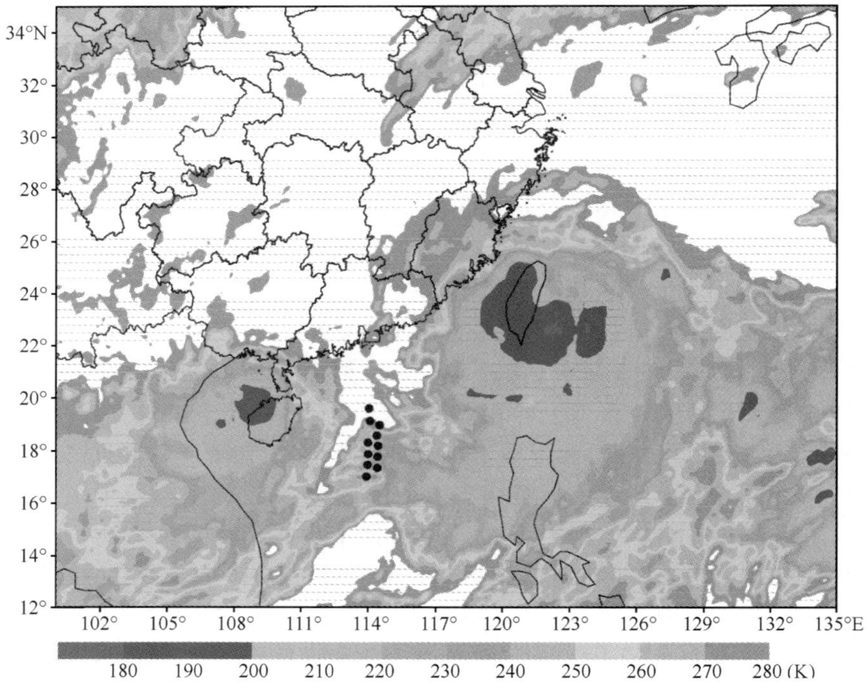

图 7.3　2008 年 8 月 7 日 05:00 UTC(协调世界时)的 TBB 及下投探空位置(黑圆圈点)

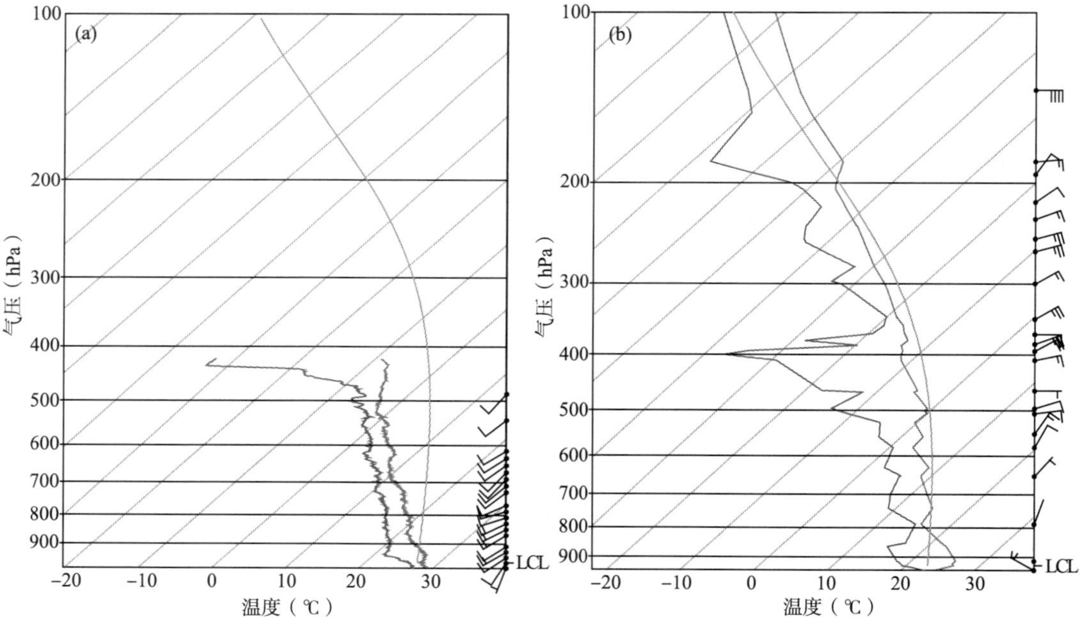

图 7.4　(a)离香港站最近的下投探空资料,(b)香港站(45004)的探空资料

从图 7.4 可清楚看出,两图中 500—400 hPa 有一明显的干层。500 hPa 以下,大气的温度与露点相差都在 3—4℃,湿度较高。因香港站处于台风的西侧,风向以东北偏东风为主。而

在海上，即台风的西南角，从下投探空资料得出对流层中低层为深厚的西南气流控制，上述结果反映观测资料比较合理。其他两站分析结果类似，不再赘述。

7.4.2　资料处理及分析

基于 GRAPES-3DVAR，以 NCEP 资料为背景场，按探空站的方式同化 03:00—05:00 UTC 的 11 站下投探空资料，生成的再分析场及分析增量见图 7.5 和 7.6。

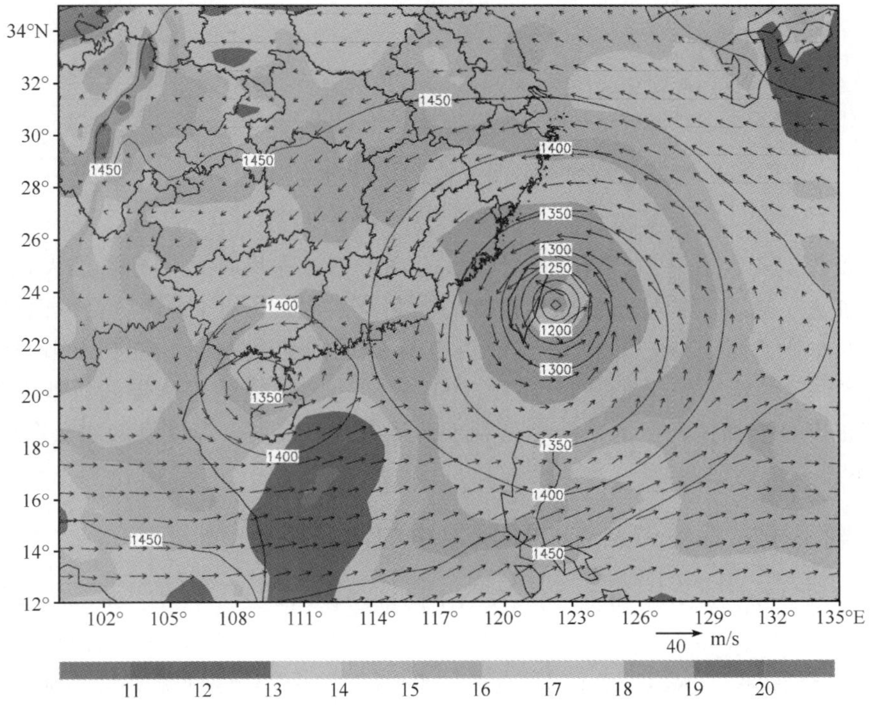

图 7.5　同化下投探空资料后的分析场(2008 年 9 月 8 日 09:05 UTC)

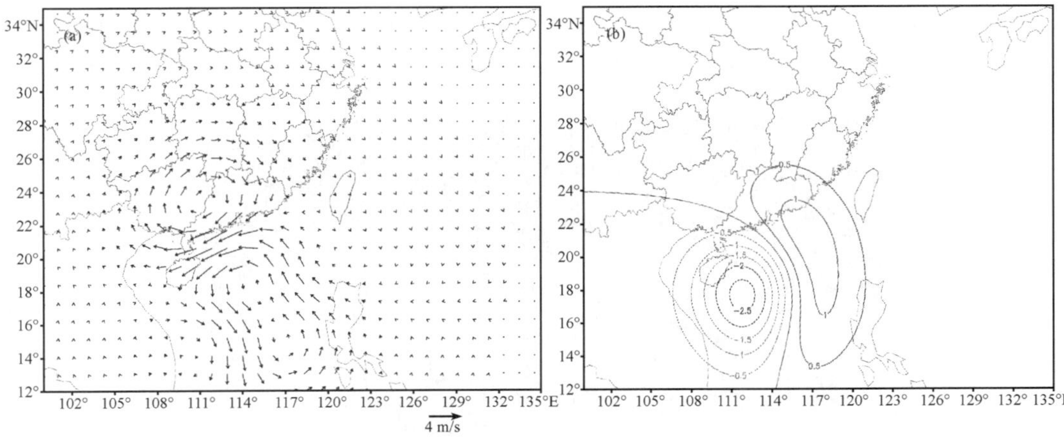

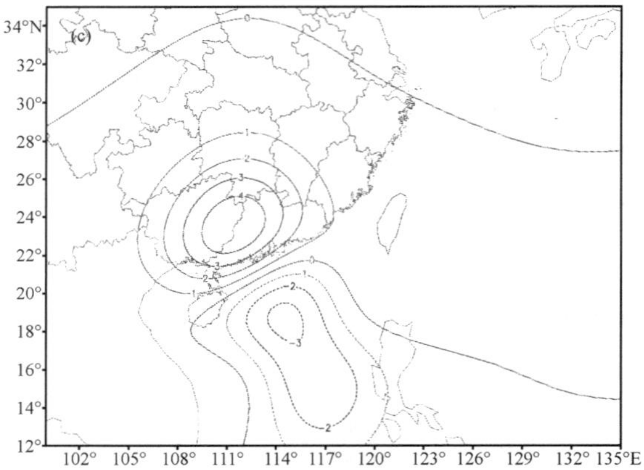

图 7.6　850 hPa 的分析增量

(a. 风场,b. 比湿场,c. 高度场)

同化下投探空资料后,广东沿海的西风减弱,在海南岛东南部北风分量加大;菲律宾到南海北部南风加大。该位置恰处于台风莫拉克的西侧及南侧。因此,同化后台风西部的偏东北气流减弱,但加强了西南气流。湿度增量图也显示了同化资料后,在 TBB 比较低的地区(图 7.3)如在台风的西南侧湿度增大,而在 TBB 较高地区和减弱的热带低压地区湿度减小。这些湿度订正有可能加速低压的减弱和有利于台风进一步发展。高度场的增量图也显示出同样的信号,不再一一列举。

7.4.3　机载下投式探空资料在台风预报中的同化应用

探测得到 2009 年 8 月 7 日 03、04 时(UTC,下同),8 月 9 日 02:00 UTC、03:00 UTC,9 月 1 日 06:00、07:00 UTC 的资料,由 8 月 7 日 00:00 UTC,8 月 9 日 00:00 UTC,9 月 1 日 00:00 UTC 运行中尺度暴雨数值预报模式 RUC,逐小时同化 00:00—12:00 UTC 的观测资料。设计两组试验,控制试验同化常规探空、3 h 间隔的地面资料等,敏感试验除探空、地面观测等资料外,在有下投探空资料的时次同化该资料。分析两组试验所得分析场的差异,以检验下投探空资料的同化效果。同时选取 8 月 7 日 03:00 UTC、06:00 UTC,8 月 9 日 03:00 UTC、06:00 UTC 所得分析场(控制试验与敏感试验)作为模式初始场进行 24 h 预报。并比较二组预报试验结果。

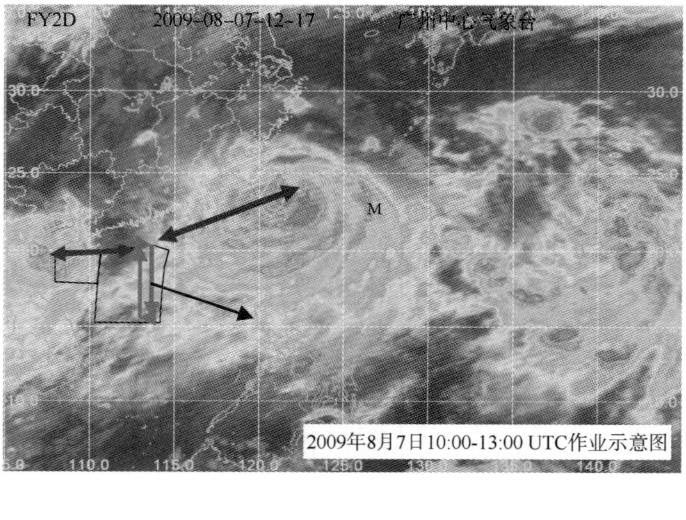

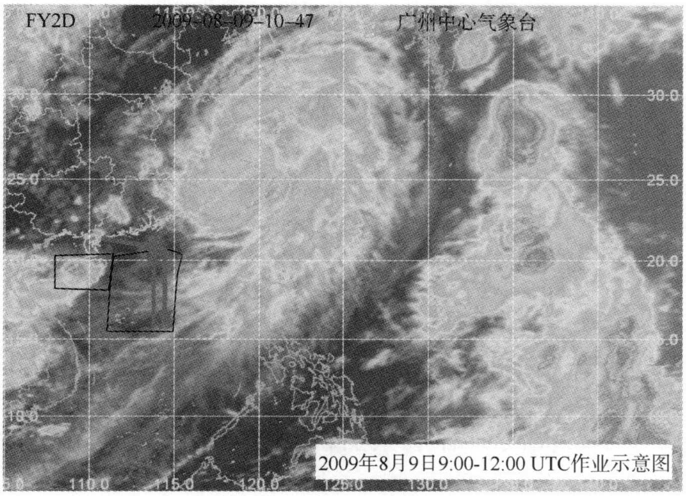

图 7.7 2009 年 8 月 7 和 9 日下投探空飞行轨迹

(1)逐时同化预报系统的逐时分析场

1)8 月 7 日

对比控制试验与敏感试验所得分析场，在 03:00 UTC、04:00 UTC 同化下投探空资料的影响在高度场上表现不显著，在 05:00 UTC、06:00 UTC 二者的差异较明显，到 07:00 UTC 开始高度场的差异不显著。

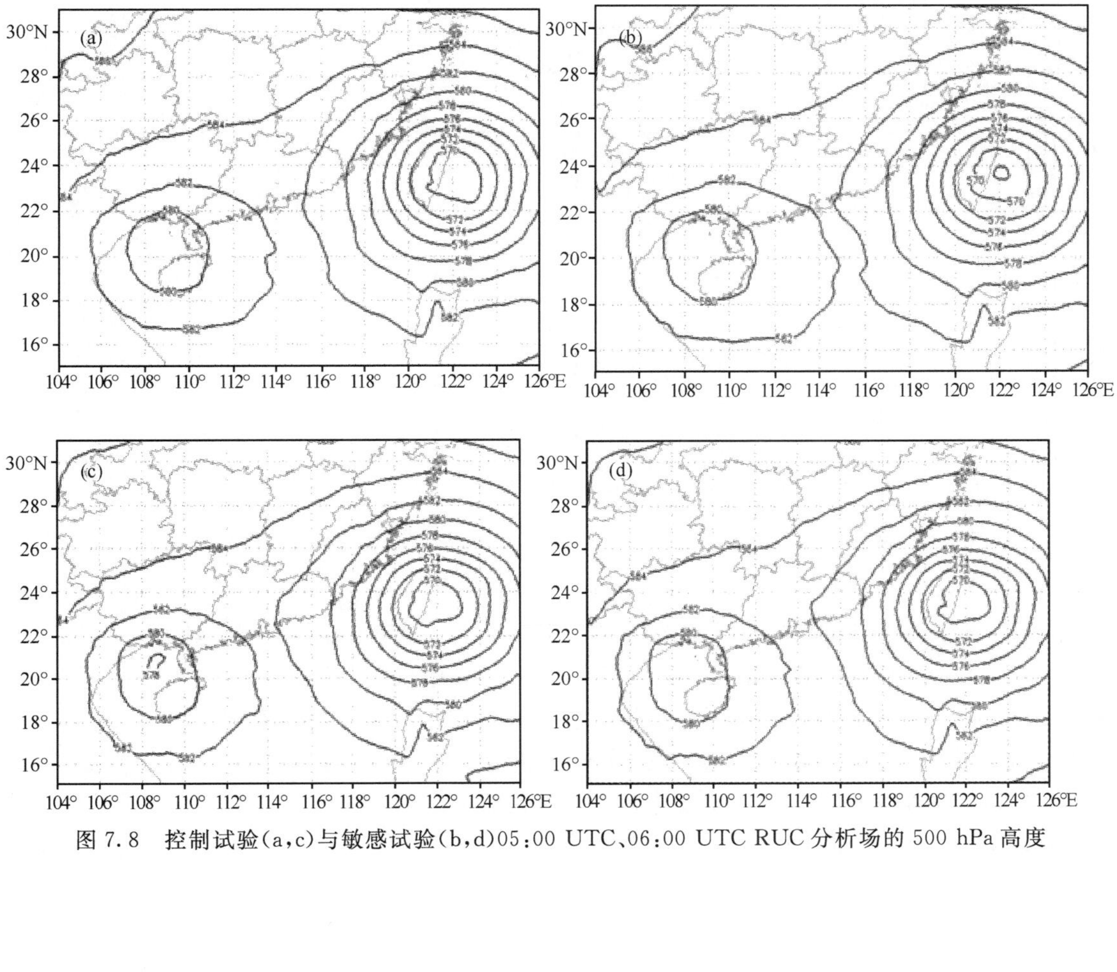

图 7.8 控制试验(a,c)与敏感试验(b,d)05:00 UTC、06:00 UTC RUC 分析场的 500 hPa 高度

05:00 UTC 500 hPa 高度形势的最大差异在于台风“天鹅”582 dagpm 高度线东缘与台风“莫拉克”中心强度，敏感试验 582 gpm 等值线略东至珠三角，“莫拉克”500 hPa 位势高度略高。06:00 UTC 二试验的两台风中心高度也是略有调整。03:00 UTC、04:00 UTC 差异比较明显的是广东南面的南海上空风的差异。03:00 UTC 850 hPa 上敏感试验南海上的大风区相连通，在(18°N,113°—114°E)附近区域西南风、偏西风较强。加强了台风“天鹅”与“莫拉克”间的水汽、物质交换。其余特点如两台风风场结构等均一致，表明下投探空资料的同化对局地上空风场的调整作用明显，对其他地区风场影响不大。结合上述高度形势分析，高度差异的滞后说明这种差异是下投探空风场差异所导致的，前期南海上偏西风的增强使“天鹅”582 gpm 等高线位置东进，同时向“莫拉克”的水汽、物质输送增强，由此引起两台风中心位势高度的调整。04:00 UTC 敏感试验在 18°—20°N 风速达 24 m/s 的大风区比控制试验范围增大，且台风“天鹅”西部大风区与南部、北部大风区连成连续圆弧，控制试验则断开为南、北两大风区。由于“天鹅”西部地区并无下投探空资料，该地区风场的差异应是由前一时次南部西南风场增强引起的。

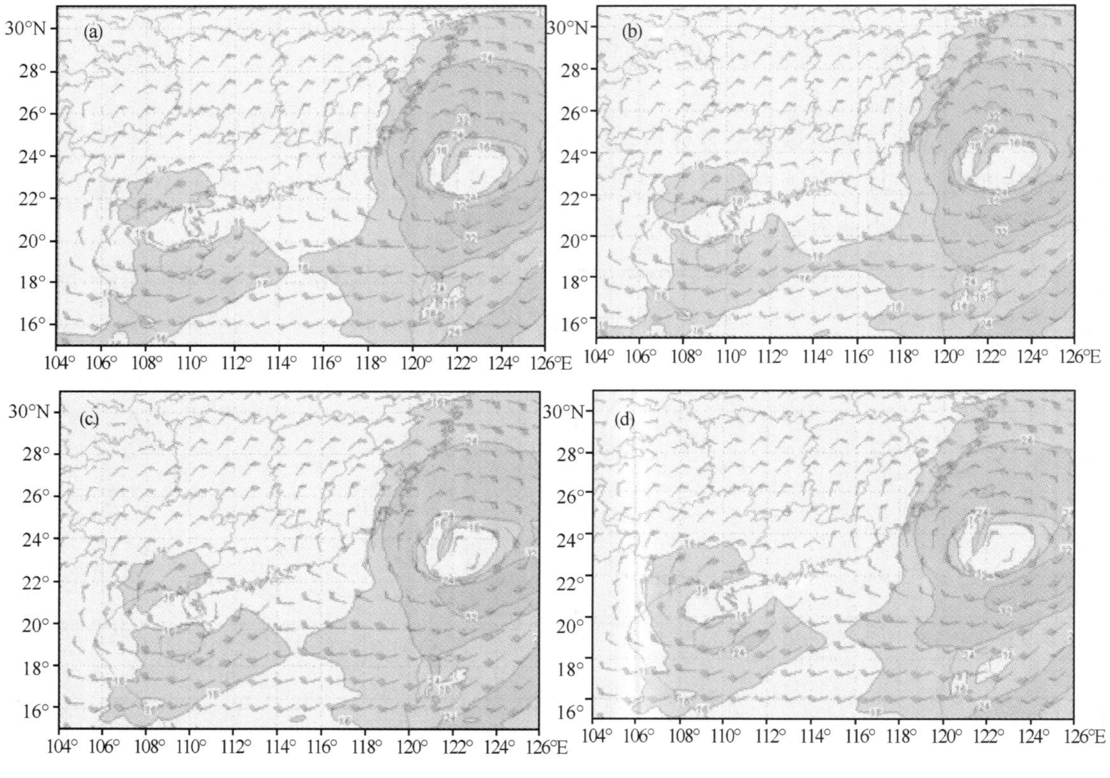

图 7.9　2009 年 8 月 7 日 03、04 UTC 控制试验(a、c)与敏感试验(b、d)850 hPa 风场

2)8 月 9 日

8 月 9 日有下投探空资料的时次是 02:00 UTC、03:00 UTC，区域范围大约在(15°—22°N，113°—115°E)。敏感试验 850 hPa 风场在海南岛以南风力加大，“天鹅”中心环流的位置略偏南、偏西，中心环流风向有所调整，风向、风速切变加大，在 114°E 以东出现风速大于 24 m/s 大风区。“天鹅”及其东侧风场的调整引起西侧“莫拉克”台风环流也与控制试验有显著差异，16 m/s大风区向南延伸，西部 32 m/s 大风区连成连续的圆弧。

对比 02:00 UTC 海平面气压场，敏感试验 995 hPa 等压线在雷州半岛东侧稍偏北。其他区域基本无差异。下投探空资料的同化主要是针对风场的同化，同一时次高度场的差异主要是通过风压场关系来调整。对比 8 月 7 日试验，9 日 02:00 UTC 敏感试验中下投探空资料对海平面气压、850 hPa 风场的改变较为显著，这是由于该时次所获得的下投探空资料数较多，密度较大。

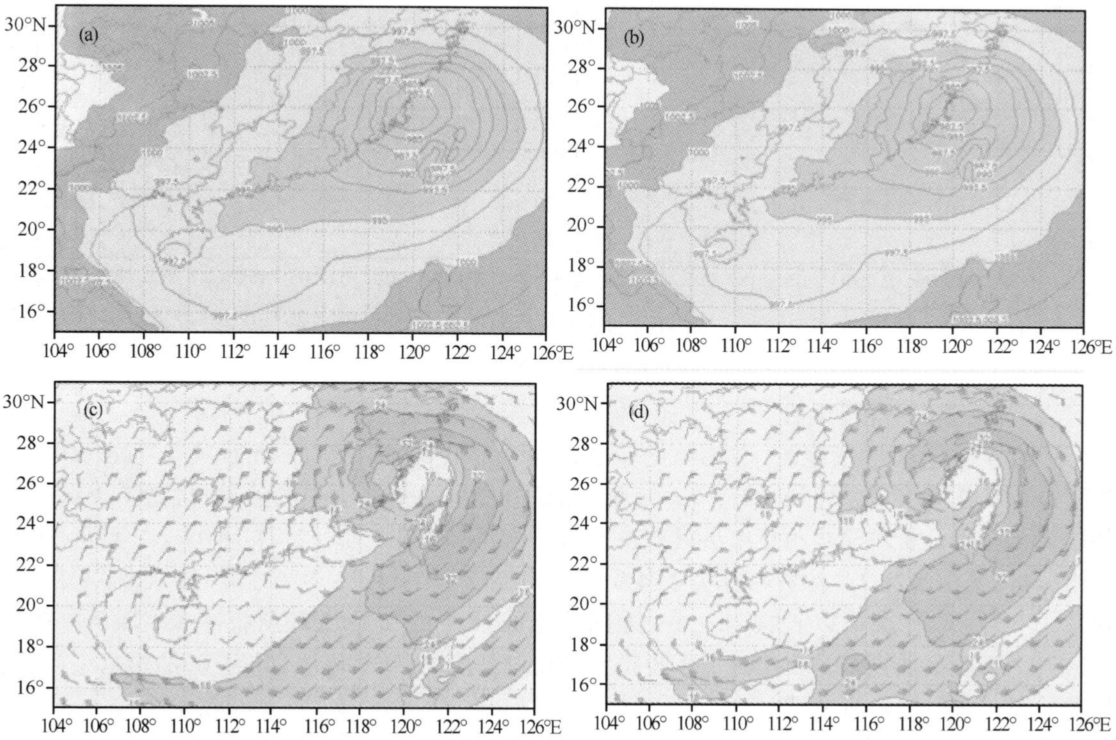

图 7.10　2009 年 8 月 9 日 02:00 UTC 海平面气压与 850 hPa 风场

（—a,c. 控制试验；—b,d. 敏感试验）

03:00 UTC 850 hPa 风场敏感试验与控制试验在下投探空探测的区域也有明显差异，测得的台风“天鹅”中心环流北部的东风分量、南部的西风分量都加大，18°N 以南风速加大。可知同化利用所获得的下投探空资料可以提高模式初始场的质量。探测的区域不一定为台风中心环流区域，台风外围风场的调整可以引起台风环流的调整。且这种改变可以持续一定的时间，如 8 月 9 日 02:00 UTC、03:00 UTC 同化了下投探空资料后，一直到 04:00 UTC、05:00 UTC 敏感试验的 850 hPa 风场在探测的区域都保持了与探测时次的连续性，与控制试验有较大差异。这种影响 06:00 UTC 以后在探测区域变得不显著，但在其他区域如台风气旋性环流区域仍然保持了二者的差异，如 10:00 UTC 大风区的形状、范围有所不同，但在 11:00 UTC，二试验 850 hPa 风场的差异已不明显。

3)9 月 1 日

9 月 1 日下投探空观测时次为 06:00 UTC、07:00 UTC，与以上 8 月 7 和 9 日的例子类似，07:00 UTC 下投探空探测区域的风场得到修正，该时次风速较小，没有超过 16 m/s 的大风区，但在(16°—18°N，112°—114°E)中，可看出敏感试验偏北风场较强。06:00 UTC 与此类似。高度场、海平面气压场、湿度场等的差异较风场滞后。

综合以上 8 月 7 和 9 日、9 月 1 日下投探空试验的分析，可知同化获得的下投探空资料可以很好地修正初始风场，提高模式初始场的质量。探测的区域不一定为台风中心环流区域，台风外围风场的调整可以引起台风环流的调整。且这种改变可以持续一定的时间。

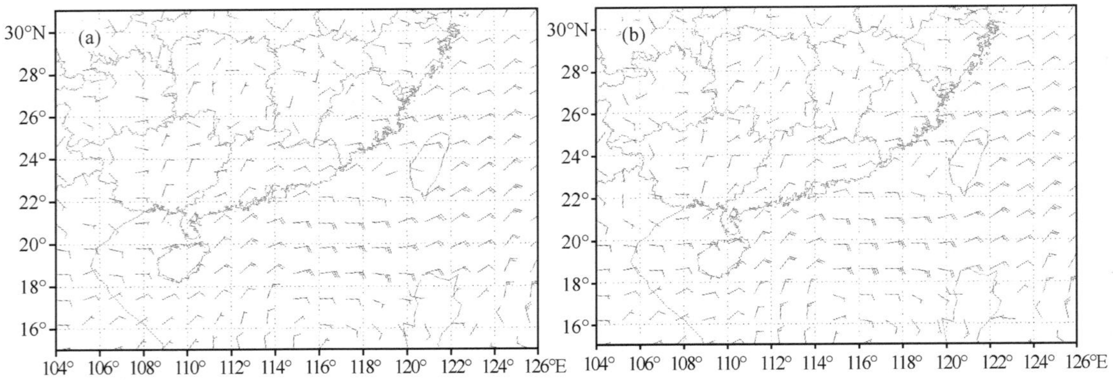

图 7.11　2009 年 9 月 1 日 07:00 UTC 850 hPa 风场

(a. 控制试验;b. 敏感试验)

(2)预报效果分析、评估

以敏感试验、控制试验 8 月 7 日 03:00 UTC、06:00 UTC,8 月 9 日 03:00 UTC、06:00 UTC 所得分析场作为模式初始场进行 24 h 预报，比较分析模式预报结果的差异，讨论下投探空资料的同化应用是否对模式预报结果具有正作用。选择 7、9 日 03:00 UTC 和 06:00 UTC 进行预报分析，是由于这 2 d 的资料时次分别为 03:00 UTC、04:00 UTC 与 02:00 UTC、03:00 UTC，在 03:00 UTC 时次可以直接对比有、无同化下投探空的初始场对预报结果的影响，选取 06:00 UTC时次的预报是由于考虑下投探空同化对高度场(或气压场、湿度场)的影响滞后、风场差异在一定时间内可持续。

统计 4 次预报 3 h 间隔的台风定位误差，由于 8 月 7 日 06:00 UTC 同时有台风“天鹅”与“莫拉克”(即该时次有两个台风的预报)，故试验共有 5 次台风定位预报，敏感试验与控制试验 3 h 间隔定位误差，分析结果表明，5 次平均误差除了 3 h 预报敏感试验比控制试验稍大外，其余时次的预报误差均有所减小，且随着预报时效的增加定位误差减小越多，即路径预报改进越大。

表 7.1　台风中心预报误差　　(单位: km)

时效	3 h	6 h	9 h	12 h	15 h	18 h	21 h	24 h
平均	5 次	5 次	5 次	5 次	5 次	5 次	5 次	5 次
控制试验	67.2	76.9	75.8	71.9	104.8	123.7	138.4	172.8
敏感试验	75.7	75.3	74.3	69.8	102.4	119.0	129.0	152.2

综合以上分析，同化了下投探空资料的时次对台风中心的预报均有所改进，但改进程度不同。以同化了下投探空资料数小时后的分析场为初始场，模式对台风中心预报改进状况不一，有的预报没有改进，有的改进较明显。

结合上文逐时同化场的分析，下投探空资料的同化应用可以改进台风的路径预报(图 7.12)。后续时次的分析场仍然存在差异，但后续时次的这些差异不一定能够改进台风路径预报，但对路径预报没有负作用。在强度预报上，从强度变化的趋势和各预报时效的强度看，两试验均差别不大。

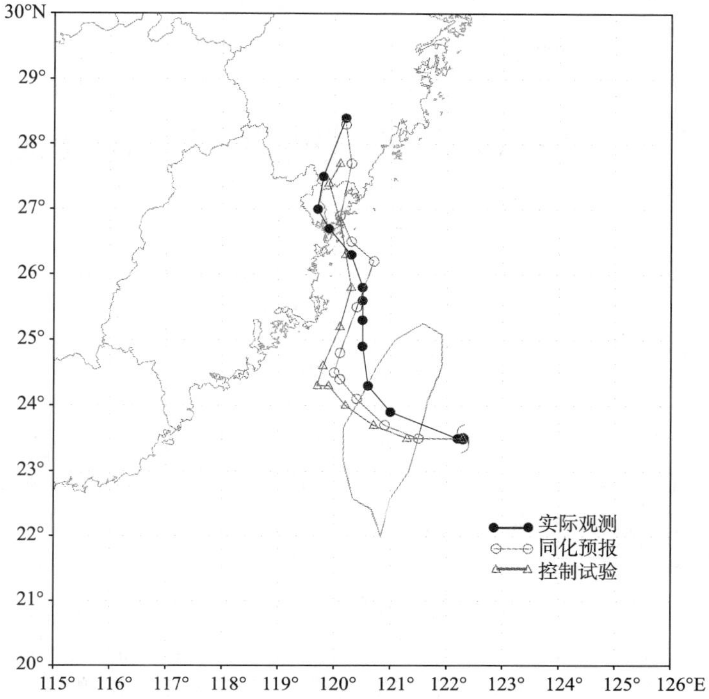

图 7.12　“莫拉克”台风预报路径与实际观测路径

7.5　结论和讨论

(1)机载下投式探空系统已经成为人们观测各种灾害天气的重要手段,尤其是对于人类无法到达的海洋、高山及沙漠地区。

(2)改装的飞机平台,经过本场放飞及中国南海观测,发现该套设备工作正常,性能稳定,根据本场观测资料与探空资料对比发现下投式探空观测数据可靠。

(3)设备需要不断地完善,飞机上的工作人员明显不足,还需要配备温度表、气压表,同时尽可能增加其他探测设备,充分发挥飞机平台的使用效率、降低飞机平台的使用成本。

(4)初步分析发现“莫拉克”和“天鹅”台风中心强度较强,尤其是“莫拉克”,呈非对称结构,影响范围大,是 2009 年影响中国的最强台风。登陆台湾后,仍维持台风强度达 42 h,属历史少见。同时路径复杂,“莫拉克”在移动过程中与“天鹅”和东侧热带低压相互影响、相互牵制,导致路径复杂,移向多次发生转折。并且移动速度较慢,持续时间长。

(5)下投探空观测资料的同化可以改进台风的路径预报。后续时次的分析场仍然存在差异,但后续时次的这些差异不一定能够改进台风路径预报,但对路径预报没有负作用。在强度预报上,没有发现下投探空观测资料的同化应用对台风强度预报有明显影响。

第8章　2008/2009年野外试验期间主要暴雨过程综述

8.1　2008年南方暴雨基本概况与特点

2008年,南方暴雨总体偏弱,局部地区、流域有较强暴雨出现。5月26日至6月19日,中国南方地区先后出现四次,部分地区五次强降雨过程。其中,降雨过程主要发生在5月26—30日,南方地区自北向南出现强降雨过程(决策气象服务,2009),5月31日—6月7日,南方主要降雨带维持在华南地区;6月7—11日,南方主要降雨区由华南向北扩展至江南一带,江南地区进入多雨期。6月10—14日,江南、华南大部分出现暴雨、大暴雨过程。与常年相比,2008年华南地区进入多雨期的时间比常年偏晚约10 d,江南地区进入多雨期的时间比常年偏早约10 d。2008年7月20—24日,四川盆地、黄淮、江淮、江汉等地普降暴雨到大暴雨,四川盆地、陕西西南部、湖北西部和北部、湖南西北部、河南大部分地区、山东东部和南部、江苏北部、安徽北部等地累计降水量一般有100～180 mm,部分地区200～240 mm。湖北、四川、江苏、山东、安徽、重庆部分地区发生了暴雨洪涝灾害,淮河流域出现超警戒水位的洪水。

秋季,广西、广东等地出现较重的秋汛。10月21日—11月8日,南方平均降水量为94.9 mm,比常年同期(36.9 mm)偏多1.6倍,为1951年以来最大值。受强降雨影响,南方多条河流发生罕见的秋汛,西江干流发生历史同期最大洪水,湖南洞庭湖水系沅水、资水都发生了2008年以来和历史同期的最大洪水,局地发生秋涝。广西遭遇百年来同期最大暴雨袭击,上百万人受灾。

2008年,共有22个台风生成,其中10个台风在中国登陆,登陆比例为有观测资料以来最高(中国气象局,2009)。其中,第1号台风"浣熊"于4月18日在海南省文昌市登陆,登陆时间比常年初台登陆中国时间提早了2个多月,比历史上初台最早登陆时间(1971年5月3日)提前了15 d,为新中国成立以来登陆中国最早的一个台风。7月28日,第8号强台风"凤凰"先后在台湾省花莲县和福建省福清市登陆,台湾、福建、浙江、江西、广东、安徽、江苏、湖南和山东的部分地区出现了暴雨、大暴雨,局部出现了特大暴雨。滁河水位迅速上涨,发生了有观测记录以来仅次于1991年的大洪水。8月25日,上海市出现入汛后最强暴雨天气,徐汇区1 h最大降水量117.5 mm,为1872年有气象记录以来最大值。另外,9月22—27日,四川省先后有38个县(市)遭受暴雨袭击,其中9个县(市)出现大暴雨;峨眉山市日最大降水量达159.8 mm;北川县连续5 d出现暴雨;彭山和新都日降水量均突破9月历史极值。

8.1.1　华南前汛期暴雨特点

图8.1是5月29日—6月17日中国降水总量。在这20 d,长江以南地区降水普遍超过100 mm,其中江南(湘、赣、浙)和华南分别为两个降水大值中心,降水超过200 mm,特别是珠

江三角洲地区，降水总量在 500 mm 以上(图 8.1a)。这段时间的强降水使得江南和华南降水偏多超 5 成，珠江三角洲地区偏多 1 倍以上(图 8.1b)。6 月 8—18 日，广西平均降水量为 291.8 mm，是 6 月常年平均降水量的 1.1 倍。最强降水时段为 11 日 20：00 UTC—12 日 20：00 UTC，超过 250 mm 的有 9 个县(区)的 17 个乡镇，最大降雨中心出现在河池金城江区白土乡(330.8 mm)，100～250 mm 的有 53 个县(区)的 232 个乡镇，大暴雨、特大暴雨出现的范围为历史同期最大。受大范围持续性强降雨天气影响，平乐县遭遇历史上最大的一次洪涝灾害，阳朔县遭遇 54 年来最大洪水。

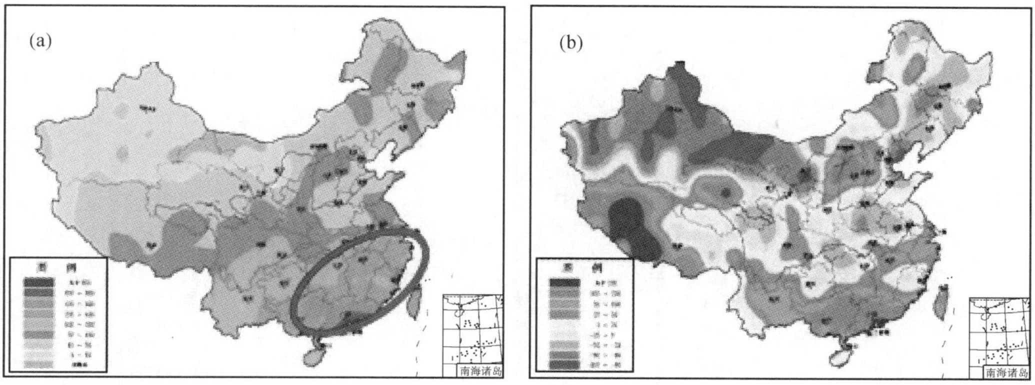

图 8.1　2008 年 5 月 29 日—6 月 17 日中国降水总量(a. mm)和降水距平百分率(b. %)

据水利部统计，2008 年 6 月 7—17 日，珠江流域平均降雨量 230 mm，其中 200 mm 以上暴雨笼罩面积 32.9 km^2，300 mm 以上面积 18.3 万 km^2，400 mm 以上面积 7.7 万 km^2，500 mm 以上 2.8 万 km^2。最大雨量点：广西鹿寨(755 mm)，广东普宁(746 mm)，深圳最大日雨量达 500 mm。受强降水影响，西江流域干支流水位快速上涨，桂江、柳江等 7 个站点出现超历史实测最大流量和最高水位。洪峰水位多为 10～20 a 一遇，而洪峰流量则为 20～50 a 一遇，反映出降水强度大的特点。珠江流域的西江、北江水系发生较大洪水，西江支流桂江、柳江支流洛清江等为超历史纪录的大洪水。

暴雨洪水过程降雨范围广、强度大、历时长，洪水来得快、涨势猛、量级高，受灾范围广、灾情重，广西、广东、湖南、江西四省(区)受灾人口 2286 万人，因灾死亡 42 人，失踪 9 人，农作物受灾 1172 千公顷、成灾 653 千公顷。

5 月 28 日—6 月 19 日，200 hPa 风场高空急流位于欧亚大陆 30°—40°N 地区，在急流中存在稳定的长波波列。在巴尔喀什湖地区一个长波脊发展，而亚洲沿海岸(120°E)为长波槽控制。在其水平风距平场上，这种特征更显著。亚洲中纬度的这对异常反气旋和气旋，不仅在平均环流场上有明显表现，更重要的是异常环流具有很大的稳定性。图 8.2 是 2008 年 5 月 1 日—6 月 22 日在 200 hPa 高空急流的平均位置上(40°N 附近)经向风时间—经度剖面(图中粗实线代表低压槽线所在，点虚线表示高压脊线位置)。5 月 8 日以后，一对长波脊和长波槽分别在 90°E 和 120°E 地区建立，并持续稳定在这一地区。

5 月中旬以来，新疆地区在高压脊控制下出现持续高温天气，而内蒙古和华北盛行西北气流，出现多次风沙天气。5 月 26 日贵州出现了强对流天气，27 日安徽南部、上海和浙江等地出现强对流和暴雨天气，这是华南前汛期暴雨的先发过程。5 月 27 日开始，东亚大气环流表现为江南、华南前汛期降水形势，即华南处于西太平洋副热带高压北侧和西风带南缘。由于罗斯贝波的下游效应(程麟生等,1993),6 月 15—16 日在 110°E 附近激发一个深厚高空槽,低压槽伸展到江南地区。6 月 16 日华南大部分地区、江南北部发生暴雨,17 日,强降雨带合并为西南—东北向,广西东南沿海、广东南部和西部、江西南部部分地区、浙江西北部产生大暴雨。

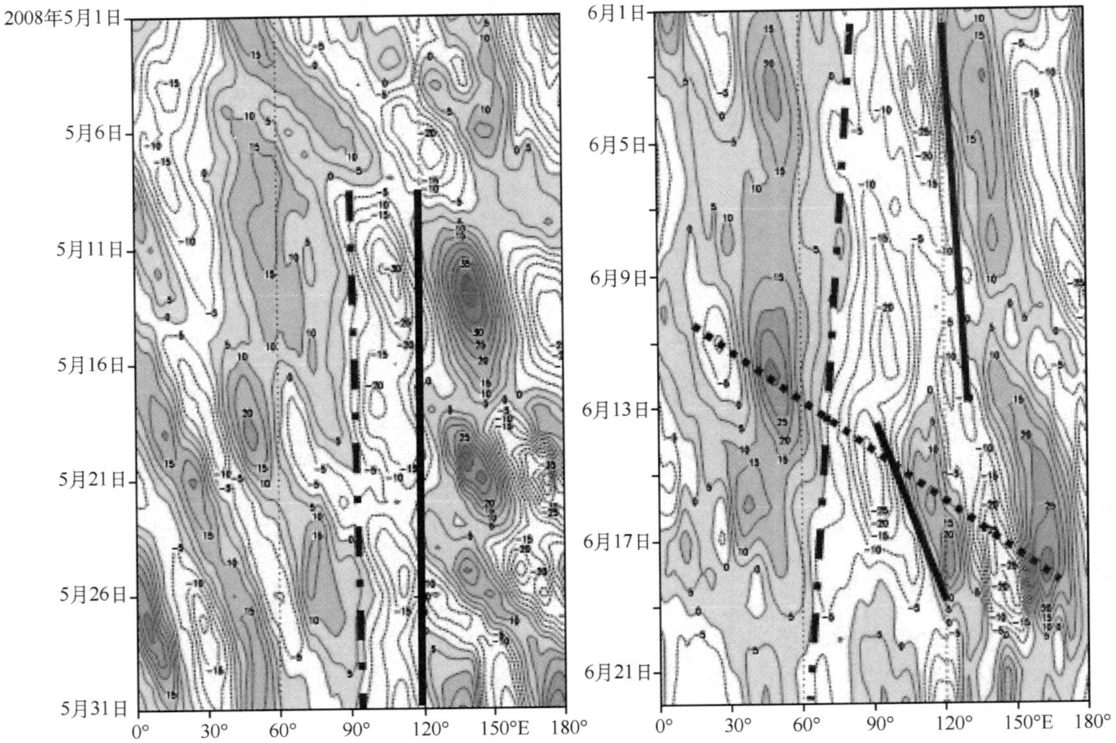

图 8.2　2008 年 5 月 1 日—6 月 22 日沿 37.5°—42.5°N 平均的 200 hPa 经向风时间—经度剖面(单位:m/s,阴影区为南风区,粗实线代表槽线所在;点虚线表示脊线位置;粗点线:罗斯贝波列的传播)

从 2008 年 5 月 28 日—6 月 19 日平均 500 hPa 位势高度及温度场上看,环流斜压性很强,同样有一对高压脊和低压槽分别位于 90°E 和 120°E 地区,槽后冷空气可南下到江南和华南;同时,孟加拉湾地区低压槽活跃,将有利于孟加拉湾水汽向中国华南地区输送。受中纬度120°E地区低压槽影响,西太平洋副热带高压西界和北界明显偏东、偏南。冷暖空气多交汇于华南和江南地区。

图 8.3 是 2008 年 5 月 28 日—6 月 19 日平均的 850 hPa 环流及其异常场。孟加拉湾低压槽活跃,西南暖湿气流非常强盛。850 hPa 上的低涡切变线长时间维持在江南和华南地区,江南、华南出现致洪暴雨。

8.1.2　梅雨期暴雨特点

2008 年 6 月 8 日,赣、浙、沪等地开始进入梅雨期,7 月 4 日出梅。据报道,浙江省入梅、出梅均比常年偏早,梅期 26 d,比常年偏多 3 d,梅雨量 342 mm,比常年偏多 20.4%,其中,杭州梅雨量 403.6 mm,较常年偏多 36%,这也是近年降雨最多的梅雨季,前后经历五次大降雨过程。武汉于 6 月 21 日进入梅雨期,至 7 月 7 日出梅,梅雨期共计 16 d,比常年少 11 d,降雨量为 19～498 mm,除湖北西南部稍多外,其他地方偏少,总体偏少五成左右。

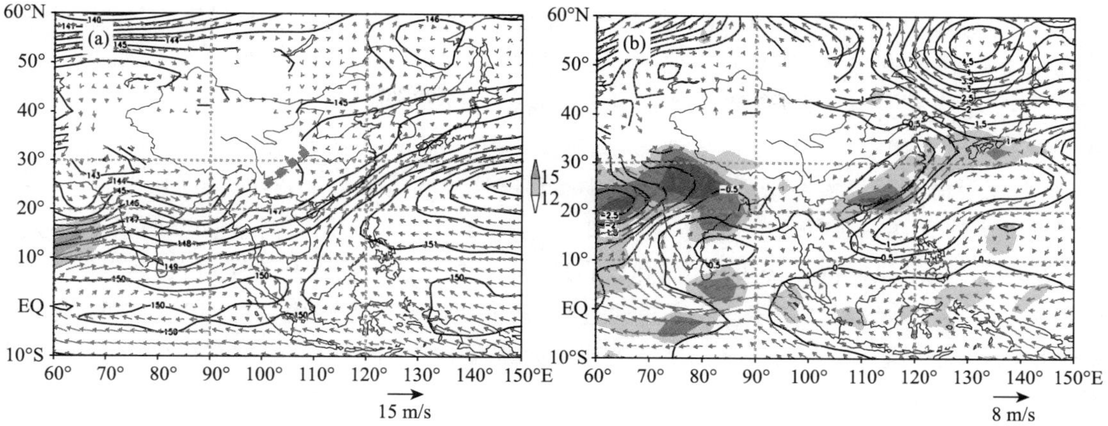

图 8.3　2008 年 5 月 28 日—6 月 19 日平均环流

（a. 850 hPa 风场与强风速带（阴影区：全风速＞12 m/s）和位势高度场（黑色实线，单位：dagpm）；

b. 850 hPa 风距平场、位势高度距平场（单位：dagpm）和 OLR 负距平区（阴影））

图 8.4a 是 2008 年 6 月 9 日—7 月 8 日中国降水总量。2008 年梅雨期降水的主要特点有：(1)江南东部—长江三角洲地区为梅雨期降水比较显著的地区，降水普遍超过 300 mm，这段时期的强降水使得江南地区的降水偏多超过 2 成，而在梅汛期长江流域中部及长江以北地区强降水不显著，梅雨期降水显著偏少（图 8.4a、b）；(2)华南前汛期（2008 年 5 月 28 日—6 月 19 日）降水基本结束后，华南地区降水继续偏多（图略），特别是珠江三角洲地区，这段时期降水总量在 800 mm 以上（图 8.4a），降水偏多 1 倍以上（图 8.4b）；(3)东北和华北降水显著偏多；(4)梅汛期以过程性降水为主，主要降水带呈东北—西南或南—北走向，降水距平百分率分布图（图 8.4b）也反映出这一特点。

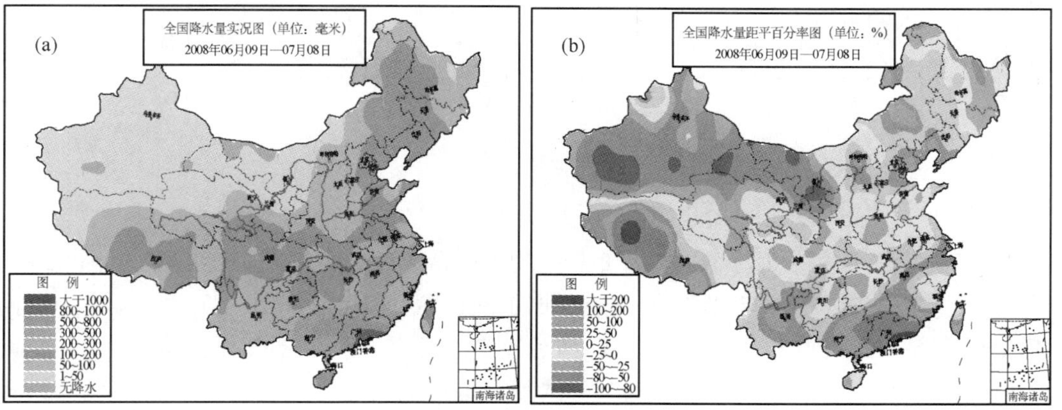

图 8.4　2008 年 6 月 9 日—7 月 8 日中国(a)降水总量（单位：mm）和(b)降水距平百分率（%）分布

从 6 月 27 日开始，江南太湖地区迎来 2008 年梅雨期以来的第 5 次降雨。太湖水位持续上涨，连续 10 d 出现超警戒水位。28 日 09:00 UTC，太湖平均水位从 27 日的 3.88 m 上涨到 3.96 m，连续 10 d 超过 3.50 m 的警戒水位。入湖流量为 1800 m^3/s，是出湖流量的 4 倍多，这使得太湖水位面临上涨压力。

图 8.5a 是 2008 年 6 月 8 日—7 月 8 日平均 200 hPa 风场，高空急流位于欧亚大陆 40°N 附近地区，在急流中亚洲大陆仍然存在一对长波脊和长波槽，即巴尔喀什湖地区一个长波脊发

展，而中国东部(115°E)为长波槽控制；同时，东北亚 60°N 地区阻塞形势明显，其西南侧的气旋性扰动有利于贝加尔湖低涡活动，低涡东移影响内蒙古东部、华北及东北地区。在其 200 hPa水平风距平场上(图 8.5b)这种特征更显著，只是中国大陆的气旋性距平环流比平均环流偏西、偏南，中心位于河套以南地区，而在(30°N，150°E)的西北太平洋地区，气旋性环流发展，东亚沿海为反气旋距平环流控制，在中高纬度这种环流形势下，有利于副热带高压北抬，而其西界偏东。图 8.6 是 2008 年 6 月 1 日—7 月 13 日在 200 hPa 高空急流的平均位置上(40°N 附近)经向风时间—经度剖面，可以看出，亚洲中纬度的这对异常反气旋(90°E)和气旋(115°E)，在同一地区经历了多次不断重建过程，其位相具有一定的稳定性。6 月以来，西北大部分地区(特别是新疆)在高压脊控制下出现持续高温干旱，而华北和东北多低涡活动，降水偏多。值得注意的是，在亚洲中高纬地区，大气环流表现出典型的梅雨环流形势，即对流层中高层基本上为两脊一槽形势，低压槽位于贝加尔湖地区，冷空气频繁。由于副热带高压偏北、偏东，且不稳定，江淮流域典型的梅雨形势没有建立，而是出现了有利于东北、华北降水的“东高西低”的环流形势；此外，由于副热带高压偏北、偏东，有利于热带辐合带的北抬，华南沿海易受副热带高压南侧偏东气流与西南暖湿气流形成的季风涡旋中的热带扰动影响，出现了多次强降水过程。

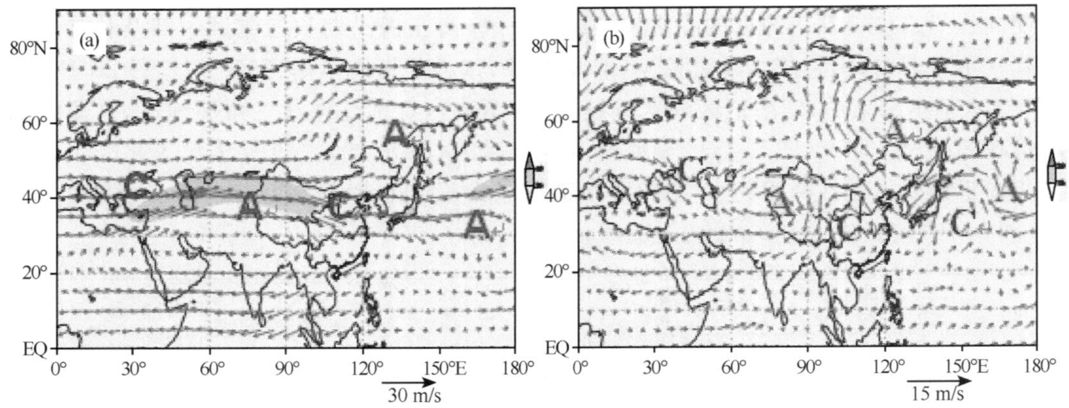

图 8.5　2008 年 6 月 8 日—7 月 8 日平均环流

(a. 200 hPa 风场与强风速带(阴影区：全风速＞30 m/s)，b. 200 hPa 风距平场(阴影区：距平风速＞15 m/s))

图 8.7a 为 2008 年 6 月 8 日—7 月 8 日平均 500 hPa 位势高度及温度场，在亚洲高纬地区(50°～60°N)为两脊一槽形势，低压槽位于贝加尔湖以西地区；在 40°N 地区，同样有一对高压脊和低压槽分别位于 80°E 和 110°E 地区，槽后冷空气可南下到江南和华南；同时，孟加拉湾地区低压槽活跃，将有利于孟加拉湾水汽向中国华南地区输送。受中纬度 110°E 地区低压槽影响，西太平洋副热带高压西界明显偏东(图 8.7b)。

图 8.8 是 2008 年 6 月 8 日—7 月 8 日平均的850 hPa环流及其距平场。印度北部和孟加拉湾低压槽异常活跃，西南暖湿气流非常强盛。850 hPa 上的低涡切变线长时间维持在长江流域，虽然平均图上切变线在长江流域，但 2008 年梅雨期的系统不稳定，切变线影响的范围较大，包括江淮、江南、华南都出现致洪暴雨。

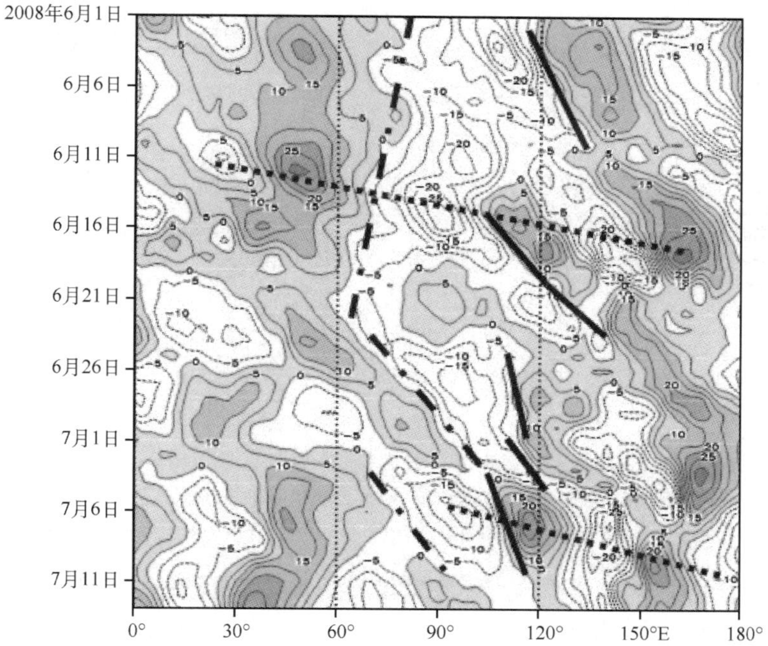

图 8.6　2008 年 6 月 1 日—7 月 13 日沿 37.5°—42.5°N 平均的200 hPa 经向风时间—经度剖面(单位:m/s,阴影区为南风区,粗实线代表槽线所在;点虚线表示脊线位置;粗点线:罗斯贝波列下游效应的传播)

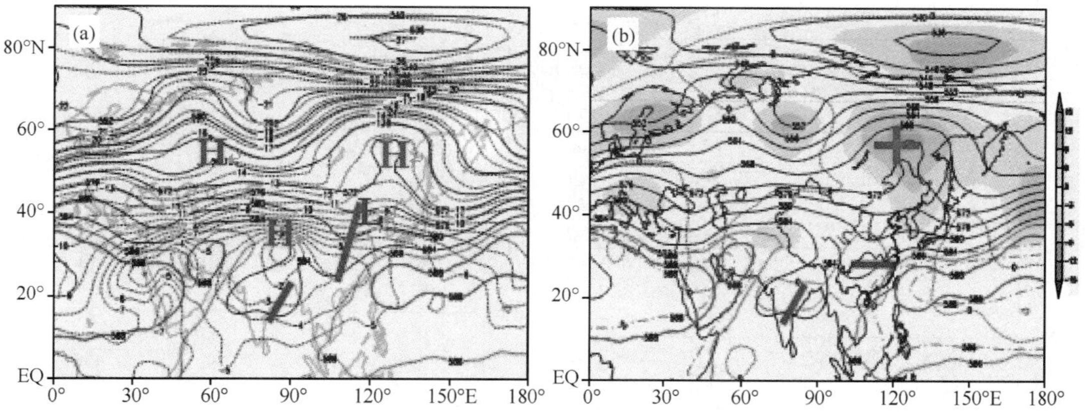

图 8.7　2008 年 6 月 8 日—7 月 8 日平均环流

(a. 500 hPa 位势高度(实线,单位:dagpm)及温度场(虚线,单位:℃),
b. 500 hPa 位势高度(实线,单位:dagpm)及其距平(阴影区:距平区;点虚线:气候平均 586 和 588 dagpm 线))

8.1.3　主要过程

2008 年梅雨期亚洲中高纬度西风带环流系统活跃,120°E 附近不断重建一个低压槽,而副热带高压位置偏北、偏东,且不稳定,这使得长江流域在梅汛期以西风带高空槽东移带来的过程性降水居多。主要降水过程有:

(1)6 月 8—10 日江南地区出现强降雨。降水主要天气系统为西风带高空槽东移产生的槽前降水。6 月 17—18 日,西风槽东移产生的降水,雨区呈东北—西南走向。

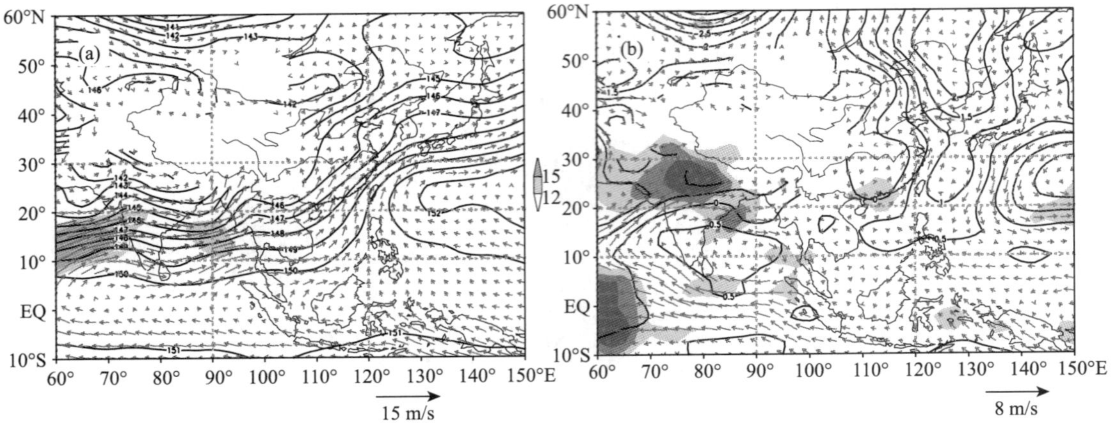

图 8.8　2008 年 6 月 8 日—7 月 8 日平均环流

(a. 850 hPa 风场与强风速带(阴影区:全风速>12 m/s)和位势高度场(黑色实线,单位:dagpm);
b. 850 hPa 风距平场、位势高度距平场(单位:dagpm)和 OLR 负距平区(阴影))

(2)6 月 21—24 日,长江流域出现强降雨过程。这是 2008 年梅汛期最为典型的梅雨过程(图 8.9)。安徽六安、合肥、铜陵、巢湖、安庆等市暴雨引发内涝和山洪灾害 75.7 万人受灾,倒塌房屋 1759 间,直接经济损失 3.7 亿元。

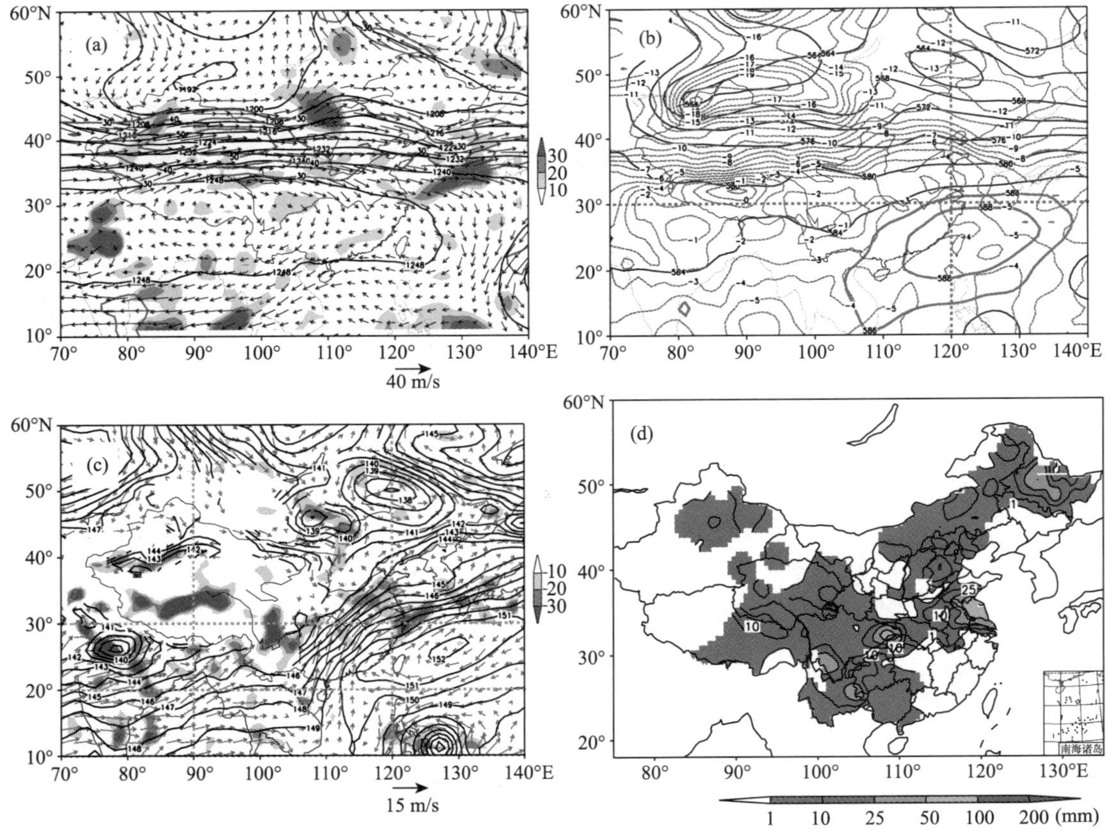

图 8.9　2008 年 6 月 20 日环流形势

(a. 200 hPa, b. 500 hPa, c. 850 hPa, d. 24 h 累积降水量)

6 月 25—27 日，长江流域和江南地区出现暴雨；这也是比较典型梅雨环流形势产生的降水，同时，受热带风暴“风神”的影响，中高纬度和低纬度系统相互作用显著。湖南、江西、浙江、福建等省(区)相继出现暴雨到大暴雨。7 月 1—2 日，江淮流域出现典型梅雨，7 月 1 日 14 时—2 日 14 时，淮河流域普降中到大雨，雨量一般有 20～40 mm，安徽和江苏的局部地区降了 50～80 mm 的暴雨；同时，辽宁东部、吉林东南部、河北南部、湖北北部、贵州西部和北部、云南中北部等地的部分地区出现大到暴雨，局部大暴雨，以湖北红安(214 mm)雨量为最大。受西风带东移高空槽的影响，副热带高压东退，降水过程没有持续。

(3)7 月 8—9 日，受强烈发展西风带高空槽影响，中国东部出现大范围强降水，雨带为东北—西南走向(图 8.10)。华南大部分地区、贵州东部、江南中西部、江汉东部、江淮西部、黄淮中东部、吉林北部等地出现了大到暴雨，局部大暴雨，过程总雨量 50～120 mm。8 日 14 时—9 日 14 时，吉林乾安 102 mm、农安 102 mm，湖北嘉鱼 113 mm，江西庐山 176 mm、新建141 mm，广东汕头 116 mm、惠来 131 mm、台山 114 mm，广西防城 152 mm、防城港 170 mm、北海 102 mm。

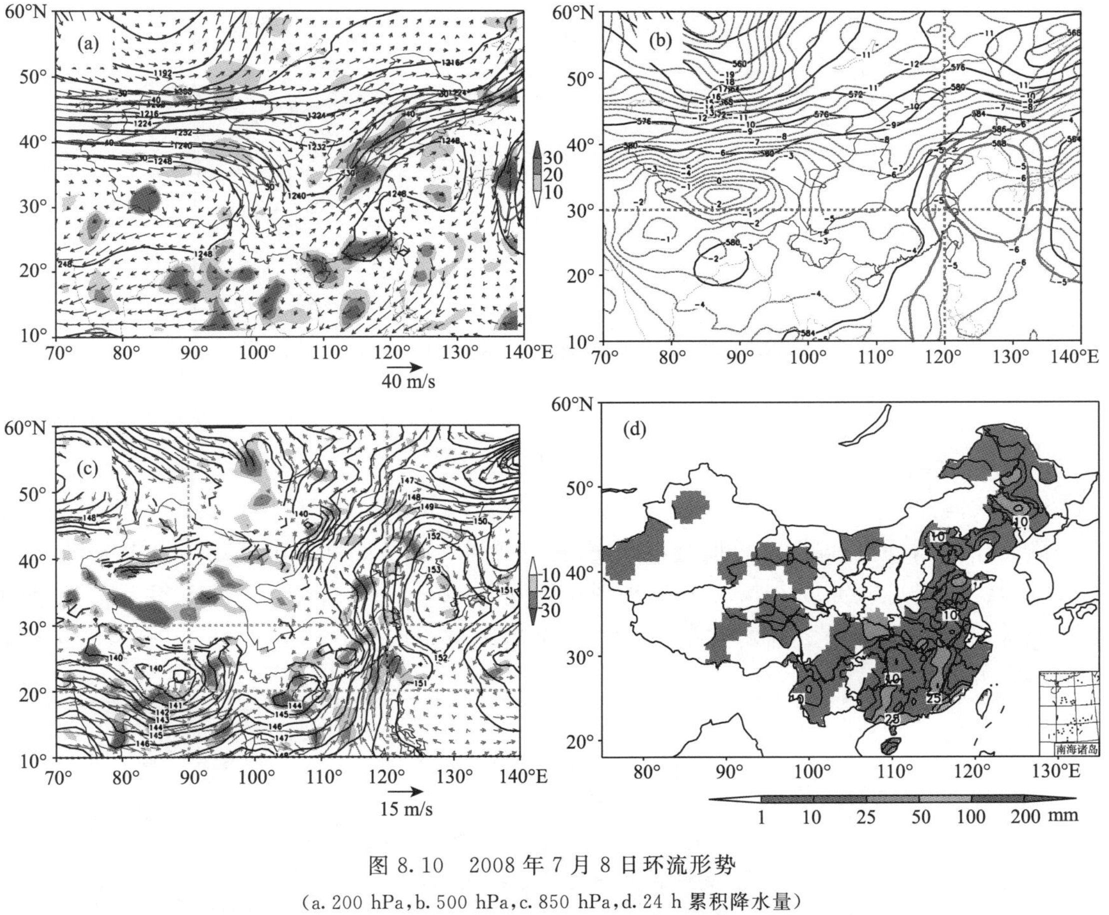

图 8.10　2008 年 7 月 8 日环流形势

(a. 200 hPa, b. 500 hPa, c. 850 hPa, d. 24 h 累积降水量)

7 月 10—11 日，受东北低涡，850 hPa 切变线共同影响，淮河、长江与西南地区出现暴雨。7 月 10 日 14 时—11 日 14 时，内蒙古东部、江苏、安徽中部、湖北东南部、江西北部、福建、四川南部、贵州、广西北部等地出现中到大雨，局部暴雨。降雨量在 75 mm 以上的站点有：四川峨眉山(84 mm)、广西隆林(76 mm)和凌云(79 mm)。

图 8.11 是 2008 年 6 月 1 日—7 月 13 日沿 37.5°—42.5°N 平均的 600 hPa 相对涡度时间—经度剖面,图中阴影区为正涡度区,粗实线代表 40°N 地区一次次气旋性扰动的东移过程,可以看到,中纬度的扰动与 2008 年梅雨期主要降水过程有很好的对应。值得注意的是,6 月 14 日和 7 月 4 日前后,沿亚洲高空急流(40°N),分别有两次罗斯贝波的下游效应,造成在 600 hPa上中国中东部地区气旋性环流的加强(图 8.11),产生了两次经向型强降水过程(包括江淮流域)。这两次过程与 2004 年 7 月中下旬曾经在中国东部出现一条南北走向的强致洪暴雨过程很相似,说明在夏季亚洲高空急流中的准静止罗斯贝波的传播过程,可以出现高影响性天气。

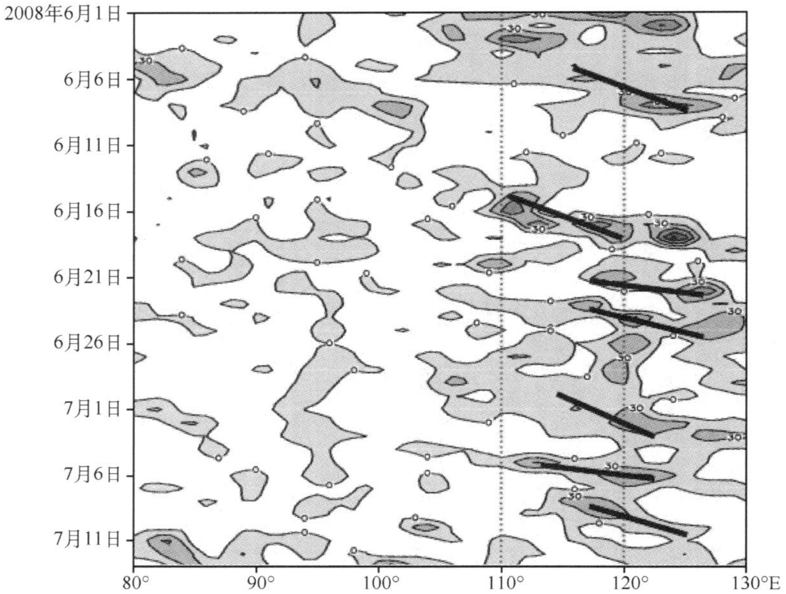

图 8.11　2008 年 6 月 1 日—7 月 13 日沿 37.5°—42.5°N 平均的 600 hPa 相对涡度时间—经度剖面

(单位:$\times10^{-5}$ s^{-1},阴影区:正涡度区)

根据位涡的观点(Hoskins,1985),当高空等熵面(350 K)从北向南伸展的正位涡区与低空等熵面(315 K)的正位涡区叠加时,可以引起地面强烈的气旋生成过程或其他强天气(如大风、暴雨)的生成。(Wallace,2006 称这种现象为 Top-down Influence)。2008 年 6—7 月华南前汛期暴雨和江淮梅雨强降水时期,这种上、下层影响很明显。图 8.12 是 6 月 1—30 日沿

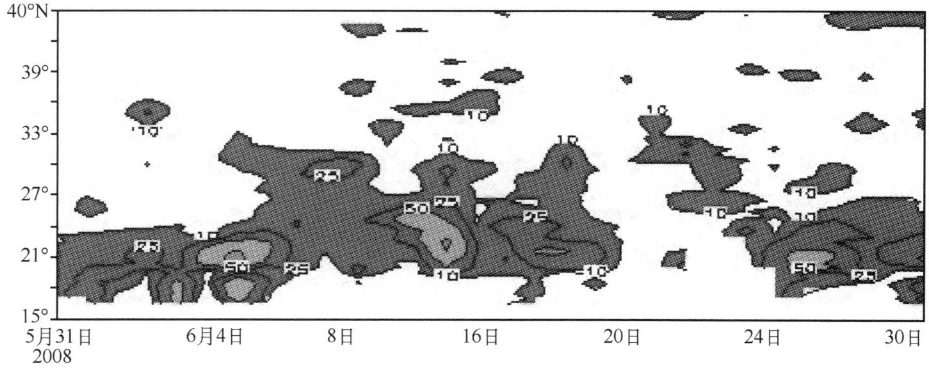

图 8.12　2008 年 6 月 1—30 日沿 105°—120°E 平均的降水量时间—纬度剖面图

105°—120°E 每天区域平均日降水量分布图，图 8.13（另见彩图 8.13）是 6 月 1 日—7 月 6 日沿 105°—120°E 平均的 350 和 315 K 等熵位涡时间—纬度剖面。注意图 8.15 中的几次强降水过程都与图 8.16 中上、下层高位涡区重叠过程基本吻合。

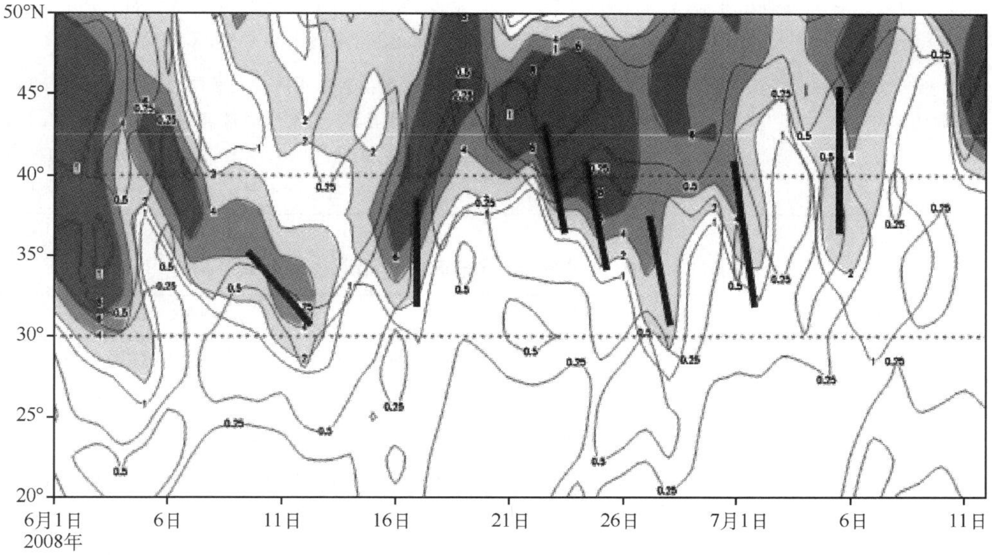

图 8.13　2008 年 6 月 1 日—7 月 6 日沿 105°—120°E 平均的 350 K 等熵位涡（蓝色线，单位：1 PVU＝10^{-6} (m^2 · k)/(s · kg)，阴影区：2～3PVU 区域）和 315 K 等熵位涡（红色线）时间一纬度剖面

表 8.1　2008 年华南、江淮地区主要暴雨过程列表

序号	时间	主要影响系统	暴雨主要影响区域	雨情概述
1	5 月 29 日—6 月 3 日	南支槽	粤、桂、闽	广东 5 月 28 日至 6 月 2 日，清远、佛冈、龙门、海丰、台山、阳江等 6 个市县录到累计雨量超过 200 mm，普宁大坪农场的自动气象站录到全省最大累积雨量 317 mm。
2	6 月 4—7 日	南支槽	桂、粤	5 日 08 时到 6 日 08 时，广西南部沿海和广东西南部的降水达到暴雨强度。
3	6 月 8—11 日	南支槽、高原槽	湘、赣、鄂、桂	8 日大暴雨主要位于贵州东南部和湖南南部、云南中部局地、湖南东部、江西西北部和湖北东部部分地区。9 日降水加强，大暴雨位于广西中北部、湖南东部、江西北部；10 日大暴雨位于江西东北部和浙江北部。
4	6 月 10—14 日	西南涡、高原槽	桂、粤、赣	11 日云南东部、广西北部大暴雨，12 日广西北部和东部、湖南南部、江西南部、广东北部和中北部和沿海局地大暴雨，其中广西中北部和珠江口特大暴雨。13 日大暴雨主要位于两广沿海、广东北部、江西北部和南部的部分地区。
5	6 月 16—18 日	低涡、切变线	赣、浙、粤、湘、桂	16 日华南大部、江南北部暴雨，其中广东沿海部分地区大暴雨。17 日，广西东南沿海、广东南部和西部、江西南部部分地区、浙江西北部大暴雨。

续表

序号	时间	主要影响系统	暴雨主要影响区域	雨情概述
6	6月21—22日	切变线	苏、皖	安徽有37个乡镇出现暴雨,其中12个乡镇超过100 mm,大部分出现在金寨南部地区,最大金寨吴家店204.8 mm。江苏省的暴雨区域位于常州、无锡、苏州市。
7	7月21日—23日	切变线、暖湿气流	湖北	湖北29个县市中遭遇特大暴雨的有6个。21—22日襄樊为特大暴雨,21—23日雨量高达358 mm,48 h最大降水量达308 mm。其6 h、12 h雨量分别达166 mm和260 mm,均为当地有水文记录以来最大值。

表 8.2　2009年华南、江淮地区主要暴雨过程列表

序号	时间	主要影响系统	暴雨主要影响区域	雨情概述
1	4月17—20日	西风槽、西南涡	湘、赣、闽、浙	湖北东部、湖南北部、江西、福建、浙江西部等地降水量有50～100 mm,广东徐闻(251.5 mm)等地超过100 mm。
2	4月23—25日	南支槽	桂、粤	广西、广东暴雨、局地大暴雨
3	5月16—20日	西风槽、南支槽、副高	桂	广西有3个站点过程雨量累积不小于300 mm,最大为328.5 mm。
4	5月23—25日	热带辐合带、副高	粤、赣、闽、浙	广东南部、江西东北部、福建西北部、浙江东南部出现大到暴雨,局部大暴雨。广东南部过程降水量100～300 mm,其中台山(454.7 mm)、上川岛(305.2 mm)超过300 mm。
5	5月27—28日	西风槽、副高	鄂	湖北大部出现大到暴雨,局部大暴雨,过程降水量一般在50～150 mm,其中湖北天门降水量149 mm。
6	6月28—30日	西风槽、南支槽、西南涡	鄂、苏、皖	湖北鹤峰过程降水量达384 mm;24 h降水量达313 mm,突破当地最大日降水量历史记录。

8.2　2009年基本概况与特点

2009年,华南前汛期总体降雨强度偏弱,但是6月下旬出现一次大范围的强降雨过程,西南地区东部、长江中下游地区以及华南沿海普降大到暴雨,其中长江中下游地区及四川盆地出现区域性大暴雨。这是长江中下游地区今年范围最大、强度最强的一次暴雨天气过程。江淮地区梅雨期为空梅,但7月下旬出现明显降雨过程。2009年,有9个台风登陆中国大陆地区,全部集中在华南。海南、广东、广西等地受台风影响较重,但台风带来的降水也缓解了华南部分地区的旱情。截至到10月20日,登陆台风给中国大陆地区造成的损失如下:27人死亡,26人失踪,转移安置人口210.1万人,直接经济损失有175.31亿元。

8.2.1　华南前汛期静止锋暴雨特点

2009年南海夏季风于5月第4候爆发,5月16日东亚大气环流引起一次冷空气南下到华南地区,并形成一条东西走向的静止锋,在静止锋上出现了持续5 d的降水(5月16—20日),这标志着2009年华南前汛期静止锋暴雨时段的开始。图8.14a是2008年5月17日—6月15日中国降水总量。在这20余天,长江以南大部分地区降水在200 mm以上,其中华南为一个降水大值中心，降水超过 300 mm，特别是珠江三角洲地区，降水总量在 500 mm 以上(图 8.14a)。这段时间的降水使得广西大部分地区和广东西部降水偏多超 2 成，珠江三角洲地区偏多 5 成以上(图 8.14b)。

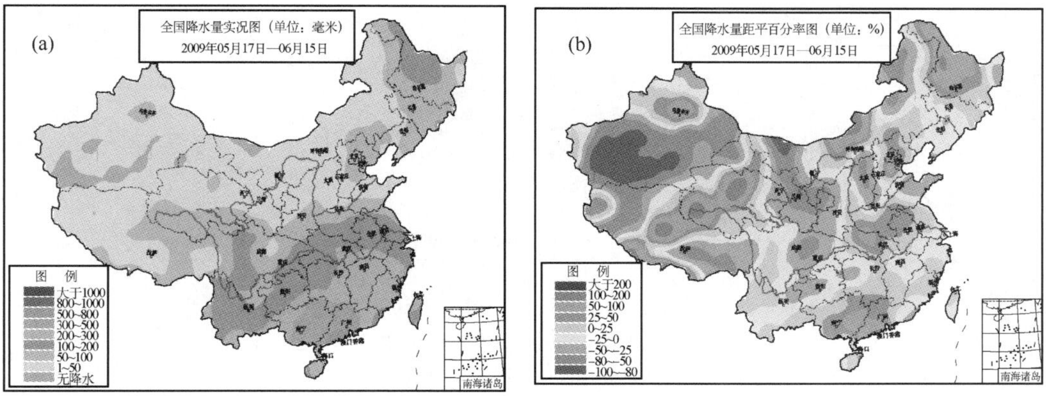

图 8.14　2009 年 5 月 17 日—6 月 15 日中国降水(a)降水总量(mm)(b)降水距平百分率(%)

广东“龙舟水”(5 月 21—6 月 15 日)期间全省平均雨量为 303 mm，与常年同期平均持平，属正常年景，但较去年同期偏少 51.5%。2009 年华南前汛期降水具有“降水时间长、降水范围广、局地雨强大、面雨量较小”的特点。5 月 17 日—6 月 15 日，广东 85.3 万人受灾，因灾死亡 11 人；农作物受灾面积 5.87 万 hm^2；直接经济损失 7.7 亿元。

图 8.15a 是 2009 年 5 月 17 日—6 月 15 日平均 200 hPa 风场，高空急流位于欧亚大陆 30°—40°N 地区。在中国中西部地区一个高空脊发展，而亚洲近海岸(130°E)为高空槽控制，远东地区出现高压脊，南亚高压位于中南半岛上空。在其水平风距平场上(图 8.15b)，中高纬度环流的这种特征更显著，而南亚高压表现出偏弱的态势。

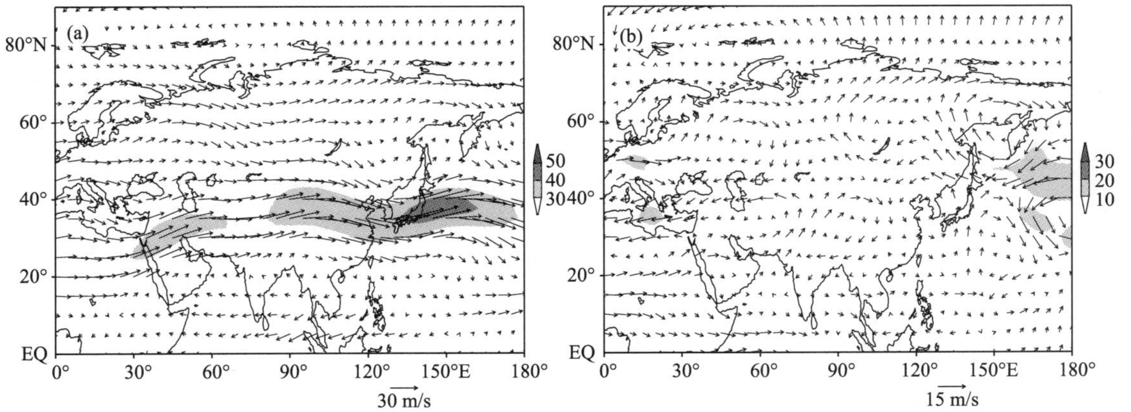

图 8.15　5 月 17 日—6 月 15 日 200 hPa 平均环流

(a. 风场(矢量线)与强风速带(阴影区：全风速>30 m/s)，b. 风距平场(阴影区：距平风速>15 m/s))

图 8.16a 为 2009 年 5 月 17 日—6 月 15 日平均 500 hPa 位势高度及温度场，同样有一对高压脊和低压槽分别位于 40°N 附近的 100°E 和 130°E 地区，而孟加拉湾地区低压槽活跃，槽前的西南暖湿气流与中高纬度高空槽后脊前的冷空气汇合带主要位于长江以南地区。受中纬度 120°E 地区低压槽影响，西太平洋副热带高压其西界和北界略偏东、偏南(图 8.16b)。

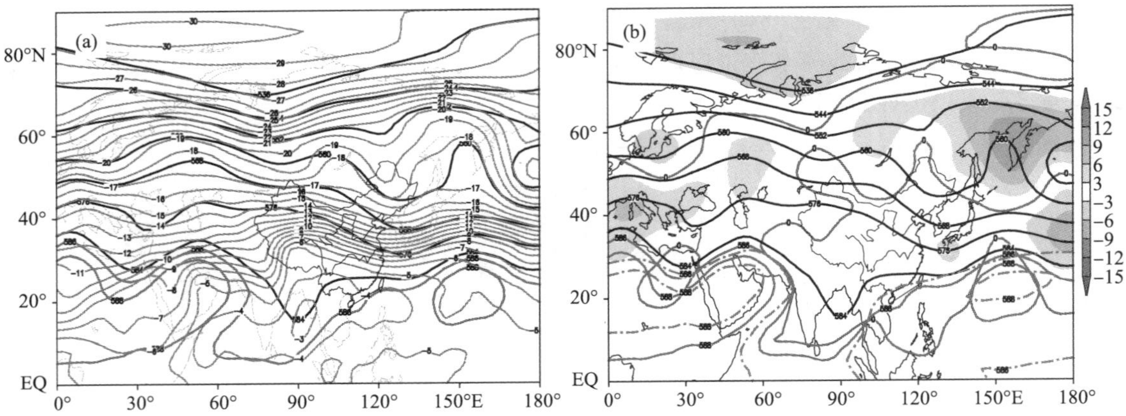

图 8.16　2009 年 5 月 17 日—6 月 15 日 500 hPa 平均环流：

(a. 位势高度(实线,单位:dagpm)及温度场(虚线,单位:℃),

b. 位势高度(实线,单位:dagpm)及其距平(阴影区:距平区;点虚线:气候平均 586 和 588 dagpm 线))

图 8.17 是 2009 年 5 月 17 日—6 月 15 日平均的 850 hPa 环流及其异常场。也反映出孟加拉湾低压槽活跃,850 hPa 上的低涡切变线主要维持在江南和华南地区。此外,在对流层低层东北地区表现为气旋性环流,实际上是 5 月下旬以后的特点。

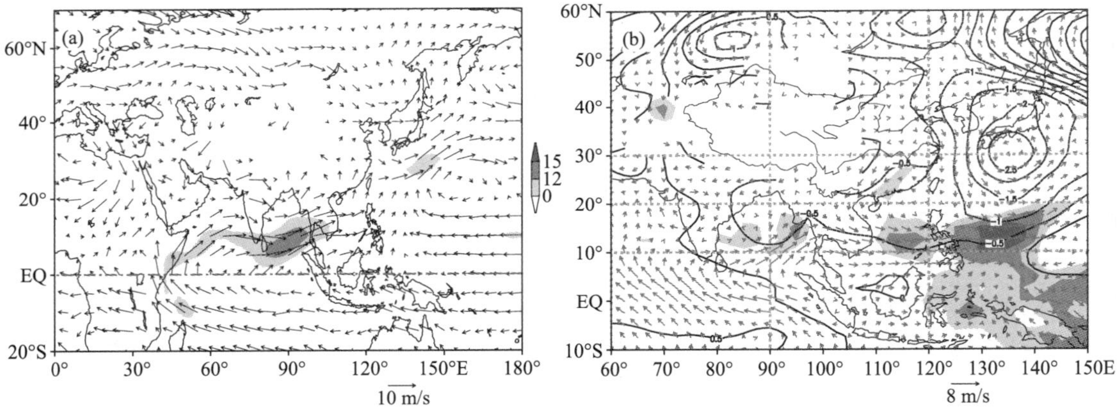

图 8.17　2009 年 5 月 17 日—6 月 15 日 850 hPa 平均环流

(a. 风场(矢量线)与强风速带(阴影区:全风速>12 m/s)和位势高度场(黑色实线,单位:dagpm),

b. 风距平场、位势高度距平场(单位:dagpm)和 OLR 负距平区(阴影))

8.2.2　梅雨期长江中下游暴雨特点

2009 年为空梅年,是 2000 年以来第 3 个空梅年(另两年是 2000 和 2002 年)。符合标准的梅雨日只有 3 d,为 6 月 29、30 日和 7 月 1 日,较常年(19 d)明显偏少。梅雨集中期内,长江中下游 5 站累计降水量为 607.6 mm,较常年(1208 mm)偏少 5 成。

但 7 月下旬,江淮流域出现大暴雨,部分地区叫做晚黄梅。7 月 21—23 日,24 h 最大雨量出现在 7 月 21 日 08 时—23 日 08 时的江苏南京(166 mm)。单站最大雨强出现在 7 月 22 日 22 时的安徽阜南,为 91 mm/h。过程雨量最大出现在安徽的定远和阜南,为 252.9 mm。江淮流域有两个较大的降水区域,分别位于安徽中北部和江苏南部。分别选取安徽定远和江苏南京为代表站，从两站降水时间序列可见，安徽定远最大降水出现在 7 月 21 日 19 时，次大出现在 22 日 12 时，主要降水时段分别为 7 月 21 日 17—20 时和 22 日 08—14 时。南京最大降水发生在 21 日 21 时，较大降水时段为 21 日 18—22 时。

7 月 21—23 日，高空环流为两槽一脊型。中高纬为一个宽阔的低槽区，贝加尔湖和东北分别有低涡存在。21 日，副热带高压北部边缘位于长江下游至安徽东北部，东北冷涡底部下滑的冷空气与副热带高压北部边缘的暖湿气流共同作用，使副热带高压北部边缘出现了较大的降水，22 日，副热带高压东移南压，副热带高压北部边缘位于长江中下游一带。东北冷涡减弱东移，冷涡底部下滑的冷空气、巴尔喀什湖底部分离出来东移南下的冷空气与西风带中活动频繁的冷空气与副热带高压边缘的暖湿气流共同作用，使江淮流域出现了大范围的降水。23 日，副热带高压继续向南移动，冷暖空气在长江下游交汇，雨带也随之南移。21 日低层有两个冷切变移过江淮地区，22 日四川东南部以及湖北分别有一低涡存在，湖北上空低涡的冷切变与西南涡东北部的暖切变相连接，湖北地区低涡东北部的暖切变由于与东北冷涡甩下来的冷切变相连接。这样彼此相连的低空切变系统造成了江淮地区大暴雨的产生。23 日，湖北上空低涡东移至安徽，此低涡的冷切变仍与西南涡的暖切变相连。可见，21—23 日江淮流域低层稳定存在的切变线，是造成江淮流域大暴雨的中尺度系统。

总之，此次暴雨过程是贝加尔湖低涡底部分离出来的冷空气、东北低涡底部下滑的冷空气、西风带中的冷空气与副热带高压外围的暖湿气流相互作用的背景下产生的，低空切变线和急流是造成暴雨天气的主要中尺度系统。

8.2.3　局地暴雨特点

8.2.3.1　4 月 17—20 日，江南、江汉、华南东部以及贵州中东部、辽宁南部、山东局部等地出现了大雨或暴雨，局地大暴雨

上述地区累计雨量一般有 50～80 mm，其中贵州东南部、湖南西南部、江西北部、安徽南部、广东东部、福建东南部和西北部以及海南北部等地的部分地区过程雨量为 100～140 mm，广东徐闻达 249 mm（图 8.18a），部分地区还伴有短时雷雨大风等强对流天气（决策气象服务，2010）。

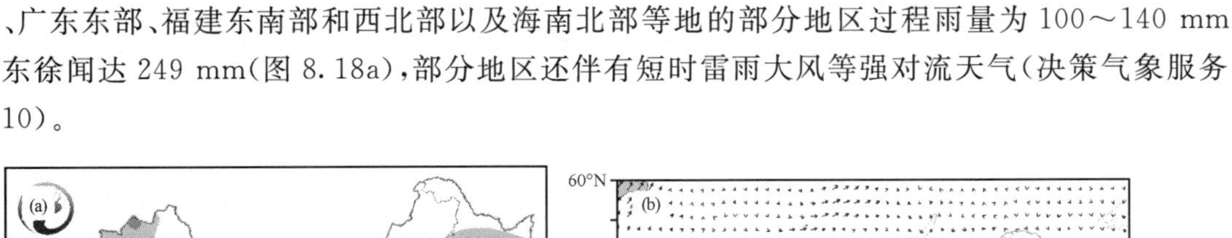

图 8.18　(a)全国降水量实况（2009 年 4 月 17 日 08 时—21 日 08 时，单位：mm），(b)4 月 19 日 08 时 850 hPa 水汽通量（单位：g/(cm · hPa · s)）

4 月 17—20 日，在新疆北部和青藏高原东部分别有低槽快速东移，南北两支低槽在移动过程中逐渐加深，并在入海后合并。18 日 20 时，高原槽进入四川盆地后加深，槽前正涡度平流导致低层减压、西南气流加强，使原本位于盆地东部的弱低涡迅速发展并东移，同时低涡右前方明显负变压又使西南急流进一步增强，即急流核始终位于低涡的右前方并随低涡移动。由于高原东移冷空气的锲入，低涡由初生时的暖性结构很快演变为冷性涡，低涡北侧有气旋式切变生成。西南涡快速发展移动的同时，地面锋面气旋和倒槽明显发展并向东偏北方向移动，20 日气旋进入黄海。由于 500 hPa 南北槽同位相叠加低槽加深，正涡度平流的补充使低层涡旋进一步发展，加上海陆间温度和下垫面粗糙度差异，使入海气旋爆发性发展，在山东半岛和辽东半岛附近低空产生强盛的偏南或东南风急流。此次强降水过程是一次典型的西南涡发生发展东移所造成的，其主要特点是低涡发展迅速、移速快，中低空急流强盛，地面气旋和倒槽明显，入海气旋爆发性发展。孟加拉湾风暴 17 日在印度东北部和孟加拉国南部沿海一带登陆，登陆后风暴强度迅速减弱，其外围的大量水汽沿西南气流经云贵高原和中南半岛北部向中国内陆地区输送。随着低涡的发展，低空急流不断增强，19 日 08 时长沙站 850 hPa 风速达到 20 m/s，水汽通量逐渐增大，贵州东部、江南中西部有一明显水汽通量大值区(图 8.18b)。充沛的水汽为强降水的发生提供了有利条件。

由降水量实况可以看出，贵州东南部、江南北部以及华南东部沿海是三个强降水发生的主要区域，均有雨量超过 100 mm 的大暴雨。这三个区域大暴雨的触发机制有明显差异。

贵州东南部强降水是由于强盛的西南暖湿气流与高原东移冷空气剧烈交汇、锋面抬升产生的不稳定降水。低涡以及伴随低涡发展东移的中低空急流的动力性辐合，是江南中北部地区强降水的主要原因。低空及超低空急流在摩擦辐合、地形强迫抬升作用下，也使广东东部、福建南部以及山东半岛、辽东半岛出现了暴雨或大暴雨。而江汉、黄淮西部的大到暴雨则是由低涡北侧的暖切变造成的。低涡中心经过的附近区域未必是降水最强的。这次暴雨主要发生在低空急流区(700 hPa 风速大于 16 m/s，850 hPa 风速大于 12 m/s)北边缘偏南，大暴雨出现在 700 和 850 hPa 二支急流交汇区。

19 日 05 时—20 日 05 时，广东东部和福建南部出现了大到暴雨，沿海部分地区出现大暴雨。从对流云团的发展演变情况看，强降水的发生与海岸和地形有密切关系。18 日 08 时—19 日 20 时，华南沿海 850 hPa 一直维持逐渐增强的西南或偏南风急流。18 日 20 时，广东东部地区 925 hPa 处于东部海区反气旋西南侧的湿冷东南气流控制之下(图 8.19a)，随着锋区的逼近，锋前西南气流不断增强并向东北方向挺进，至 19 日 20 时，广东东部沿海急流风速已达 16～18 m/s，并与其北侧的东南气流形成暖式切变(图 8.19b)。低空与超低空如此强盛的急流很容易在沿海地区因摩擦辐合及地形强迫抬升引起强对流的发展。19 日 12 时前后，广东东部沿海即有对流云团开始发展，而地形强迫抬升恰好与暖切变的辐合抬升在这一带地区耦合，使对流发展异常旺盛，离散的对流单体在东移过程中很快合并发展成超级单体，导致广东东部和福建南部沿海出现强降水，其 1 h 降水量 40～70 mm。从对流云团在沿海地区的发展、合并、减弱及再生成的演变趋势看，对流的发展很可能还与海岸锋有关。

8.2.3.2 2009 年 5 月 16—20 日，中国华南地区出现了一次持续时间长达 5 天的暴雨天气过程

16 日暴雨主要集中出现在贵州南部和广西东北部以及湖南南部的地区；17 日暴雨主要集

中出现在广西中东部和广东的西北部地区；18 日暴雨主要集中出现在广西、广东和福建的南部地区；19 日暴雨主要集中出现在广西、广东西部、湖南南部、江西中部等地区，为过程暴雨范围最大、出现站点最多的一天；20 日暴雨主要集中出现在海南、广西东南部、广东中南部、江西东部、福建西部、安徽东南部、浙江西部和北部、江苏东南部等地区。

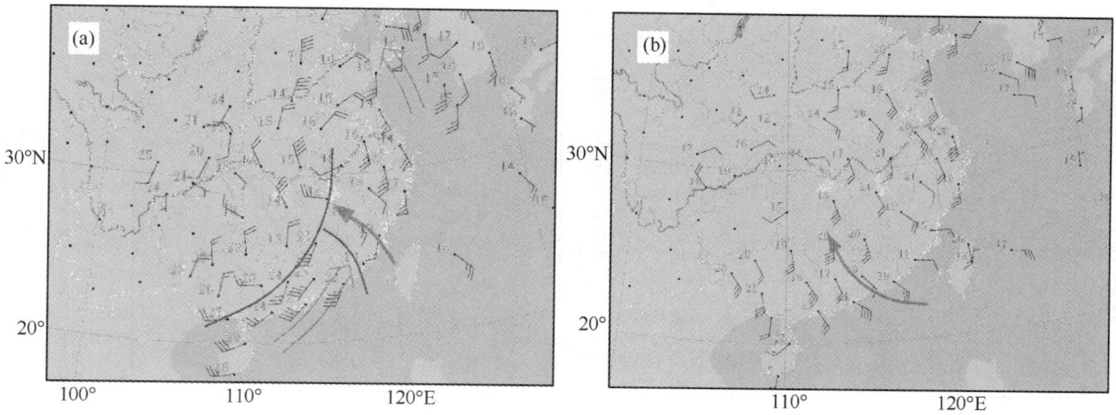

图 8.19　2009 年 4 月 18 日 20 时(a)、19 日 20 时(b)925 hPa 风场

从 5 月 16 日 08 时—20 日 08 时共 5 天加密站累积雨量不少于 100 mm 的降水区域分布图(图略)，可以看出，广西中东部、湖南南部、广东西部等地累积雨量在 200 mm 以上，局部地区累积雨量超过 300 mm(加密站最大降水位于桂林南侧的雁山附近，累积雨量为 328.5 mm，基本站点广西桂平累积雨量为 286 mm，桂林为 253.1 mm)。据统计，这次暴雨过程使广西、湖南、江西三省(区)共有 121.6 万人受灾，直接经济损失超过 4 亿元(中国气象灾害年鉴，2010)。

5 月 16—20 日，出现在华南地区的暴雨天气过程，由中高纬度西风带槽(北支槽)、孟加拉湾低槽(南支槽)和副热带高压三大系统共同作用的结果。经分析，此次暴雨天气过程可分两个阶段，即 16—17 日为华南暴雨天气过程的第一阶段，18—20 日为华南暴雨天气过程的第二阶段。在华南暴雨过程前的 5 月 15 日 08 时，500 hPa 形势场在高原南北区域各有大槽，基本上呈同位相南北叠加。副热带高压位于 116°E 以东，北侧 588 dagpm 线一直维持在华南沿海地区上空，这种东高西低的高空形势场是华南地区及中国东部地区典型的暴雨天气形势之一。

孟加拉湾槽东移过程中得到加强，认为主要有以下两个原因形成。一是孟加拉湾槽后高原上空有冷空气快速东移并侵入孟加拉湾槽使其得到加强；二是孟加拉湾槽在东移过程中有西南地区和华南西部的低涡和切变系统并入使孟加拉湾槽得到加强。加强后的孟加拉湾槽，其前部的西南风急流和暖湿水汽输送再度得到加强，并与冷空气在华南地区不断交汇产生了第二波的暴雨和强对流降水天气，这也是本次过程日暴雨站数最多、范围最大的一次暴雨天气。

5 月 16—20 日逐日的强对流特征物理量进行简单的统计分析可知，除 20 日外，大部分的暴雨区域 *CAPE* 值大于 500 J/kg 或在 500 J/kg 左右，有利抬升指数 BLI 值在负值区内，暴雨区域的 KI 指数值均在 30℃以上，可降水量均在 50 mm 以上。20 日出现大暴雨的站点有明显减少也可能与 KI 指数和 PWAT 值减小有关，与 BLI 指数和 CAPE 值覆盖区域减少有关。从以上统计分析中可得出，5 月 16—20 日华南暴雨过程中，出现暴雨的大部分区域和大部分时段处于高能高湿和位势不稳定，有利于强对流性天气的发展和加强。

在16—20日华南地区出现的暴雨天气过程中，北支槽、南支槽和副热带高压三大影响系统配合非常默契。副热带高压先西伸后东退，南支槽先稳定后东移，整个过程影响时间加长，这是这次华南暴雨天气过程持续时间长达5天的原因。

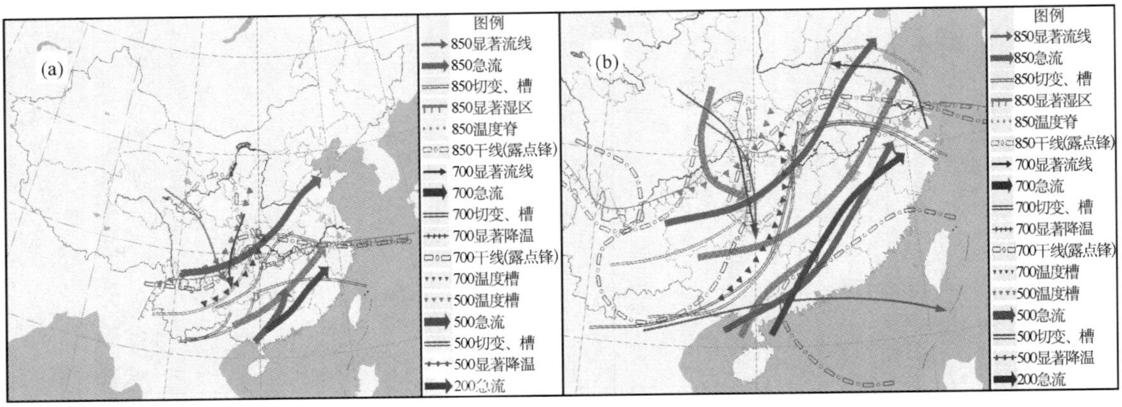

图8.20　(a)2009年5月19日20:00中尺度天气综合分析；(b)20日08:00中尺度天气综合分析

这次暴雨过程有一个明显的特点是冷空气快速东移与西南暖湿气流在华南地区上空不断交汇形成暴雨，交汇区低层有明显的冷性切变辐合(图8.20，另见彩图8.20)。通过分析还看出，在逐日的华南暴雨区域上空(200 hPa形势场)存在明显的气流辐散区，低层辐合高层辐散为这次暴雨和强降水天气过程提供了动力条件，这种高空气流与低空气流的耦合是暴雨产生和维持的重要机制。

高空辐散形势有利于低层减压及辐合上升运动的发展，并使低空急流增强。这次暴雨过程中低层风速较大，大部分时间里存在中低空急流(500 hPa风速大于20 m/s，700 hPa风速大于16 m/s，850 hPa风速大于12 m/s)的水汽输送(图8.20)，同时中低空急流形成的较强的动力性辐合，也是这次暴雨和强降水天气产生的主要原因之一。

广西东北部、广东北部和东部等处于南岭山脉和武夷山脉的南坡，来自孟加拉湾和中国南海的暖湿气流在向北输送过程中受到地形拦截，迫使北上气流向高处爬升，逐渐凝结形成地形降水，因此，由地形触发北上气流动力抬升，也是造成广西东北部、广东北部等地暴雨和强对流降水的重要原因之一。

这次暴雨过程还有一个明显的特点是露点锋时强时弱的伴随着这次暴雨过程，并触发暴雨及强对流降水。由于19日暴雨过程主要出现在后半夜，所以下面给出了20日08时中尺度天气综合分析图(图8.20b)，从中可以看出露点锋的分布与中低层影响系统有密切的关系，特别是700 hPa露点锋基本上分布在影响系统的两侧，这可能与强烈的低层切变辐合抬升和低空急流形成的较强的动力性辐合有明显的关系。强烈的辐合抬升作用使低层外围水汽流向辐合区，在外围形成明显的露点梯度区，即露点锋区。

8.2.3.3　5月23—25日，广东出现了由东风波扰动造成的一次暴雨天气过程，暴雨主要出现在广东珠江三角洲及其以西地区

22日，暴雨主要集中出现在广东中西部和广西东部地区，大暴雨主要集中出现在广西的东北部、贵州南部和湖南南部；23日暴雨主要集中出现在广东中西部和海南北部的部分地区，

大暴雨主要集中出现在广东珠江口及其以西的附近地区；24 日暴雨主要集中出现在广东中西部、广西东南的局部地区和海南东部的部分地区，大暴雨主要集中出现在广东珠江口及以西的附近地区。

5 月 23 日 08 时—25 日 08 时，广东中西部、广西东南部和海南东部地区的过程累积雨量在 50 mm 以上，广东珠江三角洲及以西地区累积雨量在 100 mm 以上，局部地区累积雨量超过 300 mm，广东台山最大累积雨量达到 454.7 mm(上川岛 305.2 mm)，即每天降水量达到 100 多毫米。据统计，这次暴雨过程使广东省受灾人口达 70.2 万人，死亡 4 人，直接经济损失 1.8 亿元。

从 5 月 24 日 08 时的中尺度天气综合分析图(图 8.21a，另见彩图 8.21)可以看出，在扰动低压东侧中低层均有偏南急流向暴雨区输送水汽，另从图 8.21b 中的可降水量分布上可看出，整个华南地区整层可降水量大，可为此次暴雨提供可观的水汽来源。从 5 月 24 日 20 时对流参数分析(图 8.21b)中可看出，热带扰动影响区域处于高能、高湿和位势不稳定区，有利抬升指数为负值。

低空与超低空强盛的急流很容易在沿海地区因摩擦辐合及地形强迫抬升引起强对流的发展，这也是华南沿海地区暴雨和强对流降水形成的一个重要原因。中低空急流形成的较强的动力性辐合，也是形成这次暴雨和强对流降水天气的重要原因之一。另外，在西南侧 500 hPa 上空有 −2℃ 的显著降温区，即说明中层有冷空气携入，有利于形成位势不稳定和触发动力抬升，引发强对流降水天气产生。

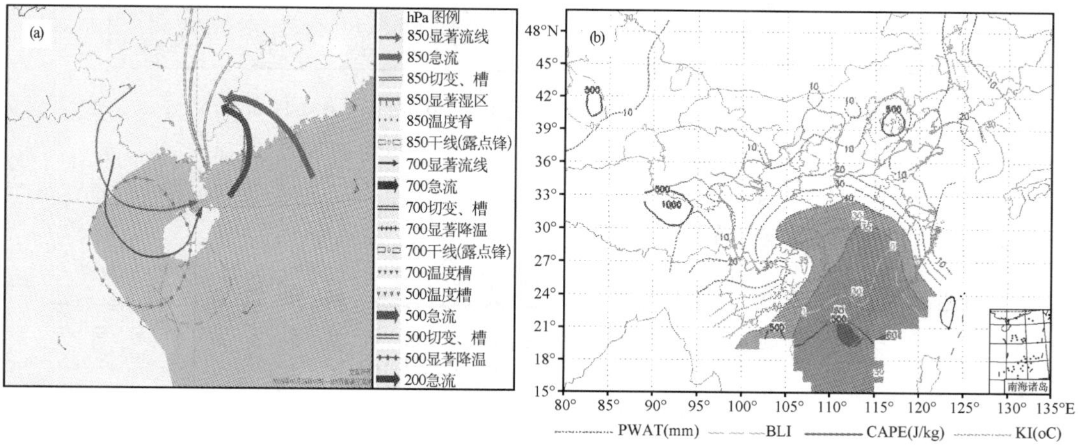

图 8.21　(a)2009 年 5 月 24 日 08:00 中尺度天气综合分析；(b)5 月 24 日 20:00 对流参数分析

8.2.3.4　2009 年 6 月 28—30 日长江中游大暴雨过程分析

2009 年 6 月 28—30 日，长江中下游地区出现了一次明显的降水过程，大部分地区的降水量超过 100 mm(图 8.22)。四川东部和南部、贵州中南部、湖北南部、湖南北部、安徽中南部、江苏南部、江西北部、广西和广东两地部分地区的降雨量有 100～250 mm，其中，安徽西部和湖南北部降雨量较大，安徽西部的天堂景区降雨 440 mm、怀宁凉亭 415 mm，湖南桑植细砂坪降雨 364 mm、天平山降水达 344 mm。29 日 08 时—30 日 08 时，长江中下游普降大暴雨，局部出现特大暴雨，湖北鹤峰 24 h 降水量最大，达到 313 mm。鹤峰逐时的降水分布显示(图 8.23)，虽然其日降水量较大，但降水相对均匀，最大雨强出现在 29 日 13 时为 54 mm/h。

当然,整个过程降水中也有局地强对流性降水产生,如过程最大雨强出现在 29 日 00 时(湖北咸宁境内 93 mm/h),而该乡镇雨量站 29 日 00 时前后的小时雨量均不超过 20 mm。

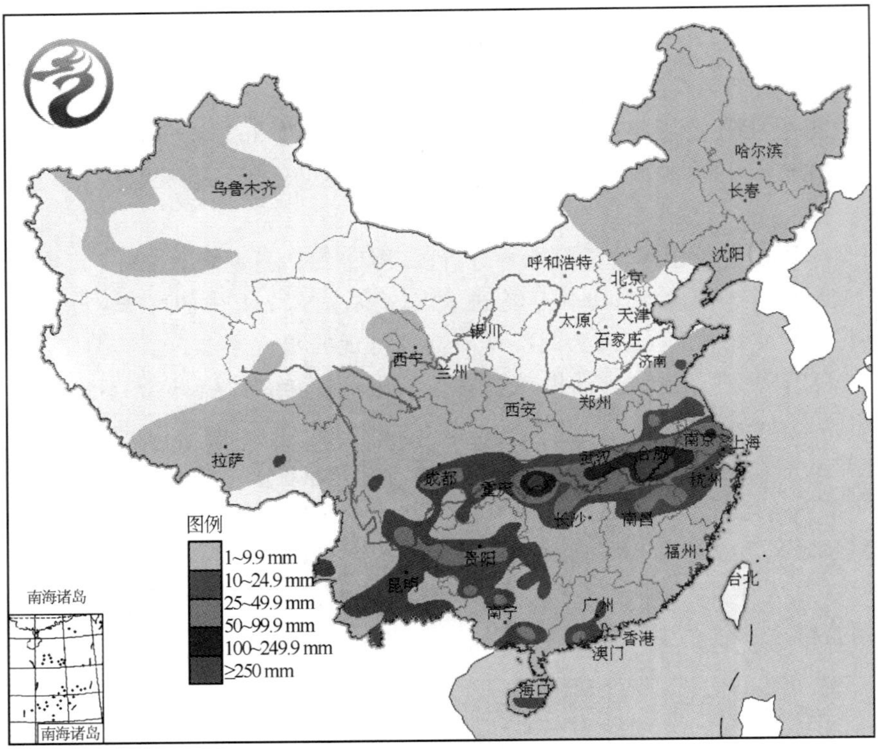

图 8.22　降雨量分布图(2009 年 6 月 28 日 08 时—7 月 1 日 08 时)

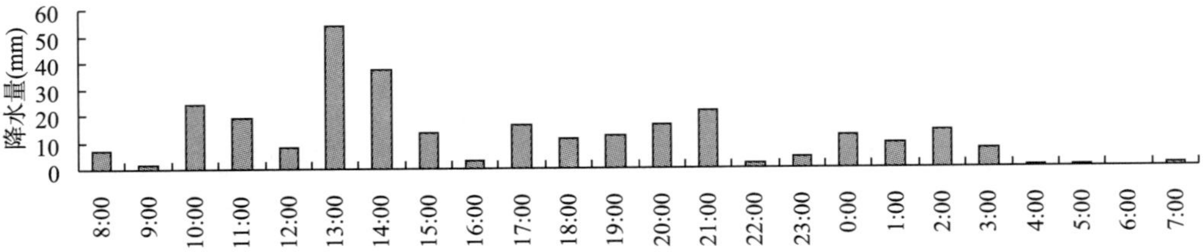

图 8.23　鹤峰 29 日 08 时—30 日 07 时逐时降水

欧亚中高纬度为两槽一脊型,中纬度环流较平,有利于青藏高原上的短波槽东移;中国东北地区西部为冷涡系统,华北大部分地区受冷涡后部的西北气流控制,副热带高压盘踞在中国东南沿海,长江及其以南地区受副热带高压边缘的西南气流影响,冷暖空气在长江以北 32°N 附近交汇,造成了长江中下游 6 月 28—30 日的大暴雨天气过程。

28 日 08 时,588 dagpm 线位于中国东南沿海,长江中游位于副热带高压外围的 584 dagpm线边缘的西南气流里,长江上游有一短波槽,受副热带高压阻挡作用移动缓慢,700 hPa黄淮东部到江淮上游为东北冷涡底部的东移低槽;西南涡位于四川盆地,涡的东北方向有一冷式切变线。850 hPa 形势与 700 hPa 形势相似,副热带高压边缘的低空急流主要位于东南沿海地区。28 日 20 时,随着东北冷涡底部低槽的东移和副热带高压的西伸,低空切变线两侧的辐合有所加强,纬向度加大,涡上切变向东发展与东北低涡槽尾部相衔接,有利于冷空气回流西灌，促使降水加强。

29 日 08 时，500 hPa 高原槽东移到长江上游，西南地区东部形成一明显的南支槽，槽前的西南气流与副热带高压外围的西南气流叠加，西南气流有所加强，可达到低空切变线南侧的急流北界北抬长江中下游地区，为降水的发展提供了更加充分的水汽；而 29 日 08—20 时，东北冷涡东移南压，冷空气进一步南扩，使低空切变线两侧的风速和风向辐合加大，从而促使降水加强。

30 日 08 时，500 hPa 长江上游短波槽东移与黄淮流域南伸的冷槽衔接，形成一南北跨度较大的低槽，同时，低空切变线整体变为冷式切变，呈东南移的趋势，降水区也东移南压。

总之，此次大暴雨过程是东北冷涡后部南下冷空气与副热带高压外围的暖湿气流相互作用的背景下产生的，低空切变线和急流是造成大暴雨天气的主要中尺度系统。

此次强降雨过程造成江苏、安徽、江西、湖北、湖南、广西、重庆、四川、贵州、云南等 10 个省(区、市)2143.1 万人受灾，因灾死亡 55 人，失踪 6 人，紧急转移安置 26.8 万人；倒塌房屋 3.1 万间；直接经济损失 50.5 亿元。

8.2.4 台风暴雨特点

截至 10 月 20 日，今年西北太平洋台风和南海台风共有 9 个台风全部登陆在华南地区。西北太平洋和南海海域共有 20 个台风生成，较常年同期偏少。

台风暴雨的总体特征是：强度总体偏弱，但“天鹅”、“莫拉克”和“芭玛”给台湾、广东、广西等地带来较重人员伤亡和损失。

8.2.4.1 “天鹅”概况

2009 年第 7 号热带风暴“天鹅”，5 日 06:20 在广东省台山市沿海登陆(图 8.24a)，6 日 02:00 在广东省阳江市境内减弱为热带低压，在广东省境内徘徊超过了 48 h，于 7 日上午进入北部湾北部海面，14 时在北部湾再次加强为热带风暴，8 日晚折向偏东方向移动，9 日凌晨从海南三亚以南海域穿过，06:00 再次减弱为热带低压后进入南海西北部海面。“天鹅”从生成到消亡，历时 163 h。“天鹅”影响海南时间约 56 h。仅在粤西地区就滞留约 50 h，这是广东省有台风记录以来在陆地滞留时间最长的热带风暴。

“天鹅”和西南季风结合，造成粤西和海南出现较强降雨，其中广东 8 月 3—8 日全省平均降水量达 108.9 mm，阳江东平镇累积雨量达 703.4 mm；8 月 6 日，阳江日降雨量 328.2 mm，达到 7 年一遇。海南 8 月 6 日 00:00 至 9 日 17 时有 7 个市县共有 32 个自动站过程雨量超过 500 mm(图 8.24b)，昌江县有 4 个自动站过程雨量超过 700 mm(海尾镇五大水库达 929.9 mm)；东方市(363.8 mm)和临高县(292.8 mm)日最大降雨量突破历史同期极值；昌江县(417.4 mm)和海口市(311.5 mm)日最大降雨量居历史同期第二位。

从环流形势上看，3 日，在大陆上的湖南、江西上空有陆地高压，后虽然与副热带高压相通有所减弱，但在 6 日时再次在江西上空形成闭合性高压。这导致“天鹅”从 3 日至 6 日为西行路径。而 7 日孟加拉湾地区有低值系统活动，且在藏东川南出现高压，8 日，“天鹅”受上述两个系统阻挡，再次东行。

“天鹅”影响的海南、广东、广西主要江河和潮位不高，除珠江三角洲沿海 3 个潮位站略超警戒以外，其他潮位均低于警戒潮位。海南旱区此次多蓄水 1 亿 m^3 左右。截至 8 月 10 日，第 7 号热带风暴“天鹅”造成广东、广西、海南三省(区)291 万人受灾，因灾死亡 6 人，失踪 14 人，紧急转移安置 15.1 万人;倒塌房屋 3 千余间;直接经济损失 17.1 亿元。“天鹅”虽然强度偏弱,但损失偏重。

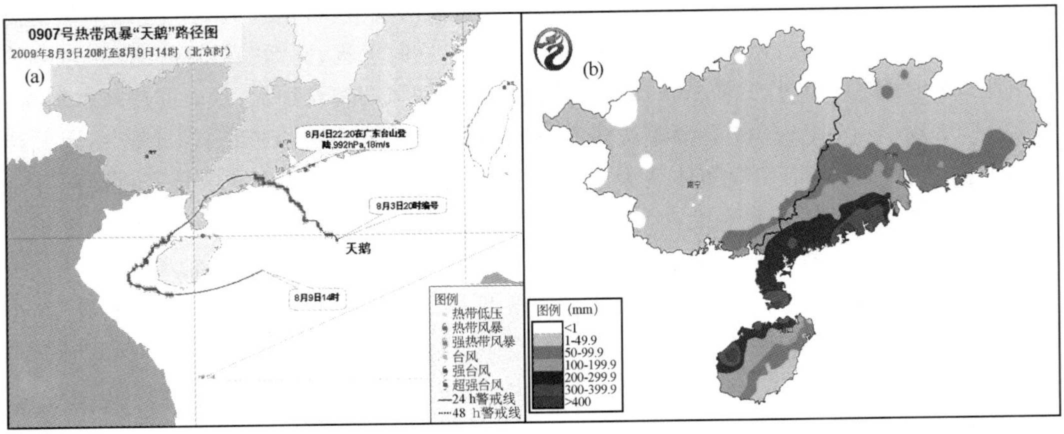

图 8.24　“天鹅”过程降雨量分布

(2009 年 8 月 6—9 日;a. 台风路径,b. 降水量)

8.2.4.2　“莫拉克”概况

2009 年第 8 号热带风暴“莫拉克”于 5 日 02:00 UTC 和 14:00 UTC 先后加强为强热带风暴和台风,7 日 23:45 UTC 在台湾省花莲市沿海登陆,登陆时中心附近最大风力有 13 级(40 m/s),中心最低气压 955 hPa。“莫拉克”登陆台湾后向西,9 日 16:00 UTC,在福建省霞浦县沿海再次登陆(图 8.25a),登陆时中心附近最大风力有 12 级(33 m/s),中心最低气压 970 hPa。

受台风“莫拉克”影响,6 日 08 时至 12 日 08:00,台湾及福建、浙江三省均出现了暴雨和特大暴雨,闽浙台三省陆地过程降雨量超过 200 mm 的覆盖范围达到 12.5 万 km^2。6 日夜间至 11 日(图 8.25b),福建柘荣乍洋降雨量达 734.4 mm;浙江泰顺九峰过程雨量最大为 1250 mm(24 h 降雨量达 750 mm,属历史罕见),文成桂山次之为 881 mm;6 日 00 时至 11 日 08:00 UTC,台湾嘉义县阿里山累计降雨量达到 3016 mm。福建柘荣、浙江泰顺九峰、台湾嘉义阿里山过程降雨量均超过各省台风过程降水量历史最大记录。

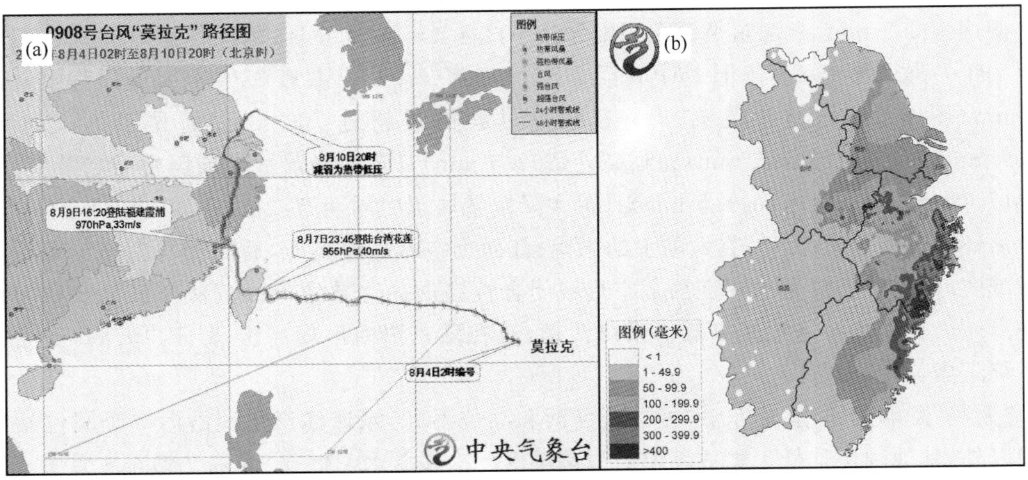

图 8.25　(a)“莫拉克”路径图,(b)过程降雨量分布(2009 年 8 月 6—11 日)

浙江东南部、福建中北部沿海出现大范围超警戒洪水，福建长乐市梅花站实测潮位 4.73 m，增水 1.2 m，是有历史记录以来第三高潮位。浙江鳌江站最大增水达 2.67 m，超警戒潮位 0.22 m。

从 500 hPa 环流来看，“莫拉克”受其东西两侧高压的掣肘，引导气流偏弱，同时受第 7 号热带风暴“天鹅”及东侧新生成的热带低压(后发展为第 9 号热带风暴“艾涛”)的制约影响，只能沿着副热带高压和大陆高压之间北行，所以其路径稳定。此时的副热带高压中心维持在日本岛以南位置。

截至 8 月 13 日，大陆统计，“莫拉克”共造成福建、浙江、江西、安徽、江苏 5 省共 1351.6 万人受灾，9 人死亡，3 人失踪；直接经济损失 114.5 亿元。“莫拉克”重创台湾，统计至 8 月 25 日 18 时，“莫拉克”台风造成全台共 461 人死亡、192 人失踪、46 人受伤。

8.2.4.3　“芭玛”概况

受台风“芭玛”影响，海南、广东西部沿海、广西沿海普遍出现暴雨到大暴雨。海南有 23 个乡镇自动站累积降雨量超过 300 mm，降雨量最大为临高县博厚镇，高达 459.0 mm。广东雷州半岛累积降雨量达暴雨到大暴雨量级，其中雷州累积降雨量 236.8 mm，广西防城港市防城区江山乡的累积降雨量有 280.6 mm。台湾省宜兰县大同乡古鲁、冬山乡寒溪和大同乡牛斗累积降雨量分别为 1657、1338 和 1334 mm。

“芭玛”先后三次登陆菲律宾，强降雨在菲律宾北部地区引发了严重的山体滑坡和洪灾，菲律宾沿海地区 60%到 80%的省份都遭到洪水袭击。据菲律宾官方消息，截至 10 月 10 日，菲律宾有 299 人因灾死亡，且仍有失踪人员等待搜救，仅本格特省因山体滑坡死亡人数已超过 120 人。另外，“芭玛”致台湾省 1 人死亡，7860 人撤离，部分地区交通中断，其中宜兰受灾较重。

受“芭玛”影响，海南省有 2 条 35 kV 线路跳闸，175 条 10 kV 线路跳闸，万宁、琼海、澄迈大面积停电，直接经济损失 4.3 亿元，有 18 个县(市、区)166.9 万人受灾，因灾死亡 5 人，紧急转移安置 8.5 万人，2.6 万艘渔船全部就近港口避风。

第9章 2008/2009年野外试验期间典型暴雨过程的综合分析

华南前汛期降水是中国夏季雨季的开始(陶诗言等,1980),为了弄清华南前汛期暴雨的特征和成因,中国于1977—1979年开展了第一次“华南前汛期暴雨试验”,1998年又再次开展了华南前汛期暴雨试验(即海峡两岸及其邻近地区暴雨试验研究,简称HUAMEX),获取了一批高时空分辨率的外场观测试验资料,利用这些资料揭示出中尺度系统的演变特征(诸葛秀华等,1981;李真光等,1981;周秀骥等,2003),取得可喜的进展。1987年进行了台湾地区中尺度试验(TAMEX),取得了一批研究成果(Kuo and Chen,1990)。但是,上述结果对于更深入了解中国暴雨的β中尺度系统的特点仍然是不够的。自20世纪90年代以来,1994、1998及2005年西江流域均出现了强降水,引发了大洪水,并严重威胁到下游地区珠江三角洲人民生命财产的安全,针对这些过程开展了一系列的研究(孙建华和赵思雄,2000,2002a,2002b;张庆红等,2000;吴庆丽等,2002;陈敏等,2005;蒙伟光等,2005;刘淑媛等,2007;Zhao, *et al.*, 2007;王婷等,2008;夏茹娣等2006;夏茹娣和赵思雄,2009),这些研究主要针对锋前暖区暴雨。

2008年华南前汛期开展了SCHeREX外场观测试验,本章对2008年外场观测试验期间的几次加密观测个例的环流形势和观测资料进行了分析研究。

9.1 2008年华南前汛期夏季风的环流特征和降水过程的划分

从逐日雨量演变和降雨的时间序列可以将2008年5—6月的降雨分为四个集中时间段:5月4—11日,5月17—20日,5月27日—6月19日,6月21—30日,其中第四阶段降水受6月25日登陆台风影响,因此,6月19日是华南前汛期夏季风降水的结束期。由季风涌、850 hPa风场的逐6 h变化以及100 hPa纬向风的变化三个方面可以确定华南夏季风降水的开始日期。季风涌在5月21日前后有一次明显的北跳过程,从10°N左右向北越过20°N,开始影响华南地区(图9.1a)。从6 h一次的850 hPa风场可以了解这个北跳的具体细节:19日20时(北京时)之前,华南地区持续受东北风控制,19日20时以后风向有了变化:东南风先从广东登陆,和东北风相持一段时间后,东北风逐渐减弱,东南风逐渐转为西南风。20日20时以后,西南风开始登陆华南,于21日08时以后全面控制华南。随后有两次季风涌活动过程,在其活动间隙,即6月1—4日前后,对应华南降雨的相对偏少时期。6月19日前后,季风涌再次北跳,推进至30°N以北,影响江淮区域。采用“100 hPa纬向风由西风转为东风并能稳定维持”的标准,进一步确定夏季风在华南的建立时间。5月21日之前,华南对流层高层纬向风为偏西风,21日后,风向开始转变,并能基本稳定维持(图9.1b)。有一次短时的偏西风反复,对应于6月1—4日降水相对较弱的间隙。上述3个方面的分析表明21日季风已经推进至华南。

由此可知，2008 年华南夏季风降水的日期约为 5 月 28 日—6 月 19 日，共计 22 d。

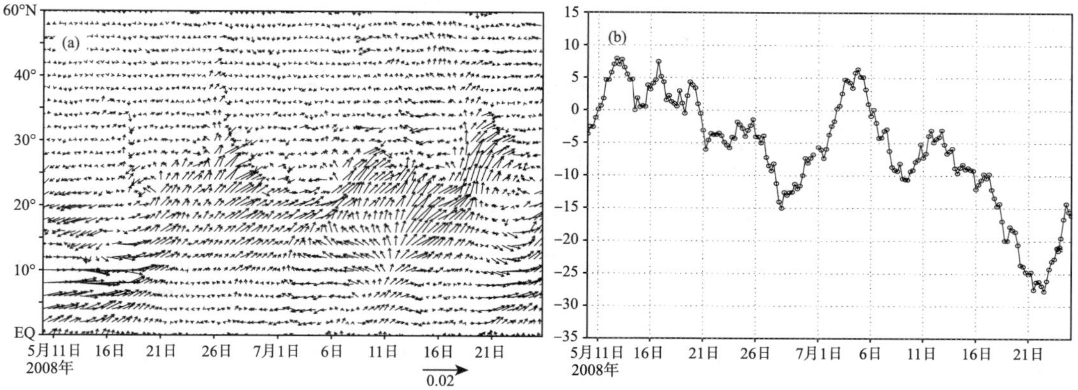

图 9.1　2008 年 5—6 月(a)经向(105°—120°E)平均的 850 hPa 水汽通量时间演变图(g/(hPa · cm · s))，(b)华南区域(105—120°E，20—23°N)平均的 100 hPa 纬向风的时间演变图(m/s)。

夏季风期间共包含了 6 次不同的强降雨过程(表 9.1，图 9.2)，强降水除了时间分布的不均匀外，空间上变动幅度也比较大。这 6 次降水过程给华南特别是两广地区带来了严重的洪涝灾害，现对其平均环流特征进行分析。

表 9.1　2008 年 5 月 28 日—6 月 18 日华南前汛期夏季风降水过程的划分

时　间	过程及特点	降水范围及强度	主要影响系统
5 月 28—31 日	28 日，雨带从江南(湖南、湖北、安徽、江西、江苏、浙江)南压至华南；29 日开始，滇、黔、渝三地产生强降水，雨带从云贵高原南压，进入广西，随后影响广东。	两广、福建大部分地区。暴雨。	西风槽，印缅槽，切变低涡，地面气旋。
6 月 1—4 日	雨带稳定少动。	广东西南沿海，不包括广州。暴雨。	印缅槽，低涡
6 月 5—8 日	4 日开始，在海南产生强降水，雨带在沿海地区沿东北路径，经广西、广东，移向福建。	广西、广东沿海，香港。特大暴雨。	印缅槽，西风槽，切变低涡，地面气旋。
6 月 8—11 日	6 日开始，四川东部有强降水出现，沿东南路径，雨带途径重庆、贵州、湖北、湖南、安徽、江西、江苏、浙江、广西、广东以及福建；雨带呈“西南—东北”走向，降雨主要集中在江南地区。	广西中东部，暴雨；安徽、江西、江苏、浙江交界，大暴雨。	低涡，地面气旋。
6 月 11 日—14 日	10 日开始，在四川南部产生强降水，随后雨带南压至贵州以及云南东部，经云贵高原，到达广西、广东；13 日以后，强降雨中心有一次明显的跳跃式前进，最强暴雨中心从广西东北部跳至广东、福建沿海地区。	广西北部，广东南部和福建南部交界。特大暴雨。	西风槽，低涡，地面气旋。
6 月 15—18 日	13 日以后，四川北部产生强降水，随后南移到四川南部，进入云贵高原，向东途径广西、湖南，移至广东；从 17 日开始，在安徽、江苏、浙江交界以及江西等地产生强烈降水，与先前雨带组合在一起呈“西南—东北”走向，随后稳定少动，并于 19 日以后迅速减弱。	广西大部，广东南部、广东北部，江南部分地区。暴雨或大暴雨。	印缅槽，西风槽，低涡切变，地面倒槽，地面气旋。

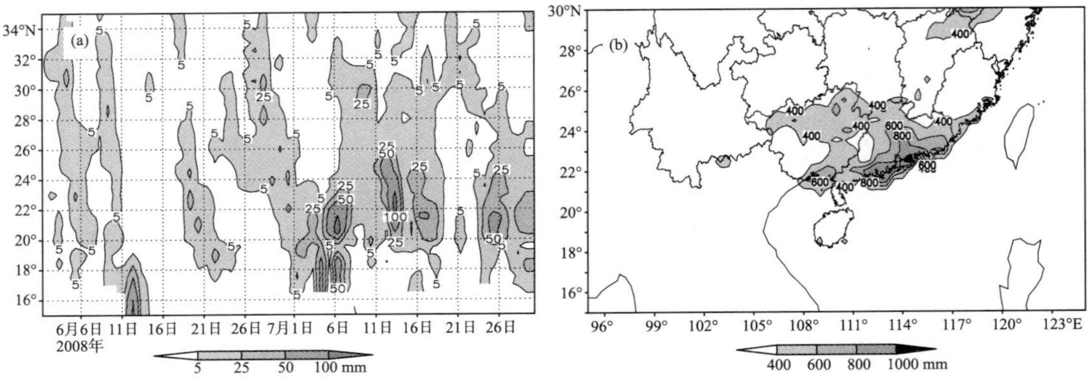

图 9.2 (a)2008 年 5—6 月经向(105°～120°E)平均的降水时间演变,(b)2008 年华南前汛期 5 月 28 日—6 月 18 日夏季风降水总和

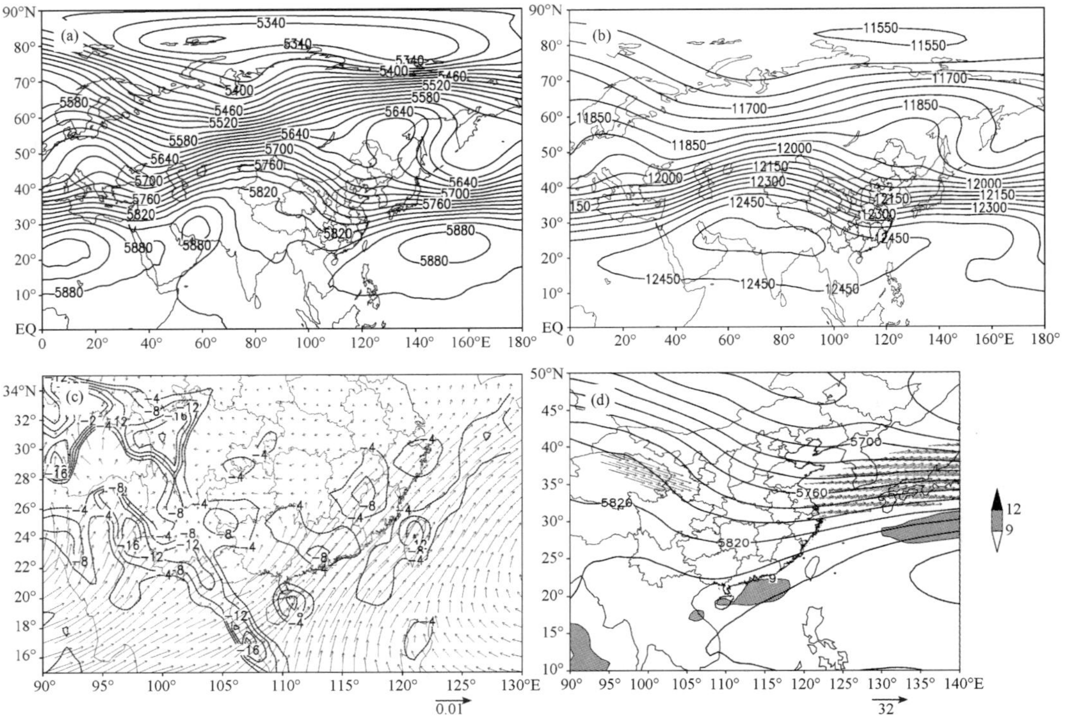

图 9.3 5 月 28 日—6 月 18 日华南前汛期(a)500 hPa 平均位势高度场(gpm),(b)200 hPa 平均位势高度场(gpm);(c)850 hPa 平均水汽通量及其散度,等值线为水汽通量散度(10^{-9} s^{-1}),箭头为水汽通量(g/(cm · s));(d)500 hPa 平均位势高度场(gpm)、850 hPa 急流(阴影)、200 hPa 急流(箭头为大于 32 m/s)。

200 hPa(图 9.3b),强大的南亚高压中心位于印度半岛上空,南亚高压中心呈东西向椭圆状分布,其势力范围一直影响到华南地区。500 hPa(图 9.3a),环流的经向度较大,其中,中高纬度地区为“单阻”形势,高压脊位于鄂霍茨克海附近,贝加尔湖地区为大槽控制;中纬度地区有东亚大槽维持,在垂直方向上该槽向下伸展到 850 hPa;中低纬度存在较明显的印缅槽。东亚大槽和印缅槽南北叠加,东亚槽位置偏西,槽后的冷空气被不断输送至华南等地区,而印缅槽维持在 90°E 以东地区,其将大量暖湿空气输送至华南,华南地区冷暖空气交汇,对降雨十分有利。副热带高压中心位于 140°E 以东地区,5880 gpm 线尚未西伸过 130°E,受中纬度东亚大槽和中高纬阻塞形势的挤压，副热带高压脊线呈“西北—东南”走向，南端脊线在 10°N，北端脊线在 22°N 附近。夏季风降水期间，中国南方有一条强的水汽辐合带（图 9.3c）。这种强的水汽汇集为强降水的产生提供了充沛的水汽。200 hPa，32 m/s 以上的急流中心有两个，其中一个在 120°E—180°，强急流核南伸至 30°N 附近，华南等地位于其入口区右侧，850 hPa，中国海南东部上空有一个 9 m/s 以上的强风速中心，华南正好处于其出口区北侧（图 9.3d）。高空急流入口区右侧（南侧）和低空急流出口区左侧（北侧）的有利耦合可以加强上升运动。综合上述，充沛的水汽，持续的上升运动，不稳定能量的蓄积是暴雨发生的三个有利条件。

以上分析指出，2008 年华南前汛期共发生几次较强的降雨过程 5 月 28—31 日，6 月 1—4 日、6 月 5—8 日、6 月 8—11 日、6 月 11—14 日和 6 月 15—18 日。这里将挑选几次典型过程进行分析，6 月 5—8 日为一次沿海涡旋过程，6 月 12—14 日为一次西南涡南移引发两广大范围暴雨过程，6 月 16—18 日的降水情况较为复杂，前期有西南涡的影响，后期有热带扰动和冷锋的影响。下面将对这 3 个个例进行环流背景和观测资料分析。

9.2 2008 年华南前汛期 6 月 5—8 日个例分析

9.2.1 雨情和系统配置

分析 24 h 雨量（图略）和 6 h 雨量（图 9.4），可以将本场过程划分为三个强集中降水时段：(1)5 日 08—14 时（北京时，本个例均为北京时）为降水的第一阶段，维持 6 h，雨区在广西东部沿海以及与广东交界，中心位于广西。(2)5 日 20 时—6 日 20 时为降水的第二阶段，维持 24 h，雨区一开始在广东西部沿海以及广西交界，随后移至广东。(3)7 日 02—23 时为降水的第三阶段，维持 18 h，雨区在广东东部沿海。其中 7 日 14—20 时，在广东中东部沿海有 100 mm 的降水。

利用每小时的自动站观测资料分析单站降水（表 9.2），有三个 1 h 降水大于 100 mm 的站点。在大于 70 mm 的所有个例中，有 67％都是由云团 B、E 所造成的（见下文），强云团虽然没有产生降雨的极大值，但从整体看，造成的灾害还是比较大的。从单站雨量的时间序列分析（图 9.5a、b），阳江 1 h 最大降雨量为 49 mm，恩平 1 h 最大降雨量为 36 mm，两站在三个阶段均有明显的降水。本次降雨中 1 h 降雨量极值为 158.70 mm。从各方面分析，本次暴雨均是极其强烈的，强降雨给两广地区带来了严重的灾害。

表 9.2 2008 年 6 月 5—8 日特大暴雨期间 1 h 雨量大于 70 mm 的站点统计

时间（日/时，北京时）	雨量（mm）	站号	经纬（°E，°N）	备注
6/01	79.00	G2072	113.47 22.40	云团 B、E 共同产生
6/12	72.70	G2010	113.41 22.35	
6/12	70.60	G2014	113.33 22.70	
6/12	76.40	G2015	113.33 22.66	
6/12	74.60	G2017	113.33 22.30	
6/13	76.50	G2309	111.88 21.71	
6/13	72.40	G2334	111.76 21.65	
6/13	74.70	G2312	112.10 21.96	
6/17	112.70	G3120	113.53 22.81	第三

续表

时间(日/时,北京时)	雨量(mm)	站号	经纬(°E,°N)	备注
7/11	74.50	G2945	115.98　23.25	
7/22	158.70	G1524	115.08　23.95	第一
7/23	139.10			第二

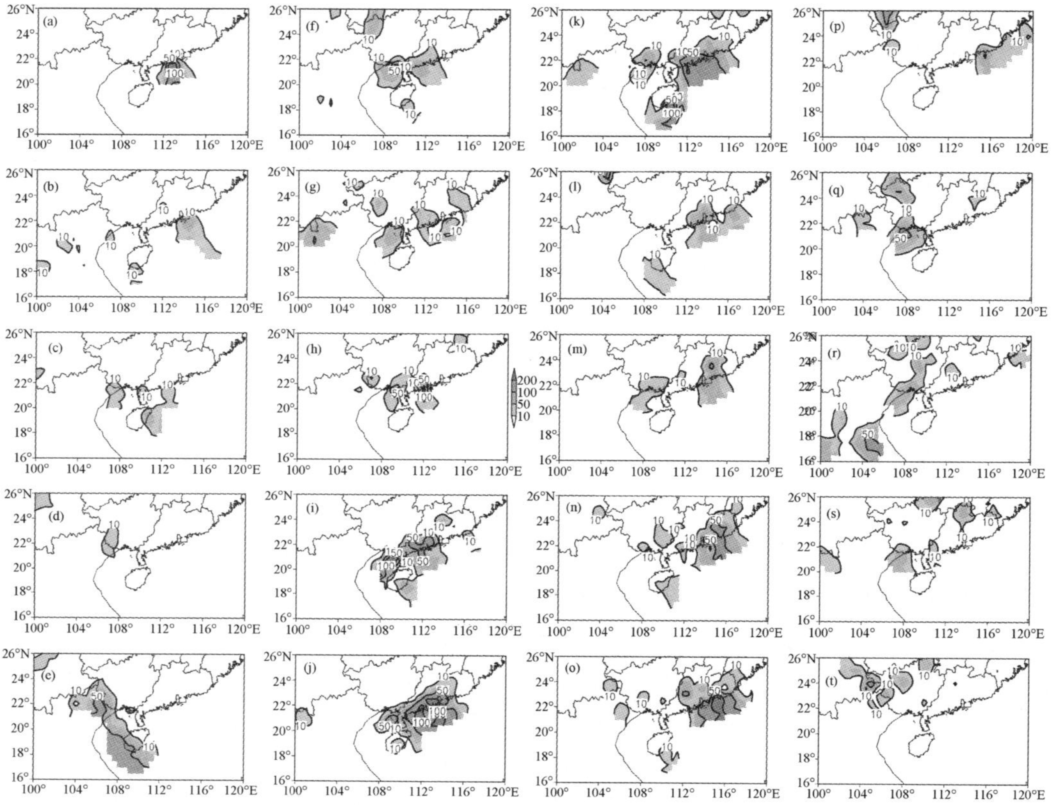

图 9.4　2008 年 6 月 4 日 08 时—9 日 02 时每 6 h 降雨量(mm)

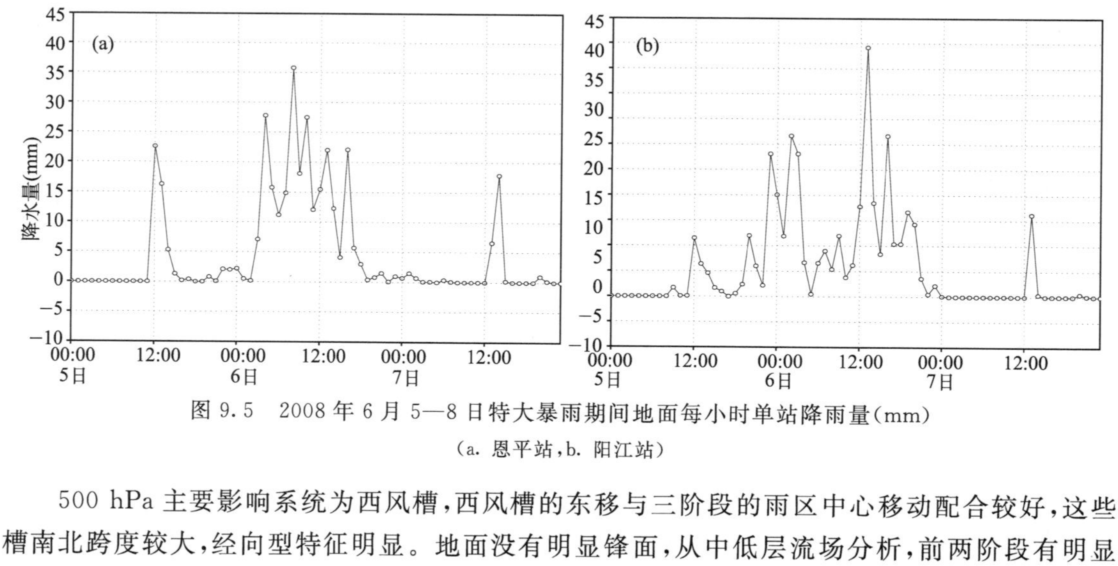

图 9.5　2008 年 6 月 5—8 日特大暴雨期间地面每小时单站降雨量(mm)

(a. 恩平站,b. 阳江站)

500 hPa 主要影响系统为西风槽,西风槽的东移与三阶段的雨区中心移动配合较好,这些槽南北跨度较大,经向型特征明显。地面没有明显锋面,从中低层流场分析,前两阶段有明显的低涡活动，但是在第三阶段的系统不明显（图略）。分析 850 hPa 系统和 6 h 雨量（图 9.6），表明降雨强度与低涡的生消盛衰紧密联系，在低涡发展强盛期均有每 6 h 50 mm 以上的强降雨中心出现，6 日 8—14 时最强降雨更是突破了每 6 h 100 mm。当低涡减弱，雨强随之减弱。降雨多位于低涡或切变的东南象限，这是因为此处的上升运动强烈。

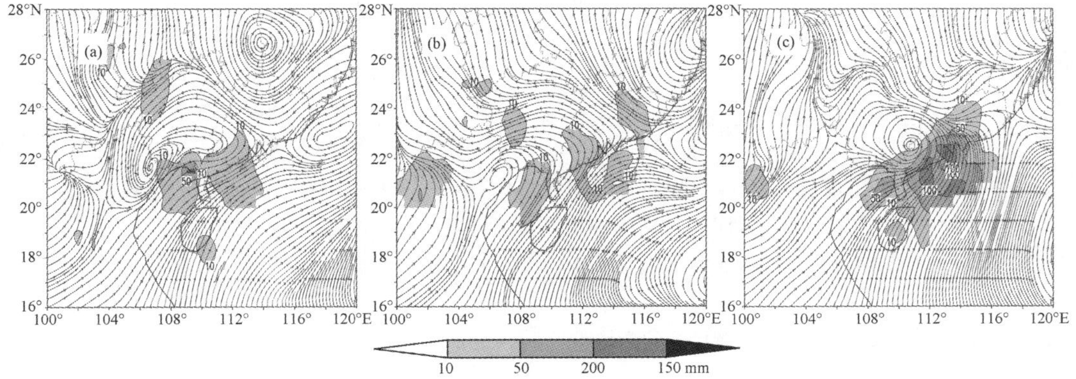

图 9.6　2008 年 6 月 5—6 日 6 h 间隔的 850 hPa 流场（低涡）和降水（填色区，mm）

（a. 05 日 08—14 时，b. 5 日 14—20 时，c. 6 日 08—14 时）

由于受到地形的影响，低涡有时分析不出闭合的低压中心，而在流场上却存在明显的气旋式环流，因而利用流场对低涡演变进行分析是很有效的。本例低涡生成前流场存在切变，生成时东南部低空急流明显加强（图 9.7a、b），急流造成的西南风速突增（从 10 m/s 增到 16 m/s 以上）及相应的与偏东风之间的风速切变加大，有利于低涡的产生。在低涡北部维持一中尺度高压，高压在 500 hPa 表现为弱脊形势。低涡东部存在一中尺度涡旋，两者同属华南切变区的系统。高压南侧的偏东风、涡旋北侧的偏东风与北推的西南季风涌形成强烈辐合，环境场十分有利于涡旋形成。低涡生成前后，500 hPa 正涡度平流向东北方向移动（图 9.7c、d、e），正涡度平流所激发的低层减压和气旋性涡度加强作用，对低涡的生产起到重要作用。低涡生成时对应位置 500 hPa 槽加深，由 5850 gpm（之前一直维持 5850 gpm）降为 5840 gpm，之后降至 5815 gpm。低涡维持期间，与高空槽和雨区配合较好。低涡消亡后，500 hPa 槽线仍然维持，但槽线很明显变浅。低涡消亡前后的高空急流强度出现明显减弱。这种高低空急流耦合作用的减弱导致整层上升运动的减弱，可能是低涡消亡的重要因素。高低空急流耦合的强弱关系到上升运动的强弱，从而影响到低涡，而急流的变化也使得水平风的切变发生变化，当急流增强，切变增强，有利于低涡产生和维持。

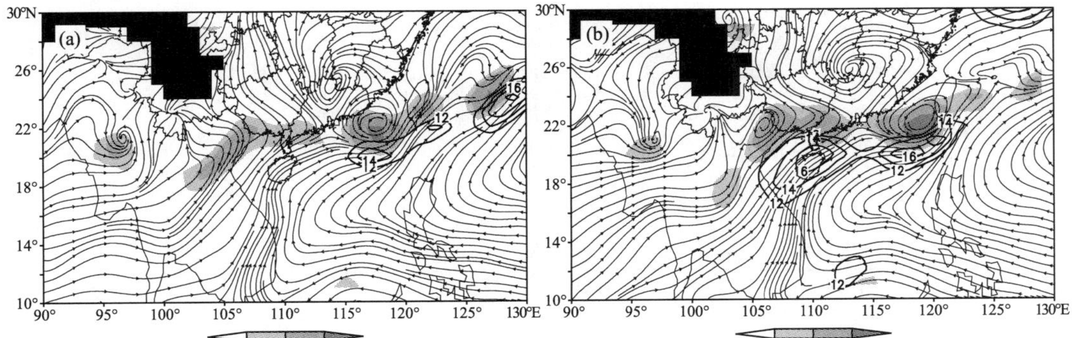

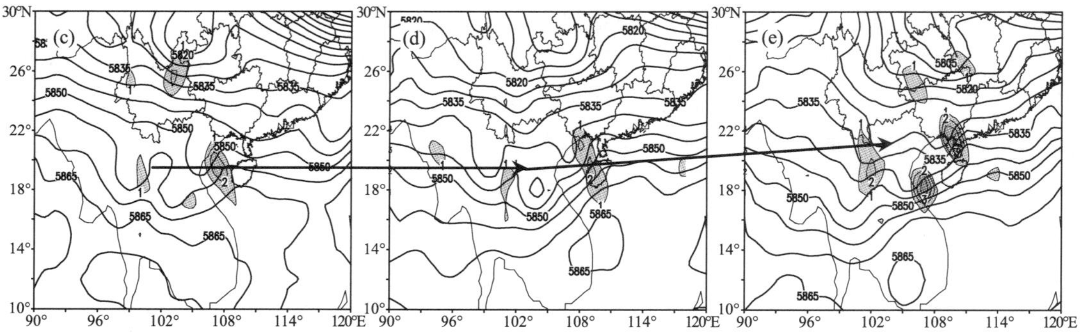

图 9.7　低涡生成前(a,5 日 02 时)与低涡生成时(b,5 日 08 时),850 hPa 流场、涡度(填色区,10^{-5} s^{-1})和风速(等值线,m/s),深色阴影为地形高度大于 1500 m 地区;5 日 02(c)、5 日 08(d)、5 日 14 时(e)500 hPa 高度场(等值线,gpm)和涡度平流(阴影,10^{-10} s^{-1})。(图中箭头表示涡度平流的移动)

9.2.2 第三阶段降水中的雨团分析

前文分析表明第三阶段的低层系统不明显,虽然在福建上空有一低涡切变,但其与华南雨区距离较远,难以直接影响(图略)。本阶段强降雨发生在西南气流中,在地面没有闭合低压区,风场扰动时有出现。对第三阶段的雨团分析归结为表 9.3,由此可知,雨团于 114°—116°E 自西向东移动,分别有三个中心。

对应于雨团的三次移动,地面存在若干明显的中尺度风场扰动,有时还有气压场配合(图 9.8)。扰动的水平范围为几十千米,和雨团对应,是强降雨的直接制造者。这表明第三阶段地面主要为风场的中小尺度扰动。通过分析各高度的风场进一步表明,地面降水与低层风场切变配合很好(图略),而这种切变只存在于近低层。在 500 hPa,7 日 02—08 时有槽配合,而在降雨最强时刻 7 日 14—18 时,没有槽配合,再次表明降雨是近地层系统制造的。

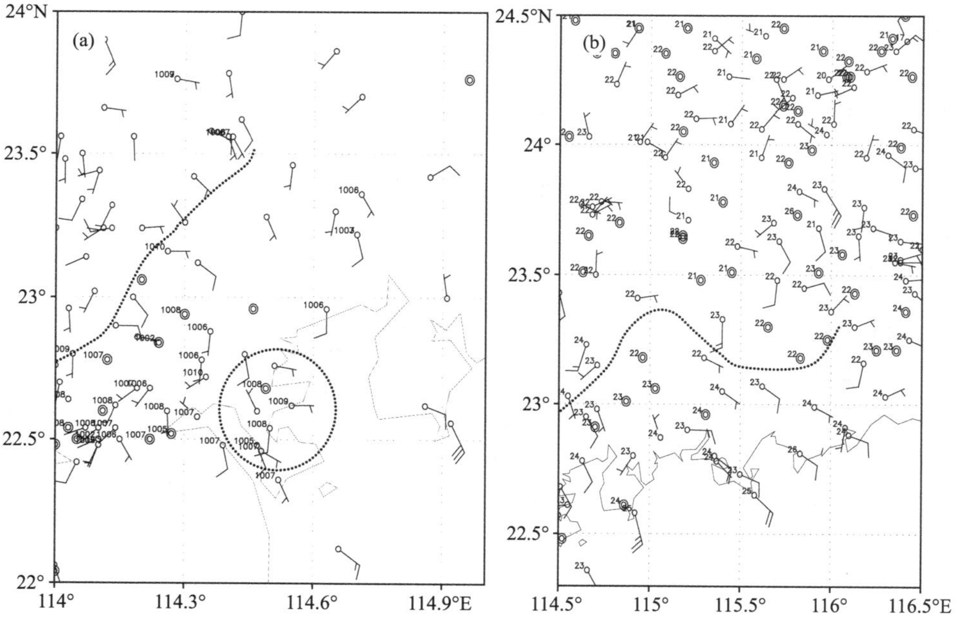

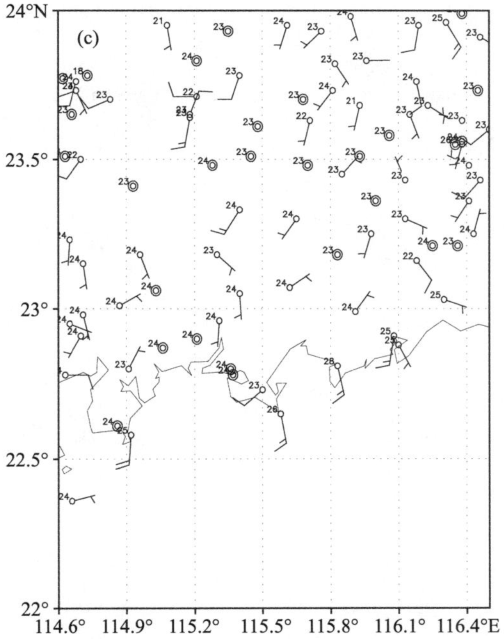

图 9.8　(a)2008 年 6 月 7 日 03 时地面风(m/s)和气压(hPa),(b)7 日 06 时地面风和温度(℃),(c)7 日 14 时地面风和温度,(图中点线为中尺度风场扰动)。

表 9.3　2008 年 6 月 5—8 日特大暴雨第三阶段强降雨期间的雨团统计(1 h)

	7 日 02—05 时	7 日 06—10 时	7 日 11—20 时
东西范围	114°—115°E	114.5°—115.5°E	114°—116.5°E
东西中心	114.5°E	115°E	116°E

9.2.3　中小尺度云团及其影响下的单站降水

这里以 TBB＜200 K,且降水＞10 mm/h 为标准,利用 1 h 雨量和 1 h TBB 图,对三阶段的超强对流系统进行统计分析,结果表明,共有 11 个云团发生,其中第一阶段 1 个,第二阶段 6 个,第三阶段 4 个。特别是在第二阶段,6 日 01—20 时(北京时)有强对流系统的集中活动(图 9.9),其中 6 日 07—17 时有 15 mm/h 的持续降雨出现;6 日 13 时达到 30 mm/h(此时正是低涡的成熟时期);6 日 09—17 时持续达到 20 mm/h。表 9.4 中给出本阶段 6 个中尺度云团及其活动特点,其中 D 是从海上移向广东,并合并到 E 云团中,对 E 的加强有贡献。特强云团 B 比 E 活动范围大,E 中心(112°E,21°—22°N)稳定少动,B 沿 21.5°—22°N 范围,中心从 111°E 向东移向 114°E。这些云团所反映的是 TBB＜200 K 的情况,实际各云团之间不是孤立的,某些生命期接近的强云团,是属于一次对流活动过程,只是中间有几小时对流稍弱的间隙(如云团 C、E、F)。

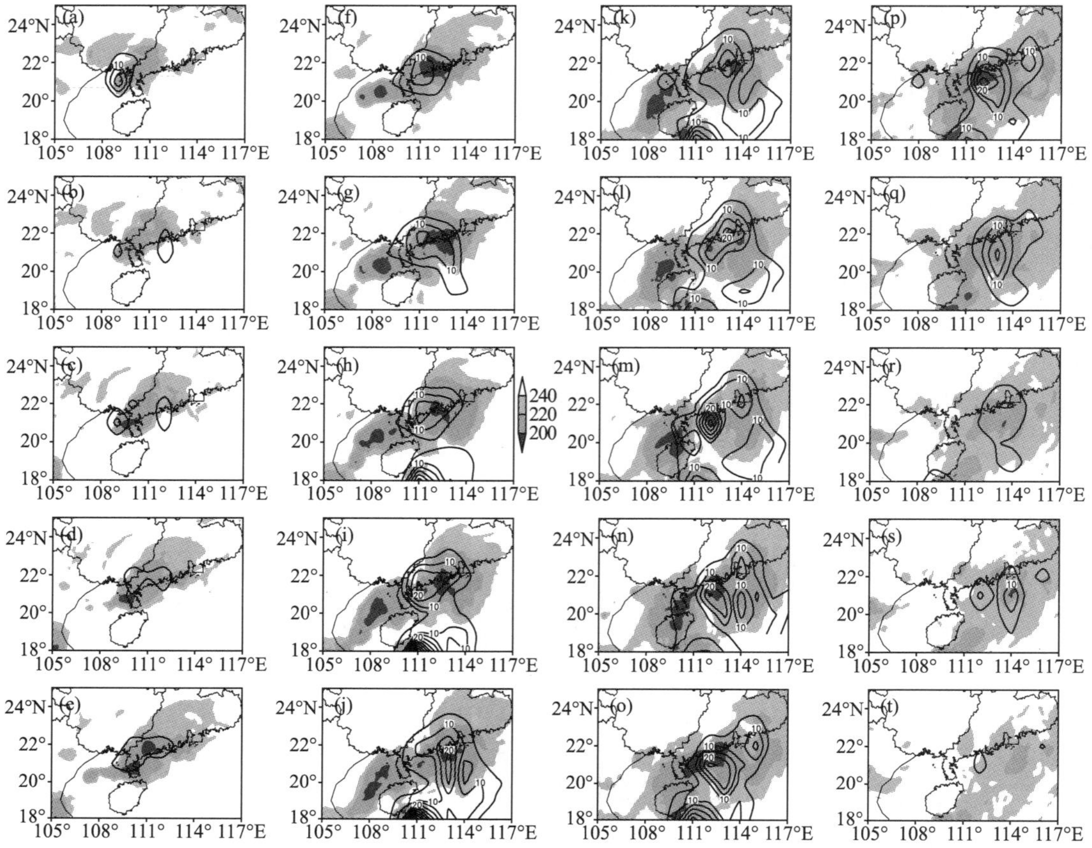

图 9.9　2008 年 6 月 5—6 日每小时雨团(a—t,mm,间隔 5 mm)云团(填色区,K)

表 9.4　2008 年 6 月 5—8 日特大暴雨第二阶段集中强降水期间的云团统计(1 h)

云团	时间(北京时)	生命史(h)	最大降水	特　　征
A	6 日 01—05 时	5	15 mm/h	较强
B	6 日 05—13 时	9	20 mm/h	时间长,特强
C	6 日 08—10 时	3	20 mm/h	强
D	6 日 06—15 时	10	30 mm/h	特强
E	6 日 12—17 时	6		
F	6 日 18—19 时	2	10 mm/h	较强

阳江站(21.83°N,111.96°E)和恩平站(22.18°N,112.30°E)在本次强降雨期内产生了十分强烈的降水(图 9.2)。云团 B 路径相对 E 偏北,偏北的恩平站受云团 B 的影响,于 6 日 07 时(北京时)产生最强降水(35 mm 以上);位置偏南的阳江站受偏南云团 E 的影响,于 13 时产生了接近 50 mm 的最强降水量。雨量峰值出现的时刻与相应的云团生命史对应较好。从时间上分析,恩平站最大降水时段出现得要早于阳江站,这正好符合云团 B 早于 E 的观测事实。这表明阳江站主要受云团 E 影响,恩平站受云团 B 影响。从 5—8 日两站的总体降水趋势分析,也可以看出三次降水的集中时间段,而第一次和第三次的雨量峰值分别出现在 5 日 13 时和7 日 13 时,从强度和时间上都要小于第二阶段。

云团 B 之所以由西向东移动，是因为在其生命史期间，21°—22°N，有一条“南－北”向的 β 中尺度辐合线稳定存在并缓慢向东扩展(图 9.10)，该辐合线从 111°E 延伸到 114°E，水平尺度在 200～400 km。辐合线南北两侧冷暖空气对峙明显。这个 β 中尺度辐合线应该和中低层的华南切变区相联系。云团 B 生成于(22°N，111°E)中尺度气旋中。云团 E 生成后之所以稳定不动，主要是因为在其维持期间，其中心(112°E)附近一直稳定维持若干个中小尺度风扰动(辐合、切变)。特别是在其初生时刻，存在气旋和辐合线，而辐合线是前面辐合线减弱的阶段。此外，其他一些中尺度系统也对云团 E 有重要作用。E 生成于中尺度风场辐合区中。分析云团 E 维持期间的海平面气压沿阳江站剖面，6 h 内全部为东高西低的形势，在 21°—22°N 的气压低于周围，在 13 时前后阳江站附近气压有更明显的降低，可以揭示中尺度对流系统正在加强，随后出现降水 50 mm/h的强降水。一直维持的低压区解释了云团 E 中心稳定于 21°—22°N 的观测事实。分析云团 E 维持期间风沿阳江站的剖面，E 维持期间，6 h 内东西风切变(西南风向东南风)一直存在，大致位于 21°—22°N，一直存在的南风可以源源不断地输送暖湿气流。而 13 时，切变更明显。一直维持的东西风切变也解释了云团 E 中心稳定于 21°—22°N 的观测事实。

分析加密的探空资料，阳江站在 6 日 13 时前后的整层空间里，有明显的反气旋式水平风切变(图 9.11d)。低层的温度露点差在 05 时以后明显减少，大气趋于饱和。地面上(图 9.11a、b、c)，西南风水汽输送强烈，地面气压维持在较低范围，且温度露点差很小，地面空气基本饱和。分析阳江站的剖面图(略)，揭示出该时刻有低涡系统的存在。通过单站要素的分析表明，强降雨的发生是地面、高空各要素综合作用的结果。

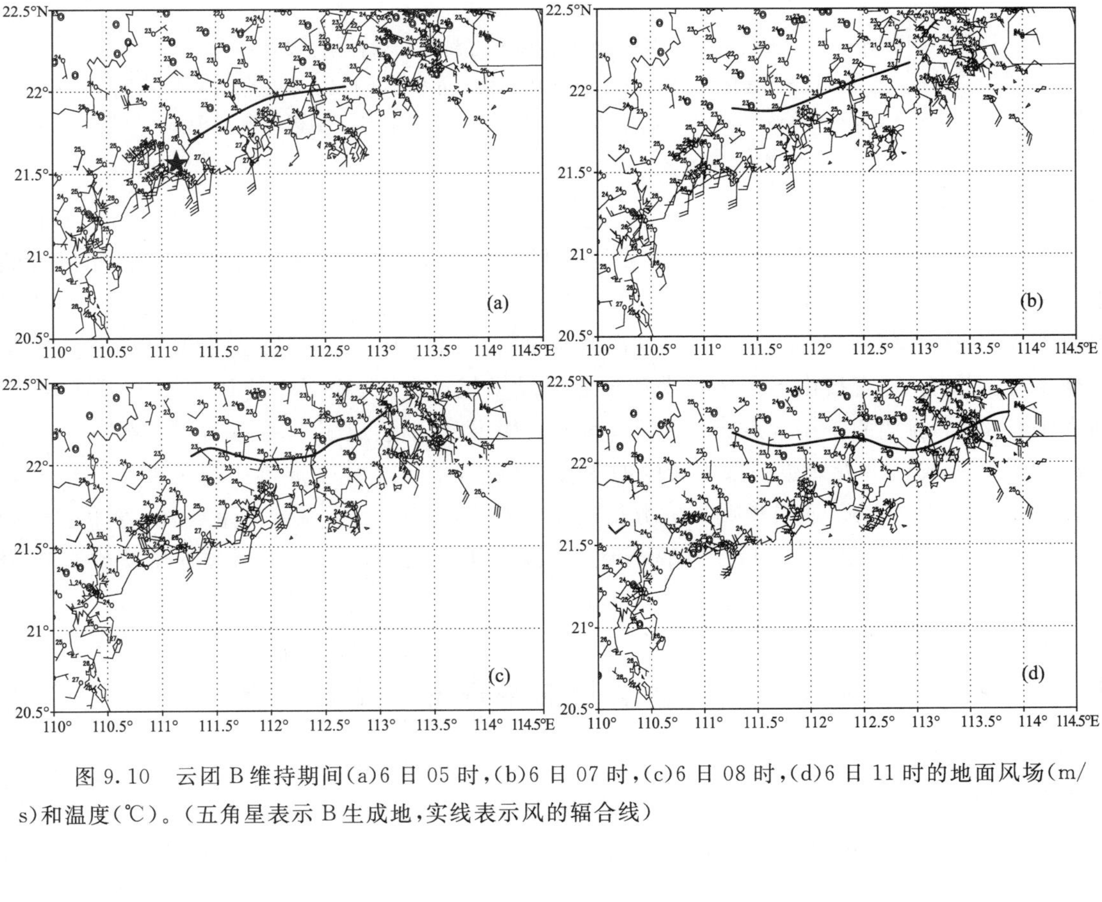

图 9.10　云团 B 维持期间(a)6 日 05 时，(b)6 日 07 时，(c)6 日 08 时，(d)6 日 11 时的地面风场(m/s)和温度(℃)。(五角星表示 B 生成地，实线表示风的辐合线)

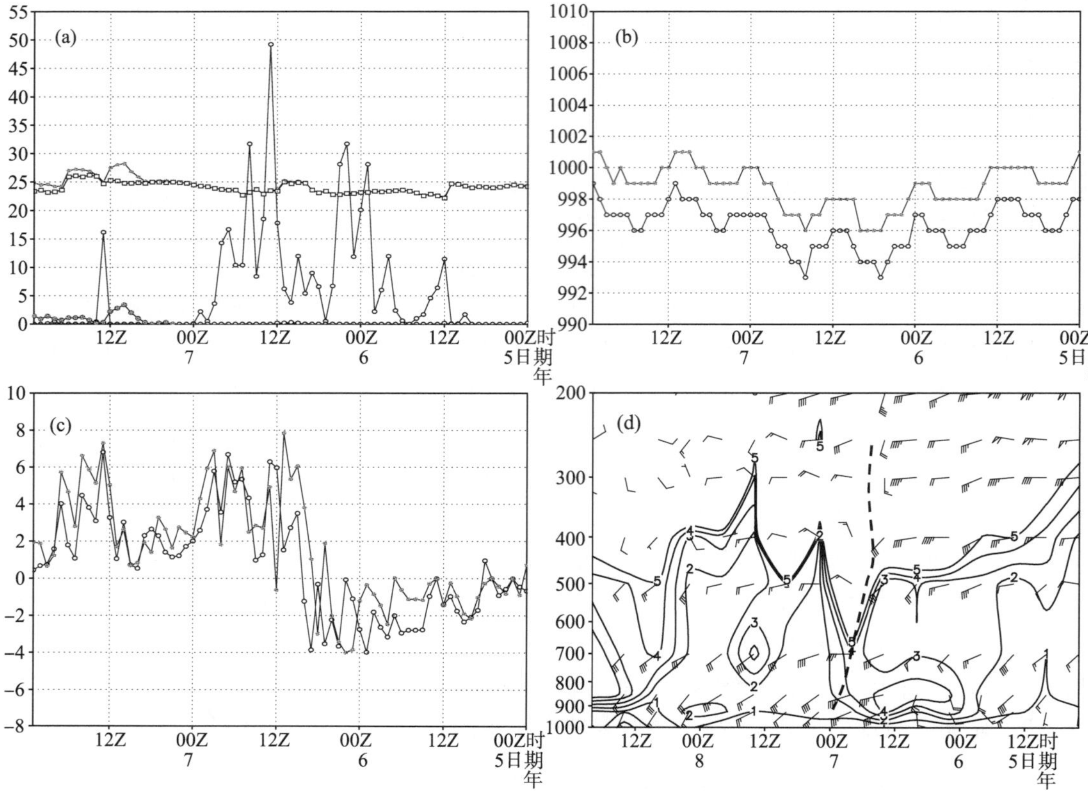

图 9.11　2008 年 6 月阳江站加密地面资料和加密探空资料分析

(a)降水(空心圆,mm),地面温度(实心圆,℃),露点温度(空心方框,℃)和温度露点差(实心方框,℃);
(b)海平面气压(空心圆，hPa)和本站气压(实心圆);(c)U 向风(空心圆),V 向风(实心圆);(d),水平风(m/s),温度露点差。

9.2.4　小结

本节综合利用各种外场观测和常规观测资料,对 2008 年华南前汛期的一次强暴雨过程的中尺度特征进行了分析,主要结论如下:6 月 5—8 日两广地区先后出现了一次极其强烈的降雨,1 h 单站最大降雨量接近 159 mm,这次暴雨过程可以分为三个阶段;这次暴雨过程是在高空槽系统的影响下,直接由低层的低涡和近地层风场扰动造成,锋面系统作用不大;强降雨期间大致有 11 个强烈的中小尺度云团发生,其中云团 B 和 E 造成了本场降雨中最强的降雨过程。云团 B 生成后沿近地层一条中尺度的辐合线移动,而云团 E 生成于中小尺度风场辐合区中,E 生成后稳定少动。通过单站要素分析表明这些云团和中尺度系统的重要性;发生于第三阶段的强降水特征明显,其生成于西南气流中,没有明显的系统对应。通过加密资料分析表明,近地层的风场扰动和降雨落区联系紧密。

9.3　6 月 12—14 日一次西南涡影响华南的暴雨过程分析

9.3.1　雨情实况

广西暴雨开始于 2008 年 6 月 11 日 12 时,13 日 00 时结束,持续了 36 h,由图 9.12 可见,本次降水覆盖了广西绝大部分地区，广西东北部降水最强，降水极值中心（桂林附近）超过 250 mm。降水始于广西西北部，随着西南涡移动，雨区向东南移动进入广西，降水随之加强，12 日 00 时，广西北部出现强降水（此时降水最强），此后降水减弱，继续东移，12 日 18 时，广西东北部降水加强，再次出现强降水中心，此后降水减弱、东移，13 日 00 时，雨区东移出广西，广西暴雨过程结束。雨区自西向东移动（极易与洪峰叠加）是本次降水的一个显著特征（与西南涡东移一致），降水的最强时段为 12 日 00—12 时。本次广西暴雨过程影响严重：11 日 20 时至 13 日 08 时普降暴雨到大暴雨，局部出现特大暴雨，最大降雨量出现在柳州市，24 h 降水量达 340.5 mm。受强降水影响，漓江、桂江、柳江、洛清江等江河水位暴涨，洛清江永福县域河段超越了实测历史最高水位。

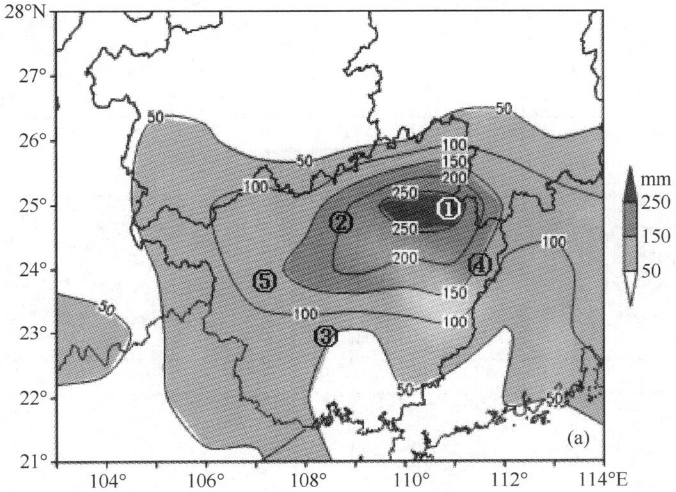

图 9.12　广西大暴雨过程累计降水量，高于 50 mm 的区域

9.3.2　大尺度环境场分析

由图 9.13b 可见，整个广西暴雨期间，鄂霍茨克海以西，黑龙江以北有切断低压稳定维持，6 月 9 日 18 时，切断低压形成，此后，略向东南方移动，并于 14 日 00 时消亡，与切断低压相伴在内蒙古上空有高压脊强烈发展（14 日 00 时后出现 5800 gpm 的高压中心），整个中、低纬地区的环流经向度显著加大。值得注意的是在 6 月 10 日 18 时，四川东部有短波槽发展，槽后有偏北气流引导冷空气南下，对本次降水有重要影响。此外，广西暴雨过程中，海上副热带高压稳定少动，十分有利于整个环流形势的稳定。

沿高原东侧南下的低槽是广西暴雨过程的重要影响系统，现对其演变过程作一分析。由图 9.13b 可知，10 日 12 时，青藏高原上有横槽发展，其槽线走向近似成西西南一东东北走向，四川南部位于槽区附近，伴有较强的上升运动，此时四川南部出现大暴雨；11 日 00 时，低槽稳定少动，西南涡初生于四川南部，即槽前的上升运动区，此时降水很强；11 日 12 时，低槽略有东移，西南涡稳定少动，雨区也稳定少动，由于水汽输送减弱，对应降水也减弱；12 日 00 时，槽线显著转竖，几乎成南北走向，广西北部处于强上升运动区，伴有很强的降水；12 日 12 时，低槽东移，西南涡东南移动，上升运动区位于广西东北部，对应该处的雨区。一般来说，西南涡生成后多在原地消亡，移出的不多，而向南移至华南的更少，本例正是这样的例子。13 日 00 时，西太平洋副热带高压东撤致使低槽东移，西南涡减弱、消亡，这可以说明为何 12 日出现强降水而 13 日突然转弱，雨区移出广西。另外，需要指出，13 日后，低槽东北部出现新生低涡 B，特别需要强调的是，13 日以后虽然也有低涡影响，但已经不是原有意义上的西南涡了。

由图 9.13a 可知，200 hPa 环流经向度很大，其中南亚高压稳定维持在青藏高原上空，广西上空维持一短波槽，对应了图 9.13b 500 hPa 上的短波槽，可见该槽较为深厚，此槽槽区附近伴有强烈的上升运动存在，其中，广西北部处于强上升运动区，由于有充沛的水汽(图略)与之配合，才触发了广西暴雨。

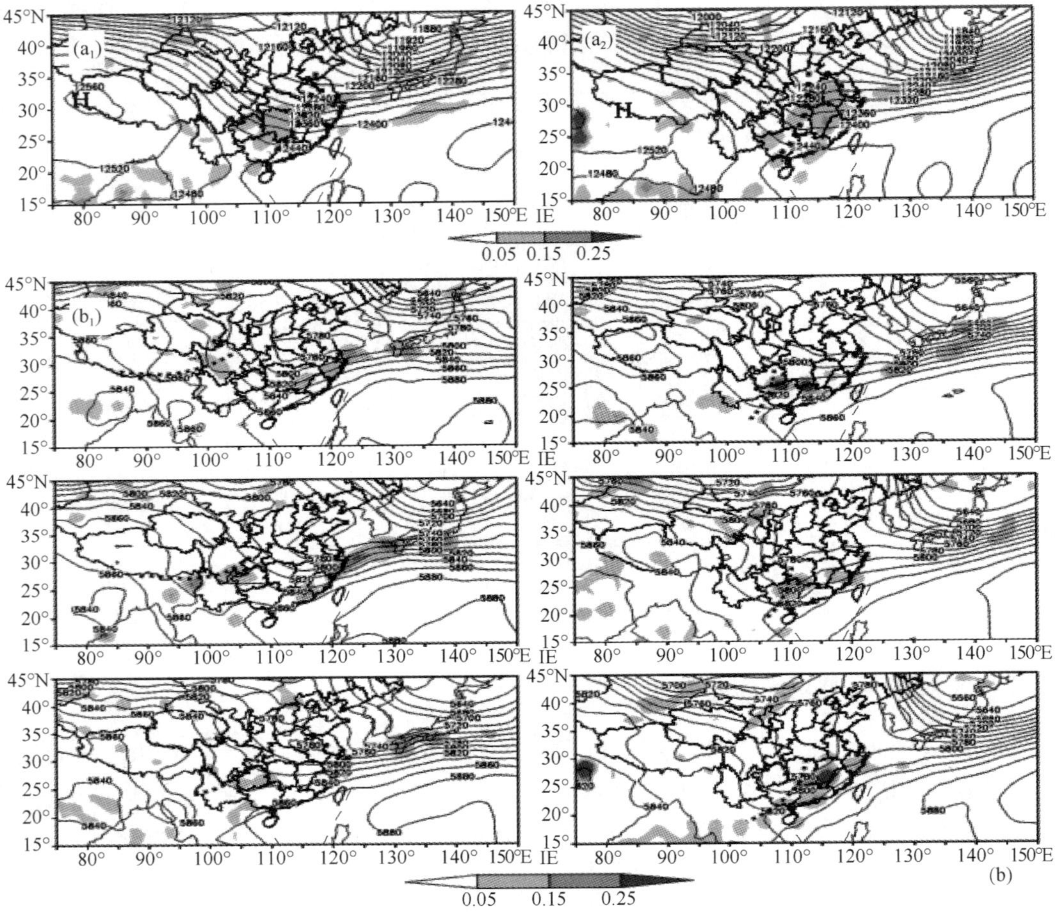

图 9.13　广西大暴雨期间中高层形势：(a)200 hPa 形势图；(b)500 hPa 形势图；实线为位势高度，单位：gpm，阴影为垂直速度，单位：m/s，点线代表槽线

广西暴雨开始于 2008 年 6 月 11 日 12 时，13 日 00 时结束，广西大暴雨期间，四川南部始终维持一低压中心(图 9.14，12 日 18 时低压中心 L 消亡，6 h 后西南低涡也消亡)，该低压中心位于 500 hPa 影响槽的槽区附近，该低压中心向东南方向伸展出低压区(图 9.14 和图 9.15)，并随高空影响槽和西南低涡的东移而东扩影响广西，这与雨区的东移过程大体一致。低压中心 L 以南存在一条由偏南风和偏北风构成的地面风场辐合线，辐合线东部随时间北抬，与加强的南风活动紧密相关。广西大暴雨过程中地面辐合线的存在有利于水汽的辐合和上升运动的加强，对暴雨的发生和维持有一定作用。此外，由图 9.15 可知，地面辐合线附近站点的空气饱和度较大(温度、露点很接近)，且温度对比不大，因而本次过程中锋面活动不显著，这不同于锋前暖区类型的华南暴雨。

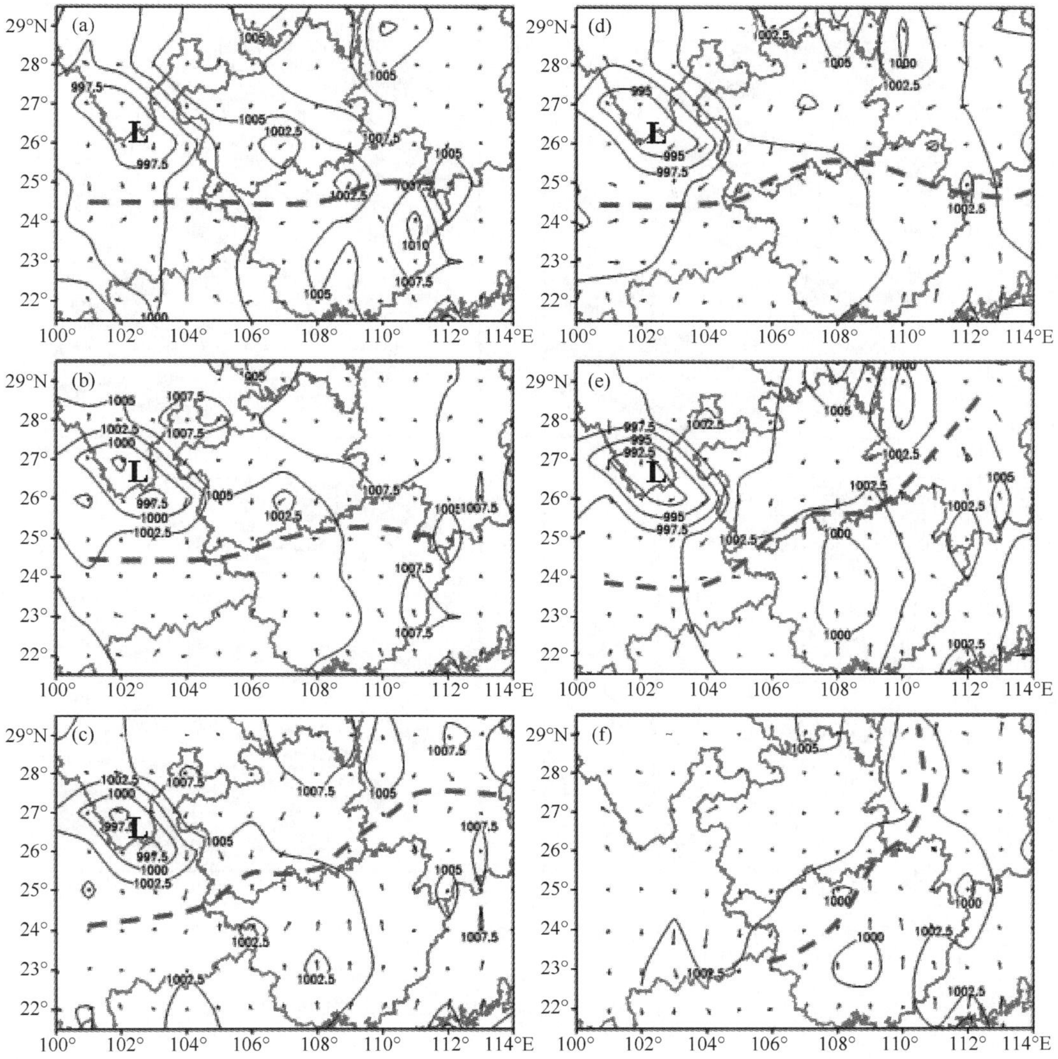

图 9.14　地面加密观测图

(实线是海平面气压(hPa),箭头是地面风场,虚曲线代表地面风场辐合线;

a—f,2008 年 6 月 11 日 12 时—12 日 18 时,6 h 间隔)

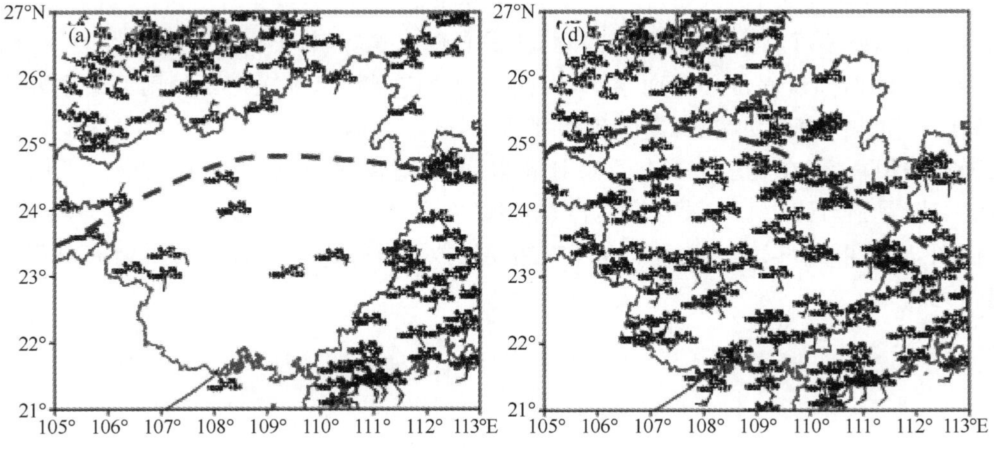

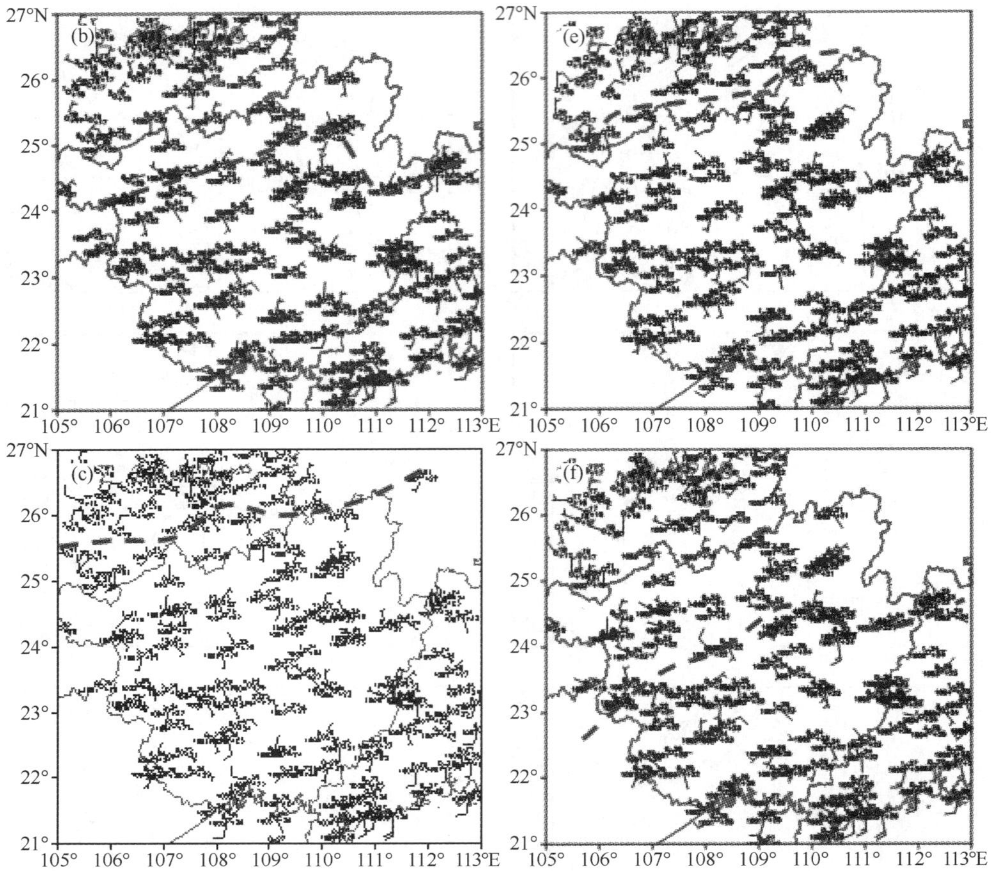

图 9.15　广西大暴雨期间地面常规观测站点四周物理量分别为海平面气压(hPa)、温度(℃)、露点(℃)和 1 h 降水(mm)

(a—f,2008 年 6 月 11 日 12 时—12 日 18 时,6 h 间隔)

9.3.3　中尺度活动特征

由卫星云图 TBB 可知,西南低涡东移过程中在低涡中部、东部以及东南部不断引发强对流,由雷达回波图(图 9.16)可知,12 日 06 时,西南低涡进入广西,此时广西境内的对流活动十分活跃(其雷达回波可以达到 50 dBZ 左右)伴随有数次强降水,强对流一般发生在东部、中部和东南部,并随西南低涡的移动而移动,由此可知西南低涡是本次广西暴雨的最主要影响系统。13 日 00 时,西南低涡减弱,逐渐消亡,此时广西境内的雷达回波强度明显减弱,13 日 06 时,西南低涡消亡后,在其东北方有低涡 B 新生,此时对流活动显著加强,主要位于低涡 B 的南部和中部,最强对流中心回波强度达到 50 dBZ 左右,对流活动主要影响广东、福建和江西。此外,由图 9.16 可知,12 日 18 时开始,广东南部的对流活动十分活跃,这与南海夏季风的活跃密切相关。

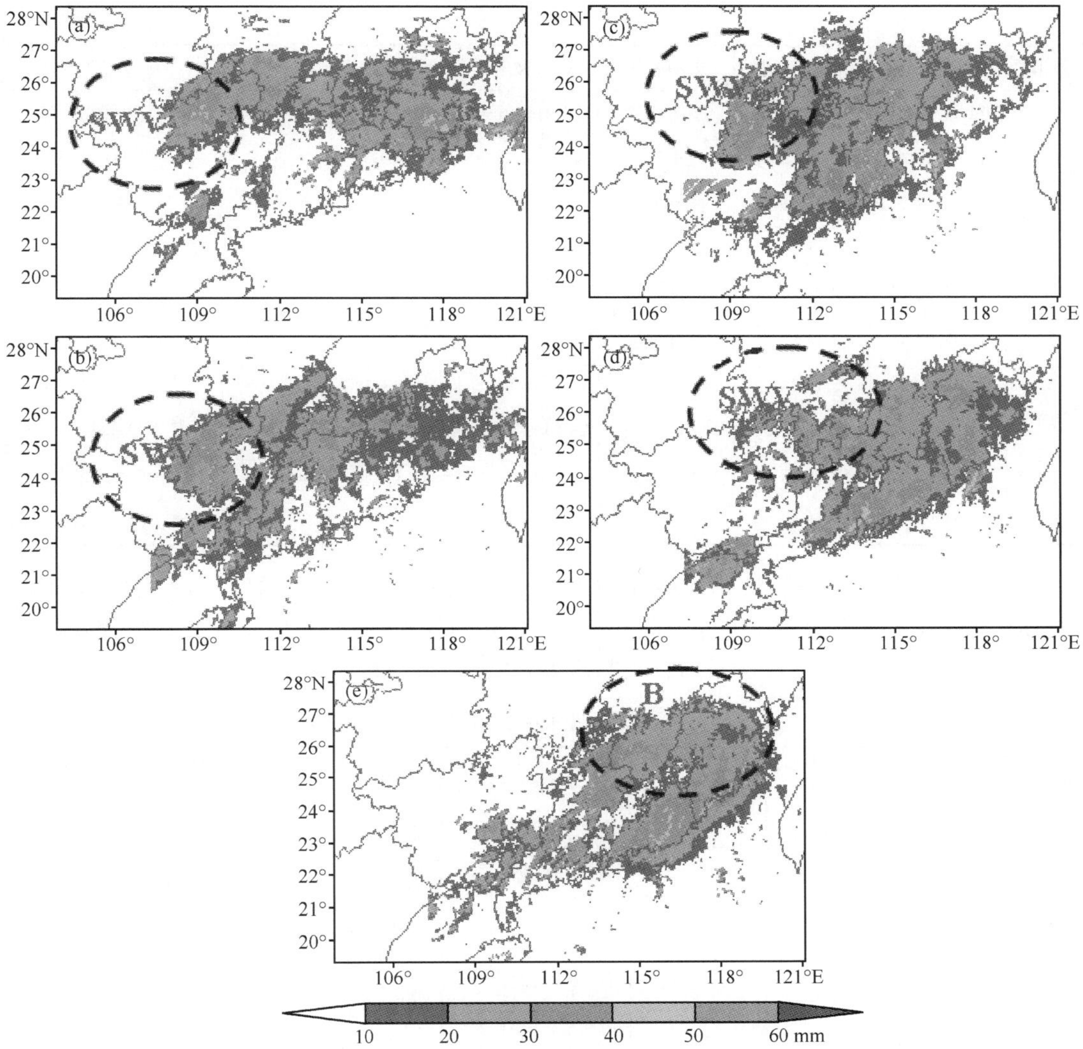

图 9.16　雷达回波(阴影是雷达回波强度(dBZ),虚线椭圆代表西南低涡(SWV)和低涡 B 的位置,点线代表西南低涡移动;a—e,2008 年 6 月 12 日 06 时—13 日 06 时,间隔 6 h)

雨团与强降水直接相关,因而对暴雨过程中雨团的分析十分必要,这里中尺度雨团是指降水率≥10 mm/h 的雨区,根据上述定义,利用加密观测的逐小时降水资料(图 9.18)对本次降水过程的中尺度雨团活动做了统计(表 9.5)。由表 9.5 可知,广西暴雨过程有着显著的中尺度特征,其间大约有 11 个中尺度雨团活动,其中最大 1 h 降水量为 90 mm,而最长持续时间约为 5 h,雨团稳定少动或随降水影响系统移动。从雨团的时间分布可知,本次降水有着很强的连续性(降水影响系统西南涡稳定维持);从雨团的空间分布可知,降水雨团亦有自西向东移动的趋势(这可能与西南涡自西向东移动有关)。

表 9.5　广西降水过程中的雨团活动统计

雨团编号	生成时间	消亡时间	运动特性	最大覆盖面积	最大一小时雨强(mm)	雨团主要范围
1	11 日 07 时	11 日 10 时	略有东移	130 km×150 km	45	贵州西南部、广西西北部

续表

雨团编号	生成时间	消亡时间	运动特性	最大覆盖面积	最大一小时雨强(mm)	雨团主要范围
2	11 日 11 时	11 日 13 时	稳定少动	90 km×130 km	47	广西西北部
3	11 日 13 时	11 日 17 时	东移	100 km×300 km	34	广西西北部
4	11 日 17 时	11 日 19 时	稳定少动	80 km×90 km	32	广西西北部
5	12 日 00 时	12 日 03 时	略有东移	200 km×90 km	28	广西北部
6	12 日 03 时	12 日 06 时	稳定少动	250 km×500 km	44	广西北部
7	12 日 07 时	12 日 09 时	略有东移	150 km×400 km	38	广西北部和东北部
8	12 日 09 时	12 日 11 时	稳定少动	150 km×500 km	62	广西北部和东北部
9	12 日 12 时	12 日 17 时	南移	200 km×400 km	90	广西北部和东北部
10	12 日 18 时	12 日 21 时	略有南移	100 km×400 km	54	广西东北部
11	12 日 22 时	13 日 02 时	向东北方移动	130 km×180 km	26	广西东北部和广东北部

由 FY-2C 卫星云顶亮温(TBB)分析可知，广西暴雨期间对流活动旺盛，有多次强对流云团发生(图略)，其间 6 次强对流云团即 C1～C6 伴有强降水，而与广西暴雨关系最密切的云团为 C2～C5，它们是本次广西暴雨的直接制造者，各云团活动特征见表 9.6。

表 9.6　广西暴雨过程中主要对流云团的活动

云团编号	云团 TBB 范围(K)	最大一小时降水量(mm)	云团生命史	云团位置	云团最大面积估计	产生降水的持续时间
C1	−52℃以下，没有−72℃以下中心出现	42	10 日 13 时—11 日 04 时，约 16 h	四川南部贵州西部	350 km×350 km	约 14 h
C2	−52℃以下，伴有两次−72℃以下的强对流云团 C2−1、C2−2 发生	47	11 日 08 时—12 日 06 时，约 23 h	广西西北部、北部和东北部	400 km×500 km	17 h 以上
C3	−52℃以下，没有−72℃以下中心出现	44	12 日 01 时—12 日 08 时，约 8 h	广西中部和东部	100 km×100 km	约 6 h
C4	−52℃以下，伴有−72℃以下中心出现	90	12 日 07 时—12 日 20 时，约 14 h	广西中部和东部	300 km×500 km	约 14 h
C5	−52℃以下，没有−72℃以下中心出现	26	12 日 22 时—13 日 02 时，约 5 h	广西东北部	100 km×150 km	约 5 h
C6	−52℃以下，伴有−72℃以下中心出现	85	12 日 16 时—13 日 11 时以后，20h 以上	广东南部	400 km×500 km	20 h 以上

综合分析对流云团活动可知，暴雨过程中，对流云团活动频繁，强度大，降水强，对流云团多属于 α 中尺度和 β 中尺度的系统，这十分有利于暴雨的产生；云团 C2—C5 与广西暴雨紧密联系，其 TBB 均在−52℃以下，−72℃以下的强对流中心也时有出现，其对应最强的 1 h 降水量为 90 mm，对流云团的最长持续时间为 17 h 左右，对流云团的最大覆盖面积约为 400 km×500 km。对流云团亦自西向东移动，与西南涡移速相当；就影响系统而言，500 hPa 的短波槽、700 hPa 的低空切变线、西南涡以及地面的低压区和风场辐合(图略)均是产生强对流的有利因素。

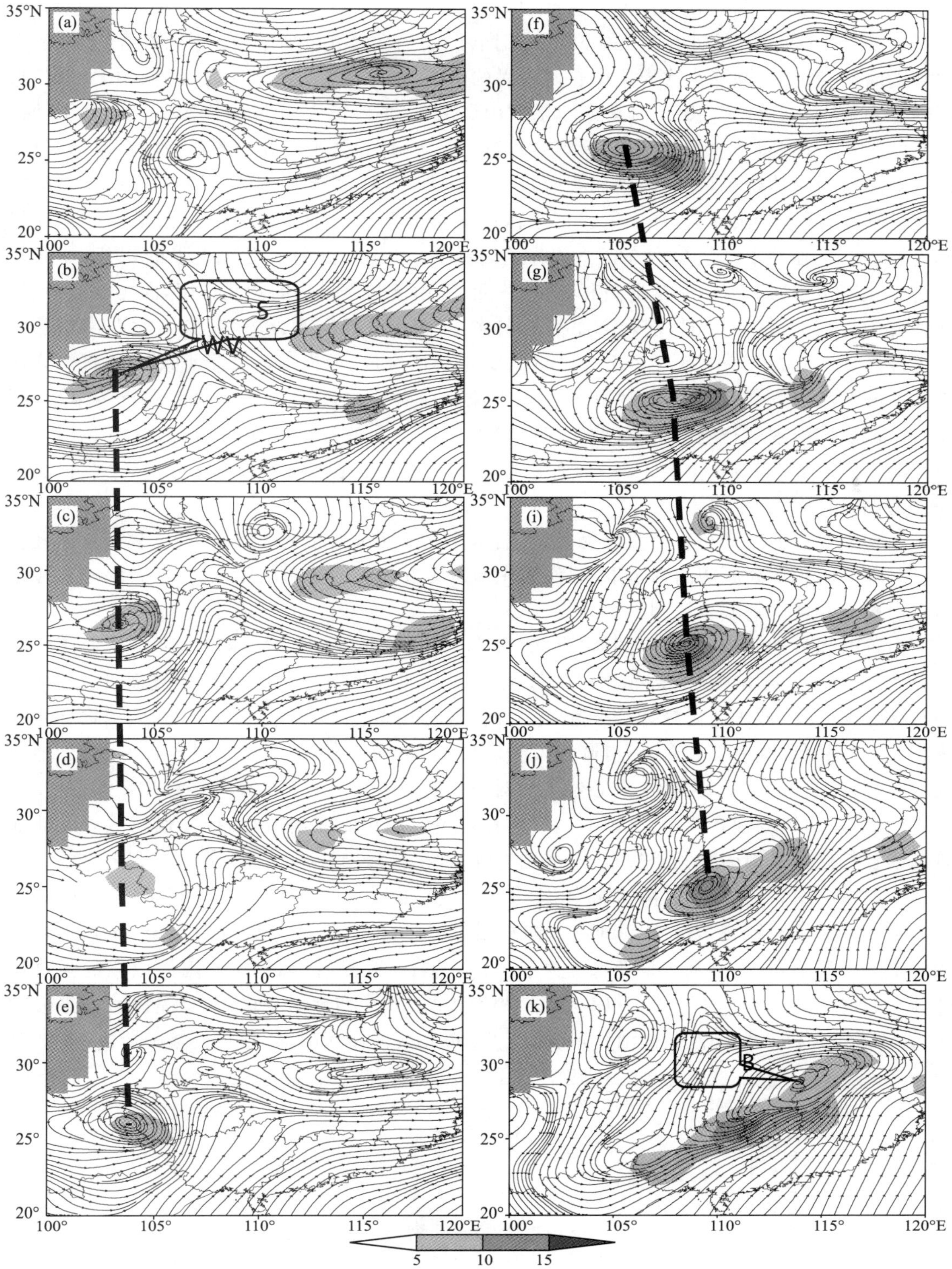

图 9.17　2008 年 6 月 10 日 18 时—13 日 00 时广西大暴雨期间 700 hPa 流场

（阴影区是涡度，单位：s^{-1}；3000 m 以上的地形填色，虚线代表系统移动方向；a—j 为发展序列，间隔 6 h）

10 日 18 时，在 700 hPa 上四川南部出现低空切变线(图 9.17)，此处对应着强降水(图略)；11 日 00 时，西南涡初生于 700 hPa 四川南部，这与 700 hPa 常规探空图(图略)上西南涡出现的时间较一致，强降水主要集中在西南涡的南部、东南部。11 日 06 时，受 500 hPa 低槽槽线转竖影响，西南涡向南移动，强降水也随西南涡南压，主要位于西南涡东南部。11 日 12 时，西南涡稳定少动，由于水汽输送减弱(图略)，对应降水减弱，降水主要位于西南涡东南部，由于降水凝结潜热释放减小，此时西南涡有所减弱。11 日 18 时，受 500 hPa 低槽东移影响，西南涡东南向移动，降水再次加强，降水主要位于西南涡东南部。12 日 00—06 时，西南涡向东南移动，强度加大，强降水主要集中在西南涡东部，此时 850 hPa 流场上出现很强的切变(图略)。西南涡从四川东移时有一个减弱过程，进入广西后，由于与季风槽的相互作用，而再度加强，从而使暴雨加强。12 日 12 时，随着高原槽的东移，西南涡开始向东北方移动，此时西南涡已经向下伸展到 850 hPa(图略)，这也许是由于凝结潜热的释放，而出现正反馈所致。12 日 18 时，降水区开始移出广西；13 日 00 时，700 hPa 上原西南涡消亡，850 hPa 上西南涡依然维持(图略)，广西境内降水过程基本结束，此时江西境内另有一低涡 B 新生(图 9.17)，低涡 B 初生后很快向下发展到 850 hPa，引发了一系列暴雨。整个暴雨过程中，并不是仅有一个低涡，前期为西南涡，后期为新生涡。

西南涡是广西暴雨过程的直接触发系统，本次西南涡维持了约 54 h，空间上属于 α 中尺度系统。在 500 hPa 高原槽的影响下，西南涡先向东南方移动后转向东北方移动，高原槽东移是西南涡移动和转向的根本原因。

由逐时地面加密观测资料(图略)可知，11 日 12 时—12 日 12 时，四川南部维持低压中心 L，该低压中心向东南方向伸展出广阔的低压区，并向东扩展，这与 500 hPa 短波槽以及西南涡的东移过程一致，低压区内维持一条准“东－西”走向的地面风场辐合线，在地面风场辐合线的附近(尤其是辐合线中部和东部)有降水发生。12 日 18 时，四川南部的低压中心 L 消亡，地面辐合线维持在广西北部，强降水中心位于广西东北部，6 h 后 500 hPa 短波槽移出广西，低压区显著减弱，地面风场辐合线消亡(图略)，广西暴雨过程结束。综上所述，地面低压区以及地面风场辐合是广西暴雨的有利条件，当上述两者维持时，暴雨维持；消失时，暴雨过程随之结束。

本次过程中，桂林站累计降水量在 250 mm 以上，由图 9.18，桂林自 11 日 17 时产生降水(19 时—23 时资料缺测)，12 日 00 时后，桂林站维持强降水，到 13 日 00 时结束，桂林站降水经历了 8 个峰值，其中最强 1 h 降水量为 25 mm，11 日 18 时，桂林位于西南涡以东的强对流区，降水开始；12 日 00 时—12 日 18 时，桂林位于 700 hPa 西南涡东南部，这是降水的最强时段；13 日 00 时，700 hPa 西南涡消亡，桂林位于 850 hPa 西南涡南部，降水依然维持较强；13 日

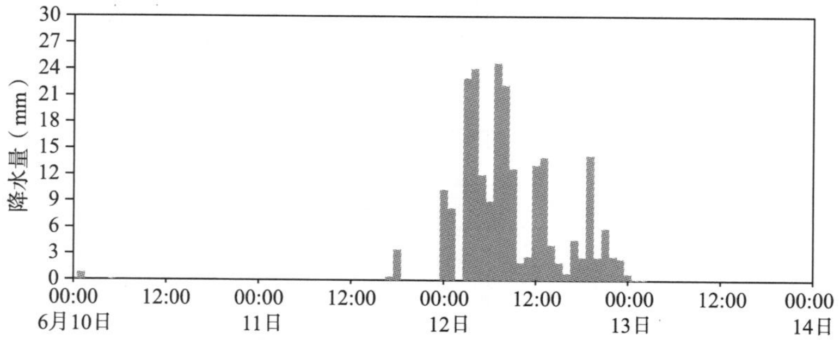

图 9.18　2008 年 6 月 10—14 日广西大暴雨桂林的的逐时降水实况

00 时之后，西南涡彻底消亡，桂林降水结束。桂林站经历了西南涡自西向东移动以及消亡的过程，受到了云团 C2 以及 C4 的长时间影响，因而对其探空作一分析是很有意义的。

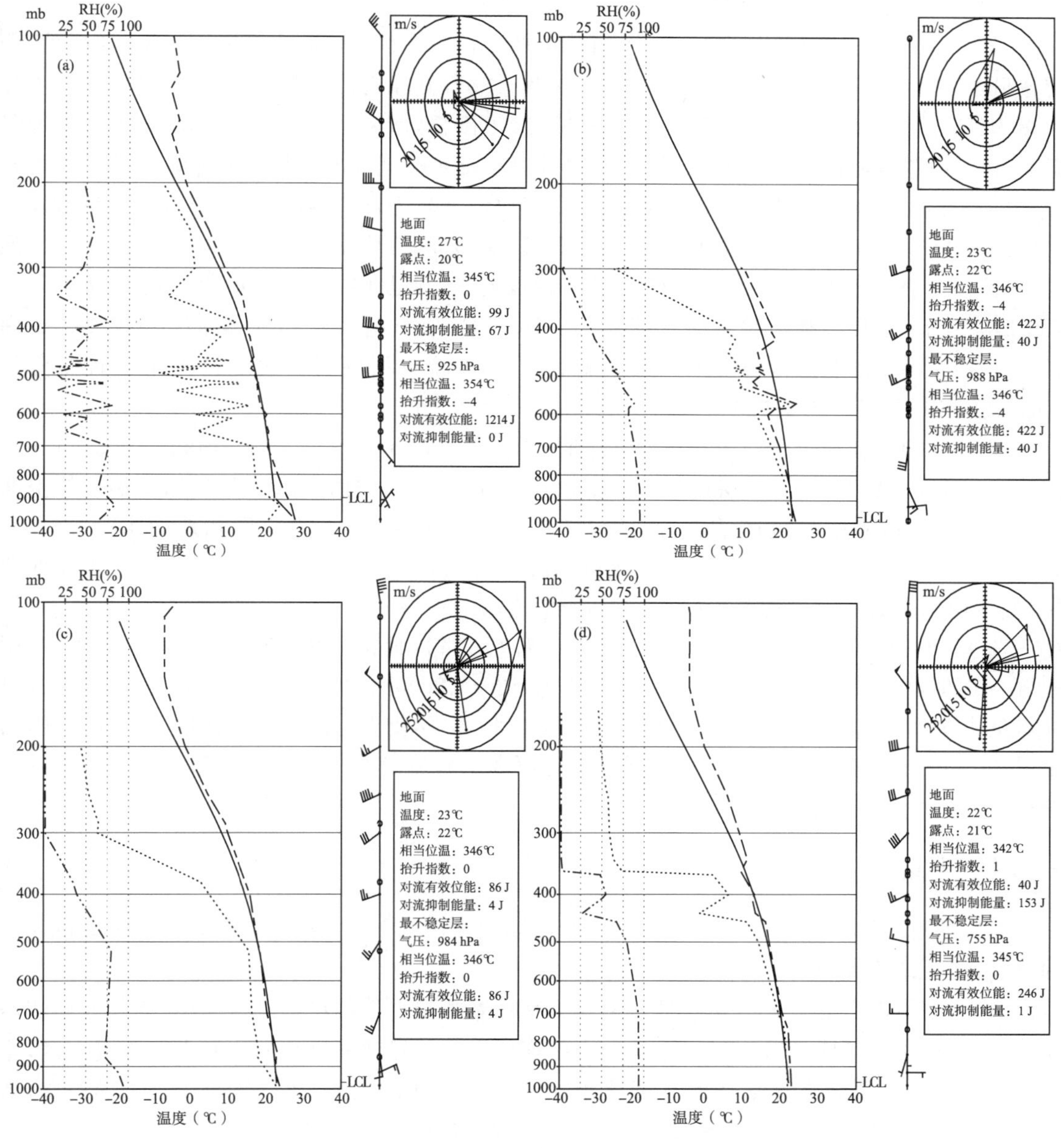

图 9.19　广西大暴雨期间桂林站(57957)探空(黑色点虚线为相对湿度探空曲线；黑点线为露点探空，黑虚线为温度探空(单位为：℃)；黑实线为气块抬升曲线；右下脚 LCL 为抬升凝结高度位置；风向标代表风速探空；风玫瑰图代表风场垂直分布；黑框内为计算的各物理量值)；a. 6 月 11 日 12 时，b. 6 月 12 日 00 时，c. 6 月 12 日 12 时，d. 13 日 00 时(世界时))

11 日 12 时，西南涡开始进入广西(图 9.17)，由探空分析可知(图 9.19a)，此时气层内的水汽含量较大，尤其是 700 hPa 以下，相对湿度达到 75％以上，整个气层内的水汽含量极不均匀，层次间变化比较大；气块的绝热抬升曲线与温度探空曲线在 700—400 hPa 近似重合，因而此处层结近似为中性，400 hPa 以上和 700 hPa 以下环境温度高于气块温度，因而层结稳定，从抬升指数来看,地面 LI 为 0,最不稳定层为−4,因而可能会有对流出现,从整层的风场分布来看,700 hPa 以下盛行弱的偏东风,700 hPa 以上则是很强的偏西风,大气的斜压性较强,最不稳定层的对流有效位能(CAPE)最大,约为 1214 J/kg。

12 日 00 时,西南涡已经东移至广西中部(图 9.17),桂林位于西南涡以东约 100 km 处,强降水开始发生,700 hPa 以下气层近似饱和(图 9.19b),其相对湿度接近于 100%(气柱的可降水量 PW 增加显著),此层内温度较 12 h 前降低(太阳辐射是主要影响因子),其中地面温度降低了 4℃,而露点温度则有所升高,气层的抬升凝结高度显著下降(水汽相对湿度明显加大),气块的绝热抬升曲线在温度探空曲线右方,即气块温度高于环境温度,这十分有利于对流发展(地面 LI 为−4,有利于对流发生),这与云团 C2 的发展相对应。600～550 hPa 存在一逆温层,该逆温层的存在可能与水汽凝结潜热的释放有关,逆温层的存在,使得对流活动被限于 550 hPa 以下,非常有利于对流能量的积累。700 hPa 以下盛行较弱的偏东风和较强的偏南风,700 hPa 以上依然盛行偏西风但风速显著减弱,整个气层的斜压性减弱,CAPE 能量降低(最不稳定层 CAPE 显著降低)。

12 日 12 时,桂林位于西南涡东南部(图 9.17),900 hPa 以下水汽近似饱和,900～500 hPa 水汽含量下降(图 9.19c),气层内的可降水量降低;此时逆温层消失,200 hPa 以下温度探空曲线与气块绝热抬升曲线近似重合,因而大气层结近似中性(最不稳定层和地面 LI 均为 0),200 hPa以上,气层稳定;500 hPa 以下盛行偏南风和偏东风,500 hPa 以上盛行偏西风和偏北风,气层内的对流有效位能显著减小,不利于对流活动维持。

13 日 00 时,桂林位于 850 hPa 西南涡南部(图略),此时 700 hPa 西南涡已经消亡(图 9.17),此时 500 hPa 以下的水汽含量再次增加(图 9.19d),相对湿度在 90%以上,气层内的可降水量再次加大,450 hPa 以下,大气层结近似中性(最不稳定层 LI 为 0),逆温层再次出现,约位于450 hPa附近,450 hPa 以上,大气层结稳定不利于对流发生。13 日 00 时以后,桂林的降水停止。

9.3.4　小结

本文通过对 2008 年 6 月 11—13 日广西持续性暴雨的分析,揭示和确认了一些值得注意的事实,主要结论如下:

(1)中高纬度东北亚地区切断低压和西太平洋副热带高压的稳定维持使中、低纬度环流经向度加大,有利于环流形势的稳定维持。中纬度西风带的短波槽沿高原东侧南下入侵广西,是广西大暴雨的重要影响系统,暴雨主要集中在该槽槽前的上升运动区。随该短波槽的东移,低层西南涡及其雨区亦自西向东移动。副热带高压对该短波槽有显著影响,6 月 12 日前由于副热带高压稳定,短波槽在广西境内稳定维持,这是广西大暴雨发生和稳定维持的重要条件。

(2)西南涡是广西大暴雨过程的直接触发系统,本次暴雨过程中西南涡持续了约 54 h,在 500 hPa 短波槽的影响下,先向东南方移动后向东北方移动,副热带高压的迅速东退和短波槽的快速东移是低涡移动折向东北的根本原因(先为西南涡,13 日后为新生涡)。对流和降水总是发生在西南涡的中心附近、移动的前方和右前方,西南涡自西向东的移动,对应了广西境内雨区自西向东的移动,西南涡消亡后广西境内暴雨基本结束。本次广西暴雨低涡有一条切变线(锋面)穿心而过,属于华南低涡切变型暴雨。

(3)桂林站的加密观测表明:暴雨发生前环境条件十分有利。大气低层相对湿度大,而高层相对湿度小，大气中低层绝大部分时间内为中性层结，有时会出现逆温，尤其是暴雨发生时，这也许是暴雨发生的结果。西南涡过境后，桂林站低层风场有明显的转变，大气抬升凝结高度显著降低(与仍有充沛的水汽供应有关)，CAPE 能量释放后显著减小。

(4)中尺度雨团是广西大暴雨的直接制造者，本次降水过程中大约有 11 个中尺度雨团出现，雨团的最长持续时间为 5 h，最大 1 h 降水量为 90 mm。雨团出现后稳定少动或随降水影响系统缓慢移动，因而在局部地区形成连续性暴雨并引发洪涝灾害。从雨团的时间分布可知，本次降水有着很强的连续性，从雨团的空间分布可知，降水雨团有自西向东移动的连续趋势。

(5)由对流云团活动的分析可知，本次降水过程中对流云团活动频繁，强度大，降水强，对流云团多属于 α 中尺度和 β 中尺度的系统，最长持续时间为 17 h 左右，最大覆盖面积约为 400 km×500 km；对流云团自西向东移动，其移速与西南涡移速大体相当。对云团 C2 和 C4 的分析表明，广西大暴雨期间，动力条件(动力抬升)一直有利于它们的维持，水汽条件的变化直接导致了云团 C2 和 C4 的变化。

9.4　2008 年 6 月 15—18 日不同阶段的暴雨系统分析

9.4.1　造成大暴雨的环流背景

2008 年 6 月 16—18 日，华南地区又发生了一次持续性强降雨过程(图 9.20)，6 月 16 日暴

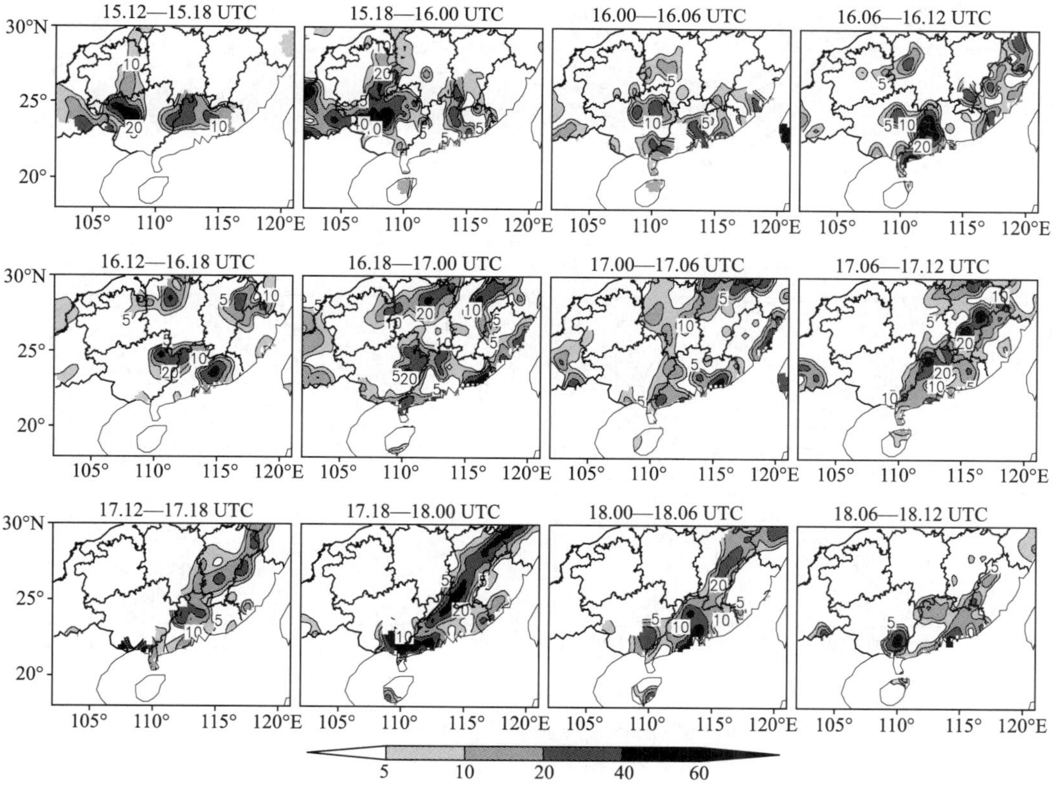

图 9.20　2008 年 6 月 15～18 日的每 6 h 降雨量(单位：mm；16.00 UTC 代表 16 日 00UTC)

雨出现在华南大部分地区、江南北部，16 日夜间到 17 日广东沿海部分地区发生大暴雨，16 日华南的暴雨中心在广西西部和广东东南沿海。17 日，广西西部和广东西部地区也产生了强降雨，17 日长江的雨带南下在华南形成西南—东北向的大尺度雨带，50 mm 以上的暴雨从安徽、浙江、江西一直延伸到广西、广东。18 日降水减弱，但仍然在广西东部、广东和江南的部分地区产生了强降雨。此次过程中，6 h 最强降雨大多在 50 mm 以上，范围最广的强降水出现在 17 日。

华南前汛期暴雨大多为锋前暖区暴雨(周秀骥等，2003；Zhao，*et al.*，2007)，涡旋、切变线等系统不如江淮流域梅雨期暴雨清楚，但本次过程华南地区出现了涡旋和切变线系统，前面分析的 2008 年 6 月 12—14 日的强降水个例也由低涡切变线造成(傅慎明，2009a，b)。这里首先从大尺度环流的演变来作一简单分析。从 500 hPa 环流形势看(图 9.21)，中纬度地区有一低槽自西向东，16 日在贝加尔湖和江淮流域有阶梯槽存在，17 日贝加尔湖的槽减弱北移，而江淮流域低槽略向东南移动，17—18 日冷空气南下到江南和华南地区，19 日该低槽北移，降雨过程结束。6 月 16—19 日副热带高压是逐渐西伸的过程，19 日西伸到 115°E。16—18 日副热带高压位于西太平洋上，有利于冷空气南下到华南地区，而 19 日随着副热带高压西伸到华南地区，中纬度低槽向东北移动，降雨过程结束。此次过程中 200 hPa 的急流带一直位于 30°N 以北，对华南地区的降水影响不大。

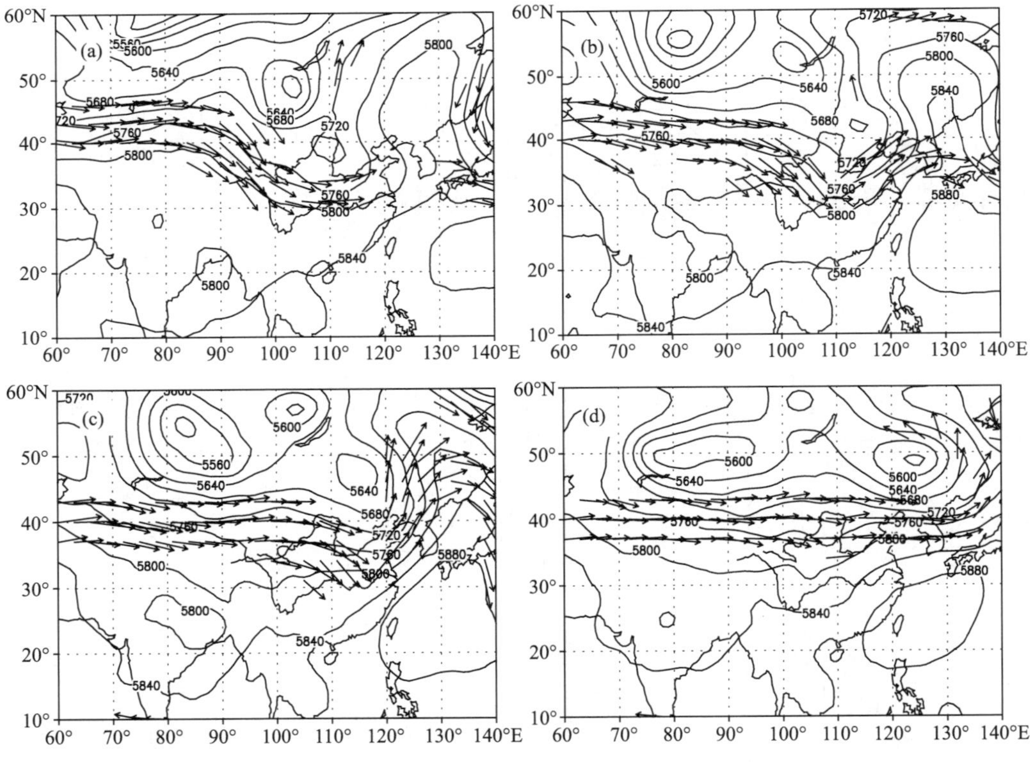

图 9.21　2008 年 6 月 15—18 日 500 hPa 高度场(单位：gpm)和 200 hPa 急流(箭头，大于 30 m/s)
(a. 15 日 00 时，b. 16 日 00 时，c. 17 日 00 时，d. 18 日 00 时)

对流层低层 850 hPa 上(图 9.22),15 日在高原东侧的四川盆地有低涡生成,此低涡在 15 日晚上南移到广西(图 9.21(a)),造成了广西地区的强降雨(图 9.20),15 日副热带高压的西北侧形成了较强的西南低空急流,急流中心的强度达到 18～21 m/s,由于副热带高压偏东,急流带位于西太平洋上。16 日,西南涡位于两广地区,同时,位于西太平洋上的低空急流带向北移,广东沿海地区正好处于急流带的北侧的辐合区,16 日暴雨中心分别与低涡和急流带有关。17 日急流带进一步北移到中国东南沿海,西南涡在急流带的北侧迅速发展,在急流带北侧形成一个东北－西南向的尺度在 1000 km 左右的低涡。18 日随着急流和低涡的减弱,降雨减弱。

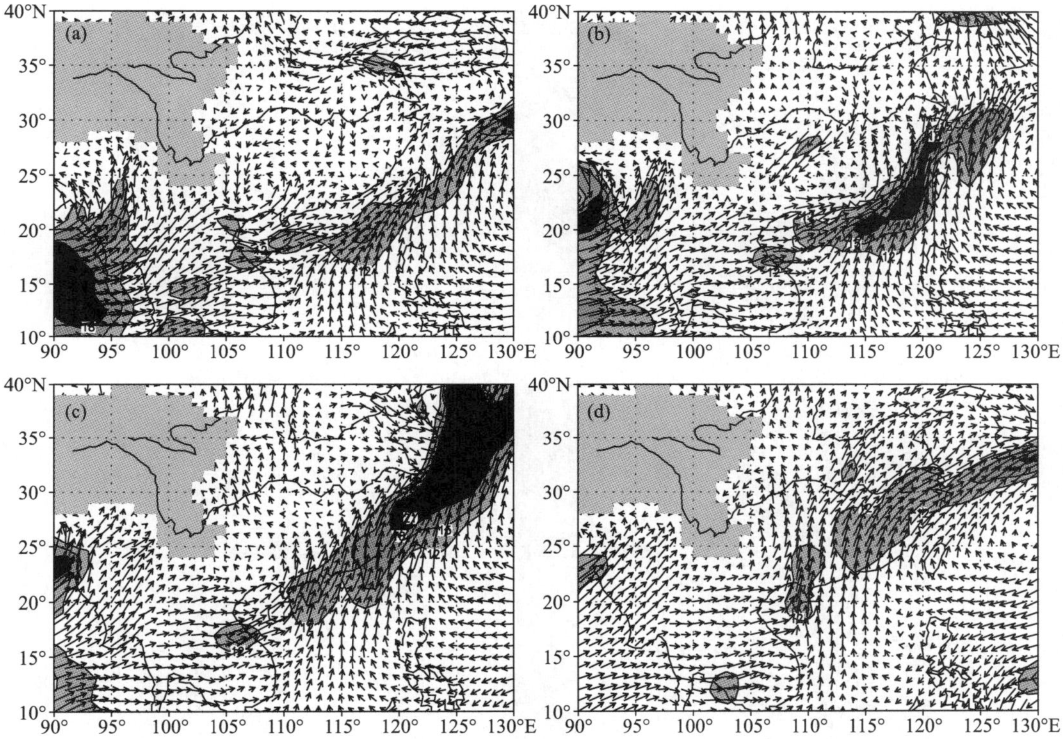

图 9.22　同图 9.21,但为 850 hPa 的风场和低空急流

(浅色阴影为地形高度大于 1500 m,深色阴影为风速大于 12 m/s)

由以上分析可知,此次降雨过程有中低纬度系统的配合,中纬度低槽输送了弱冷空气,强降雨主要由低涡和切变线造成,6 月 16—18 日,华南地区产生持续性降水。最强降水出现在 17 日。6 月 16 日华南大部分地区、江南北部暴雨,其中广东沿海部分地区大暴雨。17 日,中纬度冷空气,西南涡和西南低空急流带相互配合形成了大范围的强降雨,强降雨带合并为西南—东北向,广西东南沿海、广东南部和西部、江西南部部分地区、浙江西北部大暴雨。18 日降水减弱,主要位于广西东部、广东南部和西部地区。

9.4.2　TBB 和雷达回波分析

大尺度的环流分析表明,此次过程有低涡和切变线的活动,下面将具体分析此次过程中低涡切变上的云团和雷达回波的情况。

9.4.2.1　云团活动

6月16日01—07 UTC在广西东部有对流云活动，见图9.23中云团A，此系统与位于广西的低涡有关，造成了广西东部的强降雨，16日07 UTC之后，该云团加强东移，影响广东的东部地区，此云系大约在16日15 UTC减弱。在该系统减弱后，在南海北部靠近广东沿海地区有一对流线发展(图9.23、图9.24中的B云系)，该系统生成后向北移动，在16日19 UTC移到海岸线附近并且开始加强，该对流线形成后，一直在海岸线附近活动，持续了大约10 h，到17日07 UTC减弱。对比前面的环流特征，该对流线云系B发生在急流带北侧，但在到达海

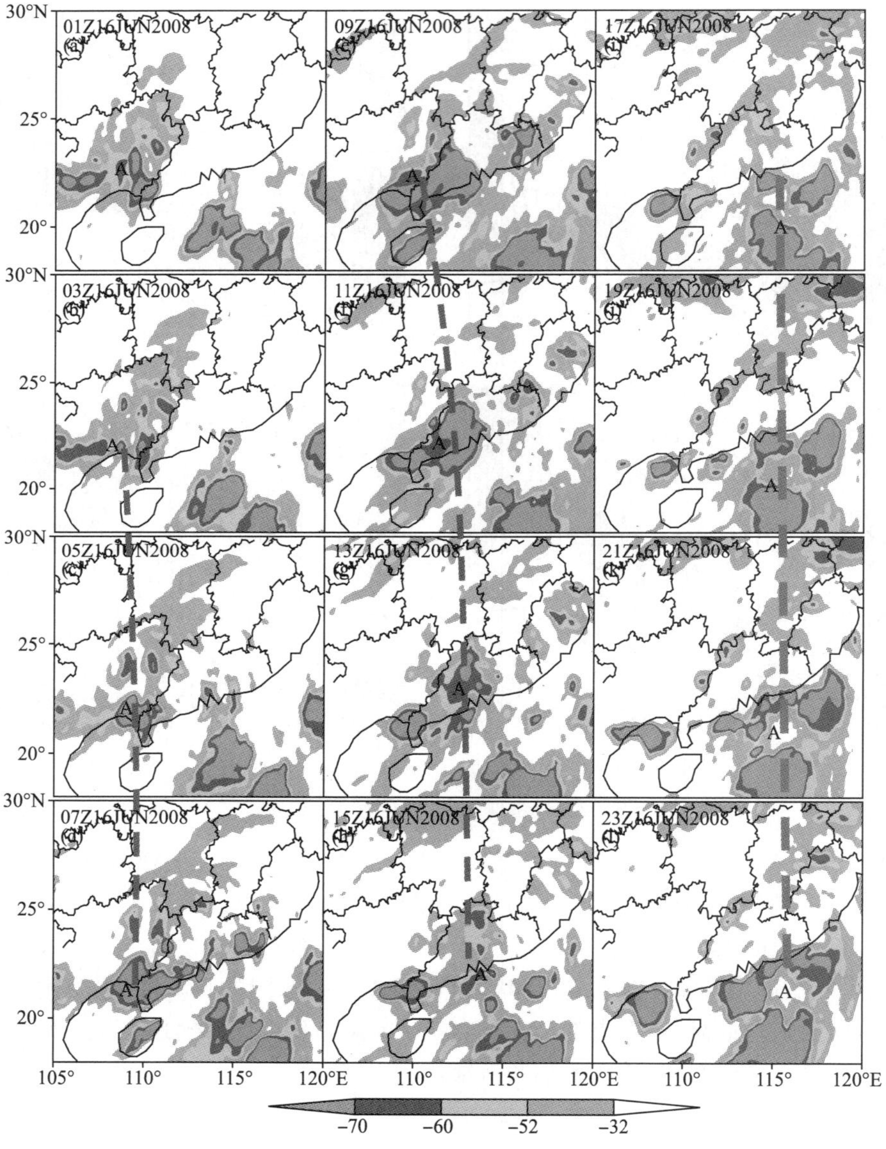

图9.23　2008年6月16日01—23 UTC(a—l)FY-2C卫星的TBB分布(单位:℃，间隔2 h)

岸线附近时有增强的过程。17 日 07 UTC 以后，在海岸线附近的对流线减弱后，其北侧有一东北—西南向的较大尺度的对流带生成（图 9.24 上的 C 云系），C 为冷空气南下与暖湿气流交汇后形成的云带。

下面重点分析 16 日晚上到 17 日的沿海暴雨和 17 日的大范围云带中的雷达回波特征。

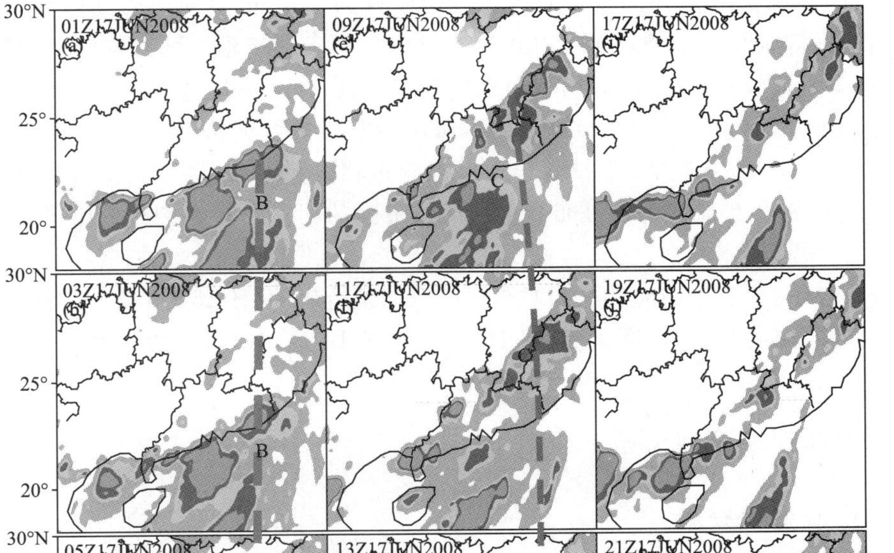

图 9.24　2008 年 6 月 17 日 01—23 UTC(a—l)FY-2C 卫星的 TBB 分布(单位：℃，间隔 2 h)

9.4.2.2 雷达回波分析

对每 6 min 的多普勒雷达组合反射率进行了分析，图 9.25 给出了 16 日每间隔 2 min 的组合反射率、图 9.26 给出了 17 日每间隔 3 min 的组合反射率。6 月 16 日 10 时在距离广东沿海 200 km 的南海的北部有散乱的对流系统发展(图 9.25)，12 时就形成了一个 300 km 长，50 km宽的对流线，此后，该对流线向东西方向发展，宽度逐渐加宽。18 时，对流带发展到 500 km长，100 km 宽，其最强回波从对流带的中间移到了北部，且对流带的西部已经开始影响广东的沿海地区，此后，整个对流带向北移动，20 时，整条对流带开始影响广东沿海，在到达广东沿海时，该对流线有一发展的过程，分别向东南和西北方向都有发展，给广东沿海造成了较强的降雨(图 9.20)。17 日 06 UTC 以后，海岸线附近的强回波带的结构开始松散减弱，然而，北侧的回波带开始发展，17 日由于西南涡的东移、冷空气的南下与急流带相互作用形成了大范围的西南—东北向的回波带(图 9.26)，最强的回波出现在广东北部和江西的南部地区。

以上分析显示，生成于南海的这条对流线的登陆是造成 16 日 18 UTC—17 日 10 UTC 广东沿海地区强降水的主要中尺度系统，17 日 08 UTC－18 日 00 UTC 的西南—东北向强降雨带与冷锋有关。

9.4.3 地面和探空资料分析

9.4.3.1 地面资料分析

南海北部的对流线在北移到海岸线时有增强发展的过程，通过逐时地面分析来揭示其发展的可能原因。从地面图(图 9.27)上分析，广东沿海的降水是 6 日 18 UTC 从西南部开始，此时，广西西部海岸线附近的站点为弱的西南风，而距离海岸线几十千米的地方为偏东风，在海岸线附近形成了辐合线，强降水在辐合线的西部出现。海岸线附近的辐合线形成后逐渐向东发展，强降水区域也向东扩展，最大范围的强降水出现在 16 日 22 UTC，强度超过 30 mm/h，有些站点甚至超过 50 mm/h，此时，辐合线南侧的西南风也增强到 10 m/s，此后，这条辐合线虽然维持，但雨强有所减弱。降雨区先出现在地面辐合线的南侧，在 17 日 00 UTC 之后，逐渐发展到其北侧。在此次过程中，辐合线形成后从南向北推约 50 km，始终维持在海岸线附近。该辐合线的形成是沿海地区的强降雨形成的主要原因，辐合线的形成机理和环流特征值得开展深入研究。

选取辐合线各段的单站资料分析(图 9.28)，阳江(59663，21°52′N，111°58′E)、汕尾(59501，22°47′N，115°22′E)、汕头(59316，23°24′N，116°41′E)三站分别位于辐合线的西段、中段和东段。沿海的降水在 16 日 18 UTC 开始，强度在 16 日 22 UTC 前后最强，汕尾和汕头都在 50 mm/h 以上。汕头的强降雨持续时间最短，只有 4～5 h，阳江持续时间最长，但其每小时降雨量最大只有 13 mm，而汕尾则超过了 50 mm/h。从这三站的风向演变看，在 16 日 18UTC 之前，风向比较乱，而在 18 UTC 之后，都转为西南风，西南风到达海岸线，是辐合线开始形成的标志。从温度和露点的演变看，阳江站从 16 日晚上气温降到 25℃，17 日气温一直持续比较低，而 15、16 日白天最高气温为 30℃，这与 17 日白天一直持续降雨有关。汕头、汕尾 17 日的气温也低于 15、16 日。

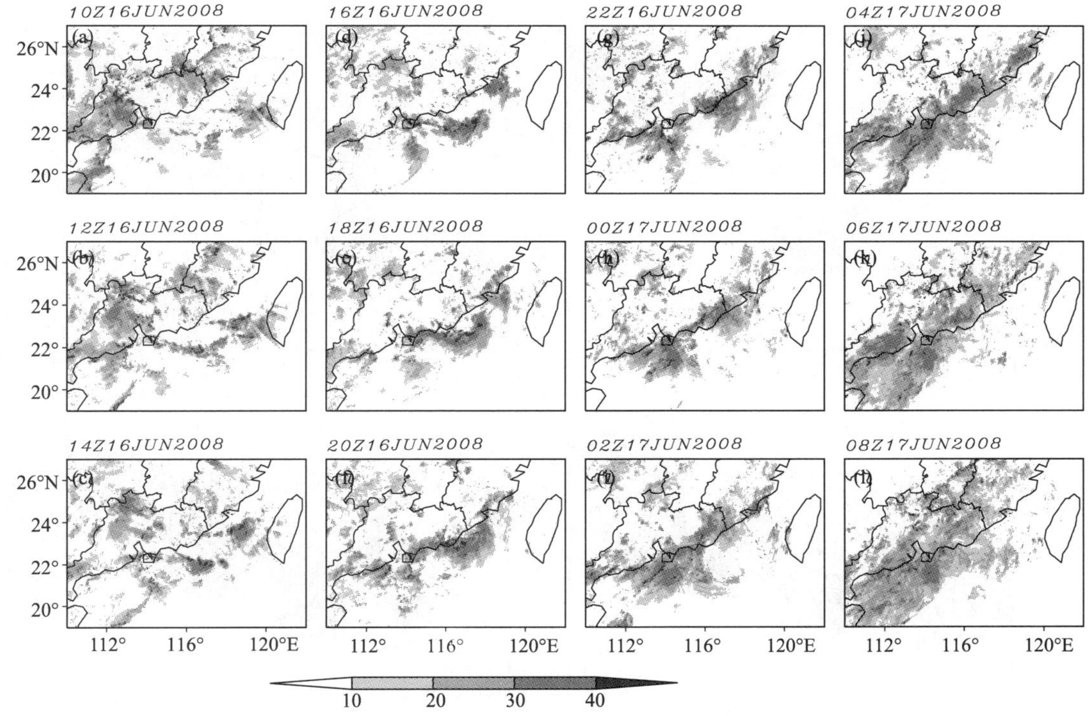

图 9.25　2008 年 6 月 16 日 10 UTC—17 日 08 UTC(a—l)的雷达组合反射率(单位:dBZ,间隔 2 h)

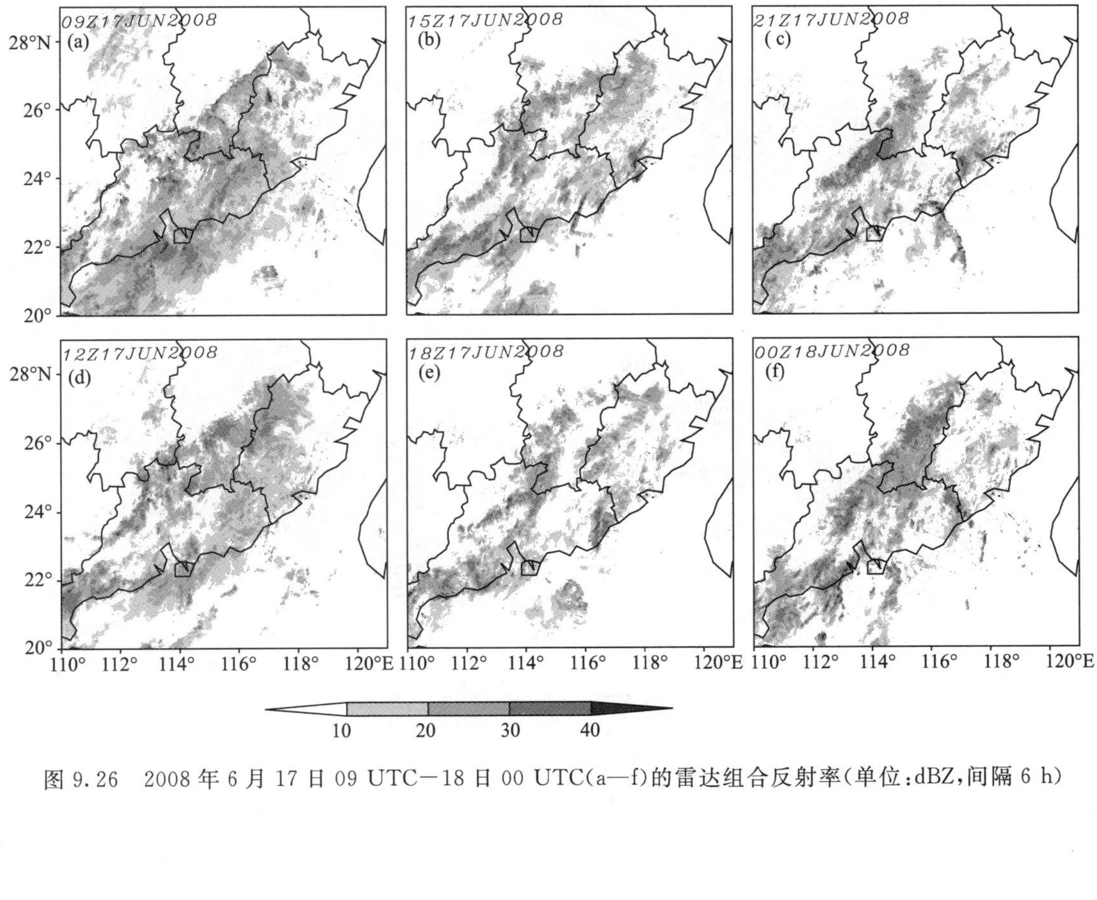

图 9.26　2008 年 6 月 17 日 09 UTC—18 日 00 UTC(a—f)的雷达组合反射率(单位:dBZ,间隔 6 h)

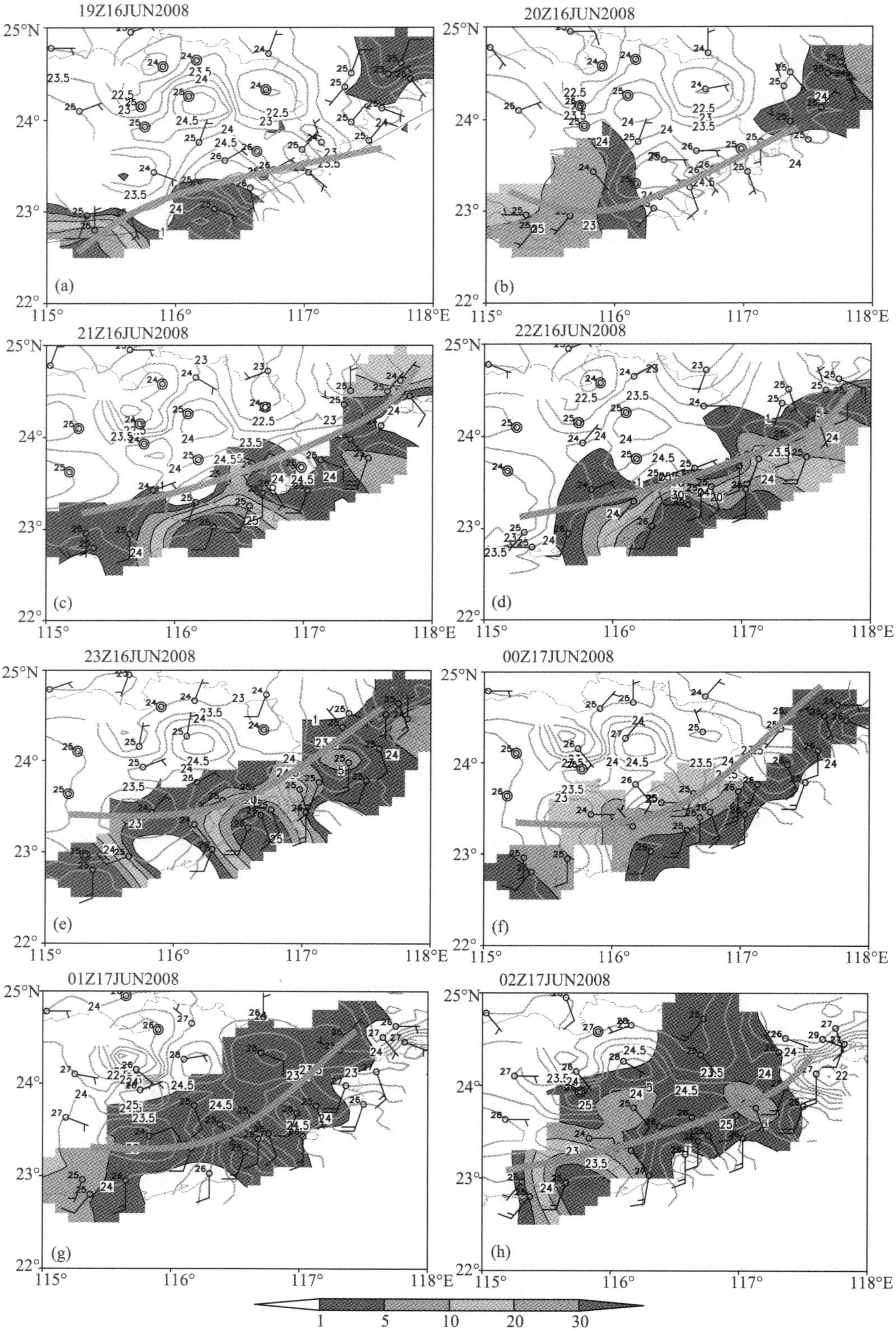

图 9.27　2008 年 6 月 16 日 19 UTC—17 日 02 UTC(a—h)的逐时地面分析

(绿色实线为等温线(单位:℃),阴影为每小时降雨量(单位:mm),棕色粗实线为辐合线)

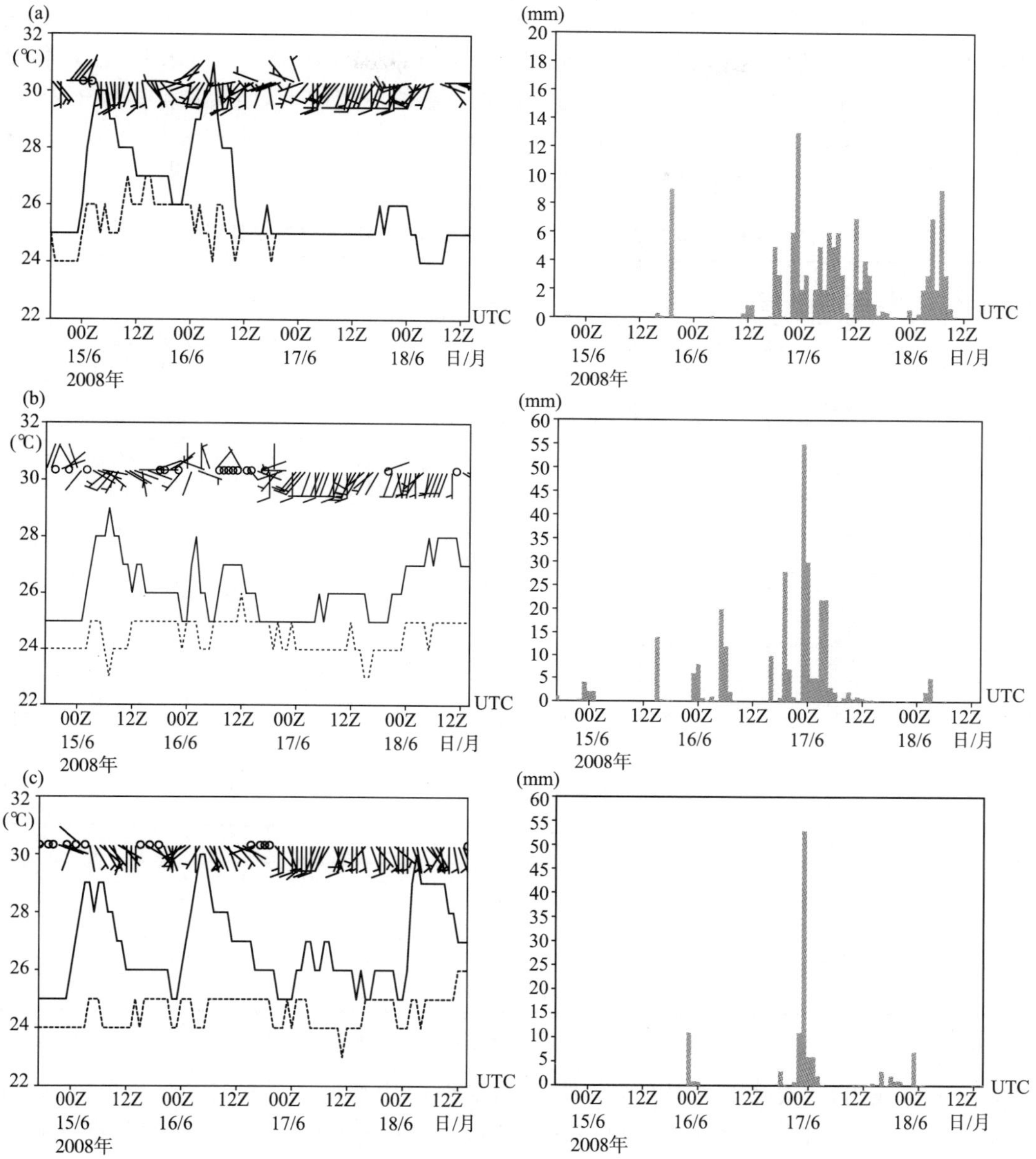

图 9.28　2008 年 6 月 15—18 日地面逐时气温(实线,左)、露点(密线,左)、风场(风矢线)和降水量(右)的演变

(a. 阳江,b. 汕尾,c. 汕头)

9.4.3.2　对流线发生的环境条件——探空资料分析

对流线发生在南海上,没有探空观测资料,本文采用对流线影响的沿海地区的阳江(59663,21°52′N,111°58′E)、汕头(59316,23°24′N,116°41′E)和香港(45004,22°19′N,114°10′E)探空站分析对流性发生时环境条件。阳江、香港和汕头分别位于该辐合线的西段、中部和东段。6 月 15 日 12 UTC—18 日 00 UTC 3 站的探空资料计算的参数见表 9.7。

广东沿海的 3 个站的探空资料分析表明,从 6 月 15 日晚上到 16 日白天,层结条件是比较有利于对流产生的,阳江、香港和汕头的对流有效位能(*CAPE*)分别为 2012、955 和 1306 J/kg,可降水量都在 55 mm 以上,且抬升指数(*LI*)为−5、−3 和−3,16 日早上,除了汕头外其他两站的

CAPE 都有所增加，汕头的 *CAPE* 减小的原因可能与 16 日早上的降水有关(图 9.28c)，其对流抑制能量(*CIN*)增加到 10，层结稳定度增加。但汕头的 *CAPE* 到 16 日晚上又增加到 1366 J/kg，香港的 *CAPE* 也达到 1447 J/kg。对流线影响海岸线后，汕头和汕尾的 *CAPE* 在 16 日晚上释放后，一直到 18 日都没有再积聚，而辐合线东段的阳江在释放后又很快积聚到 2023 J/kg，在 18 日又产生了较强的降雨(图 9.28c)。

表 9.7　2008 年 6 月 15 日 12 UTC—18 日 00 UTC 探空物理量变化

时间 T	站名 S	变量 V					
		CAPE(J/kg)	*CIN*(J/kg)	*LI*	*K*	*PWAT*(mm)	θ_e(K)
6 月 15 日 12 UTC	阳江	2012	0	−5	34	55	363
	香港	955	7	−3	38	59.4	356
	汕头	1306	4	−3	36	62.4	357
6 月 16 日 00UTC	阳江	2114	0	−5	35	54	363
	香港	1780	0	−4	39	58	358
	汕头	420	10	−2	37	66	353
6 月 16 日 12 UTC	阳江	420	24	−2	39	58.3	354
	香港	1447	3	−4	39	62.3	356
	汕头	1366	3	−3	37	63.8	359
6 月 17 日 00 UTC	阳江	502	2	−2	39	56.1	354
	香港	523	0	−2	40	61.8	353
	汕头	492	7	−1	33	57.4	353
6 月 17 日 12 UTC	阳江	1391	0	−3	36	51.8	357
	香港	561	0	−1	35	62.1	353
	汕头	407	17	−2	35	63.4	353
6 月 18 日 00 UTC	阳江	2023	0	−4	39	61.7	362
	香港	607	25	−1	36	63.7	353
	汕头	607	1	−2	35	61.8	353

注：*CAPE* 是对流有效位能，*CIN* 是对流抑制能量，*LI* 为抬升指数；*K* 为 K 指数；*PWAT* 为可降水量；θ_e 为地面相当温度。

以上分析表明，此次降雨过程有中低纬系统的配合，中纬度低槽输送了弱冷空气，强降雨主要由低涡和切变线造成，最强降水出现在 17 日。生成于南海的这条对流线的登陆是造成 16 日 18 UTC—17 日 10 UTC 广东沿海地区强降水的主要中尺度系统，该系统在到达海岸线附近时有增强的过程，对流线系统达到海岸线时，沿海岸线有辐合线生成造成了对流的增强，但辐合线形成的机理及增强对流的机理有待进一步分析。

9.4.4　小结

对 2008 年 6 月 16—18 日两广暴雨过程的分析表明，6 月 16—18 日，华南地区产生持续性降水。最强降水出现在 17 日。此次过程涉及了西南涡、锋面、和热带扰动降水。6 月 16—17 日广东沿海大暴雨主要发生在 16 日 20 UTC—17 日 05 UTC，该降雨过程与一条在沿海发展的辐合线有关，辐合发生在南海北部，但在到达海岸线附近时开始加强，辐合线从南向北推进，16 日 19 UTC 到达广东沿海，17 日 01 UTC 到广东的中部，大约向北移动了 100 km，强降雨区位于地面辐合线的南侧。

9.5 长江中游一次梅雨锋暴雨过程——“7.22”湖北襄樊特大暴雨的天气诊断分析

2008 年 7 月 22 日地处鄂西北的襄樊市出现了自 1959 年该市有气象观测记录以来最强的特大暴雨。本文主要利用常规观测资料、地面逐时降水资料、NCEP 1°×1° 6 h 的再分析资料和 FY-2C 卫星提供的逐时的 TBB 资料，对这次过程进行天气诊断分析，以进一步加深对这类天气过程的认识。

9.5.1 降水实况简介

2008 年 7 月 20—23 日，在四川、重庆、湖北、河南、山东依次出现了一次大范围的强降水过程，其中主要降水出现在 21—23 日。图 9.29 给出了 2008 年 7 月 21 日 08 时—23 日 08 时（北京时，下同）的过程雨量，从图中可以清楚地看到雨带整体呈东北—西南向分布，值得注意的是，在地处鄂西北的襄樊市出现了 307 mm 的特大暴雨中心，而 100 mm 以上的大暴雨区则主要集中在河南中南部。图 9.30 给出了 7 月 22 日 00 时—23 日 00 时襄樊的逐时雨量，从图中可以看出，襄樊强降水主要集中在 22 日 03—13 时，逐时雨强都在 10 mm/h 以上，最大雨强达 43 mm/h，10 h 累积雨量达到 243 mm，占总雨量的 75%，14 时以后降水明显减弱，20 时以后基本结束。此次暴雨过程的特点是降水强度大、时段集中、持续时间长，它不仅给当地农业生产、道路交通等造成严重灾害，同时还严重影响到了当地人民群众的正常生活，据统计，仅襄樊市直接经济损失就达到 19 亿元之多。

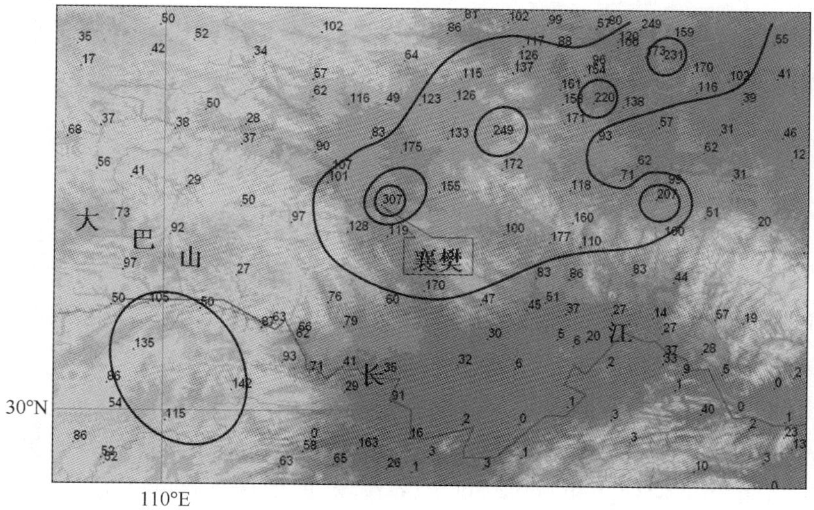

图 9.29　2008 年 7 月 21 日 08 时—23 日 08 时的雨量（等值线由外至内依次为 100、200、300 mm）

从图 9.29 可以明显看到，襄樊过程雨量比周围站点明显高出一倍以上。另外根据湖北省加密自动气象站雨量资料显示，过程雨量超过 200 mm 的也仅 6 个站，且都集中在襄樊城关站附近，范围并不大。那么在一个很小的范围内雨量为什么会明显高出周围一倍以上呢？是什么原因使襄樊的强降水能维持 10 h？

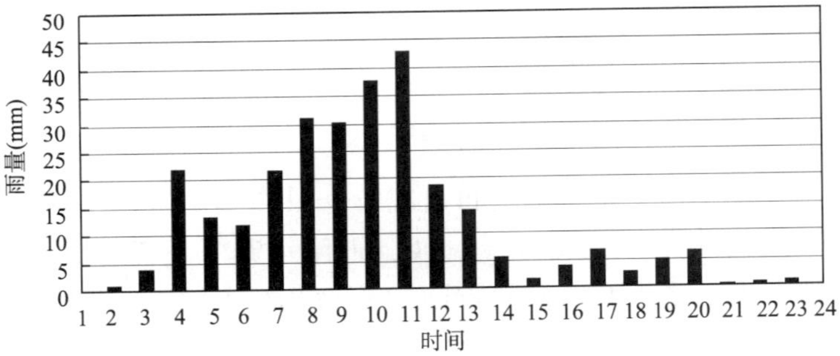

图 9.30　2008 年 7 月 22 日 00 时—23 日 00 时襄樊逐时雨量

9.5.2　降水天气形势分析

要回答上面提出的问题,就必须弄清楚此次降水过程稳定的天气形势以及在这种稳定的天气形势下强降水中心形成的机制。本文分析主要以常规观测资料(天气图)为基础,对所发现和揭示的天气现象及异常变化用 NCEP 再分析资料进行诊断分析,然后再结合卫星、雷达等观测资料进一步揭示其形成的过程和特征,并加以验证分析。

首先分析在襄樊强降水发生期间其上空垂直运动场的变化过程。从 500 hPa 垂直运动场的演变可以发现(图略):21 日 20 时,与此次降水相联系的垂直上升运动中心位于陕渝交界处,22 日 02 时东移进入鄂西北,22 日 08 时进一步东移到达襄樊上空,14 时在襄樊上空停滞少动,20 时东移减弱。值得注意的是,上升运动区东移过程中 08—14 时在襄樊上空出现停滞少动,从强度上看 08—14 时处于加强过程中,这与图 9.30 所反映出来的降水特征是吻合的。从这一现象出发,从高到低依次分析对流层各层的天气形势特征以及对强降水产生重要作用的天气系统的演变。

9.5.2.1　高层稳定的辐散形势

(1)100 hPa 稳定的南亚高压脊线

从 2008 年 7 月 20 日 20 时到 22 日 20 时,100 hPa 南亚高压一直稳定维持在青藏高原上空(图略),其向东伸展的近东西向的高压脊线在此期间也一直稳定维持在 32°N 附近并向东延伸至长江下游地区,这一稳定的南亚高压脊线南北振荡幅度很小,它使得长江中下游地区一直处于对流层高层辐散的控制之下,从而有利于该地区降水的稳定和发展。

(2)200 hPa 高空急流右后侧稳定的辐散中心

进一步分析 200 hPa 的散度场发现,有一个强辐散中心从鄂西北东移到襄樊上空后维持少动。图 9.31 给出了 22 日 08 和 14 时 200 hPa 流场、散度场及等风速场。从图 9.31a 可以看到,22 日 08 时在河套地区有一支西风槽,该西风槽从 21 日 08 时起不断东移,在西风槽的南面为南亚高压的反气旋环流,此时西风槽前大多为西南偏西风,而在 38°N 附近,116°E 以东有一支风速中心在 45 m/s 以上的西风急流轴,在其后侧有一个辐散中心,等风速轴线沿辐散中心向西南方向伸展,与此时正位于襄樊上空的另一个强辐散中心相连。这种高空急流轴后侧散度场的配置从 21 日 08 时就出现了,并随着西风槽和高空急流的东移而不断东移,其中远离急流轴的辐散中心强度要更大一些,有时可以达到另一中心的 2 倍以上。从流场的分布可以清楚地看到,位于北面的辐散中心主要是由于急流轴后部风速辐散所引起的,而南面的辐散中心一方面处于高空急流轴右后侧的风速辐散区中，另一方面它还位于西风槽前（偏南风）和南亚高压反气旋环流（偏北风）之间的风向开口辐散区中，两种辐散作用的叠加造成了该处的强辐散区。

值得注意的是，到 22 日 14 时（图 9.31b），高层辐散中心突然停止了移动，襄樊上空仍维持强辐散区，且辐散中心强度由 $8\times10^{-5}\ s^{-1}$ 增加到 $12\times10^{-5}\ s^{-1}$。进一步分析发现，西风槽从 08—14 时突然停止了东移甚至还略有西退，从槽前槽后风场的变化可以看出西风槽有所加深，特别是槽前的风场大多由原来的西南偏西风转变为西南风，而槽前的西风急流轴则随着槽的停止移动而维持少动。对于西风槽突然停止东移并有所加深的原因本文未作进一步分析，但从散度场的变化来看，急流轴后部的风速辐散区强度由 $6\times10^{-5}\ s^{-1}$ 增加到 $8\times10^{-5}\ s^{-1}$，它比襄樊上空辐散区强度的增加要少一些，这说明了槽加深后槽前西南风的变化使得襄樊上空风向开口区更有利于辐散加强。

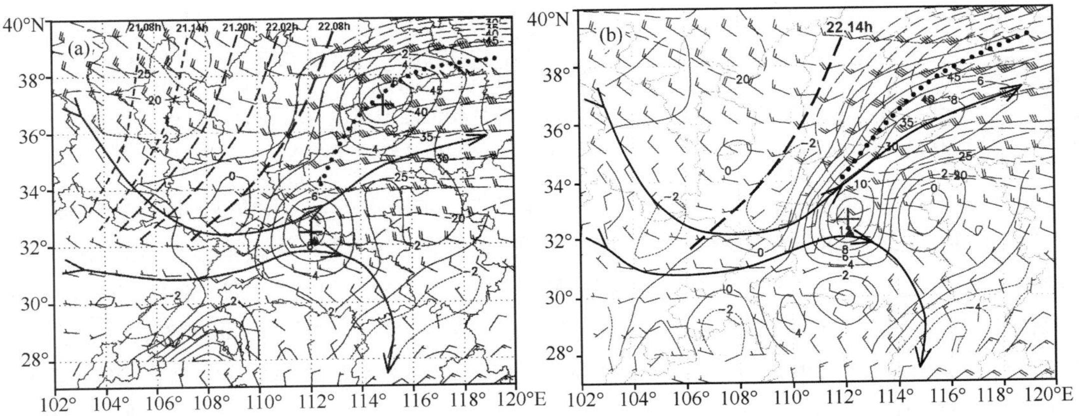

图 9.31　2008 年 7 月 22 日 08 时(a)和 14 时(b)200 hPa 流场、散度场及等风速场（实线表示等散度线，单位：$10^{-5}\ s^{-1}$；长虚线表示等风速线，单位：m/s；箭矢表示流线；虚线表示槽线；点线表示等风速轴线；十号表示辐散中心；▲表示襄樊站）

9.5.2.2　中低层稳定的辐合形势

(1)850—400 hPa 发展深厚的西南低涡；

西南低涡在这次降水过程中起到了重要的作用。图 9.32 首先给出了 2008 年 7 月 21 日 08 时—23 日 08 时对流层中低层低涡的发展演变，从图中可以看出，21 日 08 时 500、700 hPa位于青藏高原东侧的西南低涡开始向东南方向移动发展，21 日 20 时 850 hPa 出现低涡并随其上的西南低涡一起继续向东南方向移动发展，到 22 日 08 时，400 hPa 也有低涡新生发展，随后 700—400 hPa 的低涡折向东北方向移动，而 850 hPa 的低涡环流受大巴山脉阻挡继续向东南偏东方向移动。从降水的发展过程已经看到，到 22 日 20 时襄樊的降水已经结束，而此时在襄樊东北侧的河南南部 700 hPa 又有新的低涡生成并随其西北侧上空的低涡一起继续向东北方向移动，到 23 日 08 时 850 hPa 仍有低涡在新生、发展并随整个低涡系统一起继续向东北方向移动，它们最终造成了河南、山东的强降水，本文对这一阶段的降水未做分析。

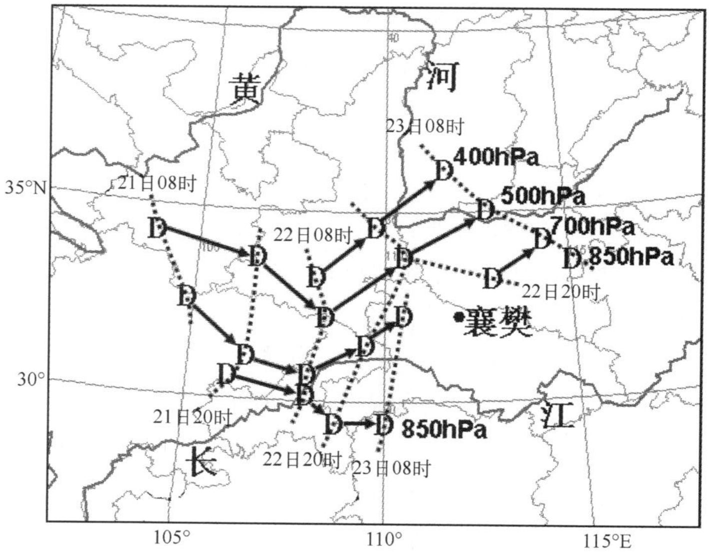

图 9.32　2008 年 7 月 21 日 08 时—23 日 08 时低涡发展演变(D 表示低涡,虚线表示同一时刻各层低涡所处的位置连线,箭头表示同一层次低涡的移动路径)

从图 9.30 已经看到,襄樊的强降水是从 22 日 03 时开始的,08 时后降水明显加强,结合图 9.32 发现,此时西南低涡正处于发展加强阶段,在对流层低层该低涡位于重庆的中部,而在中层则位于陕西南部,在空间上呈明显的后倾状分布。图 9.33 给出 22 日 08 时 700 hPa 的天气形势图,并将 400 hPa 及其以下各层的低涡、切变线配置在图中,同时还将 700、500 和 200 hPa的急流轴绘于图中,从图中可见,各层西南低涡的南支槽都集中叠加出现在重庆南部—贵州中部,在其影响下贵州中东部及广西北部也出现了较强降水;而西南低涡向东北伸展的暖式切变线从下往上明显向北倾斜,襄樊位于 850 hPa 切变线上。$T\text{-}T_d \leqslant 2$℃的湿饱和区域覆

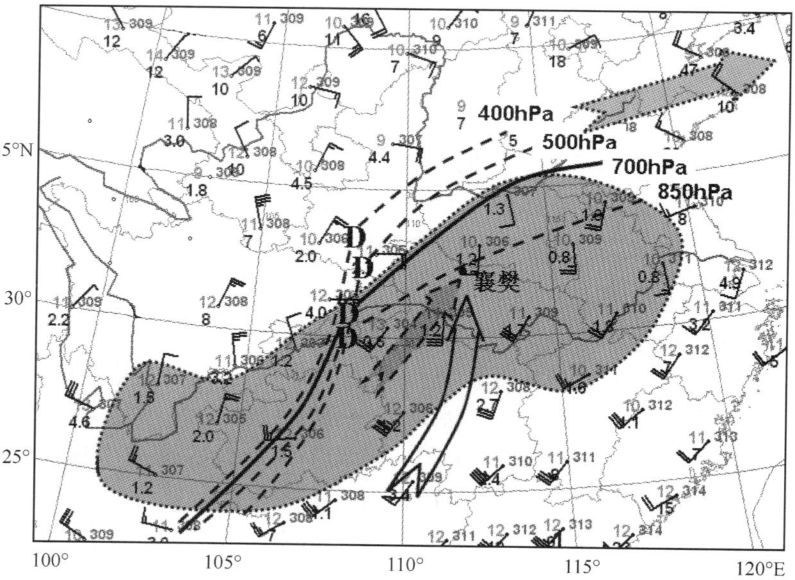

图 9.33　2008 年 7 月 22 日 08 时 700 hPa 天气形势(实线箭头表示 700 hPa 急流轴,虚线箭头表示 500 hPa 急流轴,点线箭头表示 200 hPa 急流轴;阴影区表示 700 hPa $T\text{-}T_d \leqslant 2$℃的区域)

盖了700 hPa切变线南侧的广大区域，500、700 和 850 hPa 三层的急流轴中心风速都在 16 m/s 以上，且急流轴方向都指向襄樊附近，水汽输送十分深厚、充足，水汽通量和水汽通量散度的分布(图略)也表明了这种有利的水汽条件，它对于最终形成襄樊特大暴雨是十分有利的。

图 9.34 给出了 7 月 22 日 08 时 700 hPa 散度场及 21 日 08 时—22 日 14 时高低层散度中心的演变路径。结合图 9.32 可以看出，22 日 08 时强辐合中心出现在西南低涡东侧的三峡地区并呈东北—西南向分布。追溯西南低涡的移动路径可以看到，位于西南低涡东侧的强辐合中心随低涡不断东移，与此同时高层的辐散中心也以大致相同的速度和方向移动。在此期间，位于低层辐合和高层辐散之间的区域也出现了较强的降水并随系统移动，22 日 02 时，降水系统进入鄂西北，襄樊受其影响开始出现降水，到 22 日 08 时，高层辐散中心正好位于襄樊上空，而低层辐合中心虽然还远离襄樊，但向东北方向伸展的辐合区已经叠置在高层辐散中心的下方，这使得襄樊上空的垂直上升运动进一步加强，降水也不断加强。到 22 日 14 时，在高层辐散中心维持少动的同时，700 hPa 的辐合中心突然折向东北方向移动，虽然辐合中心强度有所减弱，但襄樊上空的辐合强度却有所增加，在高层辐散强度增加的情况下，500 hPa 形成了更强的垂直上升运动，降水在这一时段也得以加强和持续。

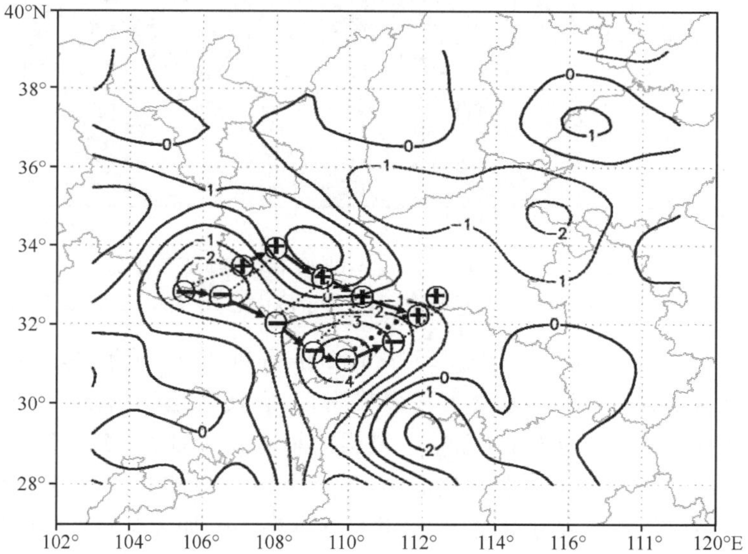

图 9.34 2008 年 7 月 22 日 08 时 700 hPa 散度场及高低层散度中心的演变路径(一号表示 700 hPa 辐合中心，十号表示 200 hPa 辐散中心，点线表示同一时刻辐合辐散中心所处位置的连线，时间从 21 日 08 时到 22 日 14 时，间隔 6 h；散度单位：$10^{-5}\ s^{-1}$)

(2)925 hPa 稳定维持的强辐合中心；

以往对 925 hPa 的形势分析较少，原因主要是该层高度较低(约 600—700 m)，海拔高度在此之上的站点无资料致使该层资料少而难以完整地分析天气系统的演变，但是仔细分析依然可以发现一些值得关注的信号。21 日 20 时，925 hPa 西南低涡已经从四川盆地东移到了重庆中部，长沙站为 9 m/s 南风，南阳站为 10 m/s 的东北气流，温度 21℃，它与武汉站之间的温度梯度为 4℃/(300 km)；图 9.35 给出了 7 月 22 日 08 时 925 hPa 的天气形势，从图中可以看到，此时西南低涡已经东移到了鄂西南—湘西北的交界处，切变线向东北方向伸展并从襄樊上空穿过，随着西南低涡的东移，长沙站 9 m/s 南风迅速加大到 17 m/s，值得注意的是，南阳

10 m/s的东北气流也突然加大到了 16 m/s，且温度由 21℃降低到了 18℃，它与武汉站的温度梯度达到了 8℃/300 km，比 21 日 20 时增加一倍。由于此时南风急流轴中心位于长沙附近，在图 9.35 中沿该站用粗红箭矢绘制的急流轴线向北正好穿越至襄樊南侧，更值得注意的是，南阳站及其东北方向的郑州站(气温 19℃)，它们的气温明显比周围要低得多，从流场上看这个冷空气堆似乎也不是来自于其东北方向的冷气流；从南阳站的高空、地面观测资料看，从地面到 100 hPa 风随高度升高均为顺时针偏转，这表明该站上空大气为暖平流，850 hPa 及其以下各层温度都在 18°～20℃，但只有 925 hPa 一层出现了大的偏北风，因此大致判断这一强偏北冷气流为局地生成。

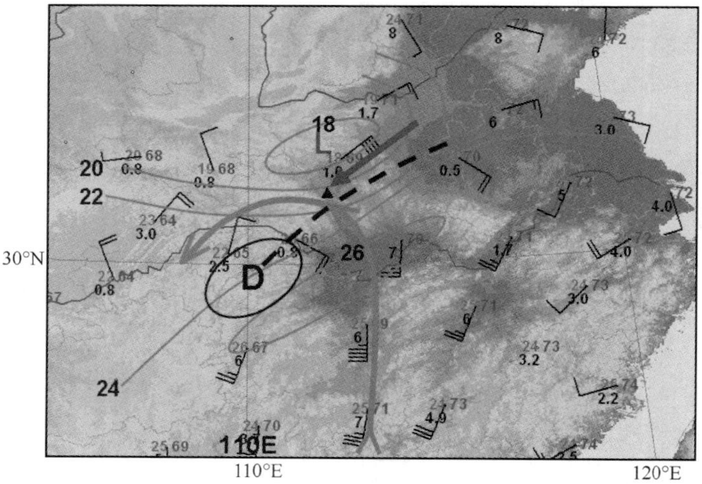

图 9.35　2008 年 7 月 22 日 08 时 925 hPa 天气形势

(实线表示等温线，间隔 2℃，N 表示暖中心，L 表示冷中心；D 表示低压；▲表示襄樊站)

图 9.36 给出了 7 月 22 日 08、14 时 925 hPa 风场、等风速场及散度场。从图 9.36a 可以看到，南风急流轴与强东北冷气流正好交汇在襄樊附近，它使得这里出现了一个 $-6\times10^{-5}\ s^{-1}$ 的强辐合中心，从各层的散度分布看(图略)，最强的辐合就出现在 925 hPa(最强的辐散出现在 200 hPa)；到 14 时(图 9.36b)，南风急流中心略为北抬，而东北冷气流继续维持并略有西伸，这使得强辐合中心依然停滞在襄樊上空，并且强度进一步加大到 $-8\times10^{-5}\ s^{-1}$。

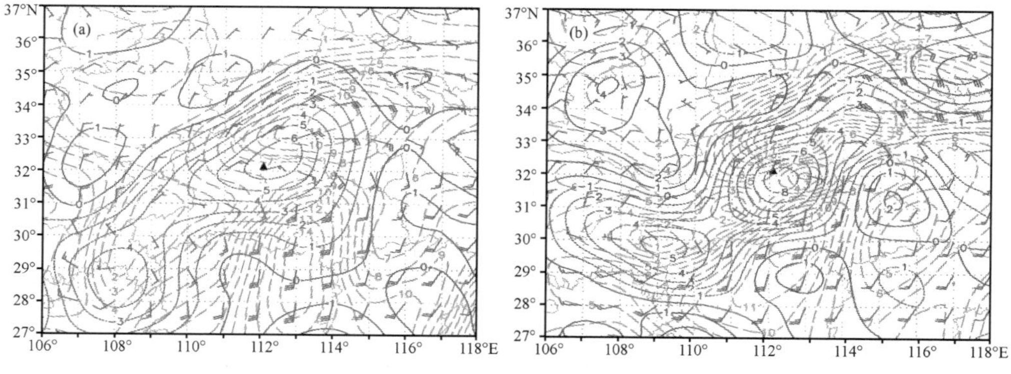

图 9.36　2008 年 7 月 22 日 08 时(a)、14 时(b)925 hPa 风场(风向杆)、等风速场(虚线，单位：m/s)及散度场(实线，单位：$10^{-5}\ s^{-1}$)。(▲表示襄樊站)

图 9.37 给出了 22 日 08 时、14 时沿 112°E 的 ω、垂直环流及温度距平经向剖面，其中温度距平为某一格点温度值减去该等压面该经度上在图中纬度范围[25°—45°N]内的温度平均值，它表明了同一经度上温度的相对大小，通过它的空间分布就可以大致了解大气中冷、暖气团的属性。从图 9.37a可以看到，在襄樊北侧对流层低层有一个较强的负温度距平区，其冷中心位于近地层，从该负温度距平区的分布特征来看，它似乎并不是其北侧中高层冷空气下传所致，尽管从经向垂直环流看此处有一支下沉气流，但从 ω 看与这支下沉气流配合的下沉速度很小，从温度距平看也没有强冷空气，那么襄樊北侧南阳附近的这个强冷空气堆是如何形成的呢？

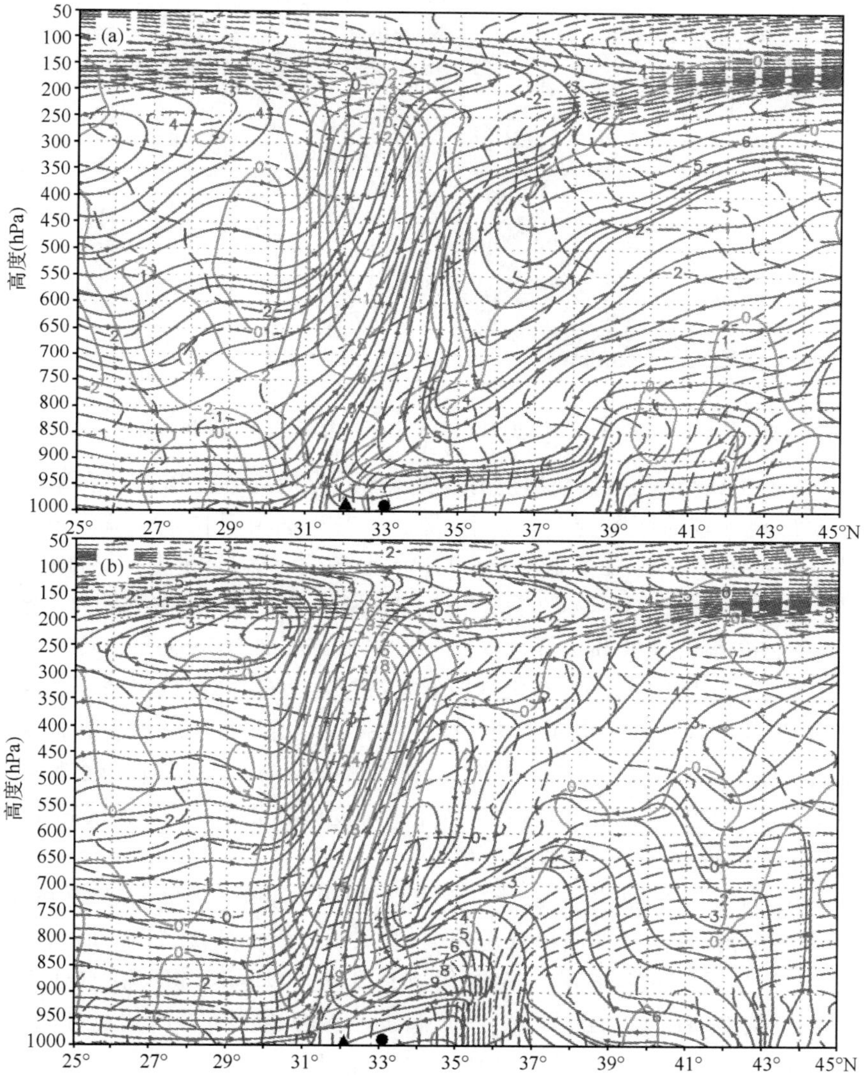

图 9.37　2008 年 7 月 22 日 08 时(a)，14 时(b)沿 112°E ω(实线，单位：10^{-2} hPa/s)、垂直环流(矢线，ω 扩大 100 倍)、温度距平(虚线，单位：℃)经向剖面
(▲表示襄樊站位置，●表示南阳站位置，图下方点线表示地面辐合线位置)

从此次过程的降水实况已经看到，襄樊的降水从 22 日 02 时就已经开始了，同时，在 925 hPa切变线附近的河南南部也已经出现降水，图 9.38 为 22 日 05 时的 TBB，在图中可以看

到湖北、河南交界处有一个对流云团在发展,南阳正位于其外围边缘,图 9.35 中 925 hPa 南阳出现的强偏北冷气流极有可能是该对流云团外围的下沉冷出流所致,这种由前一个对流云团外围的冷出流影响后期对流发展的现象值得引起注意,其物理过程更值得分析。

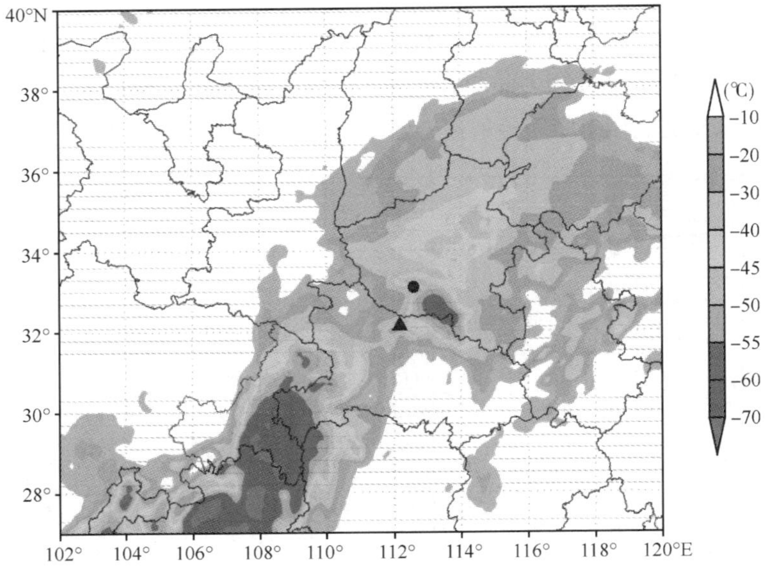

图 9.38　2008 年 7 月 22 日 05 时 TBB(▲表示襄樊站位置,●表示南阳站位置)

在图 9.37a 中,由于南阳上空低层出现的这支强东北冷气流稳定地阻挡了偏南暖湿气流,从而使得襄樊上空出现了较为深厚的上升运动,最强上升运动出现在 400 hPa,中心值为 -13×10^{-2} hPa/s;到 14 时(图 9.37b),由于低层辐合与高层辐散同时加强,襄樊上空的垂直上升运动也迅速加大到了 -24×10^{-2} hPa/s。从 22 日 08—14 时,襄樊上空大气降水的动力条件处于加强过程中,它有利于襄樊降水的维持和加强,这与 08 时以后降水的实况演变是较为一致的。在图 9.37a 中还注意到,由于南阳附近强冷空气堆的形成,襄樊上空边界层内出现了较强的水平温度锋区,它比 21 日 20 时的锋区强度增加了约一倍(在图 9.35 的分析中已经看到),从而使低层大气的斜压性迅速增加;到 14 时(图 9.37b),锋区及地面辐合线略有南移,锋区强度略有增加,襄樊上空边界层内大气仍维持较强的斜压性,它有利于中尺度对流系统在这一区域的发展。

(3)地面稳定维持的低压倒槽和准静止锋

图 9.39(另见彩图 9.39)给出了 2008 年 7 月 22 日 08 时地面天气形势,从图中可以看到,西南低涡位于重庆中部,它向东伸展出低压倒槽,这支低压倒槽从 21 日 20 时就稳定维持在长江中下游地区,是一支地面准静止锋,从逐时的地面风场可以看到,襄樊一直处于准静止锋北侧的偏北气流中。从 22 日 08 时到 14 时,地面低压中心沿长江河谷向东北方向缓慢移动,这与 700 hPa 低涡移动的方向是一致的,此期间地面准静止锋在南北方向上略有摆动,锋面上维持较弱的锋区;14 时以后,该准静止锋逐步南压,襄樊降水趋于减弱。

在襄樊强降水期间,由于西南低涡的稳定发展,地面低压中心及低压倒槽一直稳定维持在 31°N 附近,地面准静止锋与高空切变线所构成的北倾的切变系统也很稳定地维持,这个切变系统在 850 hPa 以下属冷式切变,其上具有较强的水平温度锋区和强烈的辐合,而在 850 hPa 以上属暖式切变,其南侧各层的暖湿急流轴都指向强降水中心,有利的天气形势为强降水的稳定发展提供了充足的条件。

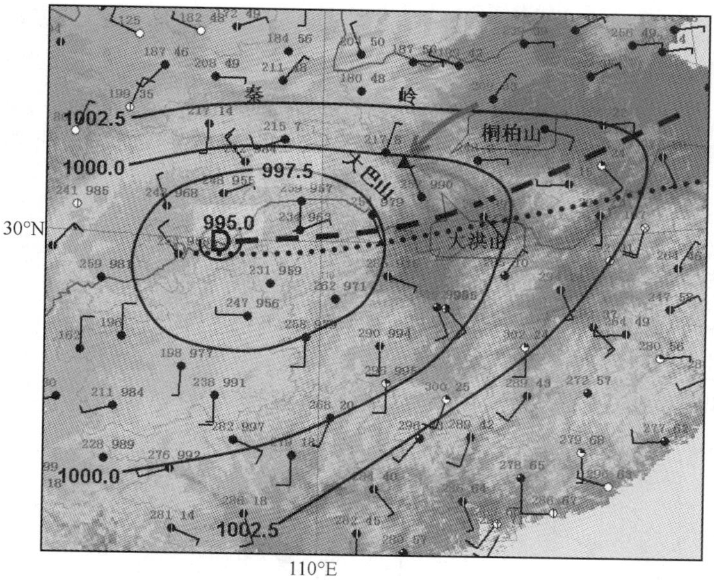

图 9.39　2008 年 7 月 22 日 08:00 地面天气形势

（实线为等海平面气压线，单位：hPa；D 表示低压；蓝色箭头示意冷气流，红色箭头示意暖气流；虚线为低压倒槽，点线为 21 日 20:00 的低压倒槽，▲表示襄樊站）

(4)复杂的地形

从图 9.39 中可以看出襄樊附近地形非常复杂，在襄樊的东北侧是向东北方向开口的浅薄地形河谷区，河谷西北侧是秦岭余脉，东南侧是桐柏山，前述的东北冷出流沿河谷地形区稳定地侵入；在桐柏山的南面是尺度较小的大洪山，当东南暖湿气流沿两山之间的狭窄河谷区北上时受到东北冷气流的阻挡，从而使冷暖气流稳定地交汇于襄樊；在襄樊的西南侧是西北—东南走向的大巴山，结合图 9.35 的分析来看，当东南暖湿气流在不断加强北进的时候，它一方面受到东北冷气流的阻挡，另一方面又受到大巴山地形的阻挡，两种阻挡作用交叉于襄樊附近，暖湿气流在此被强迫抬升。

在实际预报中预报员可能会注意这样一种现象：对于来自于西北路的冷空气而言，当它较强时易于对偏南暖湿气流形成直接的冲击而快速南下，不易在局地长久停滞而形成很强的降水；当它较弱时则对暖湿气流的抬升作用不够强，降水也难以达到很高的强度。而对于来自于东北路的冷空气来说，比如槽后高压底部的偏东冷空气（俗称“高压坝”），它对于偏南暖湿气流（尤其是东南气流）形成的是一种横向阻挡，暖湿气流从冷空气移动方向的侧面被抬升，冷暖气流易形成较长时间的对峙，这种冷空气可以看作是一种“延伸”的地形，在一段时间内稳定或准静止于某地，当强暖湿气流（比如急流轴）被稳定抬升后能持续较长时间而形成强降水。

本例中由于襄樊所处地形特殊，尽管没有来自于大陆高压底部的偏东冷空气，但局地所生成的强冷空气沿河谷地形区自东北方向侵入后又受到大巴山的正面阻挡，稳定地维持在河谷地形区内，对特大暴雨的形成起到了重要作用。

9.5.3　降水过程的卫星云图、雷达回波特征

从卫星云图的变化特征来进一步分析这次降水过程的特点。图 9.40 给出了 2008 年 7 月 22 日 02—14 时 TBB 合成图，这是襄樊强降水发生的主要时段，从图中可以看到，降水中心襄樊的 TBB 在－40℃～－45℃，这大约位于对流层高层 250—200 hPa，这种云系具有一定的对

流性,但在中国南方夏季它的对流并不算强盛。结合前面的分析发现,最强的对流出现在西南低涡的东南偏东侧,该区域也出现了较强的降水,但从逐时TBB的变化来看,它们具有明显的东移性,强降水难以在某一地点持续发展而形成更强的降水。

值得注意的是,在西南低涡云系的东北侧有一支狭窄的云带向东北方向伸展,襄樊正位于其伸展的路径上,逐时TBB显示,22日02时后,从西南低涡的东北侧不断分裂出β中尺度对流云团并沿低层切变线向东北方向移动,图9.41很清楚地反映出了这种分裂过程,分裂出的对流云团是一种带有正涡度的气旋性扰动,当它移动到襄樊上空后叠加在高空强辐散、低层强辐合的有利动力作用下而得到进一步发展,由于高空强辐散、低层强辐合作用稳定维持在襄樊上空,因而它非常有利于从低涡东北侧分裂出来的对流云团朝其所控制的区域移动。同时,由于襄樊上空边界层内大气具有较强的水平锋区和斜压性,因此在这一区域内是有利于中尺度对流系统发生、发展的。

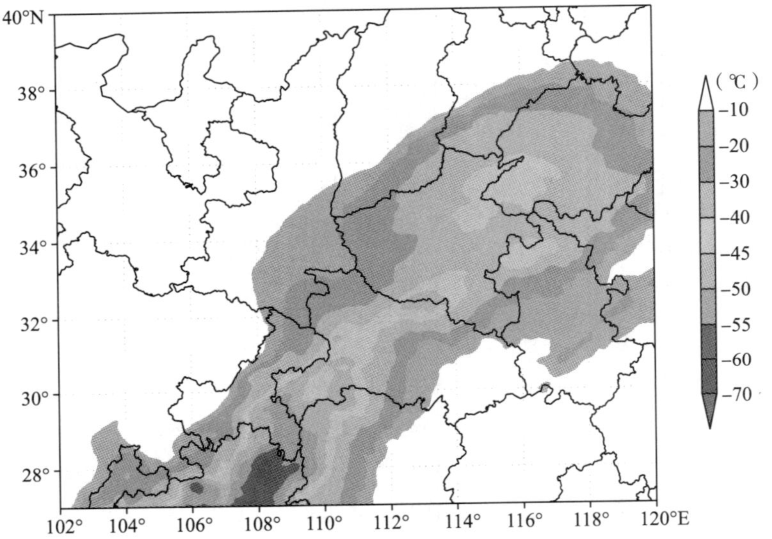

图9.40　2008年7月22日02—14时TBB合成

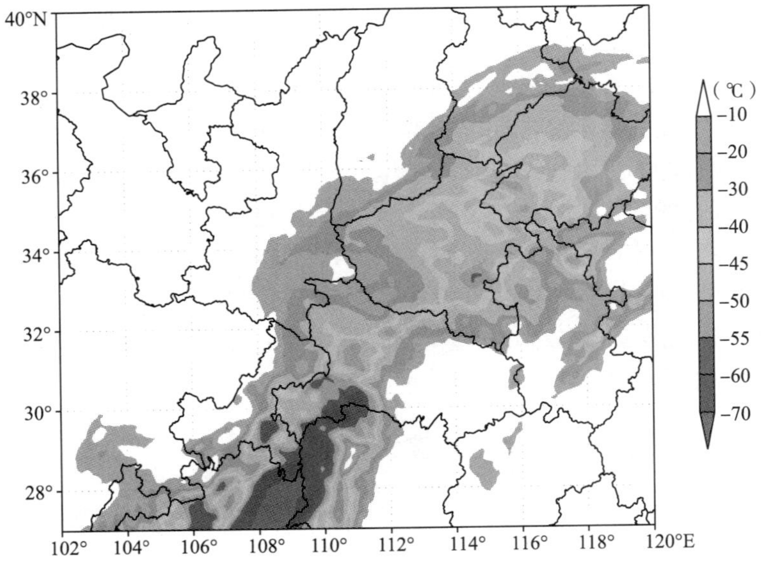

图9.41　2008年7月22日08时TBB

同样从雷达回波(图略)也可以看出与卫星云图相似的特征。在襄樊强降水期间，位于鄂西南的低涡回波缓慢向东北方向移动，而其东北侧则不断分裂出回波单体，值得注意的是，分裂出来的回波单体总是朝着东北方向移动，它的移动速度明显快于低涡回波的整体移动速度，襄樊成为其必经之处，于是从低涡回波的东北侧向东北方向形成了一条狭窄的带状回波，回波单体移动到襄樊后总能得到明显加强，这种现象常被预报员称为“列车效应”。这一时段襄樊上空的回波强度基本维持 40～50 dBZ，从而使降水一直维持很高的强度并最终形成特大暴雨。

9.5.4　小结

本节对 2008 年 7 月 22 日发生在襄樊的特大暴雨过程从对流层高层一直到地面的天气形势特征进行了较为系统的分析，重点对 08—14 时强降水稳定维持加强的原因进行了诊断及机理研究，综合得到以下结论：

(1)高层辐散系统稳定

100 hPa 南亚高压稳定维持在青藏高原上空，其向东伸展的近东西向的高压脊线一直稳定维持在 32°N 附近，它使得长江中下游地区一直处于对流层高层辐散的控制之下，而200 hPa 高空急流右后侧的强辐散作用是襄樊强降水稳定发展的一个主要原因。襄樊一方面处于高空急流右后侧的风速辐散区中，另一方面它还位于 200 hPa 西风槽和南亚高压反气旋环流之间的风向开口区中，两种辐散作用的叠加造成了该处的强辐散中心。由于高层西风槽在东移过程中突然停滞并有所加深，从而导致槽前西南风出现变化并使得襄樊上空风向开口区更有利于辐散加强，该辐散中心在襄樊上空一度稳定、停滞、加强则是强降水持续发展的重要机制。

(2)近地层辐合系统稳定

在近地层，由一个已经发展的对流云团外围出现的强偏北下沉冷出流沿浅薄地形河谷区侵入襄樊附近，当偏南暖湿气流不断加强北进的时候，它一方面受到冷出流的横向阻挡，另一方面又受到大巴山地形的纵向阻挡，两种阻挡作用交汇于襄樊上空，使低层出现强辐合中心并稳定维持，暖湿气流在此被强迫抬升，在高层强辐散的共同作用下出现深厚的上升运动。同时，由于地面低压倒槽和准静止锋的稳定维持以及边界层内大气斜压性的增强，这些都有利于中尺度对流系统在这一区域的维持和发展。

(3)中低层西南低涡发展深厚

在中低层西南低涡发展加强的过程中，其东南侧的西南低空急流也随着低涡的发展而加强，急流轴都直接指向强降水中心，水汽输送十分深厚、充足。从西南低涡的东北侧不断分裂出 β 中尺度对流云团和强回波单体并沿低层切变线向东北方向移动，它们是一种带有正涡度的气旋性扰动，当它们移动到襄樊上空后叠加在高空强辐散、低层强辐合的有利动力作用下而得到进一步发展并最终形成特大暴雨。

9.6 一次西南低涡造成华南暴雨过程的 FY-2C 卫星观测分析

西南低涡是中国南方最重要的暴雨天气系统之一。针对西南低涡的研究，一直是气象学家和预报员关注的焦点，并且，已经取得了许多重要的成果。卢敬华(1986)对西南低涡的形成、发展、结构与降水等方面都进行了全面的概括，陈忠明等(2004)对 21 世纪初的西南低涡研究成果也做了总结，并指出了存在的问题。总的来看，西南低涡是中国青藏高原东部特殊地形与大气环流共同作用的结果，西南低涡的发展和东移，往往会造成暴雨和大暴雨，甚至是特大暴雨天气，导致洪涝灾害。

从气候统计看，西南低涡主要影响长江流域，对华南地区的直接影响较少(党建涛，2007)，但研究发现，西南低涡的发展和东移同样会造成华南大暴雨天气过程(刘国忠等，2007)。林开平(1996)分析了造成 1994 年 6 月中旬广西大暴雨的天气过程，认为暴雨天气主要出现在西南低涡东部及其暖式切变线上，大暴雨中心受低涡区内的 β 中尺度系统支配，强降水中心出现在近地层 β 中尺度气旋附近。

尽管对于西南低涡的研究成果很多，但在卫星监测分析方面的却几乎是空白。高时空分辨率的静止卫星可以用作识别大气中正在发生的动力和热力过程的有效指示，可以监测小到单个对流云团、大到行星尺度天气系统的发生、发展和演变(巴德等，1998)。因此，在揭示诸如中尺度对流复合体(MCC)这类一度令预报员不解的夜间降水现象时获得了成功，并引起延续至今的研究热潮(Maddox，1980，Joshua，*et al.*，2009)。现代卫星遥感技术突飞猛进，在日常天气预报业务中正发挥越来越重要的作用，对西南低涡的卫星观测研究也理应体现其应有的价值。

2008 年 6 月 11—13 日，在国家“973”项目“我国南方致洪暴雨监测与预测的理论和方法研究”组织的南方暴雨野外实验(SCHeREX)期间，捕捉到华南发生的一次西南涡暴雨天气过程，其中，广西区有 6 个台站 11 日 20 时至 12 日 20 时的降水打破全年日雨量历史记录或 6 月日雨量历史记录。本文将利用 FY-2C 卫星云图资料、NCEP 再分析资料、常规观测资料及地面降水资料，对这次强降水过程的暴雨云团及其影响系统和环境场作了分析研究，特别是从卫星观测的角度，进一步理解西南低涡的卫星遥感特征，为天气分析和预报提供有用的线索。

9.6.1 天气概况

6 月 10 日受高原槽的影响，西南地区东部大范围强降水，11 日西南涡生成，云南东部、广西北部大暴雨，12 日西南涡东移发展，广西北部和东部、湖南南部、江西南部、广东北部、中北部和沿海局地大暴雨，其中广西中北部和珠江口特大暴雨。13 日强降水带东移，受北面东移高空槽影响，雨带转为西南—东北向，大暴雨主要位于华南沿海、广东北部、江西北部和南部的部分地区。14 日降水减弱。广西地区的强降水主要发生在 11—13 日，6 个台站 11 日 20 时至 12 日 20 时(北京时)的降水打破全年日雨量历史记录或 6 月份日雨量历史记录(表 9.8)。

表 9.8 2008 年 6 月 12 日日雨量(20 时至 20 时)破记录的站点

站名	日雨量(mm)及出现日期	6 月历史最大日雨量(mm)及出现日期	全年历史最大日雨量(mm)及出现日期
东兰	306.0(2008 年 6 月 12 日)	270.4 (1987 年 6 月 30 日)	270.4(1987 年 6 月 30 日)
环江	218.0(2008 年 6 月 12 日)	141.4(1994 年 6 月 14 日)	182.6(2007 年 8 月 24 日)
灵川	270.0(2008 年 6 月 12 日)	226.6(1964 年 6 月 19 日)	250.7(1974 年 7 月 17 日)
桂林	251.0(2008 年 6 月 12 日)	230.3(2002 年 6 月 16 日)	255.9(1974 年 7 月 17 日)
柳城	177.0(2008 年 6 月 12 日)	162.8(1970 年 6 月 26 日)	207.1(1987 年 5 月 20 日)
田林	163.0(2008 年 6 月 9 日)	153.9(2007 年 6 月 4 日)	264.0(1959 年 7 月 2 日)

9.6.2　西南低涡发展移出的云图特征

迄今为止，西南低涡发展移出的云图特征并没有被很好地总结。利用 FY-2C 高时间频次的多通道云图，分析西南低涡发展移出过程中相应的云系演变特点，可帮助理解其物理过程。

9.6.2.1　FY-2C 红外图像特征

图 9.42 是西南低涡发展移出过程当中不同阶段的 FY-2C 红外云图。由于红外图像反映了目标物的温度特性，可定性分析不同高度云的特征。比如，冷的云顶在红外图像上比较白亮，而暖的地表则表现为近黑色，一些高度较低的暖云则为暗灰色。

从图 9.42a 可以看到，2008 年 6 月 11 日 06 UTC，江南到华南沿海有大范围结构松散凌乱的云系存在，表明这一地区低层维持有弱的辐合带和静止锋，西南低涡在发展移出源地之前主要是稳定的中低暖云(图中 A 处)，形态为近圆形，直径超过 5 个经纬距，其上有快速移动的高空卷云。在西南低涡东部 C 处和南部 B 处，对流减弱形成的高云指示高层气流的流出为偏南方向，B 处是东北风，C 处是西北风。12 UTC(图 9.42b)，西南低涡开始发展，D 处有明显的低层弱冷空气入侵，云区中呈现一个黑灰色的“楔形”缺口。与低涡联系的中低暖云北边界收缩到 30°N 以南，从 A 区透过薄的高云仍可以分辨出暗灰色的稳定云区。而 B 处开始有对流云团发展，云团边缘整齐，顶部还没有被强烈辐散形成的高云模糊。C 处受快速东移的高云影响，指示气流运动方向开始由偏北气流转为偏西气流。22 UTC(图 9.42c)，西南低涡开始东移，高空小扰动云系覆盖 D 处的黑灰色的“楔形”缺口，A 处可清晰看到西南低涡所形成的近圆形暖云，B 处对流云团爆发，C 处高云量增加，并且高云的移速加快，通过云图动画可以看到，A—C 为偏西气流，A—B 为偏东北气流，因此，在 A—C 和 A—B 之间流线为“喇叭口”状，表明高空出现强烈的辐散场，为对流的发展和维持提供了有利的高层辐散条件。12 日14 UTC(图 9.42d)，西南低涡继续东移并开始减弱，图 9.42c 中 D 区的高空扰动云系已东移到了 110°E 附近，D 处的黑灰色的缺口范围扩大，表明干冷空气持续南下，红外云图上甚至可分辨出高原东部的山川河流地物特征。A 区的低涡暖云形状已被破坏，稳定的中低云趋于消散，C 区的高云量继续增加，浓密的卷云往往预示中尺度对流云团发展到了成熟和消亡期，A-C和 A-B 之间形成的高空辐散场也东移，对流云的活跃区域转到了广东省。

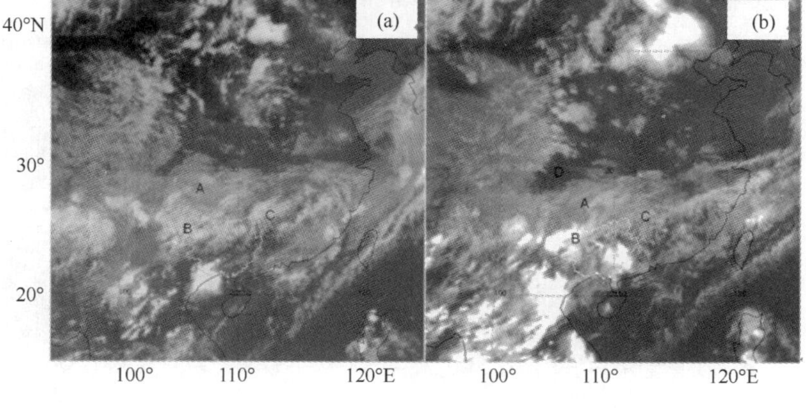

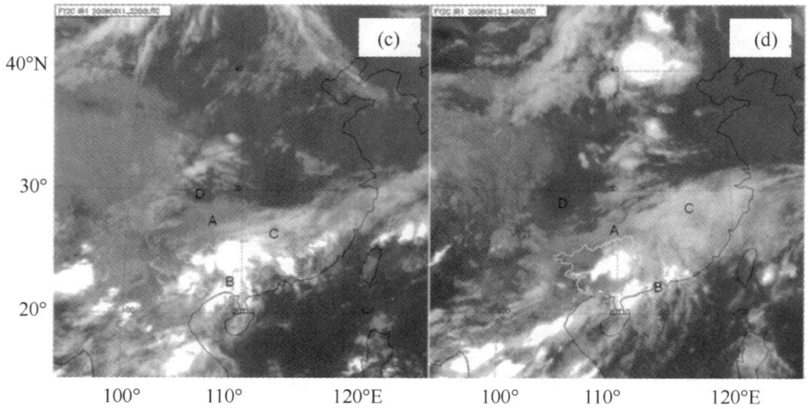

图 9.42　2008 年 6 月 11—12 日 FY-2C 红外云图显示的西南低涡演变过程

(a. 11 日 06 UTC, b. 11 日 12 UTC, c. 11 日 22 UTC, d. 12 日 14 UTC)

同样的分析方法也适用于中低层暖云(暗灰色)。借助云图动画的手段,可以看到从南海北部向华南地区有低云的移动,同时,与西南低涡相关的低云也向华南地区移动,这两种相向的运动表明华南地区低层存在气流的辐合带。配合高空卷云指示的高层气流辐散得知,强降雨发生过程,华南地区存在低层辐合、高层辐散的有利配置。

红外云图分析结果表明,西南低涡发展东移影响华南并造成暴雨过程有几个基本要素:(1)江南到华南沿海有大范围结构松散凌乱的弱的辐合带云系存在;(2)高原东部靠近西南低涡源地有高空扰动云系东移;(3)冷空气南下。

9.6.2.2　FY-2C 水汽图像特征

水汽图像上,特殊的水汽型可反映出大气中上部的环流情况(Weldon, *et al.*, 1994)。图 9.43 为西南低涡发展移出过程中不同阶段的 FY-2C 水汽图像,图中叠加了 NCEP 再分析的 500 hPa 风场和高度场等值线。可以看到,在西南低涡开始发展向偏东南方向移出的时候和之前,主要的水汽暗带呈纬向分布,边界位于 30°N 附近(图 9.43a、b),500 hPa 高度场和风场为"L"型,弯角处即为西南低涡的位置,江南到华南上空盛行偏西气流。伴随高空槽加深和东移,大气环流有所调整,经向度加大。水汽图像上表现为暗区持续由东北向西南方向发展,范围扩大,颜色变暗,广西大部分地区此时位于高空槽前,受西南气流影响(图 9.43c)。随后,高空槽继续东移到华南中部,广西已转受槽后偏北气流控制,水汽暗带进一步延伸到广西中部,强降雨过程趋于结束(图 9.43d)。

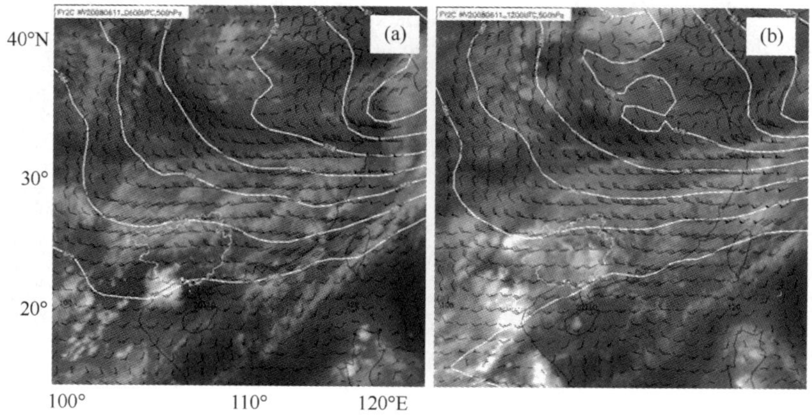

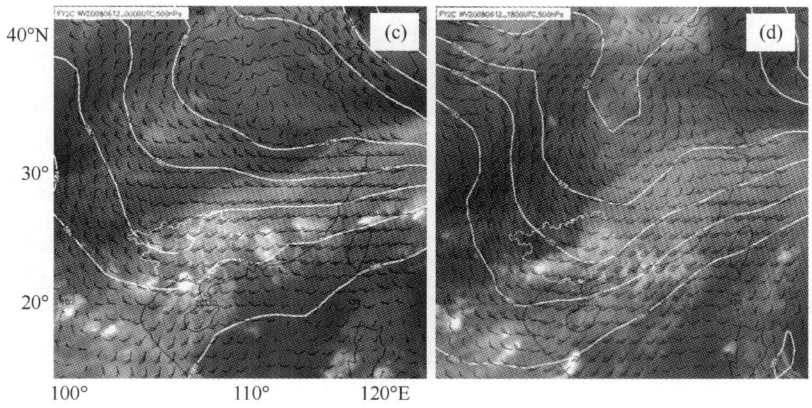

图 9.43　2008 年 6 月 11—12 日 FY-2C 水汽图像演变过程
（图中叠加了 NCEP 再分析的 500 hPa 风场和高度场等值线，间隔为 4 dagpm，a、b、c、d 的时间与图 9.42相同）

从水汽图像上暗区的演变情况看，高空环流的改变可通过分析暗区边缘的走向，以及暗区范围和颜色的变化来获知，暗区一般与干冷的下沉气流有关。

9.6.3　西南低涡影响下的对流活动

9.6.3.1　对流云团的活动

分析红外 1 通道云图上中尺度对流云团的活动情况，可以看到在西南低涡发展东移过程中，中尺度对流云团主要活跃于低涡的东南侧（图 9.42）。利用广西区域的 FY-2C 红外 1 通道逐时图像，组成时序图（图 9.44），进一步了解中尺度对流云团的活动情况。从图中可以看出，11 日下午（08 UTC），热对流在广西南部周边开始发展，但系统性的中尺度对流云团则是从广西西北部和贵州省交界处生成和发展（10 UTC），随后向东南方向移入广西，12 UTC 至 12 日 02 UTC，造成广西中部和北部自西向东的对流云团爆发。这一过程中，暴雨云团基本上为尺

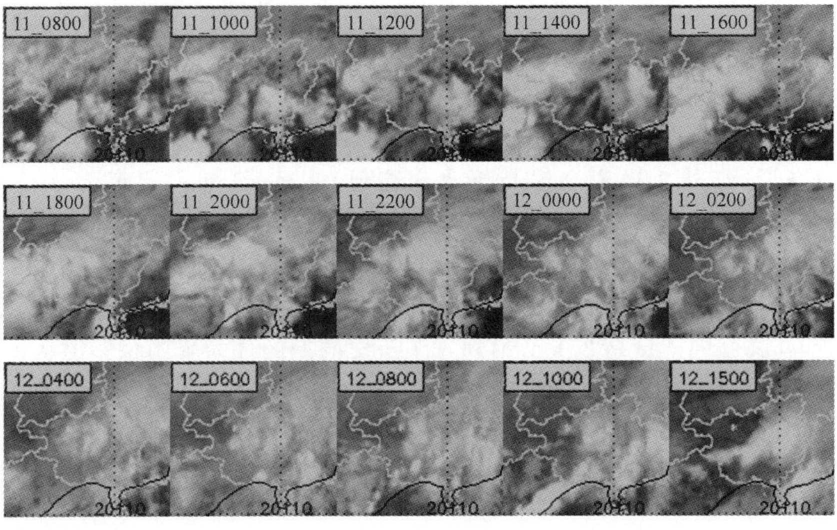

图 9.44　2008 年 6 月 11 日 08 UTC—12 日 15 UTC 广西区中尺度对流云团活动时序图

度较小的 γ 或 β 中尺度系统，单个云团生命史短，发展迅速，对流云团生消频繁。12 日 04—10 UTC，广西中部可以清晰看到中尺度云系的涡旋结构，表明中尺度气旋是这次强降雨过程的主要组织者。12 日 14 UTC 以后，冷空气南下，涡旋云系转变成中尺度云带，并持续南移，过程趋于结束。

因此，西南低涡移出造成广西特大暴雨过程可分为两个阶段，第一阶段主要是西南涡东南侧的暖区降水，对流云团分布范围较广，中尺度对流系统具有涡旋状云系结构；第二阶段有弱冷空气南下，在边界层辐合线的组织下，中尺度对流系统组织成线状云带，南移消失。

9.6.3.2 局地强降雨的多通道亮温时间演变

通过分析 FY-2C 多通道云顶亮温与 1 h 降雨量的关系，可以帮助了解西南低涡发展东移造成华南暴雨的局地对流特点。图 9.45 是桂林站 1 h 降雨量与 FY-2C 多通道云顶亮温与 1 h 降雨量的时间演变图，图中黑柱是 1 h 降雨量 R1 h，黑色实线是 FY-2C 红外 1 通道云顶亮温，虚线是水汽亮温，点线是 4 通道亮温。可以看到以下几个特点。

监测快速发展的对流活动，可以提前 2～3 h 预警强降雨。桂林站在 11 日 17 UTC 开始测到 0.4 mm 的地面降水，17—18 UTC，1 h 降雨量加大到 4 mm，此后，降雨量逐步增大。值得注意的是，14—17 UTC，即降雨发生前 2—3 h，对流云快速发展，表现为红外 1 通道亮温急剧下降，14—15 UTC，亮温下降了约 18℃，15—16 UTC，下降了约 10℃，16—17 UTC，下降了约 27℃，17—18 UTC，亮温下降了约 12℃。并且，16 UTC 以后，红外亮温开始低于水汽亮温(17 UTC，红外是－76℃，水汽是－62℃)。由于水汽通道探测的是对流层中上部的水汽信息，那里的水汽高度高、温度较低，这个过程的物理解释是，在对流开始发展的阶段，对流云顶不高(较暖)，水汽亮温低于红外云顶亮温，但随着对流的快速发展，对流云顶迅速抬高，云顶亮温降低；终于到某一时刻达到了水汽平均高度，和水汽亮温相等；如果对流云继续发展，云顶更高，云顶亮温更低，必然使得红外亮温开始低于水汽亮温。图 9.45 提示我们，在单站要素(温、压、湿、不稳定条件等)满足强降雨条件时，如果看到红外云顶亮温急剧下降(如 1 h 降温超过 10℃)，同时，红外云顶亮温接近或低于水汽亮温，往往是对流快速发展的前兆，不久将发生强降雨。这一特征符合“先有云，后降雨”的规律。

多通道亮温演变反映了对流活动情况，与降水有密切联系。无雨的阶段，红外 1 通道和 4 通道亮温差较小，对流发展起来后，两者亮温差大。在整个对流性降水期间，红外 1 通道云顶亮温低于水汽亮温，红外 4 通道亮温高于水汽亮温，并且，红外 1 通道云顶亮温最低可达－93℃，多数时候也在－60℃以下。对桂林站而言，红外 1 通道和水汽通道亮温出现多峰结构，对照图 9.45，表明强降雨过程可分成几个阶段，分别与不同对流云团的生消有关。

对流降水时间持续较长，形成突破历史极值的累计降雨量。从 6 月 12 日 12 UTC 的 24 h 累计降雨量看，桂林站的雨量是 251 mm，超过了历史同期的最大降雨量。但从 1 h 降雨量分布看，从 11 日 19 UTC 到 12 日 20 UTC，超过 20 mm/h 的次数有 5 次，最大是 12 日 07 UTC 的 25 mm/h，而超过 10 mm/h 的次数有 12 次。可以说，较强降雨持续时间长是造成累计降雨量超历史同期的主要原因。

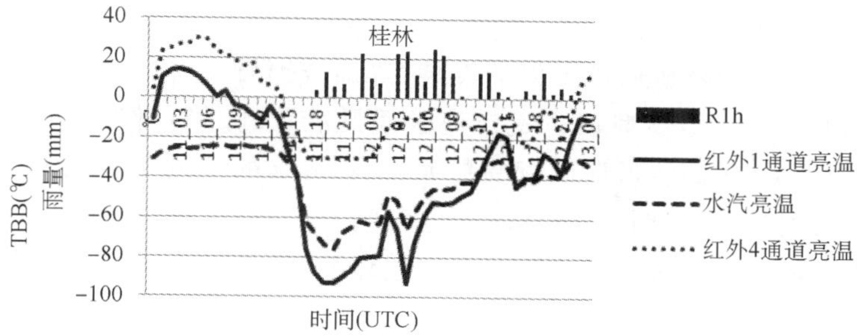

图 9.45　2008 年 6 月 11—13 日桂林站 1 h 降雨量与 FY-2C 多通道亮温时间演变

9.6.4　低涡暴雨的可能机制

9.6.4.1　低空急流

陶诗言等(1980)在论述中国的暴雨时就指出中国暴雨天气过程多数伴有低空急流。通过在 FY-2C 红外云图上叠加 NCEP 再分析的 850 hPa 高度场和风场的方式，可以分析广西特大暴雨过程中西南低涡的发展变化、中尺度对流云团的活动与低空急流演变的关系。可以看到，在西南低涡发展之前，广西低空盛行西南风，风速不到 12 m/s。西南低涡发展初期，850 hPa 开

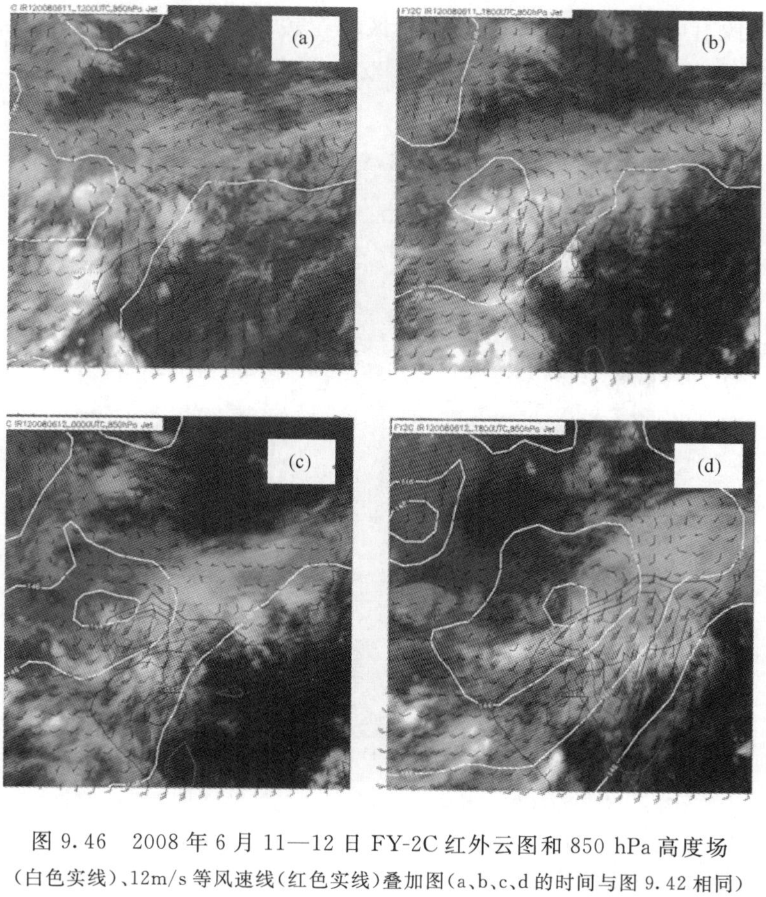

图 9.46　2008 年 6 月 11—12 日 FY-2C 红外云图和 850 hPa 高度场
(白色实线)、12m/s 等风速线(红色实线)叠加图(a、b、c、d 的时间与图 9.42 相同)

始出现 12 m/s 的等风速线，位于 148 dagpm 的闭合低值中心的东南侧，风向转变成偏南风(图 9.46a、b，另见彩图 9.46)。随着低涡的发展，等高线闭合线降低到 144 dagpm，低空急流风速＞18 m/s(图 9.46c)。这个阶段也是对流云团最活跃的时期，伴随有低空急流加速。西南低涡发展东移的后期，等高线低值区范围扩大，＞12m/s 的等风速线范围也扩大，系统的尺度变大，对流活动反而变弱了(图 9.46d)。

可见，在西南低涡发展东移造成广西强降雨过程中，低空急流加速可能是中尺度对流系统形成和维持的机制之一。

9.6.4.2　高空正涡度平流相关的上升运动

由 p 坐标的 ω 方程可知，当涡度平流随高度增加时，有上升运动，反之则有下沉运动。通常在地面低压中心附近，涡度平流很小，而其上空高空槽前为正涡度平流，符合涡度平流随高度增加的条件，于是有上升运动。在地面高压中心，涡度平流也很小，其上空高空槽后为负涡度平流，显然，涡度平流随高度减小，因此有下沉运动。

从图 9.47 可以看到 2008 年 6 月 12 日 00 UTC 低层西南涡和高空槽的配置情况。在 950 hPa等压面上，贵州南部、云南东部和广西西北部有一个 72 dagpm 闭合低值中心，有气旋性环流与之对应，中心位于贵州和广西交界处。高空 500 hPa 等压面上，低层气旋中心上空有一明显高空槽。可见，低层气旋高层槽的配置是这次过程华南西部的天气形势特点。另外，从 FY-2C 可见光图像上可以看到，西南涡盘踞的区域覆盖了大片混合云，中低层状云区与西南涡的对应关系较好，尤其是北部边缘，具有圆形较整齐的边缘，而位于涡旋中心附近是对流云活跃区，可以看到对流云顶起伏的纹理。

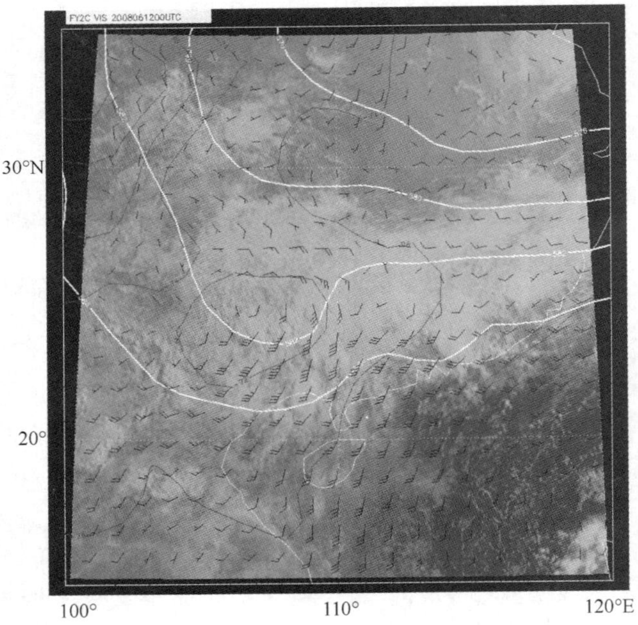

图 9.47　2008 年 6 月 12 日 00 UTC 天气形势与卫星云图叠加图(云图为 FY-2C 可见光，白色实线为 500 hPa 等高线，灰色实线为 950 hPa 等高线)

2008 年 6 月 12 日 00UTC，高空 500 hPa 小槽位于贵州和广西西北部，此时槽前正涡度平流较小，正涡度平流中心分布零散，槽后有负涡度平流（图 9.48a）。到了 12 UTC，与高空 500 hPa 槽线位置相对应的涡度平流零线东移到了广西中东部，槽前正涡度平流量级和范围加大，呈东北—西南向带状分布，槽后负涡度平流变化不大（图 9.48b）。从云图分析得知，对流系统活跃区对应着与高空槽相关的 500 hPa 正涡度平流中心或正涡度平流带，强降水也出现在这些区域。在这个过程中，西南涡随高空槽引导东移，造成该地区出现了历史最大单日的降水。

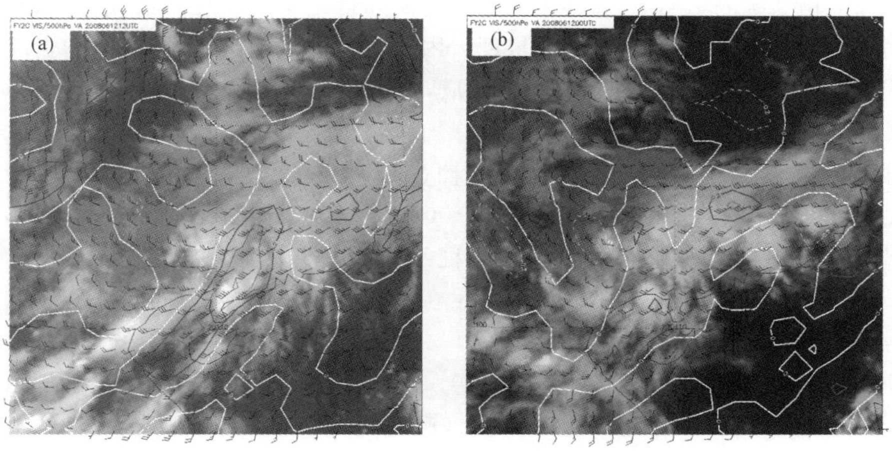

图 9.48　2008 年 6 月 12 日 500 hPa 涡度平流与卫星云图叠加图
（a. 00 UTC，b. 12 UTC）

9.6.5　小结

采用 FY-2C 卫星云图资料、NCEP 再分析资料、常规观测资料及地面降水资料，对 2008 年 6 月 11—13 日发生的一次西南低涡发展东移造成华南暴雨天气过程进行了分析研究。结果表明：

（1）红外和水汽图像可反映出西南低涡发展东移过程中低层辐合带云系、高空扰动云系和弱冷空气的共同作用。通过动画分析，可看出强降雨发生过程中低层气流辐合、高层气流辐散的有利配置。

（2）西南低涡移出造成广西特大暴雨过程可分为两个阶段，第一阶段主要是西南涡东南侧的暖区降水，对流云团分布范围较广，中尺度对流系统具有涡旋状云系结构；第二阶段有弱冷空气南下，在边界层辐合线的组织下，中尺度对流系统组织成线状云带，南移消失。过程中，无论是红外云顶亮温随时间的演变，或者是红外与水汽亮温差的时间演变都反映了云团的演变，并与强降水有较好对应关系。在局地要素满足暴雨发生的必要条件下，监测多通道亮温的急剧下降，可提前 2—3 h 预警强降雨的发生。

（3）西南低涡暴雨云团出现在西南涡的东南和南侧的南风盛行区域，云团发展伴有低空急流加速，同时，云系发展与 500 hPa 正涡度平流的贡献有关。

9.7 结论和讨论

通过以上对 2008 年华南前汛期几次过程的观测资料的分析表明,2008 年的华南前汛期观测到了几类不同形势的暴雨过程,而过去对锋前暖区暴雨研究比较多,本章主要讨论了涡旋暴雨和热带扰动产生的沿海暴雨。

6 月 5—8 日两广地区先后出现了一次极其强烈的降雨,这次暴雨过程可以分为三个阶段;它是在高空槽系统的影响下,直接由低层的低涡和近地层风场扰动造成,锋面系统作用不大;强降雨期间大致有 11 个强烈的中小尺度云团发生,其中发生于第三阶段的强降水特征明显,其生成于西南气流中,没有明显的系统对应,近地层的风场扰动和降雨落区联系紧密。6 月 12—14 日的广西暴雨低涡有一条切变线(锋面),属于华南低涡切变型暴雨;该次降水过程中对流云团活动频繁,强度大,降水强,对流云团多属于 α 中尺度和 β 中尺度系统,最长持续时间为 17 h 左右,最大覆盖面积约为 400 km×500 km;对流云团自西向东移动,其移速与西南涡移速大体相当。6 月 16—18 日两广暴雨过程的分析表明,此次过程涉及了西南涡、锋面和热带扰动降水,其中,广东沿海大暴雨主要发生在 16 日 20 UTC—17 日 05 UTC,该降雨过程与一条在沿海发展的辐合线有关。

对 2008 年 7 月 22 日发生在襄樊的特大暴雨过程从对流层高层一直到地面的天气形势特征进行了较为系统的分析,重点对 08—14 时强降水稳定维持加强的原因进行了诊断及机理研究。

采用 FY-2C 卫星云图资料、NCEP 再分析资料、常规观测资料及地面降水资料,对 2008 年 6 月 11—13 日发生的一次西南低涡发展东移造成华南暴雨天气过程进行了分析研究。直接应用卫星资料分析研究暴雨过程中国做得较少,该研究也是一种探索性工作。

2008 年的华南前汛期降雨有一些问题如:2008 年 6 月的华南前汛期降水过程中,多西南涡的活动,为何这段时间西南涡频繁东南移动影响华南?华南沿海 β 中尺度涡旋,16—17 日广东沿海的对流线过程为何在沿海加强并造成强降雨?这些都有待以后深入研究。

第 10 章　利用 SCHeREX 中尺度再分析资料对大别山地区的 β 中尺度对流涡旋系统的分析和研究

观测结果表明(Smull 和 Houze,1985;Stirling 和 Wakimoto,1989),许多中尺度对流涡旋(MCV)是由中尺度对流系统生成,这些中尺度对流涡旋在空间上的尺度为几十千米到几百千米,时间尺度为几小时到几天。中尺度对流系统常常伴随有深厚的尾流层结区,造成的非绝热加热和冷却层能够改变其局地环流形势,生成中尺度对流涡旋环流。在国际上直接利用观测资料和数值模拟针对 MCV 的结构与机理已经做了大量的研究工作,这些工作主要集中在利用地面站或机载雷达或业务探空和风廓线的组合以及数值模拟的结果得到一些 MCV 的结构特征(如 Menard 和 Fritsch,1989;Fritsch, *et al.*,1994;Bartels, *et al.*,1997;Knievel 和 Johnson,2002;Brandes,1990;Johnson 和 Bartels,1992;Scott 和 Rutledge,1995;Yu, *et al.*,1999;Davis 和 Trier,2007)。这些研究结果必然会受到观测资料时空分辨率及模式大气的限制,难以全面地分析其结构或机理。

大气水汽收支和水汽循环在全球水、能量的迁移转换过程中发挥着重要的作用,很多中外学者研究了水汽收支和水汽通量对降水的作用,降水过程中微物理量的转化过程和降水过程伴随的潜热和显热释放,但这也主要基于天气尺度的观测资料,或者是数值模拟的输出结果,且仅仅给出整个降水水分循环的某一个方面(如 Nitta,1972;Yanai,1973;Luo 和 Yanai,1983;Ding 和 Hu,1988;Tompkins,2001;Grabowski,2003;Derbyshire, *et al.* 2004;程麟生等,1993;王鹏云等,2002;丁一汇和胡国权,2003;贝耐芳等,2003;孙晶和王鹏云,2003)。

2008/2009 年在"我国南方致洪暴雨监测与预测的理论和方法研究"课题的支持下开展了中国南方暴雨野外科学试验(SCHeREX),在(28.5°—34.02°N,113°—119.57°E)范围内生成了 2008 年 6 月 20—21 日,时间分辨率为 1 h,空间分辨率为 3 km,垂直方向 22 层的中尺度再分析资料,该资料能完整地再现 2008 年 6 月 20—21 日发生在大别山地区的一次中尺度对流涡旋及其伴随暴雨系统的发展演变过程,为我们研究 β 中尺度暴雨系统提供了资料来源。

本章主要利用上述中尺度再分析资料对 2008 年 6 月 20—21 日发生在大别山地区的 β 中尺度暴雨系统的结构、机理,水分循环及非绝热加热特征进行分析(Xue, *et al.*, 2011;Wang, *et al.*,2011),完整地再现了这次 β 中尺度暴雨过程的中尺度结构、形成与发展机理、水汽收入、微物理循环及热量收支方面的特征,为以后利用该资料对 β 中尺度系统进行预报提供了理论基础。

10.1 SCHeREX 中尺度再分析资料与观测资料的个例对比分析

2008 年中国南方暴雨野外科学试验(SCHeREX)中,对安徽省大别山地区(图 10.1)融合、同化了 9 个常规探空站资料的每天 4 次探空资料,6 个增设的探空站的每天 4 次的观测资料;5 部多普勒雷达的逐时扫描观测(包括合肥、阜阳、驻马店、武汉、九江,融合了雷达观测的经向风和反射率),地面观测资料使用了约 220 个常规地面观测站和自动观测站的资料。背景场采用了 NCEP 每隔 3 h 的预报场为背景场,其精度为 1°×1°,通过 LAPS 中尺度分析系统生成了 2008 年 6 月 20—21 日(28.5°—34.02°N,113°—119.57°E)范围内,时间分辨率为 1 h,空间分辨率为 3 km,垂直方向 22 层的中尺度再分析资料。

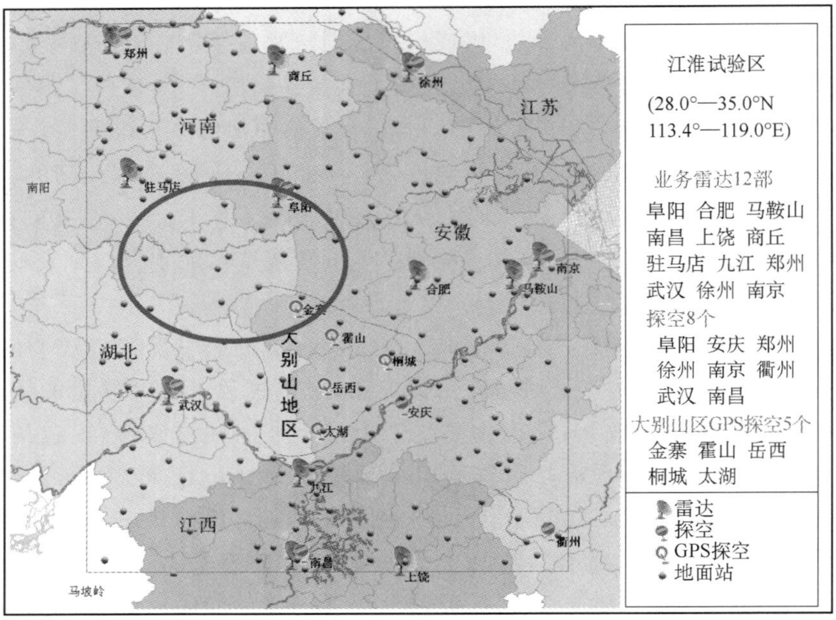

图 10.1　南方暴雨野外科学试验的江淮试验区及该地区所用到的雷达及探空分布(红色框标示江淮试验区,红色不规则三角标示大别山山区,黑色方框标示大别山试验区,蓝色椭圆标示本文所分析的中尺度对流涡旋位置)

图 10.2 是 2008 年 6 月 21 日 03—12 时(UTC)每 3 h SCHeREX 再分析资料 850 hPa 的流场和雷达反射率与相同时刻的 FY-2C 的云体亮温资料(TBB 资料)的对比。6 月 21 日 03 时,再分析资料 850 hPa 流场,大别山北部地区分布着一条东西向辐合线,对应雷达回波高值区,与东西向的带状 TBB 低值区对应。3 h 后带状辐合线被破坏,在西端形成东西向切变线,雷达回波高值区向西移动,与西端 TBB 的低值区对应。6 h 后 SCHeREX 再分析资料,850 hPa流场在大别山西北部有低涡,并对应着雷达反射率高值区,与 TBB 低值区的演变完全吻合。9 h 后,随着系统的东移南压,SCHeREX 再分析资料的流场上出现了成熟的低涡系统,同时对应着雷达反射率的高值区,这与观测到的 TBB 低值区也吻合。上述结果清楚地表明 SCHeREX 再分析资料能完整地再现此次降水过程中中尺度对流涡旋的发展演变过程,并与卫星实况观测十分吻合。

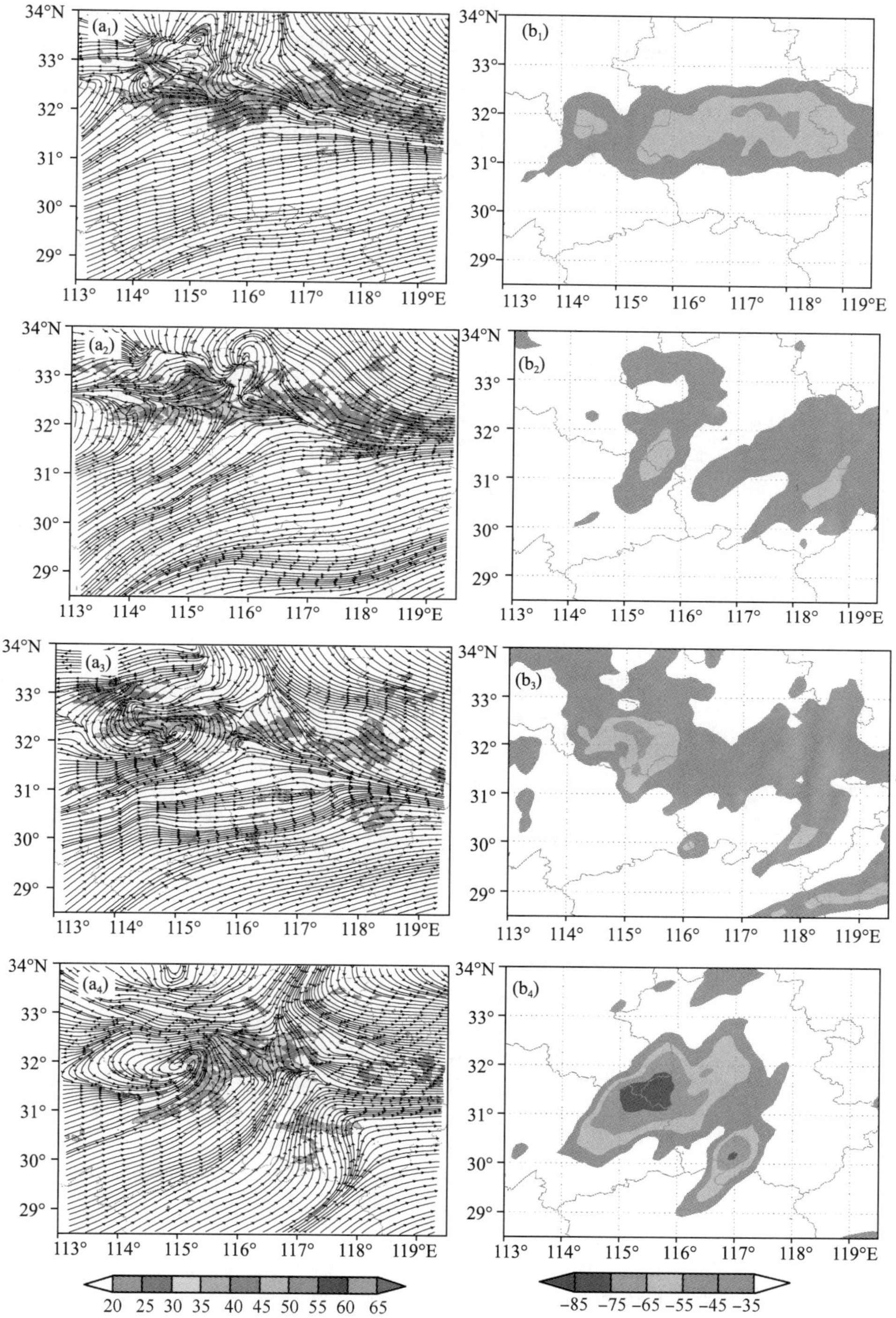

图 10.2　2008 年 6 月 21 日 11 时—20 时每 3 h SCHeREX 再分析资料 850 hPa 上的流场和雷达反射率场(a_1—a_4，阴影，单位：dBZ)与相同时刻的 TBB(b_1—b_4，单位：℃)

将一天 4 次的探空和加密探空资料视为真值，将 SCHeREX 中尺度再分析资料的格点资料插值到探空的各个层次的等压面上，分别针对每一个探空站计算 7 个层次(925、850、700、500、400、300 和 200 hPa)上 SCHeREX 中尺度再分析资料不同物理量的平均偏差和均方根误差。探空站主要包括武汉、阜阳、南京、安庆、衢州 5 个业务探空站以及 5 个加密探空站(金寨、霍山、岳西、桐城和太湖),共 10 个探空站。图 10.3 给出了 6 月 21 日 12 时(UTC)SCHeREX 再分析资料各变量的均方根误差(点线)随高度的变化。可以看到,位势高度场的均方根误差随高度增加有明显增长,700 hPa 以下的位势高度的均方根误差均小于 8 gpm,400 hPa以上的均方根误差也仅在 10—13 m,随高度增加,其均方根误差增大。温度场的均方根误差都较小,整层的温度均方根误差都在 0.5℃以下。相对湿度场的均方根误差随高度增加均呈显著增加趋势,700 hPa 以下平均均方根误差为 10.69%,说明对流层低层相对湿度场的可信度较大,这对中尺度强降水分析与预报来讲尤为重要。越往高层其均方根误差增长越明显,在 200 hPa 层均方根误差达到 48%。除 925 和 500 hPa 以外,SCHeREX 资料风速场均方根误差都在 1 m/s以内,风向的均方根误差除在 925 hPa 位面为 26.36°外,各层均方根误差均在 11°以内,而 925 hPa 层次可能是受到地形和下垫面的影响引起的。

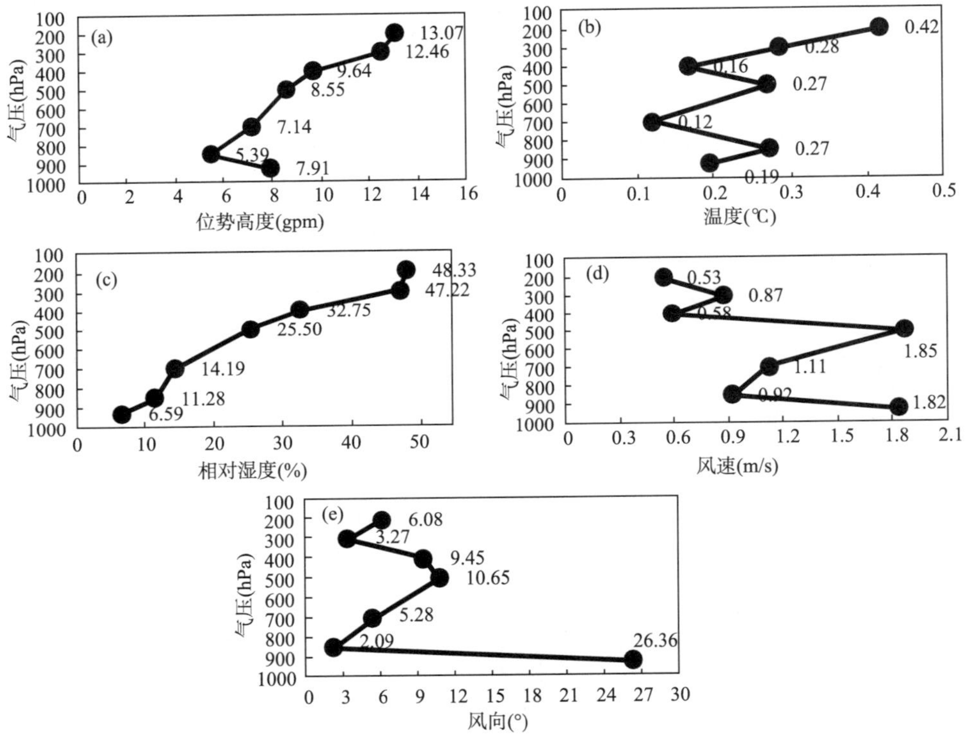

图 10.3　2008 年 6 月 21 日 12 时(世界时)SCHeREX 中尺度再分析资料各变量的均方根误差随高度的分布

(a. 位势高度(单位:gpm),b. 温度(单位:℃),c. 相对湿度(单位:%),d. 风速(单位: m/s),e. 风向(单位:°))

综上所述,SCHeREX 再分析资料的位势高度、温度和湿度在对流层中低层(700 hPa 以下)的均方根误差比对流层中高层(500 hPa 以上)明显要小,而风场的均方根误差在各层上基本相当。这一结论清楚地表明了 SCHeREX 中尺度再分析资料对中尺度分析具有很强的适用性,因为中尺度系统在对流层中低层的反映更为清楚。同时根据上述结果,可以得到 SCHeREX 再分析资料 2008 年 6 月 21 日 07—14 时(UTC)在大别山地区暴雨个例中的分析误差为:位势高度平均为 9.17 gpm;温度为 0.24℃;相对湿度中低层为 10.69%,该误差范围与 Hiemstra 等(2006)所得到的 LAPS 分析场的相对湿度误差为 9%,风速为 1.1 m/s,风向为

9.03°相近。这些分析误差均在观测误差范围之内。

10.2　结构特征分析

10.2.1　天气环流背景

图 10.4a 和 4b(另见彩图 10.4)分别是 21 日 06 和 12 时 500 hPa 上的环流形势,可以看到,中高纬度地区为稳定的两槽一脊型形势,东部槽南伸到中国东北地区,槽后西北冷空气南下流入大别山地区,西太平洋副热带高压位置稳定,副热带高压脊线一直稳定在 23°N 附近,而且副热带高压强大,亚洲夏季风携带低纬度暖湿气流沿着副热带高压西北侧源源不断地向东北方向输送,与北边的冷空气交汇于大别山地区,有利于中尺度暴雨系统的形成、发展。

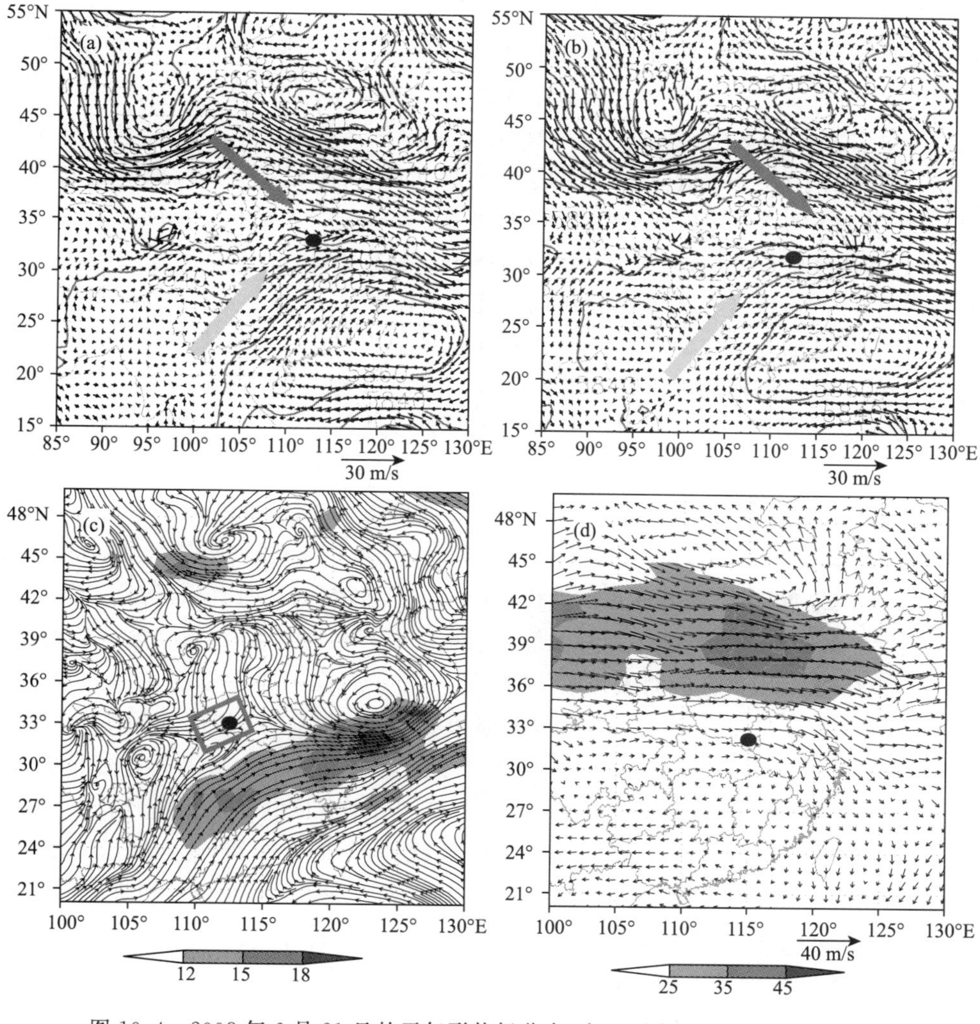

图 10.4　2008 年 6 月 21 日的天气形势场分布(实心圆表示对流系统的位置)

(a. 06:00 500 hPa 上高度场和风矢量场,西北红色箭头表示干冷空气,西南黄色箭头表示暖湿空气;b. 12:00 同图 10.4a 相同的物理量分布;c. 00:00 850 hPa 上流场和风速场(阴影, m/s),方框表示鞍型场的位置;d. 00:00 300 hPa 上风矢量场(箭头, m/s)和等风速场(阴影, m/s))

图 10.4c 是 21 日 00 时 850 hPa 上的环流分布，500 hPa 的东部槽反映在低层为一闭合的气旋涡旋，而 500 hPa 蒙古地区的高压脊反映在低层为一闭合的反气旋涡旋，暖湿气流在四川盆地的东部形成一闭合的低涡，与东南侧稳定强大的副热带高压环流形成了“鞍”型场的大尺度环流配置，大别山北部地区刚好位于“鞍”型场内，根据舒颖等(2009)所指出的这类大尺度鞍型环流，能够使得风场和温(湿)度场的时空分布不均，有利于地面中尺度的发生，有利于中尺度涡旋的发生、发展；从低层风速场上看，中尺度涡旋系统位于亚洲夏季风急流的左侧，是正切变涡度区，对应有气流的辐合和上升运动，有利于暖湿空气的向上输送；而从 300 hPa 风速场上看，中尺度涡旋系统位于高空急流出口区的右侧(图 10.4d)，是负切变涡度区，对应有气流的辐散。综上分析，亚洲季风和鞍型大尺度环流是中尺度对流系统发展演变的主要背景特征，再加上高低空急流的相互耦合，有利于中尺度对流系统的形成和维持。

10.2.2 β 中尺度对流涡旋的演变过程及与深对流的相互作用

图 10.5 是 6 月 21 日 06—14 时逐时 850 hPa 上的风矢量场、等风速场、雷达反射率及水汽通量散度的分布。可以看到，06 时(图 10.5a)，西南气流和东北气流在大别山北侧汇合形成东西走向的辐合带，对应着线状雷达回波，但雷达回波中心和水汽通量辐合中心分布均比较零散，对流呈无序发展；07 时(图 10.5b)，辐合线南侧的西南气流增强，并形成了中尺度低空急流(等风速≥12 m/s)，迅速增强了西端气流的辐合强度，引发西端对流的有组织化发展，对流的有组织化发展引起大量潜热的集中释放，使得凝结潜热释放区的大气温度明显高于周围气温，在低层形成降压区，从而在约(32.3°N，114.4°E)附近开始形成气旋性环流；而气旋性环流的生成和发展又使得水平流场的结构发生新的变化和调整，反过来促进水汽通量的辐合和强对流的进一步增强，从而在强对流和气旋性环流之间形成正反馈的相互作用，这种正反馈作用使得强对流和气旋性环流均得到进一步发展。09 时(图 10.5d)，由于中尺度低空急流进一步移近对流区，水汽通量辐合和强对流均东移增强，强对流中心约位于(32.3°N，114.8°E)处，对流释放的潜热进一步增强，从而造成凝结潜热释放区的气温进一步升高，低层气压进一步降低，使得气旋性环流发展为闭合的涡旋环流，涡旋中心约位于(32.1°N，114.8°E)处，即形成了中尺度对流涡旋(MCV)。由于强对流中心和涡旋环流中心的位置接近，两者的正反馈相互作用也明显增强，从而有利于涡旋环流的进一步发展，也有利于对流的进一步增强。此时涡旋环流主要由两支气流组成，东北气流从涡旋的西侧流入，而西南气流则从涡旋的东侧流入，最后两支气流在涡旋中心附近发生强烈辐合。11 时(图 10.5f)，随着中尺度低空西南急流的继续东移和增强，强对流中心和涡旋环流中心在最大水汽辐合中心约(32.1°N，115.4°E)处重合，两者的正反馈作用达到最强，涡旋中心附近的对流潜热释放达到最强，涡旋环流发展到最盛的成熟阶段，主要气流来源依然是东北气流和西南气流的辐合。12 时(图 10.5g)，中尺度低空西南急流虽然强度减弱，但持续东移，使得水汽通量的辐合中心东移到约(31.8°N，115.6°E)处，强对流中心随着水汽通量辐合中心的也东移到(31.8°N，115.6°E)附近。与此同时，涡旋环流内部流场发生变化，流入涡旋的主导气流只有西南急流，东北气流已脱离到涡旋环流之外，从而使得涡旋环流的西侧入流减弱，环流中心西退到(32°N，115°E)附近。涡旋环流中心和强对流中心开始分离，强对流和涡旋的正反馈作用减弱，中尺度涡旋开始衰减，中心西侧的流线开始变得稀疏。13 时(图 10.5h)，由于西南中尺度低空急流的持续存在，使得水汽通量的辐合中心和强对流中心继续维持，而涡旋环流进一步西退，使得强对流和涡旋环流完全分离，整个涡旋环流系统的潜热释放明显减弱，涡旋环流因地面摩擦又没有足够的

能量补充而迅速衰减。尤其值得关注的是，在强对流中心处又有一个新的中尺度气旋环流生成，这主要是由于对流释放潜热在低层引起气压降低而形成新的气旋性环流，但由于中尺度低空急流在 14 时(图 10.5i)几乎完全减弱消失，水汽通量辐合强度明显减弱，从而导致对流显著减弱，释放的潜热急剧减少，使得该新生的气旋环流又很快衰减。

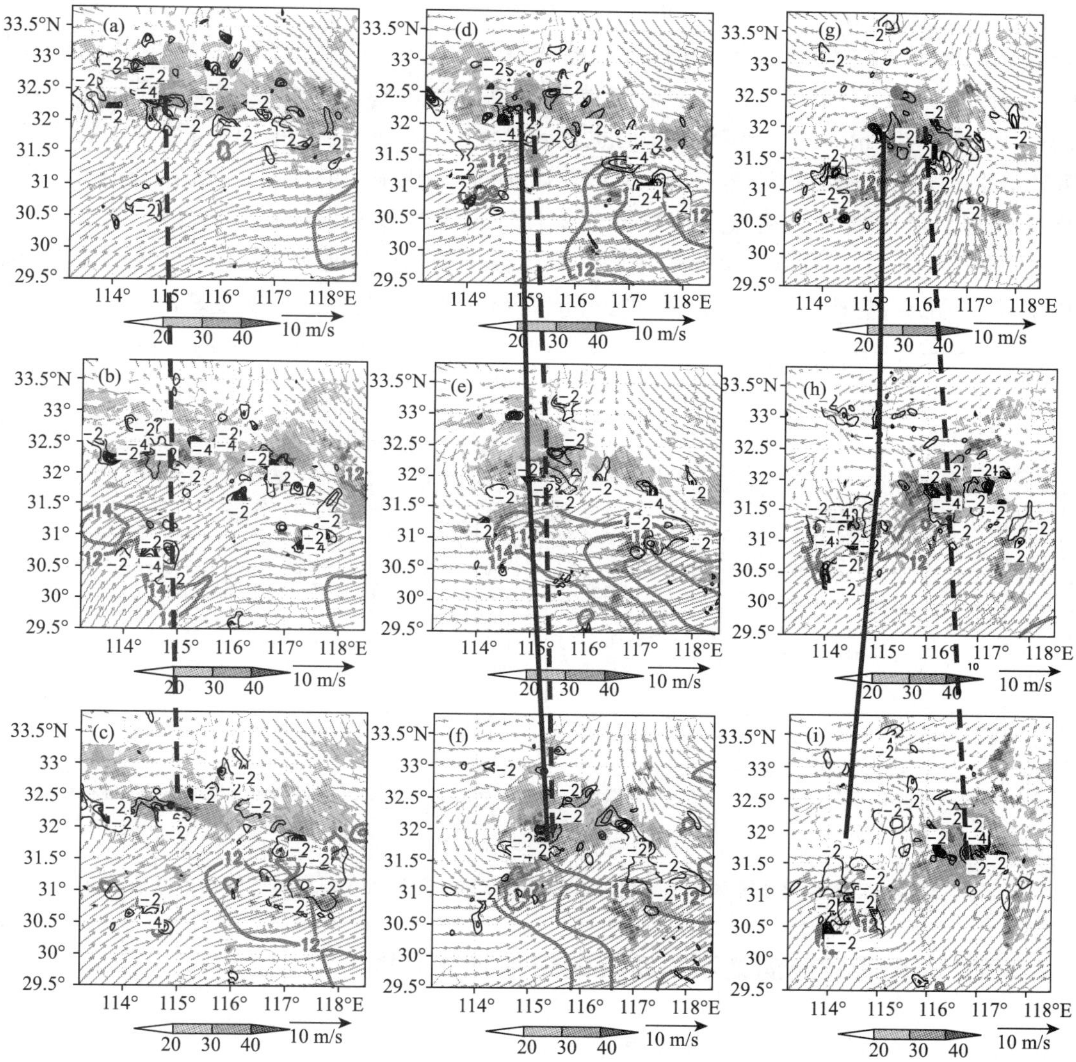

图 10.5　(a—i)2008 年 6 月 21 日 06—14 时每小时的 850 hPa 上的风矢量场(箭头，m/s)、等风速场(粗蓝线表示大于 12 m/s 的等风速线)、雷达反射率(阴影，dBZ)及水汽通量散度(细黑线为 $<-2\times10^{-7}$ g/(s· hPa·cm^2)的区域)(实线为气旋中心随时间的演变，虚线为强对流中心随时间的演变)

根据上面的分析可以看到中尺度对流涡旋的发展演变与强对流潜热释放的相互作用有密切的关系。因此，可以用包含凝结潜热的视热源 Q_1 来反映潜热在中尺度涡旋环流演变中的作用。图 10.6 是 21 日 05—14 时区域平均的涡度和视热源 Q_1 的时空分布。从涡度的分布可以看到(图 10.6a)，在整个涡旋环流演变过程中，正涡度层主要位于 400 hPa 以下。900—700 hPa的正涡度值从 07 时开始逐渐增长，在 11 时达到最大值 1.2×10^{-4} s^{-1}，与前面分析的中尺度涡旋环流的形成、发展过程吻合；12 时以后 900—700 hPa 的正涡度值开始减小，与前面分析的涡旋环流的衰减阶段一致;由此可以得到中尺度涡旋环流主要是位于对流层中低层的气旋性环流。从视热源 Q_1 的分布看(图 10.6b),整个涡旋环流演变过程中,凝结潜热释放主要发生在对流层中层,位于正涡度大值区的正上方。由于对流的有组织化发展,从 07 时开始在 500 hPa 左右形成非绝热加热中心,潜热造成的温度升高在低层形成降压区,有利于气旋性环流的形成,对应着图 10.6a 中 900—700 hPa 的正涡度从 07 时开始增长;随着对流的进一步增强,Q_1 从 09 时也显著增大,加热中心的强度增强,并且高度升高,在 11 时达到最大值 3 K/h,高度位于 400 hPa,因此由潜热释放而形成的气旋性环流也发展到最强,对应着图 10.6a 中 900—700 hPa 的正涡度在 11 时也达到最大值;12 时以后,由于强对流和涡旋环流逐步脱离,涡旋环流区域的对流逐渐减小,Q_1 开始减弱,加热中心的强度也逐渐减弱,高度也逐渐降低,因此,由潜热释放在低层造成的气旋性环流也逐步减弱,对应着图 10.6a 中 900—700 hPa的正涡度在 12 时以后也逐步减弱。上述分析结果清楚地表明,中尺度强对流在对流层中层释放的凝结潜热是低层中尺度涡旋环流系统发展和维持的主要能量来源。

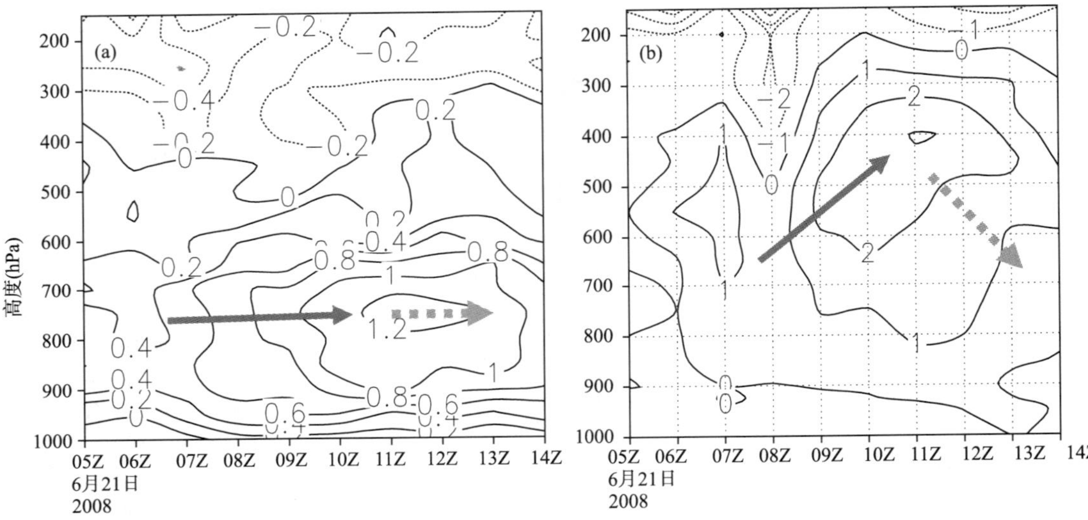

图 10.6　中尺度涡旋系统区域平均的水平涡度(a)和视热源 Q_1(b)随时间演变的垂直分布

10.2.3　β 中尺度对流涡旋不同阶段的结构特征分析

10.2.3.1　中尺度对流涡旋形成发展阶段的结构特征

图 10.7a、b 分别是涡旋形成时刻 21 日 09 时涡旋中心附近南北和东西向剖面上流场和雷达反射率的分布。从南北剖面上看(图 10.7a),雷达反射率最大中心即强对流中心位于 32.3°N,强对流的水平范围为 32.2°—32.5°N,而根据图 10.5d 中的流场分布得到涡旋中心位于 32.1°N 处和涡旋的水平范围为 31.5°—32.5°N,即强对流覆盖涡旋环流的北部地区,强对流中心的位置比涡旋环流中心略偏北,此时两者的正反馈相互作用是显著的。对流发展的高度约为400 hPa,而中尺度涡旋在垂直方向上的高度(600 hPa)明显低于强对流,即中尺度对流涡旋主要位于强对流的中低层。从流场上看,涡旋中心南侧有从对流层中高层下泄到低层的偏南气流,与直接从西南侧过来的偏南低空急流汇合,而涡旋中心北侧则是从对流层中高层下泄到低层的偏北气流,这三股气流在涡旋中心附近发生强烈辐合产生垂直上升运动,上升气流达到 200 hPa 左右,分别在涡

旋中心南侧的 500～200 hPa 和北侧的 600～400 hPa 形成次级环流，次级环流的水平尺度和垂直尺度均较小，但这两支次级环流所产生的补偿气流能够将高层的冷空气带到低层，一方面增强低层的对流不稳定度，有利于对流的发展，另一方面，能为涡旋中心的上升运动提供补偿下沉气流，有利于气旋性涡旋环流的维持和发展。值得指出的是，此时两次级环流的下沉支强度较弱，高度较高。从纬向剖面上看(图 10.7b)，对流在东西方向上的发展高度约为 500 hPa，高于涡旋环流发展的高度 600 hPa，此时对流主要呈东西带状分布，西端强对流中心约位于 114.7°E 处，涡旋环流就形成于该强对流中心附近；西风气流的爬升明显弱于偏南气流的爬升，流场结构相对简单。

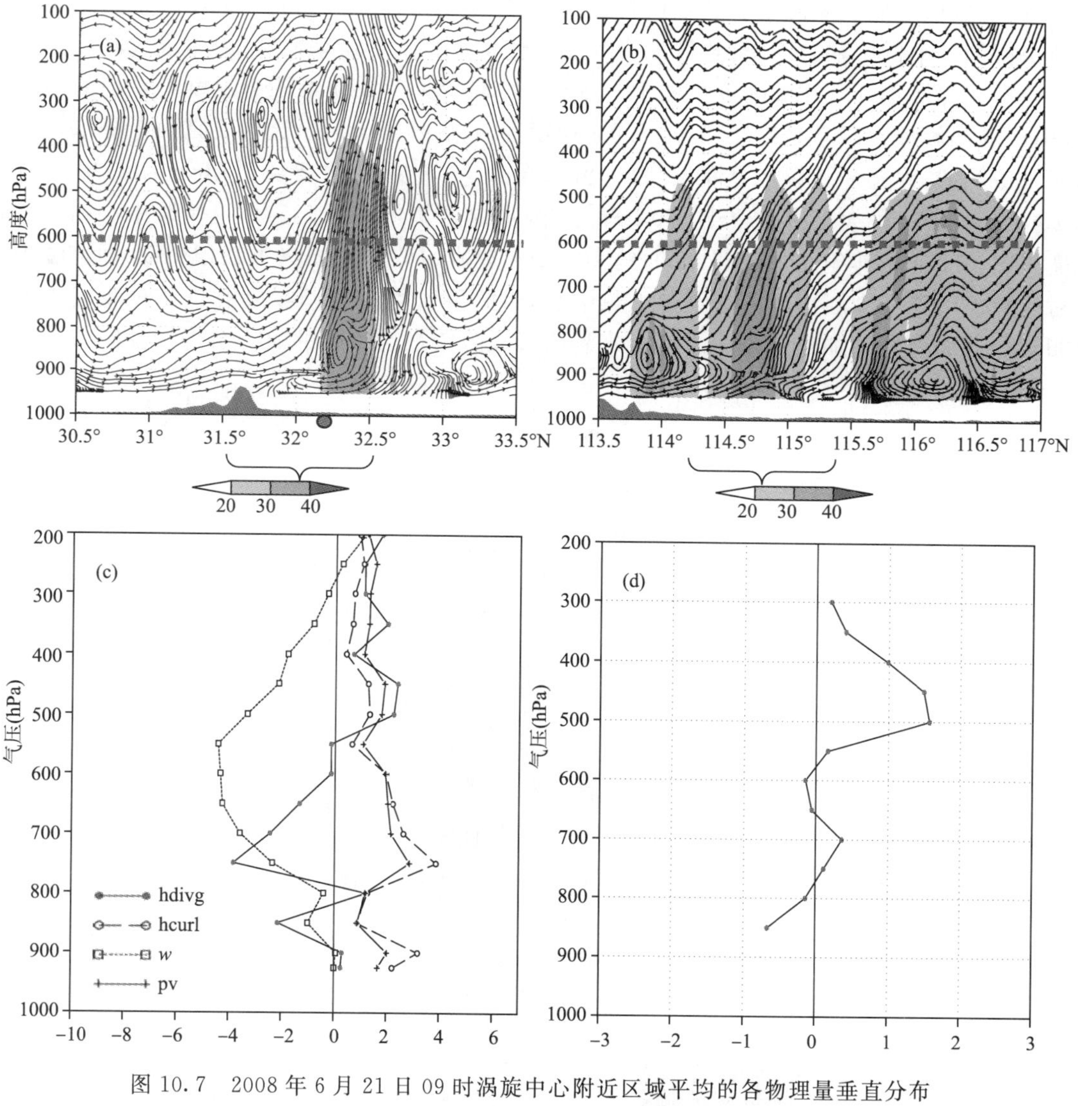

图 10.7　2008 年 6 月 21 日 09 时涡旋中心附近区域平均的各物理量垂直分布

(a. 涡旋中心附近经向 0.2°平均的流场和雷达反射率(阴影，dBZ)的纬向垂直分布，其中实圆心为涡旋中心位置，大括号为涡旋在纬向上的水平范围，虚直线为涡旋发展的垂直高度 600 hPa，b. 涡旋中心附近纬向 0.2°平均的流场和雷达反射率(阴影，dBZ)的经向垂直分布，实心圆，大括号及虚直线表征的意义和图 10.7a 相同，c. 涡旋中心附近 0.2°×0.2°区域平均的涡度(hcurl，$10^{-4}\ s^{-1}$)，散度(hdivg，$10^{-4}\ s^{-1}$)，垂直速度(ω，Pa/s)和位涡(pv，$10^{-6}\ m^2\cdot K)/(kg\cdot s)$分布，d. 与图 10.7c 相同区域平均的温度偏差场分布，温度偏差是相对于每层上平均温度的偏差值)

图 10.7c 给出了 21 日 09 时涡旋中心附近区域平均的各物理量的垂直分布。从涡度和位涡的分布可以看到，600 hPa 以下是正涡度和正位涡的相对大值区，对应着气旋性涡旋环流的形成，尤其是正涡度在 750 hPa 上达到最大值 $4\times10^{-4}\ s^{-1}$，而涡旋上方 500～200 hPa 的涡度和位涡也为正值，没有形成中尺度反气旋环流。从散度的分布看，整个涡旋环流(600 hPa 以下)以辐合为主，只有 800 hPa 上有比较弱的气流辐散，最强辐合层位于 750 hPa 上，与 750 hPa上的最大正涡度层一致；550 hPa 以上是弱辐散区，是气流的主要流出层，但由于此时高层没有形成中尺度反气旋环流，因此高层气流的流出相对较弱，垂直上升气流的抽吸作用不明显，使得低层气旋性涡旋发展的强度相对较弱，这是中尺度对流涡旋形成阶段最为重要的动力结构特征。中低层辐合、高空辐散的有利配置使得垂直上升运动能够维持，最大垂直上升速度层位于无辐散层 550 hPa 附近。图 10.7d 是 21 日 09 时涡旋中心附近温度偏差场的垂直分布，中尺度涡旋环流以下是冷层，近地面层的温度偏差达到了－1℃，这主要是由于降水在低层的蒸发造成的；涡旋环流以上是暖层，温度偏差超过 1℃ 的暖层主要位于 500～400 hPa，厚度达 100 hPa 左右，最大暖中心位于 500 hPa 上，最大温度偏差达到 1.5℃，这个暖中心的位置和强度与图 10.6b 中非绝热加热在 09 时约 500 hPa 造成的 2 K 的加热中心相一致，即该暖中心是对流释放潜热在中层形成的非绝热加热中心，因此可以得到对流释放潜热在对流层中层形成相对浅薄的非绝热加热层是中尺度对流涡旋形成阶段最为重要的热力结构特征。

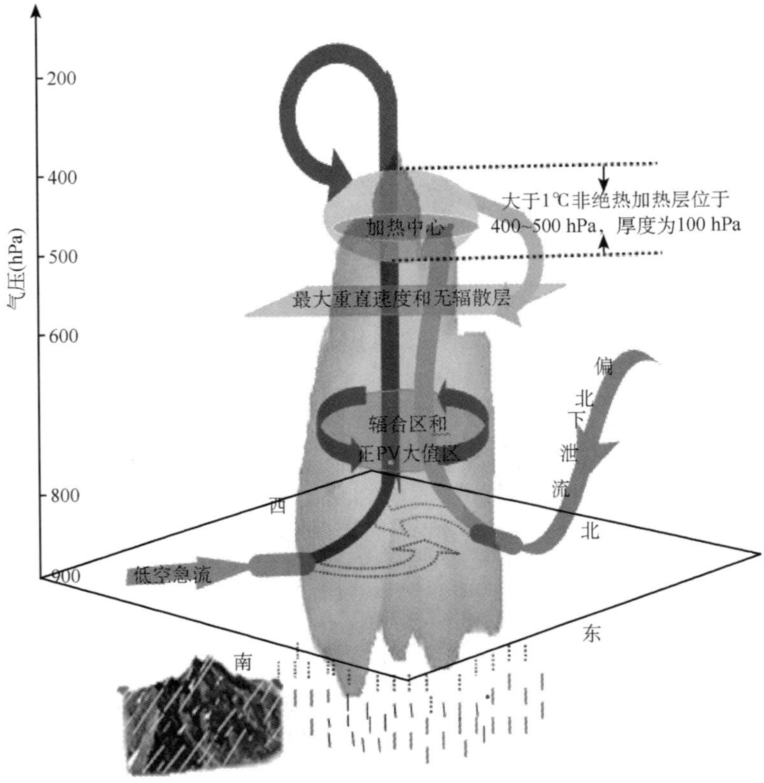

图 10.8　MCV 形成阶段的结构模型

根据本节上述分析结果，得到 β 中尺度对流涡旋系统在形成阶段的结构模型见图 10.8，强对流释放潜热在对流层中层形成相对浅薄的非绝热加热层，大于 1℃的加热层位于 500～

400 hPa，厚度为 100 hPa，加热中心位于 500 hPa 上，中尺度对流涡旋是位于非绝热加热中心以下的气旋性环流系统，对应着正 *PV* 大值区和气流的辐合，涡旋上方没有形成中尺度反气旋环流所伴随的强烈的流出层；低层气流的辐合主要是南北气流的辐合，偏南气流由从对流层中高层下泄到低层的偏南气流和与直接从西南侧过来的偏南低空急流汇合而成，而偏北气流主要是从对流层中高层下泄到低层的气流；最大垂直上升速度和无辐散层位于 550 hPa，分别在涡旋中心南侧 500～200 hPa 和北侧 600～400 hPa 形成相对较弱的次级环流。

10.2.3.2　β中尺度对流涡旋成熟阶段的结构特征

图 10.9a、b 是涡旋成熟时刻 21 日 11 时涡旋中心附近南北和东西方向上流场和雷达反射率的垂直分布。从南北剖面上看(图 10.9a)，强对流比 09 时明显增强，水平范围明显扩大，并且发展的高度也向上伸展到 300 hPa 左右，此时的强对流中心向南移动到 32°N，与涡旋环流中心完全重合，但涡旋环流的水平和垂直尺度均小于强对流；从流场上看，涡旋中心南侧的偏南气流发生变化，从中高层过来的偏南下泄流消失，气流主要是从西南侧直接过来的偏南低空急流，而偏北气流依然是从对流层中高层下泄到低层的偏北气流，南北气流的强烈辐合在涡旋中心及其南侧产生范围较广的垂直上升气流，上升气流依然达到 200 hPa 左右，分别在涡旋中心南侧的 600～200 hPa 和北侧的 800～500 hPa 形成次级环流，两次级环流的水平尺度和垂直尺度比 09 时有明显增大，即次级环流的强度增强。另外值得注意的是，两次级环流的高度均比形成阶段有明显的降低，能够增强低层南北气流的辐合，由此而造成的对流不稳定度的增加和垂直上升气流的增强有利于对流和涡旋环流发展成熟。从纬向剖面上可以看到(图 10.9b)，强对流发展的高度比 09 时又所升高，约达到 400 hPa 左右，原来的带状对流明显向东移动发展，强对流的位置比涡旋环流偏东，主要覆盖涡旋系统的东部地区，不过由于涡旋中心与强对流中心是重合的，均位于 115.4°E，所以尽管对流系统与涡旋东西侧相互作用的程度不同，但强对流与涡旋环流的相互作用尤为显著，两者的正反馈作用在此时达到最强。西风气流的爬升依然明显弱于偏南气流的爬升。

图 10.9c 给出了 21 日 11 时涡旋中心附近区域平均的各物理量的垂直分布。从涡度和位涡的分布看，600 hPa 以下的正涡度和正位涡比 09 时有明显增大，750、800 和 900 hPa 上的正涡度值均超过 $4\times10^{-4}\ s^{-1}$，对应着气旋性涡旋环流的成熟；而 380 hPa 以上的涡度和位涡则比 09 时有明显减小，是负位涡和负涡度低值区，负涡度值在 300 hPa 上达到最小值 $-2\times10^{-4}\ s^{-1}$，表明高层形成了较强的中尺度反气旋环流。从散度的分布看，450 hPa 以下均是辐合区，最强辐合层位于 500 hPa 上，涡旋环流所在的中低层依然是强辐合区，辐合强度比形成阶段有明显增强，450 hPa 以上是辐散区，辐散的强度比形成阶段有明显增强，最强辐散层位于 250 hPa，辐散强度达到 $3\times10^{-4}\ s^{-1}$，这与反气旋环流的负涡度区相对应，表明高层气流的流出显著增强，垂直上升气流的抽吸作用强烈，使得低层气旋性涡旋发展的强度加强，这是中尺度对流涡旋成熟阶段最为重要的动力结构特征。从相应温度偏差场的分布看(图 10.9d)，温度偏差超过 1℃的暖层位于 600—320 hPa，厚度达 280 hPa，比形成阶段的暖层厚度有明显增厚，最大暖中心依然位于 500 hPa，温度扰动达到 2℃，表明非绝热加热的强度增大。由此可以得到对流层中层非绝热加热层的厚度和强度均增强是中尺度对流涡旋成熟阶段最为重要的热力结构特征。对比图 10.9c 和 d，最大非绝热加热层以下的位涡和涡度是随时间增大的，而最大加热层以上的位涡和涡度是随时间减小的，因此可以得到中低层涡旋环流的发展与强对流在中层形成的最大

非绝热加热层有关，进一步论证了中尺度强对流在对流层中层释放的凝结潜热是低层中尺度涡旋环流发展的主要能量来源。

最后根据本节上述分析结果，得到 β 中尺度对流涡旋系统在成熟阶段的结构模型如图10.10所示，对流层中层大于1℃的非绝热加热层位于600～320 hPa，厚度达280 hPa，比形成阶段有明显增厚，500 hPa的加热中心维持并明显增强，加热中心以下的气旋性涡旋环流增强，正 *PV* 大值增大，气流的辐合增强，中尺度涡旋上方存在反气旋环流，对应着负涡度、负位涡低值区和强烈的辐散区，形成完整的气流流出层；偏南下泄流消失，低层气流的辐合主要源于持续增强的偏南低空急流和偏北下泄流的辐合；最大垂直上升速度层和无辐射散层升高到450 hPa左右，涡旋中心南北侧次级环流的强度和范围均明显增强，并向下伸展，南侧次级环流向下伸展到600 hPa，北侧次级环流向下伸展到800 hPa。

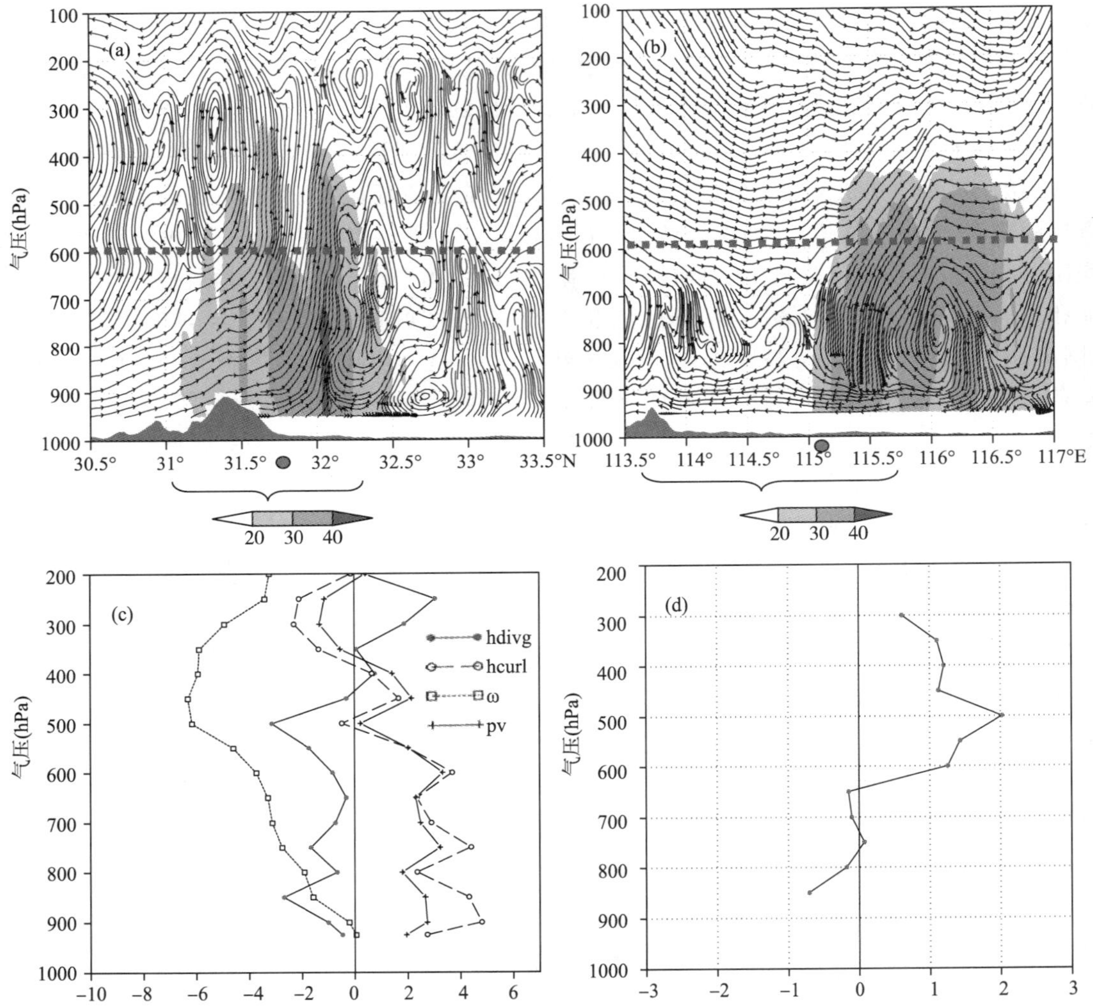

图 10.9　同图10.7，但为2008年6月21日11时，区域为(32.0°—32.2°N，115.3°—115.5°E)

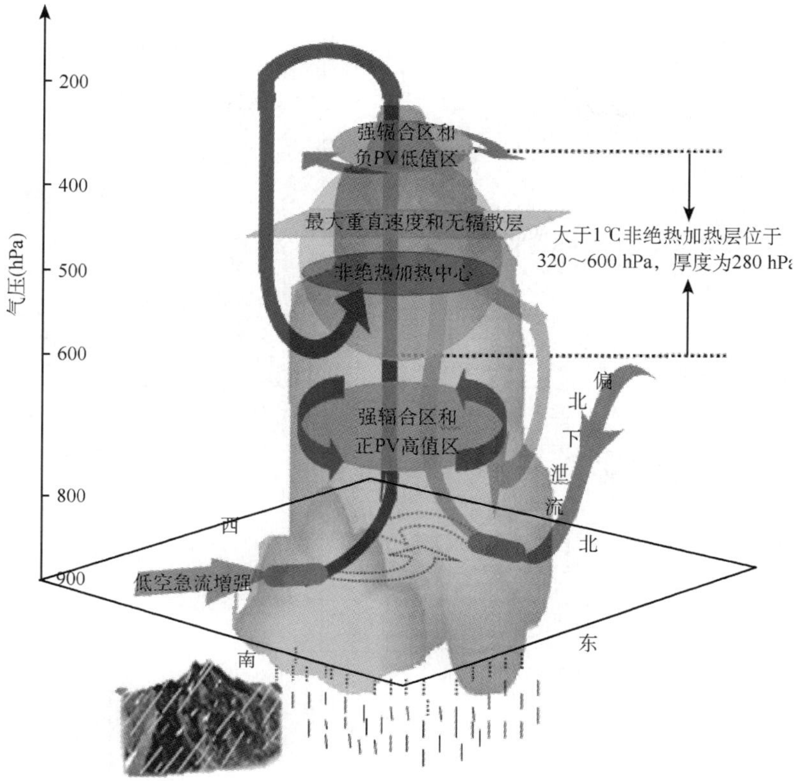

图 10.10　MCV 成熟阶段的结构模型

10.2.3.3　β 中尺度对流涡旋衰减阶段的结构特征

图 10.11a、b 是涡旋衰减时刻 21 日 13 时涡旋中心附近南北和东西方向上流场和雷达反射率的垂直分布。此时由于中尺度低空急流的持续维持，强对流已经移到涡旋环流的东侧，在南北和东西剖面上的涡旋环流区域均已无明显的雷达回波区，强对流与涡旋环流的正反馈作用明显减弱，涡旋环流开始衰减。并且涡旋环流内部流场也发生变化，涡旋中心附近的偏北气流消失，导致涡旋中心附近无明显的南北气流辐合，垂直上升气流明显减弱，从而造成高层结构的变化，完整的流出层被破坏，有规则的次级环流消失，中高层大气处于“湍流”性质的无序状态。从该时刻涡旋中心区域平均的动力结构看(图 10.11c)，600 hPa 以下的涡度值和位涡值明显减小，但维持正值，表明气旋性涡旋环流依然存在，但强度明显减弱，中低层已无明显的辐合区和垂直上升气流；高层仅 300～200 hPa 有数值较小的负涡度区，中尺度反气旋环流显著减弱，并对应着弱辐散，表明高层气流的流出明显减弱，高层反气旋环流结构被破坏，不利于低层气旋性涡旋环流的进一步发展，这是中尺度对流涡旋衰减阶段最为重要的动力结构特征。从相应温度偏差场的分布看(图 10.11d)，由于强对流已移出涡旋环流，对流层中层 600—500 hPa 的最大温度偏差仅为 0.5℃，已无明显的非绝热加热层，也不利于低层涡旋环流的进一步发展，这是中尺度对流涡旋衰减阶段最为重要的热力结构特征。由于中尺度对流涡旋的高层大气处于“湍流”性质的无序状态，结构呈不规则分布，因此，没有给出该阶段的结构模型。

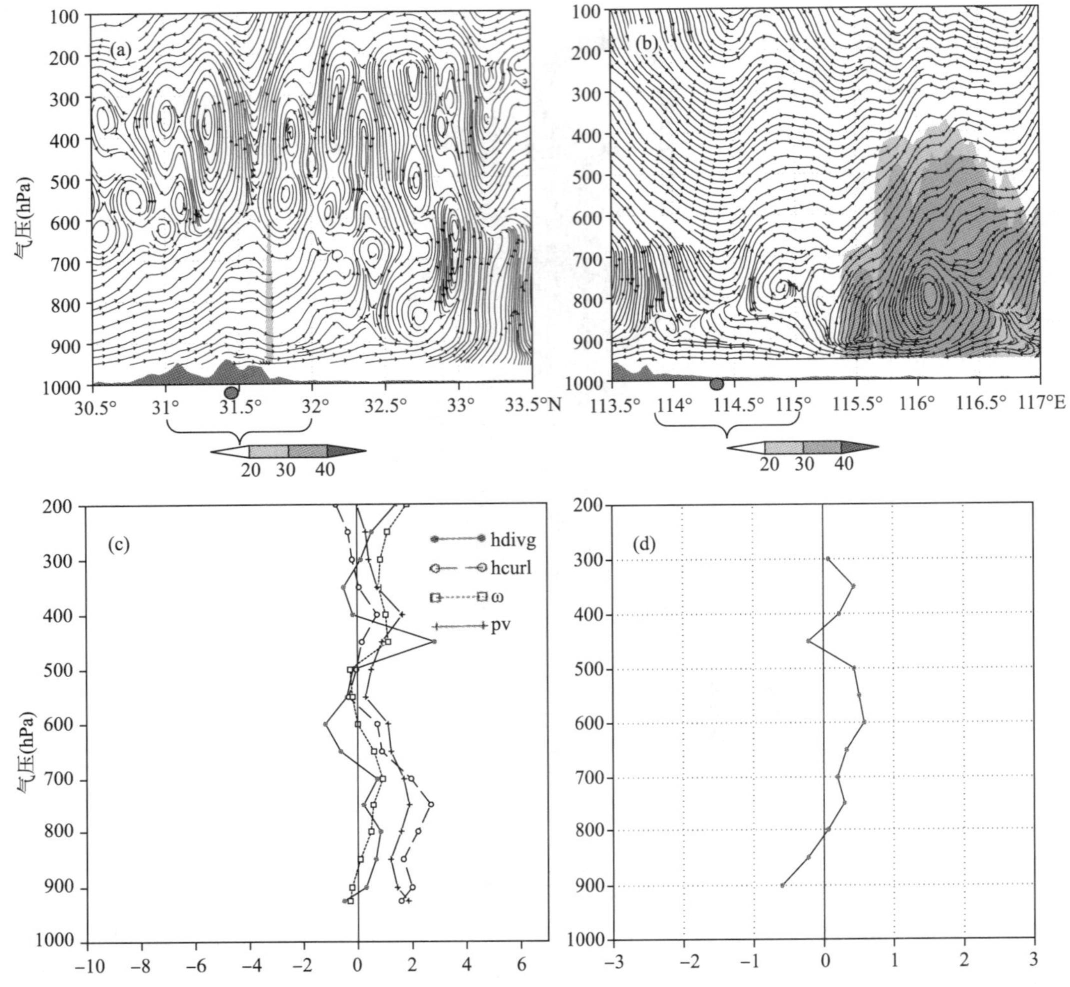

图 10.11　同图 10.7,但为 2008 年 6 月 21 日 13 时,(31.8°—32.0°N,114.8°—115°E)区域

10.2.4　小　结

利用高时空分辨率的中尺度再分析资料对亚洲季风背景下一次 β 中尺度对流涡旋 4 个不同阶段的结构演变特征进行分析,得到以下主要结论:

(1)夏季风携带的暖湿空气与北面冷空气交汇在大别山北部地区产生东西向辐合带,中尺度偏南低空急流的出现并东移,使得南北气流的辐合明显增强产生强烈的对流不稳定,从而使得对流逐步发展并东移;

(2)强对流在中层释放的凝结潜热是低层中尺度涡旋发展和维持的主要能量来源,深对流和中低层的气旋性环流之间存在正反馈作用,中尺度对流涡旋随着气旋中心和强对流中心的移近使得正反馈作用增强而形成发展,在两中心重合时使得正反馈作用达到最强而发展成熟,随两中心的逐步脱离使得正反馈作用减弱而衰减。中尺度强对流的移动与对流层低层的中尺度低空急流的移动有着密切的关系;

(3)中尺度对流涡旋形成发展阶段的主要结构特征是:强对流释放潜热在对流层中层形成相对浅薄的非绝热加热层,并伴有非绝热加热中心,位于非绝热加热中心以下的是气旋性环流

系统，对应着正 PV 大值区和气流的辐合，涡旋上方伴随强烈的流出层但尚未形成中尺度反气旋环流；低层气流的辐合主要源于夏季风携带的偏南暖湿气流中形成的中尺度低空急流汇合偏南下泄流和偏北干冷的下泄流之间的强烈辐合；最大垂直上升速度和无辐散层位于550 hPa，在涡旋中心南北侧的对流层中高层分别形成相对较弱的次级环流，进一步加强低层南北两支气流的辐合；

(4)中尺度对流涡旋成熟阶段的主要结构特征是：对流层中层非绝热加热层明显增厚，加热中心的强度也明显增强，加热中心以下的气旋性涡旋环流增强，对应的正 PV 大值区和气流的辐合也加强，涡旋上方形成反气旋环流，对应着负涡度、负 PV 低值区和气流的强辐散，形成完整的气流流出层；偏南下泄流消失，低层气流的辐合主要源于持续增强的偏南低空急流和偏北下泄流的辐合；最大垂直上升速度和无辐射散层升高到450 hPa左右，涡旋中心南北两侧次级环流的强度和范围均增强并向下伸展；

(5)中尺度对流涡旋衰减阶段的主要结构特征是：强对流随着中尺度低空急流的不断东移而移出了涡旋环流，涡旋上方对流层中层无明显的非绝热加热中心，涡旋中心附近的偏北下泄流消失，低层无明显的气流辐合和垂直上升气流，涡旋上方的反气旋环流被破坏，对流层中高层大气处于“湍流”性质的无序状态；

(6)上述结构特征强烈依赖于对流不稳定以及强对流的湿物理过程与涡旋环流的正反馈作用，这两个因素是亚洲夏季风背景条件下MCV发展最主要的驱动力，也是亚洲夏季风背景条件下MCV最重要的结构和机理特征。

10.3　β中尺度对流涡旋的演变机理分析

根据前面的分析，中尺度对流涡旋是随着西端强对流的发展而开始形成的，在涡旋中心和强对流中心重合时达到最强，并随两中心的逐步脱离而衰减，即中尺度对流涡旋的发展演变与西端强对流的发展演变有着密切的关系，因此在分析中尺度对流涡旋的演变机制之前，有必要对西端中尺度强对流的演变机理进行研究。

10.3.1　中尺度对流的演变机理分析

10.3.1.1　湿位涡理论

1942年Ertel(1942)提出位势涡度这一概念，强调了这一物理量的守恒性特点。1985年Hoskins等对Ertel位涡在大气运动诊断中的应用进行系统的分析，利用地转平衡关系研究阻塞高压发展的动力过程，指出位涡对许多中高纬度天气系统的移动和发展具有指示性，但在低纬度位涡变得很弱。

1979年Bennetts等(1979)曾从Boussimesq近似出发，引入潜热作用，导得湿球位涡变化方程。1993年吴国雄等从完整的原始方程出发导出精确形式的湿位涡方程，并证明其守恒性。吴国雄(1995,1997)指出，在 P 坐标中，当 θ_e 面倾斜时，如假定垂直速度的水平变化比水平速度的垂直切变小得多，可得到湿位涡的表达式

$$MPV=-g(f\vec{k}+\nabla_p\times\vec{v})\cdot\nabla_p\theta_e=\text{常数} \tag{10.1}$$

如定义湿位涡的第一分量 $MPV1$ 为正压项；第二分量 $MPV2$ 为斜压项：

$$MPV1=-g(\zeta_p+f)\frac{\partial\theta_e}{\partial p} \tag{10.2}$$

$$MPV2 = -g\frac{\partial u}{\partial p}\frac{\partial \theta_e}{\partial y} + g\frac{\partial v}{\partial p}\frac{\partial \theta_e}{\partial x} \tag{10.3}$$

其中 $MPV1$ 主要反映绝对涡度($\zeta_p + f$)对对流稳定性($-g\dfrac{\partial \theta_e}{\partial p}$)的作用;$MPV2$ 主要包含湿斜压性($\nabla_p \theta_e$)和水平风垂直切变的贡献。因此,在无摩擦、湿绝热大气中,系统涡度的发展由大气层结稳定度、斜压性和风的垂直切变等因素决定。在湿位涡守恒制约下,不论大气是处于湿对称不稳定或湿对称稳定状态,也不论大气是处于对流不稳定或对流稳定状态,由于湿等熵面的倾斜,大气水平风垂直切变或湿斜压性增加,能够导致垂直涡度的显著性发展,这种涡度增长被称为倾斜涡度发展。倾斜涡度发展理论能够定量地分析层结稳定度、斜压性和风的垂直切变在中尺度强对流系统发展演变中的作用,因此,本文主要从湿位涡的角度来讨论中尺度对流系统的演变机理,本文把整个对流系统演变过程分为三个阶段,即形成阶段(21 日 07 时),成熟阶段(21 日 11 时)和衰减阶段(21 日 14 时),分别研究不同阶段的形成或发展机理。

10.3.1.2　中尺度强对流的形成机理分析

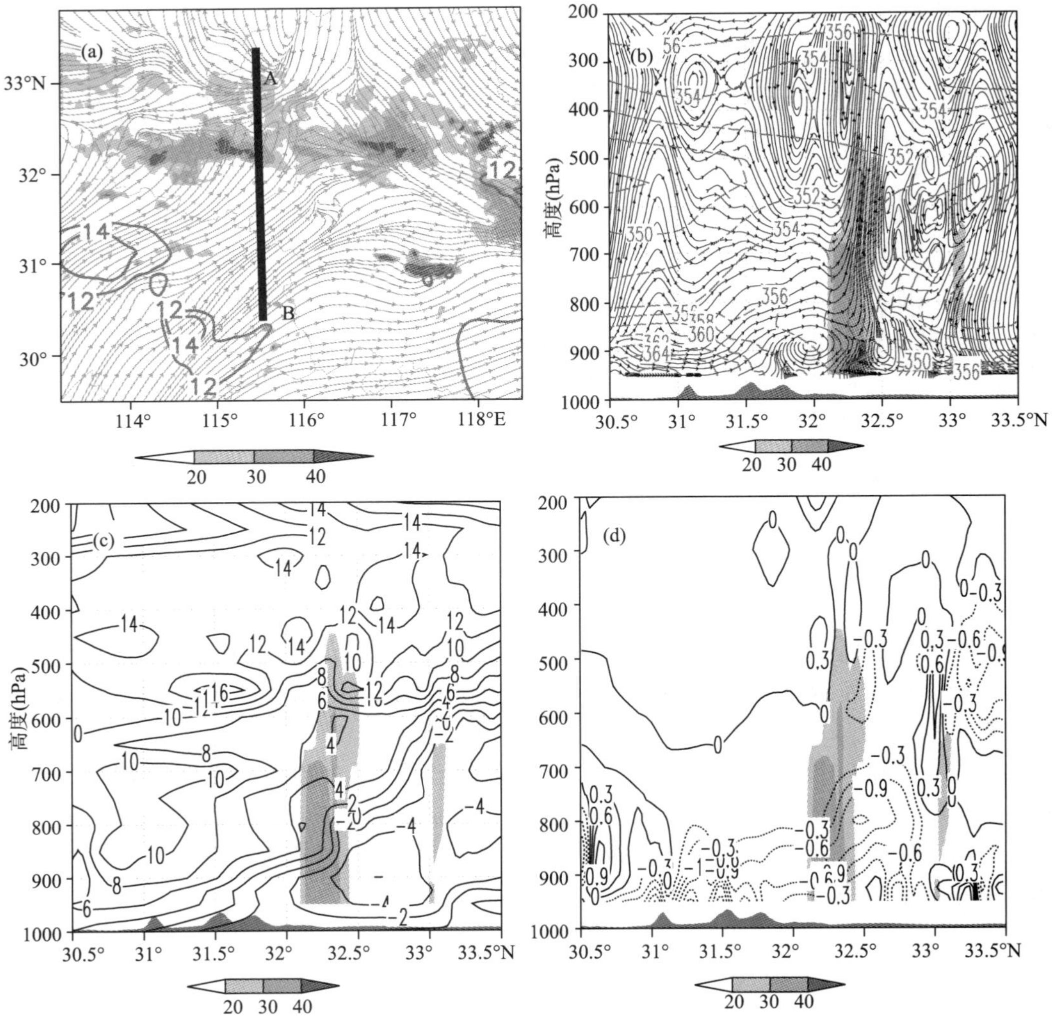

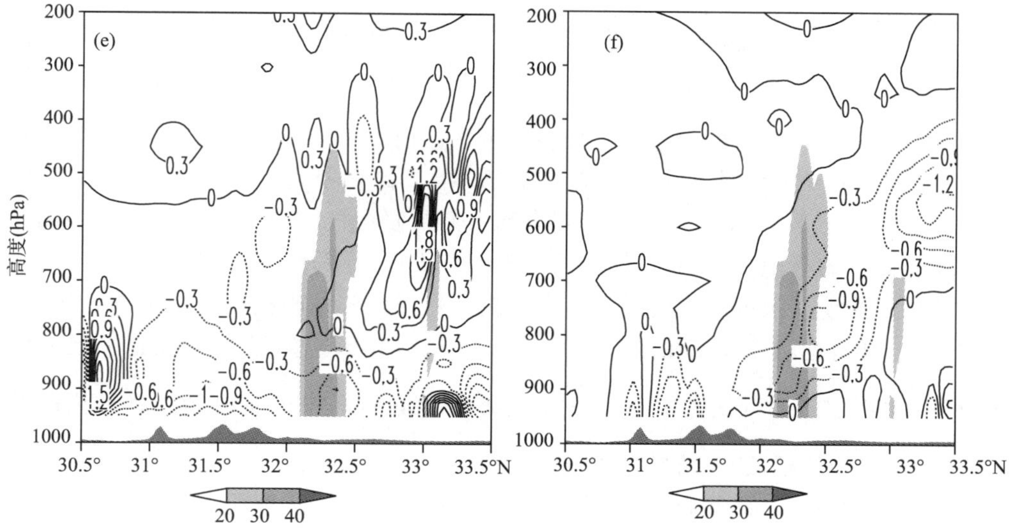

图 10.12　2008 年 6 月 21 日 07 时西端强对流中心 AB 剖面附近经向平均(114.3°—114.5°E)的各物理量的纬向垂直分布

(a. 850 hPa 上等风速场(粗等值线≥12 m/s)、流场及雷达反射率(阴影，dBZ)，粗实线表示南北剖面 AB 的位置；b. 南北剖面 AB(下同)的垂直流场、相当位温(长虚线，K)和雷达反射率(阴影，dBZ)分布；c. u 风速的分布；d. MPV(等值线，10^{-6} (m^2 · K)/(kg · s))和雷达反射率(阴影，dBZ)分布；e. $MPV1$(等值线，10^{-6} (m^2 · K)/(kg · s))和雷达反射率(阴影，dBZ)分布；f. $MPV2$(等值线，10^{-6} (m^2 · K)/(kg · s))和雷达反射率(阴影，dBZ))

图 10.12b 是 21 日 07 时东西向线状对流西端一个较强对流中心附近沿纬向剖面 AB 上(图 10.12a)的相当位温、垂直流场及雷达反射率的垂直分布。从图上可以看到，由于东西向辐合线的西南侧开始形成中尺度低空急流(图 10.12a)，辐合线西端的暖湿气流增强，从而导致东西向辐合线西侧的中尺度对流的入流迅速增强，32.5°N 以南地区 600 hPa 以下 θ_e 随高度迅速减小，θ_e 的高值中心位于中尺度急流区附近，在中尺度对流西侧的 θ_e 由近地面层的 364 K 减小到 600 hPa 的 350 K，随高度减小 14 K，反映了大气处于高度对流不稳定状态，蕴涵的对流不稳定能量较大；系统北侧 800 hPa 左右存在 θ_e 低值中心，最小值约为 340 K，对应着北面对流层中低层输送过来的干冷空气，从北侧低层流入系统。这就清楚地表明，辐合线西侧的中尺度对流有两支入流的加强，即西南侧的暖湿气流构成的入流和北侧干冷空气构成的入流，这两支不断增强的入流在中尺度对流低层的辐合作用随之迅速增强，显然这对在东西向辐合线西端的线状对流能发展为中尺度对流单体(即中尺度对流系统)起了极为重要的作用。这是因为冷暖空气相互作用，湿斜压性增加，系统附近 600—850 hPa 形成等熵面倾斜区，为垂直涡度的增长，创造了极为有利的条件。

为了进一步说明线状对流发展为团状对流从而形成中尺度对流系统的形成机理，本文应用湿位涡和涡度倾斜发展理论(吴国雄等，1993)进一步分析中尺度对流系统形成机理。图 10.12d 是 07 时与图 10.12b 相同剖面上的 MPV，由图 10.12d 可以清楚地看到整个对流区都处于 $MPV<0$ 的区域内，700 hPa 以下的对流区域内为 $MPV<0$ 的绝对值的大值区，最大的 MPV 的负值达 −1.2 PUV。由此可见，整个对流区内是湿对称不稳定区，有利于中尺度对流的发展。由图 11.12a 进一步看到由于辐合线西南侧低层暖湿空气的流入加强，造成中尺度对流南侧的 $\frac{\partial \theta_e}{\partial p}>0$，即对流不稳定区一直伸展到 550 hPa 高度，这一结果由图 11.12d 所显现的

$MPV1<0$ 的区域得到证实。图 11.12d 表明由于 550 hPa 位面以下对流区及其以南区域均为 $MPV1<0$,由式(10.2)看到绝对涡度(ζ_p+f)总是大于零,所以$\frac{\partial\theta_e}{\partial p}>0$,这就表明。550 hPa 位面以下对流区及其以南区域均为大气对流不稳定区。由图 10.12e 又可以看到绝对值最大的 $MPV1<0$ 区在中尺度对流的南侧,在中尺度对流的低层绝对值最大的 $MPV1$ 值达 -0.6 PUV。比较图 10.12b 和 e 可以看到南侧中低层暖湿气构成的很强的入流必然导致大气的对流不稳定。比较图 10.12e、f 和 d,可以看到 $MPV1$ 对 MPV 的贡献在中尺度对流区的低层是主要的。由于中尺度对流的两支低层入流一是西南侧的暖湿空气构成的,另一支是北侧干冷空气构成的,这两支入流在对流层中低层汇合,其结果必然导致 θ_e 在这一区域内梯度的增大(即$\frac{\partial\theta_e}{\partial y}<0$,其绝对值增大),由于$\frac{\partial\theta_e}{\partial y}$的迅速增大必然造成 θ_e 面在这一区域内的倾斜度加大,甚至变得十分陡峭,这一结果在图 10.12b 中得到清楚的反映。

从图 10.12f $MPV2$ 的垂直分布看,系统附近 500 hPa 以下是 $MPV2$ 负值区,根据式(10.3),由于 $g\frac{\partial v}{\partial p}\frac{\partial\theta_e}{\partial x}$项接近为零(图略),因此,$-g\frac{\partial u}{\partial p}\frac{\partial\theta_e}{\partial y}$起主要作用,图 10.12c 表明,系统附近 900～500 hPa 为$\frac{\partial u}{\partial p}<0$,从 900 hPa 到 700 hPa,$u$ 增加了约 10 m/s,反映了在这区域内有很强的水平风的垂直切变。图 11.12a 又表明,由于冷暖空气交汇,湿斜压性明显坛强,且$\frac{\partial\theta_e}{\partial y}<0$,从而使得$-g\frac{\partial u}{\partial p}\frac{\partial\theta_e}{\partial y}<0$,即 $MPV2<0$。而且在等熵面陡峭处即在 950～700 hPa 的对流云区均为 $MPV2<0$ 的绝对值相对大值区,最大的负值达-0.9 PUV。同时,又可以看到 $MPV1$ 和 $MPV2$ 在等 θ_e 面陡峭处均为同量级且符号相同,即两者对 MPV(图 10.12d)的贡献几乎相当,反映了 MPV 绝对值的大值区是在对流不稳定($MPV1<0$)与水平风切变和湿斜压性($MPV2<0$)共同作用下引起的,而且 $MPV1<0$ 的大值区出现在低层,而 $MPV2<0$ 的大值区出现在中层,这又表明,在低层对流不稳定的作用是主要的,而在中层水平风垂直切变和湿斜压性的作用是主要的。根据上述倾斜发展理论,在湿位涡守恒制约下,在倾斜等 θ_e 面,不论大气是湿对称不稳定或是对称稳定的,也不论大气是对流不稳定或是稳定的,只要湿斜压性增加或水平风垂直切变增强,都能导致垂直涡度的显著发展,等 θ_e 面的倾斜度越大,垂直涡度的发展越快,从而释放中低层丰富的对流不稳定能量,使得对流迅速发展,对流顶向更高高度伸展,形成中尺度强对流系统。

由上述分析可以得到,南侧中尺度低空急流的出现并移近,造成的中低层强烈对流不稳定,以及北侧中层冷空气入侵和南侧暖湿空气交汇造成的湿斜压性和水平风垂直切变增强三者的共同作用下导致的垂直涡度增长是中尺度强对流系统形成的主要机制。而且在低层对流不稳定的作用是主要的,而在中层水平风垂直切变和湿斜压性的作用是主要的。

10.3.1.3 中尺度强对流的成熟机

图 10.13b 是 21 日 11 时 CD 剖面(图 10.13a)同图 10.12b 相同物理量的垂直分布。可以看到,随着中尺度低空急流的逐步东移并达到最强,系统南侧暖湿气体的辐合也达到最强,θ_e 由近地面层的 364 K 减小到 600 hPa 的 344 K,随高度减小约 20 K,比形成阶段的 14 K 有明

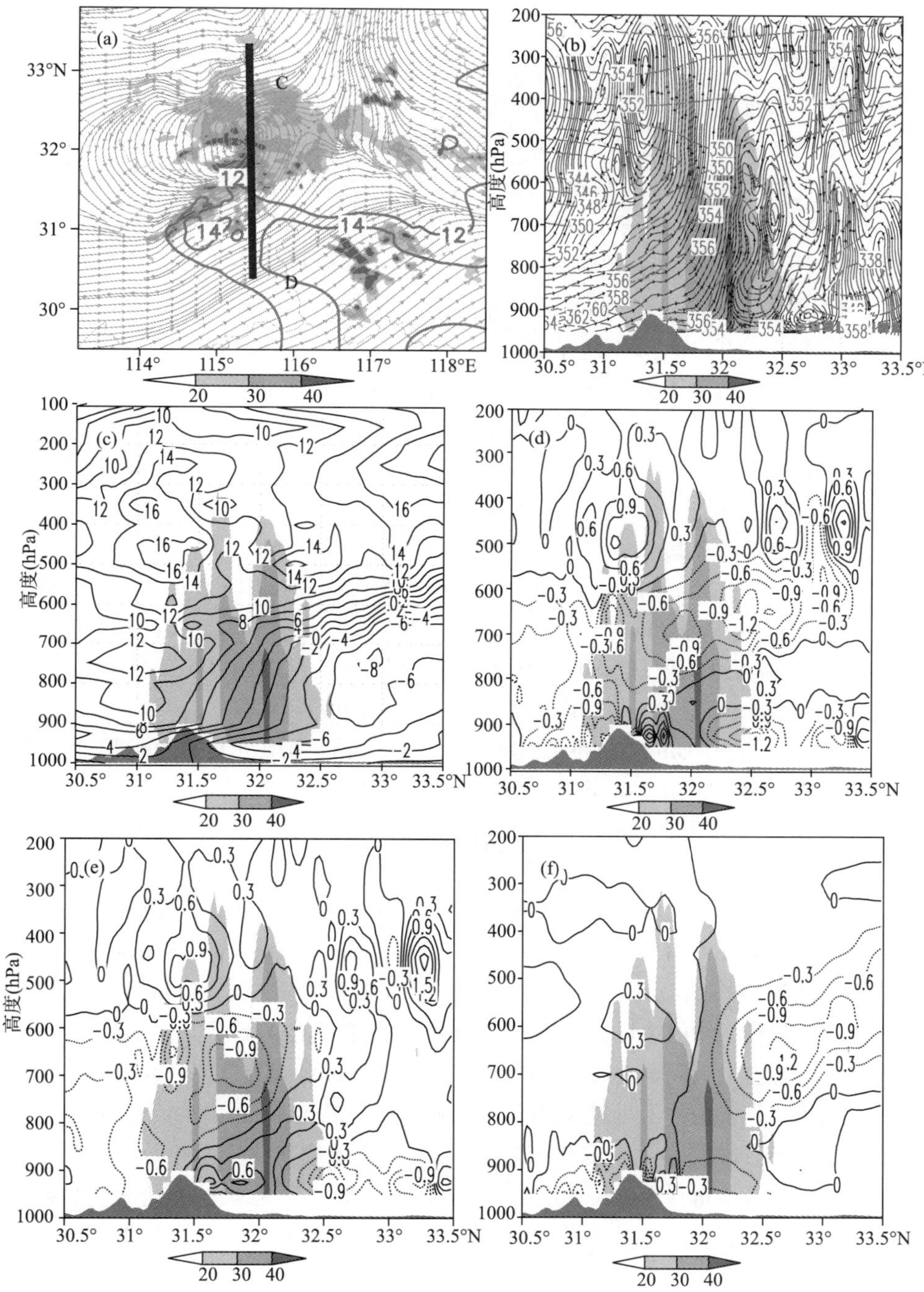

图 10.13　2008 年 6 月 21 日 11 时强对流中心 CD 剖面附近经向平均(115.3°—115.5°E)的各物理量的纬向垂直分布

(a. 850 hPa 上等风速场(粗等值线≥12 m/s)、流场及雷达反射率(阴影,dBZ),粗实线表示南北剖面 CD 的位置;b. 南北剖面 CD(下同)的垂直流场、相当位温(虚线,K)和雷达反射率(阴影,dBZ)分布;c. *u* 风速的分布;d. *MPV*(等值线,10^{-6}(m^2 · K)/(kg · s))和雷达反射率(阴影,dBZ)分布;e. *MPV*1(等值线,10^{-6}(m^2 · K)/(kg · s))和雷达反射率(阴影,dBZ)分布;f. *MPV*2(等值线,10^{-6}(m^2 · K)/(kg · s))和雷达反射率(阴影,dBZ))

显增大,即系统南侧中低层的对流不稳定度显著增强,尤其是在对流云区内 750~550 hPa θ_e 等值区的密集度明显增加,这就充分反映了在对流层中层的对流不稳定明显增强;强对流系统北侧 800 hPa 上的 θ_e 低值区持续存在,最小值达到 338 K,这表明干冷空气持续增强。从而导致冷暖空气在这一区域内的相互作用增强,强对流系统区域内从 500 hPa 到近地面层的等熵面倾斜的程度加大,等熵面的密度明显加大,这充分表明在这一区域内大气的湿斜压性加大。值得注意的是此时中尺度低涡环流已发展到成熟阶段,不仅强对流中心和低涡环流中心重合,而且强对流系统完全处于等 θ_e 面倾斜区内(图 10.13b),而此低涡环流产生的垂直上升运动所携带的水汽沿倾斜的 θ_e 面向上爬升,从而对对流的发展产生重要作用。

图 10.13d 是 21 日 11 时 CD 剖面(图 10.13a)的 *MPV* 垂直分布。图 10.13d 表明 *MPV* 的正值区已由对流系统后部中低层插入一直伸展到对流系统北侧的 900~800 hPa 之间。把形成阶段 $MPV<0$ 的区域分割为两块,即对流系统的中层和对流系统北部的低层,而 $MPV<0$的绝对值大值区由形成阶段的 800 hPa 抬升到成熟阶段的 650 hPa,湿对称不稳定区($MPV<0$)主要出现在 800~600 hPa,这充分表明不稳定能量区抬升,主要出现在中层。又表明湿对称不稳定区由形成阶段的中低层发展到成熟阶段已抬升到中层。

图 10.13e 和 f 分别是 11 时与图 10.13b 相同剖面的 *MPV*1 和 *MPV*2 的垂直分布。从图 10.13e 中 *MPV*1 的分布看,系统附近及南侧 550 hPa 以下的 *MPV*1 负值区维持,并且绝对值明显增大,最内圈数值为 −0.9 PVU 的等值线范围几乎占据系统的整个对流层中层,不仅比形成阶段的 −0.3 PVU有明显增强,而且最不稳定区的高度明显抬升,同时在 31.5°N 的650 hPa上达到 −1.2 PVU,这表明对流层中层的对流不稳定度显著增加,对流不稳定区的高度抬升,并占据整个对流系统的中层。系统北侧 850 hPa 以下的 *MPV*1 负值也增强到 −1.2 PVU,对应着丰富的对流不稳定能量,同时系统中部低层开始出现 *MPV*1 的正值区,并一直伸展到系统北部的中低层,表明系统中部低层到系统北部中层已开始出现大气的稳定层结。由此可见,对流不稳定层抬升到对流系统的中层和高层,而低层开始出现稳定层结是对流系统成熟阶段非常重要的机理特征。另一方面,从图 10.13f 中 *MPV*2 的分布可以看到,系统中层的 *MPV*2 负值区也抬升,并且绝对值增大,根据图 10.13c,由于低空急流的增强,水平风垂直切变增大,仅从 950 hPa 到 900 hPa,u 风速就增加了 10 m/s,从而使得在对流系统的中层出现 *MPV*2 负的大值区,其中心达到 −1.2 PVU,但该中心已移出强对流区,这一点充分反映了在成熟期由于暖湿空气增强,已开始迫使冷空气最大的影响区向北侧后退,逐步把冷空气势力推出对流区,其结果必然导致在局部区域大气斜压性开始出现减弱的征兆,这也是系统开始衰减前的一种征兆。这表明在对流系统成熟阶段已开始孕育系统发展要发生转折的前兆,这是十分值得注意的一种现象。根据前面的倾斜涡度理论,不论大气对流稳定或对流不稳定,也不论大气是否处于湿对称不稳定状态,当大气的湿斜压性或水平风垂直切变增大的情况下,在湿位涡 *MPV* 守恒制约下等 θ_e 面的倾斜度加大会引起垂直涡度更为迅速的发展,θ_e 面倾斜度越大,垂直涡度发展越快。由此所导致的垂直涡度的增长能够进一步释放中层逐步增强的对流不稳定能量,从而使得对流进一步发展,对流顶向更高高度伸展。因此,可以得到中层强烈的对流不稳定(对流不稳定层抬升)和对流系统北侧中低层水平风垂直切变和湿斜压性的增强所导致的垂直涡度的增长是中尺度强对流系统成熟阶段进一步发展的主要机制。同时,也反映了在对流系统成熟阶段同时正在孕育系统发展要发生转折的一种前兆特征,即 $MPV>0$ 或 $MPV1>0$ 的区域从对流系统中部低层伸展到对流系统北部的中低层,标志着中尺度对流系统的中部低层和北部中低层出现了稳定层结。这一过程的发展将导致对流系统的衰减。

10.3.1.4　中尺度强对流的衰减机理分析

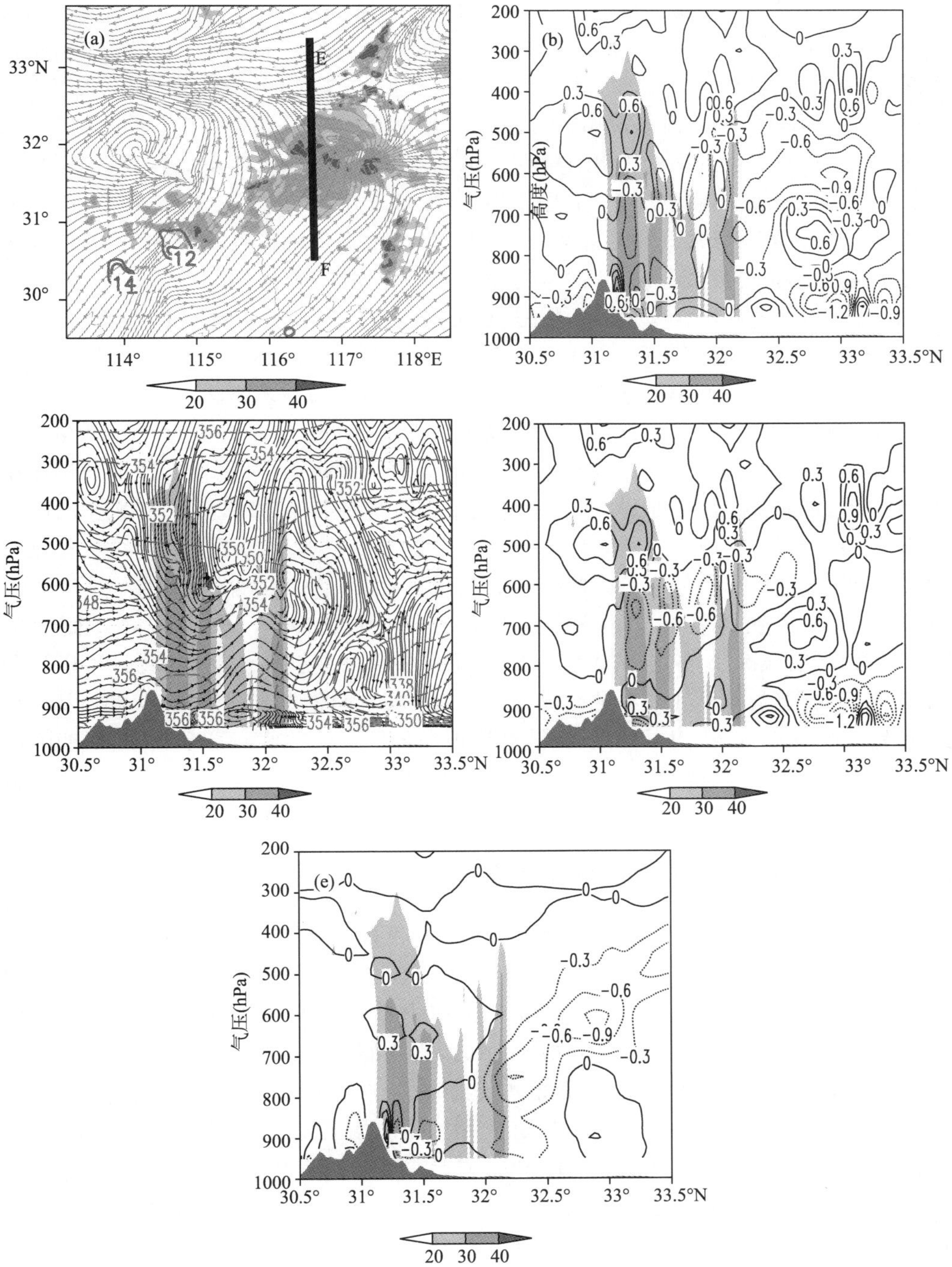

图 10.14　2008 年 6 月 21 日 14 时强对流中心附近经向平均的各物理量的纬向垂直分布

(a. 850 hPa 上等风速场(粗等值线≥12 m/s)、流场及雷达反射率(阴影,dBZ),粗实线表示南北剖面 EF 的位置;b. 南北剖面 EF(下同)的垂直流场、相当位温(长虚线,K)和雷达反射率(阴影,dBZ)分布;c. *MPV*(等值线,10^{-6}(m^2 · K)/(kg · s))和雷达反射率(阴影,dBZ)分布;d. *MPV*1(等值线,10^{-6}(m^2 · K)/(kg · s))和雷达反射率(阴影,dBZ)分布;e. *MPV*2(等值线,10^{-6}(m^2 · K)/(kg · s))和雷达反射率(阴影,dBZ))

图 10.14b 是 21 日 14 时 EF 剖面(图 10.14a)同图 10.12b 相同物理量的垂直分布。可以看到,由于中尺度低空急流的衰减,尤其是一支强盛的相对干冷的偏南气流由高层直灌对流系统,使得系统附近及南侧中低层暖湿气体的活动明显减弱,而且系统北侧冷空气的侵入与影响几乎消失,仅系统南侧的 800 hPa 以下和系统上方 700—550 hPa 的 θ_e 随高度减小,整层的对流不稳定区近地面层最大 θ_e 值减小到 356 K,与 600 hPa 的 348 K 仅相差 8 K,比成熟阶段的 20 K 有明显减弱,这表明对流系统内的对流不稳定度显著减弱。并且此时对流系统的低层南北气流辐合消失,对流系统内的上升气流明显减弱,不利于不稳定能量的释放,中高层开始出现"湍流"性质的小涡旋,流场结构从有序变为无序,对流开始衰减。尤其引人注意的是此时等 θ_e 面在原来对流区的中低层几乎趋于水平,高层等 θ_e 面的倾斜度也大为减小,这些都完全不利于气旋涡度的维持与发展。从 14 时与图 10.14b 相同剖面的 $MPV1$ 分布看(图 10.14d),系统南侧 $MPV1$ 零值线下降到 850 hPa 左右,原在成熟阶段处于 850 hPa 以下 32°—32.5°N 的负 $MPV1$ 区变为正的 $MPV1$ 区,$MPV1$ 的正值区明显扩大、强度增强,而 $MPV1$ 在对流区中层的负值区已明显减弱,西侧的在中层 700—550 hPa,最小值减弱至－0.6 PVU,而对流区也与之对应南压到 31.5°N 附近。而系统北侧从近地面层到 650 hPa 均为 $MPV1$ 正值区。上述结果表明在衰减阶段对流系统整层的对流不稳定度均显著减小,对流稳定区由低层向中层发展。从 $MPV2$ 分布看(图 10.14e),由于水平风垂直切变变小(图略),系统中低层 $MPV2$ 负值的绝对值减小。另外,这时在对流系统后侧中有大量干冷空气从高层流入并穿过对流系统在对流系统东侧中低层流出,原有的冷暖空气交汇几乎消失,湿斜压性明显减弱。

由图 10.14b 表明尽管等 θ_e 面倾斜区仍然存在,但图 10.14e 表明在等 θ_e 面倾斜区的 $MPV2$ 的负值区明显减小,这清楚表明湿斜压性和水平风垂直切变明显减弱,可以证明即使等 θ_e 面倾斜,但由于湿斜压性或水平风垂直切变减小同样会使垂直涡度迅速衰减,从而中低层对流不稳定能量释放减弱,使得对流衰减,对流顶高度降低。非常有意思的是从图 10.14b 又可看到在衰减阶段对流系统(回波)与等 θ_e 面倾斜区明显分离,显然对流系统与等 θ_e 面倾斜区分离是中尺度对流系统进一步迅速衰减的重要标志。

10.3.2 中尺度对流涡旋的演变机理分析

对流的强烈发展会释放大量潜热,造成潜热释放区的气温明显高于周围,从而在低层形成降压区,有利于气旋性环流的形成;而气旋性环流的形成又反过来促进对流的发展,释放更多的潜热,使得气旋性环流进一步加强,强对流和中低层的气旋性环流存在正反馈作用。图 10.15(另见彩图 10.15)给出了 850 hPa 上纬向平均的等风速场(≥10 m/s)、水汽通量散度场($\leqslant -0.8\times10^{-7}$ g/(s· hPa·cm^2))和雷达反射率(≥10 dBZ)的经向分布演变。首先从中尺度低空急流的分布(图 10.15c)可以看到,09 时在 114.5°E 附近风速开始超过 12 m/s,形成中尺度低空急流,急流逐步东移并增强,在 10 时前后 115°E 附近达到 13 m/s,暖湿急流的出现并增强,带来丰富的水汽并造起气流的辐合,从而引起水汽通量的强烈辐合,10 时 30 分前后在 115.3°E 附近形成水汽通量辐合中心(图 10.15b),水汽的强烈辐合,有利于对流的发展,于是 11 时前后在 115.5°E 附近形成强对流中心(图 10.15a),强对流的发展释放潜热,有利于低层气旋性环流的形成,从而使得低层气压降低,加大气压梯度,反过来加强或维持中尺度低空急流的强度和水汽辐合通量,有利于中尺度对流的进一步发展。由此可见,凝结潜热的释放在中尺度低涡环流的发展中担当极为重要的角色。下面用包含凝结潜热的视热源作为加热场,从非绝热加热分布的角度讨论对流潜热释放和低层气旋性环流增长的正反馈相互作用关系。

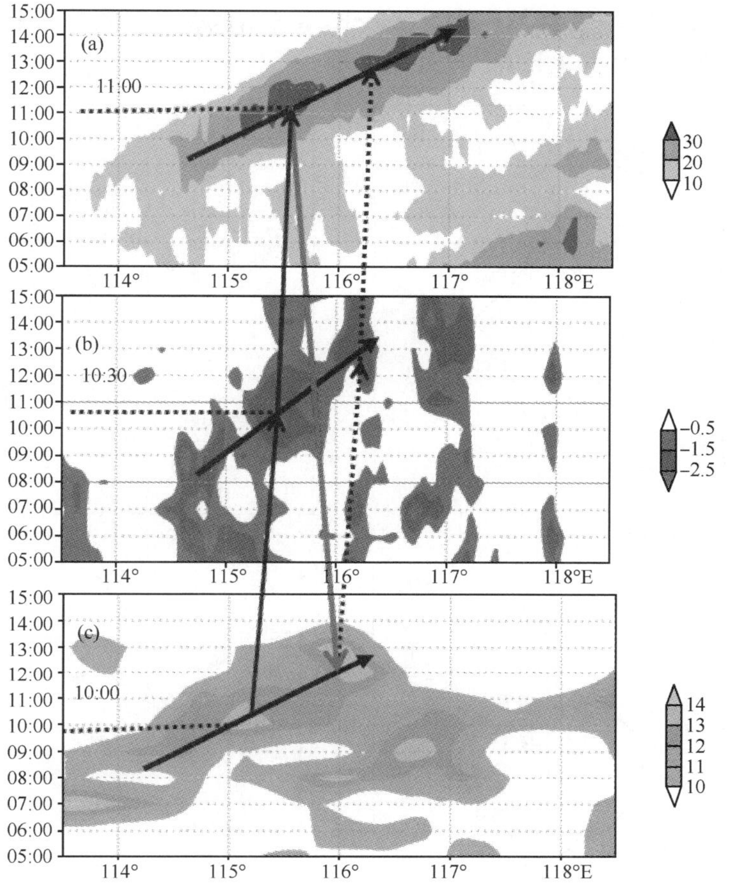

图 10.15　2008 年 6 月 21 日 05:00—15:00 850 hPa 上纬向平均的(a)雷达反射率(≥10 dBZ)、(b)水汽通量散度场≤-0.8×10^{-7} g/(s· hPa·cm²)和(c)等风速场≥10 m/s 的经向分布演变

(等风速场是在 31°—31.5°N 平均，水汽通量散度和雷达反射率均是在 31.5°—32.5°N 之间平均)

非绝热加热所引起的位涡变化可以用下式(10.4)(袁佳双和寿绍文，2002)表示

$$\frac{d\zeta_p}{dt}\approx\zeta_p\frac{\partial Q}{\partial\theta} \tag{10.4}$$

式中 ζ_p 为位涡，θ 为相当位温。通常情况下，$\zeta_p>0$。从式(10.4)可知，当非绝热加热随高度增大或减小时，位涡 ζ_p 的个别变化也增大或减小。所以，在最大加热层以上，位涡的个别变化减小，而在最大加热层以下，位涡的个别变化增加。

从热力学方程出发，经过尺度分离后可将视热源 Q_1 和视水汽汇 Q_2 表示为

$$Q_1=cp\left(\frac{\partial T}{\partial t}+\vec{v}\cdot\nabla T+\left(\frac{P}{P0}\right)^{K}\omega\frac{\partial\theta}{\partial P}\right)=Lm+QR-\frac{\partial}{\partial P}(\overline{s'\omega'}) \tag{10.5}$$

$$Q_2=-L\left(\frac{\partial q}{\partial t}+\vec{v}\cdot\nabla q+\omega\frac{\partial q}{\partial P}\right)=Lm+L\frac{\partial}{\partial P}(\overline{q'\omega'}) \tag{10.6}$$

式中 Q_1 来源于辐射加热，净水汽凝结潜热释放和感热垂直涡动输送的垂直辐合，Q_2 由水汽的净凝结和水汽垂直涡动输送的垂直辐散构成。Q_1 为温度反演的热量，Q_2 为水汽反演的凝结潜热，反映水汽通量的三维散度。Q_1 和 Q_2 的计算，采用丁一汇(1989)的计算方案，公式中所

用大尺度变量采用的是某一小区域内的 SCHEeREX 中尺度再分析资料水平方向 9 点平均得到的区域平均值,均采用中央差计算方程中的各项。

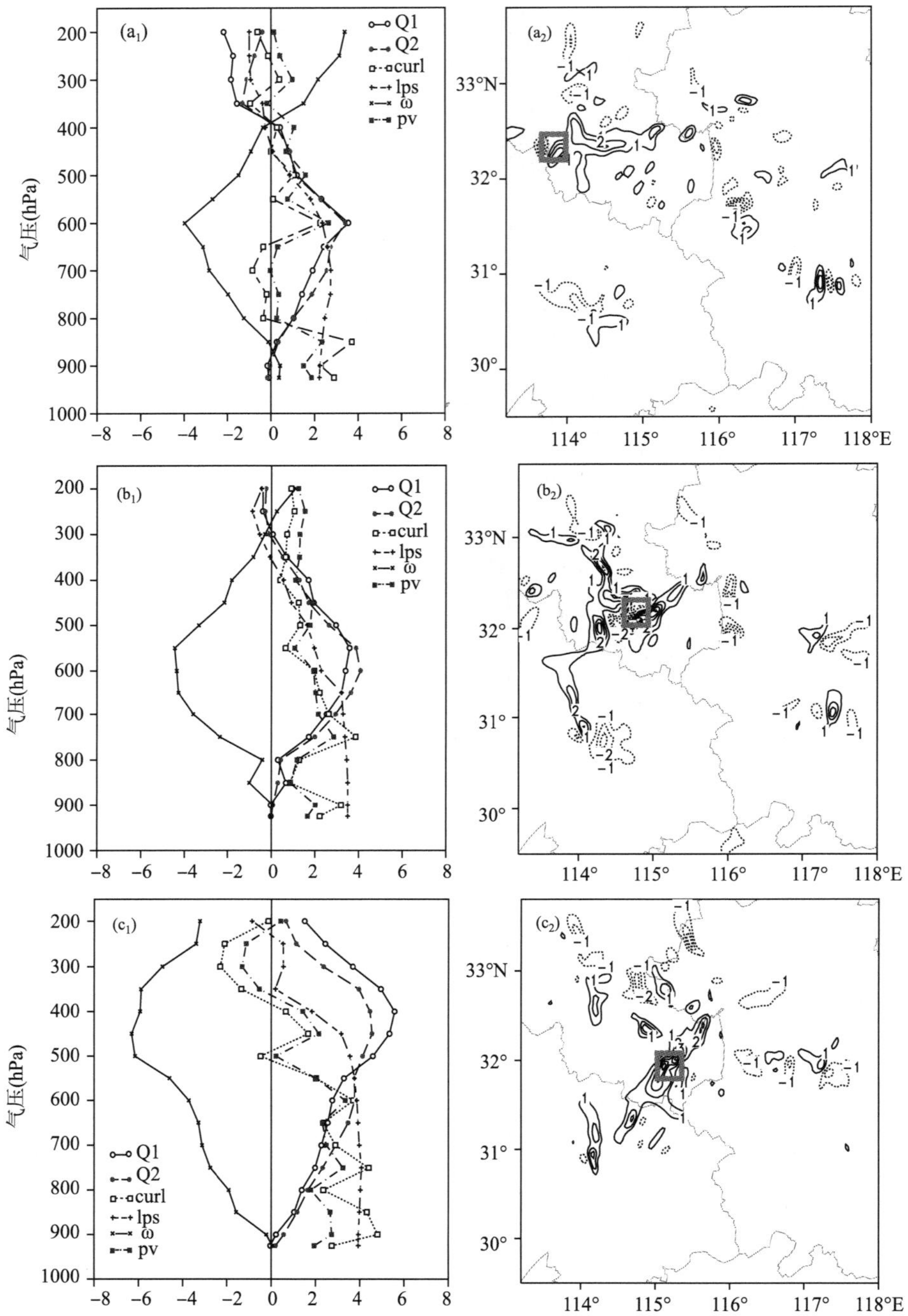

图 10.16　(a_1)2008 年 6 月 21 日 07 时涡旋中心附近(0.2°×0.2°)区域平均的视热源(Q_1,10^3 J/(kg·h))、视水汽汇(Q_2,10^3J/(kg·h)、涡度(curl,10^{-4} s^{-1})、位涡(pv,PVU)、雷达反射率(lps,10 dBZ)及垂直速度(ω,Pa/s)的垂直分布;(a_2)21 日 07 时 850 hPa 上的位涡扰动场(等值线,PVU)的分布;(b_1)同 a_1 但为 21 日 09 时;(b_2)同 a_2 但为 21 日 09 时;(c_1)同 a_1 但为 21 日 11 时;(c_2)同 a_2 但为 21 日 11 时。(右侧图中的方框表示相应时刻涡旋中心附近 0.2°×0.2°的区域范围)

图 10.16a 是气旋环流形成时刻即 21 日 07 时环流中心附近区域平均的视热源、视水汽汇、涡度、位涡、雷达反射率及垂直速度的垂直分布情况。可以看到，07 时，随着辐合线西端强对流的形成，600 hPa 以下的雷达反射率均超过 20 dBZ，对流层中层的水汽含量最丰富，视水汽汇 Q_2 在 600 hPa 上存在峰值，最大值达到 3×10^3 J/(kg · h)，视水汽汇峰值的高度与视热源的峰值高度基本一致且数值大小接近，这说明非绝热加热主要是由水汽的潜热释放引起的。根据前面的式(10.4)，最大加热层以下，位涡将增加，即 600 hPa 以下的位涡将增加。低层位涡的增加可以从该时刻 850 hPa 上的位涡扰动场(图 10.16a$_2$)得到，PV 正扰动区呈东西带状分布，与图 10.12a 中东西带状对流相对应，最大值达 3 PVU 的 PV 正扰动中心位于(32.3°N，114.4°E)，与西端强对流中心的位置一致，进一步验证了低层位涡的增长主要是由于强对流释放潜热在中层形成了最大非绝热加热层造成的。中低层位涡的增长有利于气旋性环流的发展，如图 10.16a 中涡度的垂直分布所示，800 hPa 以下出现正涡度大值区，低层气旋性环流开始形成。而气旋性环流所产生的垂直上升运动会进一步促进对流的发展，强对流和中低层气旋性环流存在正反馈作用。该正反馈相互作用是通过对流释放潜热在中层形成非绝热最大加热层，使得加热层以下的位涡增长来实现的。

图 10.16b 是涡旋环流形成时刻即 21 日 09 时涡旋中心附近区域平均的视热源、视水汽汇、涡度、位涡、雷达反射率及垂直速度的垂直分布情况。可以看到，09 时，由于对流的进一步发展，600 hPa 以下的雷达反射率增大，均接近 40 dBZ，导致释放的凝结潜热明显增多，中层视热源的峰值维持并增强，高度维持在 650～550 hPa，视热源最大值接近 4×10^3J/(kg · h)，根据式(10.4)，最大加热层以下，位涡将增加，因此，中低层的位涡将进一步增长。图 10.16b2 是相同时刻 850 hPa 上的位涡扰动场，可以看到，随着对流的进一步发展东移，对流释放潜热在低层造成的 PV 正扰动进一步增强，并逐步东移，出现两个 PV 正扰动中心，分别对应着图 10.13a 中的低涡环流中心和强对流中心。中低层位涡的进一步增长使得中低层的涡度进一步加强，如图 10.15b 中涡度的垂直分布所示，600 hPa 以下均是正涡度大值区，尤其是 750 hPa上的正涡度值超过 $4\times10^{-4}s^{-1}$，气旋性环流逐步形成闭合的涡旋环流。强对流和涡旋环流的正反馈作用随两中心靠近而逐步增强，中尺度低涡环流是随着该正反馈作用的逐渐增强而不断发展的。值得注意的是，根据式(10.4)，最大加热层以上，位涡将减小，因此，400 hPa 以上的正涡度将减小，有利于在高层形成反气旋环流。

图 10.16c 是涡旋环流成熟时刻即 21 日 11 时涡旋中心附近区域平均的视热源、视水汽汇、涡度、位涡、雷达反射率及垂直速度的垂直分布情况。可以看到，11 时，由于强对流进入成熟阶段，500 hPa 以下的雷达反射率均超过 40 dBZ，对流释放潜热使得视热源的峰值维持在 400 hPa 上下，并且强度达到最大，最大值达到 6×10^3 J/(kg · h)，根据式(10.4)，最大加热层以下，位涡进一步增加。图 10.16c$_2$ 是相同时刻 850 hPa 上的位涡扰动场，可以看到，原来两 PV 正扰动中心在 11 时合并为一个强中心，最大扰动值达到 5 PVU，约位于(32.1°N，115.4°E)处，与图 10.15a 中涡旋环流中心和强对流中心的重合位置一致。中低层位涡的进一步增长使得中低层的涡度持续增大，如图 10.16a 中涡度的垂直分布所示，正涡度层上升到 400 hPa 左右，600 hPa 以下的正涡度比 09 时有明显增大。强对流和涡旋环流的正反馈作用随两中心的重合而达到最大，中尺度低涡随该正反馈作用达到最强而发展成熟。值得注意的是，此时 400 hPa 以上是位涡和涡度的负值区，对应着强辐散的反气旋环流，这主要是由于非绝热加热层以上位涡持续减小而形成的，高层反气旋环流的形成使得低层垂直上升气流的抽

吸作用增强，有利于强对流和低涡环流的维持发展。

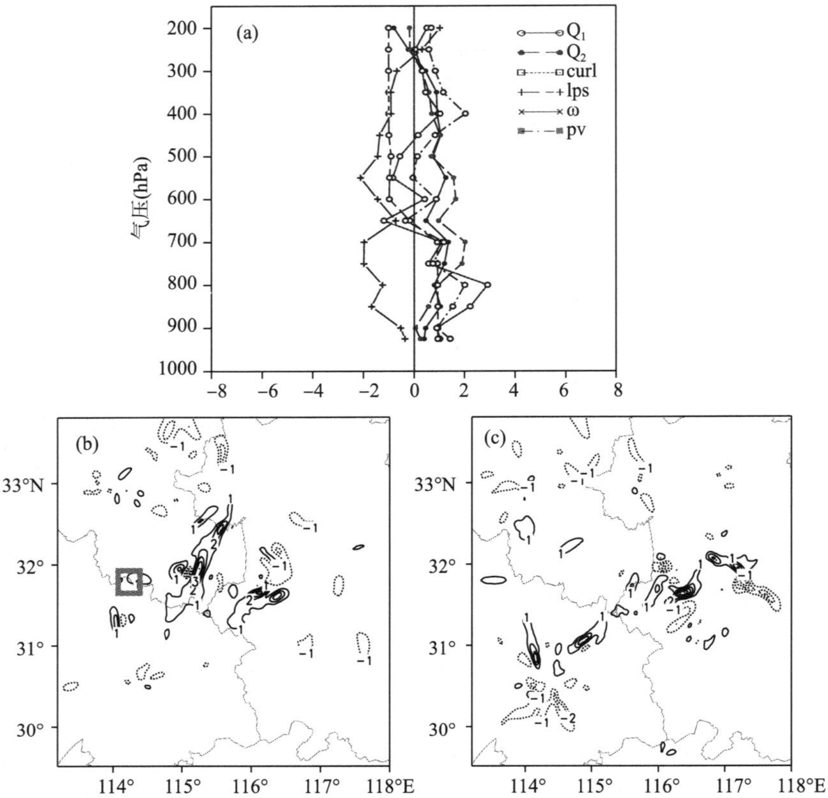

图 10.17　(a)2008 年 6 月 21 日 12 时与图 10.16a 相同物理量的垂直分布；(b)21 日 12 时 850 hPa 上位涡扰动场(等值线，PVU)的分布，方框为该时刻涡旋中心附近 0.2°×0.2°的区域；(c)21 日 14 时 850 hPa 上位涡扰动场(等值线，PVU)的分布

图 10.17a 是涡旋环流衰减时刻——即 21 日 12 时涡旋中心附近区域平均的视热源、视水汽汇、涡度、位涡、雷达反射率及垂直速度的垂直分布情况。可以看到，12 时，由于强对流中心和涡旋环流中心开始脱离，涡旋中心附近的对流明显减弱，只有 700 hPa 以下的雷达反射率维持在 15 dBZ 左右，对流释放的潜热急剧减少，视热源和视水汽汇的峰值消失，根据式(10.4)，不利于中低层位涡的进一步增长。图 10.17b 是相同时刻 850 hPa 上的位涡扰动场，可以看到，由于强对流中心和涡旋环流中心开始分离，*PV* 正扰动大值区也分裂为两个大值中心，一方面由于涡旋中心即(32°N，115°E)附近的对流减弱，对流释放潜热在低层造成的 *PV* 正扰动减弱，最大正扰动值减小至 3 PVU。低层正位涡扰动的减小使得正涡度减小，如图 10.17a 中涡度的垂直分布所示，正涡度层下降到 700 hPa 左右。强对流和中低层低涡环流的正反馈相互作用也随两中心的脱离而开始衰减，中尺度低涡环流随该正反馈相互作用的减弱而开始衰减。另一方面，强对流持续向东发展，强对流中心约位于(32°N，115.6°E)，对流释放潜热在低层造成的 *PV* 正扰动继续增强，最大扰动值达到 6 PVU，有利于新的气旋性环流的形成，这与涡旋环流东侧新生成的中尺度气旋环流(图略)相对应。14 时，由于强对流和涡旋环流系统完全分离，整个涡旋系统的潜热释放消失，不利于低层位涡的增长，表现在同时刻 850 hPa 上的

位涡扰动场上(图 10.17c)涡旋环流附近约(32°N,114.5°E)处的 PV 正扰动中心消失,低涡环流因地面摩擦而又没有足够的能量补充迅速消亡,而在强对流维持的地方约(32°N,116.5°E)处,由于凝结潜热的释放,低层的位涡正扰动中心维持,有利于气旋性环流的加强,这与 116.5°E处新生成的中尺度低涡环流(图略)相对应。

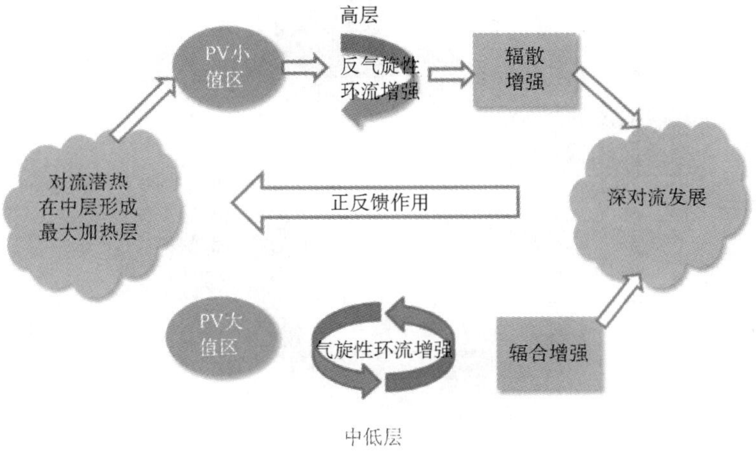

图 10.18　中尺度强对流和中低层低涡环流的正反馈作用过程

综上分析,可以得到中尺度强对流和中低层低涡环流正反馈作用过程(图 10.18),强对流释放潜热,在中层形成最大非绝热加热层,一方面使得加热层以下的位涡增长,形成气旋性环流,加强低层气流的辐合;另一方面使得加热层以上的位涡减小,形成反气旋环流,增强高层气流的辐散;低层辐合高层辐散的有效配置又有利于深对流的进一步发展,中尺度强对流和中低层低涡环流形成正反馈作用,该正反馈作用是中尺度低涡环流发展演变的主要机制。即中尺度低涡环流是随着强对流中心和涡旋环流中心的逐步移近从而使得两者的正反馈作用逐步增强而形成发展的,在两中心重合时使得两者的正反馈作用达到最强而发展成熟的,随两中心的逐步分离,两者正反馈作用减小而逐步衰减直至消亡的。

10.3.3　中尺度对流涡旋(MCV)系统发展演变示意图

中尺度对流涡旋系统包含中尺度强对流和中尺度低涡环流两部分,根据前面中尺度强对流和中尺度低涡环流发展演变机理,得到中尺度对流涡旋系统的发展演变机理示意图(图 10.19)。如图 10.19 左上侧虚线框所示,中尺度低空暖湿急流的增强并东移,一方面引起暖湿气体的强烈辐合使得中低层对流不稳定度持续增强,另一方面与冷空气发生相互作用使得湿等熵面倾斜,在水平风垂直切变不断增强的作用下引起垂直涡度增长,两者共同作用使得对流有组织地强烈发展和东移。对流强烈发展会释放潜热在中层形成非绝热最大加热层(图 10.19右上侧虚线框),使得加热层以下的位涡和涡度显著增长,在中低层形成气旋性低涡环流,深厚的强对流和相对浅薄的低涡环流存在正反馈作用(图 10.18),该正反馈相互作用不仅对中尺度强对流的发展成熟有促进作用,而更重要的是中尺度低涡环流发展演变的主要机制,中尺度强对流和中低层低涡环流的共同发展使得中尺度对流涡旋系统逐步发展成熟;如图 10.19 下部虚线框所示,一方面中尺度低空急流持续东移,另一方面低涡环流内部流场发生变化逐步西退,强对流和低涡环流逐步脱离,两者的正反馈作用减弱到消失,低涡环流逐步衰减,从而也使得中尺度对流涡旋系统逐步衰减。

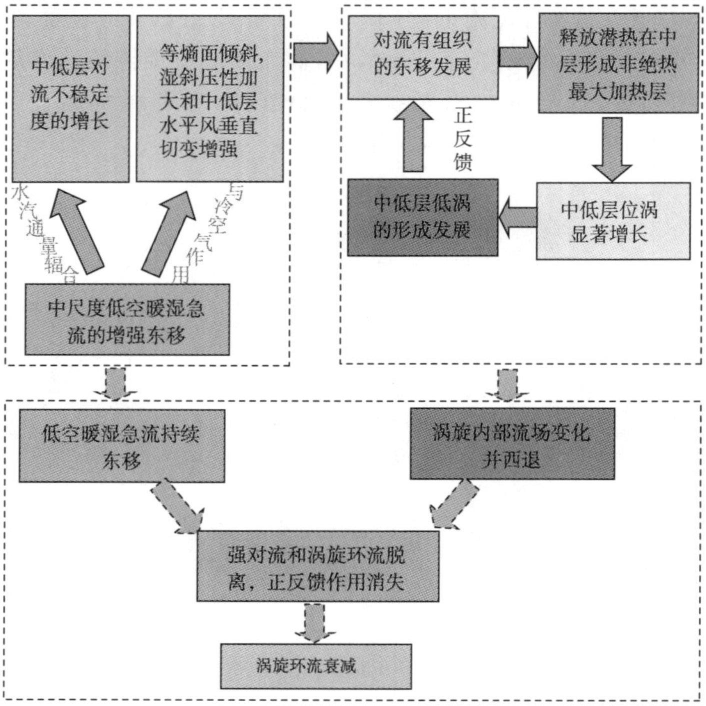

图 10.19　中尺度对流涡旋系统发展演变机理的示意图

10.3.4　小结

近几年中外对于 MCV 的机理研究已经做了大量的工作，这些工作主要利用单一观测资料或多种观测资料的组合以及数值模拟结果(Knivel 和 Johnson，2002；Weisman 和 Davis，1998；Davis 和 Weiman，1994；Trier *et al.*，1997；陆汉城等，2002)。尽管普遍的观点认为，深对流的凝结潜热释放对中尺度气旋的形成发展起着重要的作用，但这些观点的获得大部分是基于数值模拟结果。本文所使用的高时空分辨率的中尺度再分析资料，一方面不受某种观测工具时空分辨率的限制，另一方面又弥补了模式大气不能代替实际大气的不足，从而提供了能够研究 β 中尺度对流涡旋的资料来源。本文利用该高时空分辨率的中尺度再分析资料，对中尺度对流涡旋系统的演变机理进行分析，得到以下主要结论：

(1)中尺度低空急流的加强东移，一方面引起暖湿气体的辐合造成中低层对流不稳定度的持续增强，另一方面与冷空气发生相互作用使得湿等熵面倾斜在湿斜压性和水平风垂直切变增强的作用下引起垂直涡度迅速增长，上述两方面共同作用，使得中尺度强对流逐渐发展成熟；而冷空气的全面侵入和对流不稳定度迅速减弱是对流迅速减弱的主要原因。

(2)深对流释放潜热在中层形成非绝热最大加热层，一方面使得加热层以下的位涡和涡度增长，促使中低层低涡环流的形成发展，另一方面使得加热层以上的位涡和涡度减小，促使高层反气旋环流的形成，高层辐散中低层辐合的有效配置又进一步促进对流的发展，深对流和中低层低涡环流存在正反馈作用；

(3)深对流和中低层低涡环流的正反馈作用不仅对强对流的发展成熟有促进作用，而且是中尺度低涡环流发展演变的主要机制，即中尺度涡旋是随着强对流中心和涡旋环流中心的逐步移近从而使得两者的正反馈作用逐步增强而形成的，在两中心重合时使得两者的正反馈作用达到最强而发展成熟的，随两中心的逐步分离致使正反馈作用减小而逐步衰减的。

(4)中尺度低空急流的形成和东移，冷空气侵入，由此引起的大气对流不稳定以及水平风垂直切变和湿斜压性加强三者共同作用下，导致中尺度对流涡旋系统的形成与发展。低层中尺度急流的形成和冷空气的侵入是中尺度对流涡旋系统形成的触发机制，而对流的湿物理过程与涡旋环流的正反馈过程是中尺度对流涡旋系统维持和发展的主要驱动机制。

10.4　β 中尺度暴雨的水分循环和微物理过程分析研究

水汽的辐合和强烈的上升运动在有利的环境条件下，将引起积云对流的发展，积云对流通过水汽的辐合、上升、凝结释放大量潜热，在垂直方向输送热量、水汽和动量，在微物理过程中，水成物相变产生的潜热释放或热量的吸收与降水产生的拖曳对环境的热力动力过程也有不可忽视的作用。

10.4.1　强降水过程简述及物理量计算方案

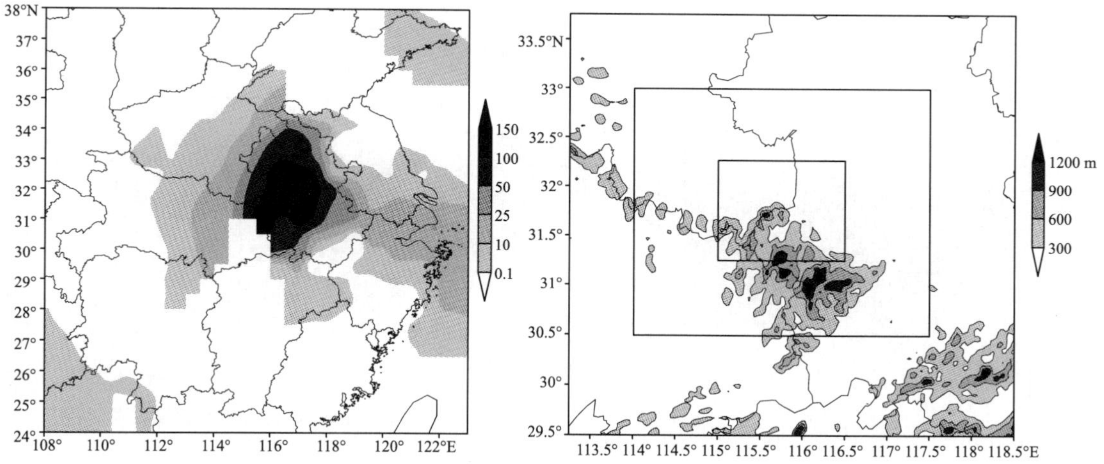

图 10.20　(a)2008 年 6 月 21 日 08 时—22 日 08 时为 24 h 累积降水量，(b)大别山地区地形分布

2008 年 6 月 19 日 08 时至 25 日 08 时(北京时，下同)，中国东部地区出现一次明显降水过程，19 日 08 时—20 日 08 时，中国东部及东南部地区普遍出现微弱降水；20 日 08 时—21 日 08 时，降水主要集中在江苏省及周边地区，江苏中部出现日降水超过 50 mm 的暴雨；21 日 08 时—22 日 08 时为降水最强时段(图 10.18a)，降水主要出现在安徽省，强降水中心位于大别山区及北侧地区；22 日 08 时—25 日 08 时，强降水分裂并减弱直至消失。

水汽收支方程为

$$\frac{\partial q}{\partial t}+\nabla \cdot qV+\frac{\partial q\omega}{\partial p}=-m \tag{10.7}$$

式中 m 为水汽的净凝结率，由水汽收支方程(10.7)左边三项对面积为 σ 的气柱积分，得到：

$$P-E_s=-\frac{1}{\sigma g}\int_{p_t}^{p_b}\int_{\sigma}\left(\frac{\partial q}{\partial t}+\nabla \cdot \vec{v}q+\frac{\partial \omega q}{\partial p}\right)\mathrm{d}p\mathrm{d}\sigma \tag{10.8}$$

式中右侧三项分别为：局地变化项$\left(\frac{1}{\sigma g}\int_{\sigma}\frac{\partial q}{\partial t}\mathrm{d}\sigma\right)$代表局地比湿减小水汽凝结降落引起的降水，

水平辐合项$\left(-\frac{1}{\sigma g}\int_{\sigma}\nabla\cdot\vec{v}q\mathrm{d}\sigma\right)$表示降水区外的水汽通过水平辐合集中到降水区上空对降水的贡献，垂直输送项$\left(-\frac{1}{\sigma g}\int_{\sigma}\frac{\partial\omega q}{\partial p}\mathrm{d}\sigma\right)$反映地形造成的水汽集中对降水的贡献。其中局地变化是由计算时刻后 1 h 和 1 h 的差值，除以时间间隔(即中央差)方法得到。式中 P 是降水量，E_S 为蒸发量，E_S 作为公式的余差项，计算过程中先计算得到公式中其他量的数值，然后将其差值作为 E_S 项，此项包含了计算误差。

水平辐合项还可以分解为两部分

$$\frac{1}{g}\int_{P_t}^{P_b}\nabla\cdot\vec{v}q\,\mathrm{d}p=-\frac{1}{g}\int_{p_t}^{p_b}q\,\nabla\cdot\vec{v}\mathrm{d}p+\frac{1}{g}\int_{p_t}^{p_b}\vec{v}\,\nabla q\mathrm{d}p \tag{10.9}$$

它们分别代表水汽的水平平流造成的水汽集中和风场辐合造成的水汽集中。

10.4.2　水分循环和微物理过程的特征分析

10.4.2.1　水汽收支的水平特征

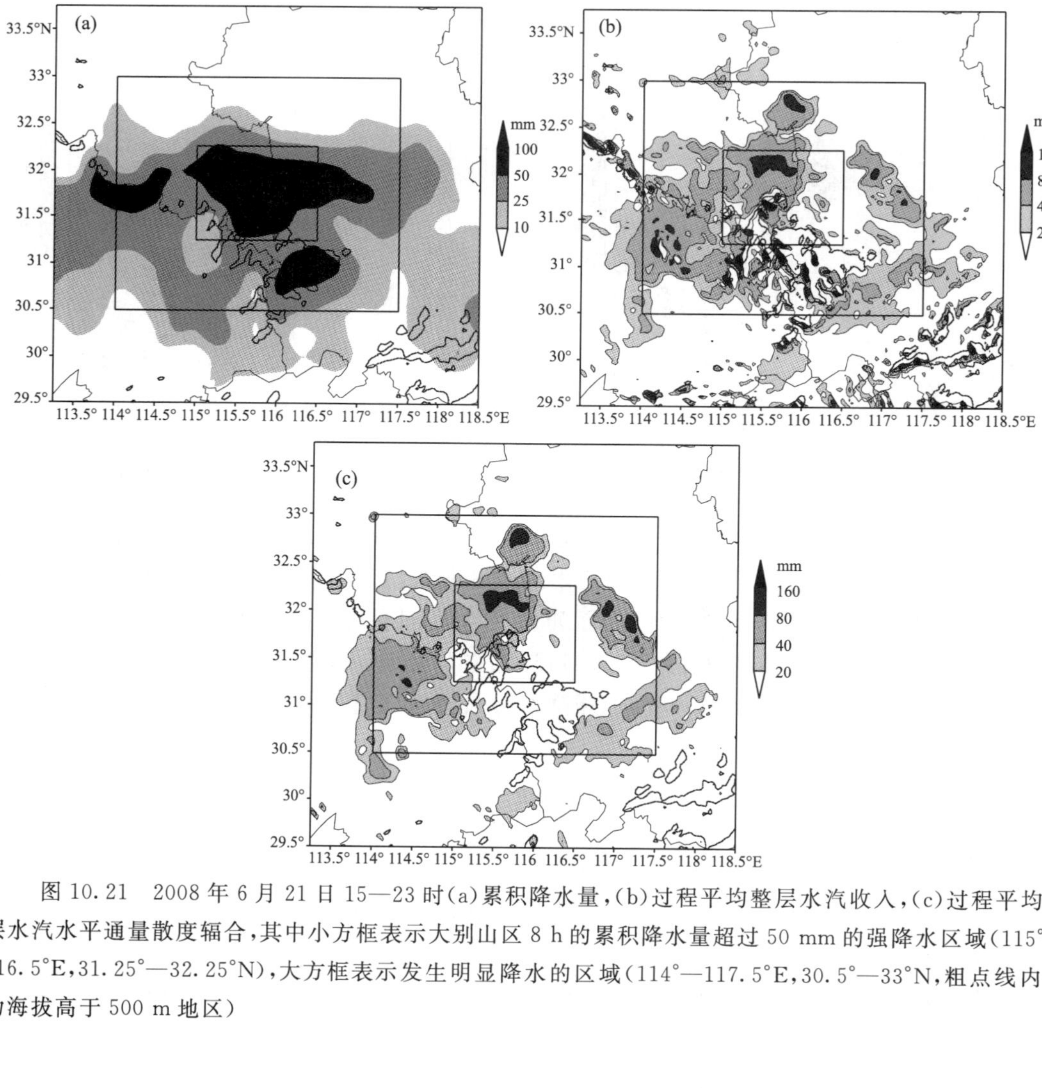

图 10.21　2008 年 6 月 21 日 15—23 时(a)累积降水量，(b)过程平均整层水汽收入，(c)过程平均整层水汽水平通量散度辐合，其中小方框表示大别山区 8 h 的累积降水量超过 50 mm 的强降水区域(115°—116.5°E，31.25°—32.25°N)，大方框表示发生明显降水的区域(114°—117.5°E，30.5°—33°N，粗点线内部为海拔高于 500 m 地区)

根据降水量计算公式(式(10.8)),降水的水汽来源主要有:局地比湿减小水汽凝结,水汽水平辐合集中和地形强迫抬升作用造成的水汽集中,这三项之和在降水区域上整层积分应反映地面降水量与蒸发量的差值,降水量计算方程本质上描述了在空气中凝结的水汽全部降落到地面贡献的降水量。对比图 10.21a 和 b,可见水汽收入大值区与强降水的分布还是有比较好的对应关系的,两者大值均主要集中在大别山西北侧及北部地区,结合风场(图 10.5)和湿度场(图略),我们发现大别山西北侧为中尺度气旋环流的西南气流控制区,且相对湿度均在 90%以上,大别山北部地区则为气旋东侧从相对湿度大值区吹来的偏南气流控制,且对流活动明显,暖湿气流和强对流活动造成了大别山西北侧及北部地区的大量水汽收入;但是水汽收入在海拔较高(500 m 以上)地区及大别山的东侧明显偏小。对比图 10.19b 和 c,我们发现水汽水平通量辐合显著区域与水汽收入总量大值区在大别山海拔超过 1000 m 的地区差别较为明显,反映了显著地形造成的水汽集中对降水的贡献;而在广大平原地区两者对应性很好,说明水汽的水平辐合是水汽收入的主要贡献项,以上分析充分表明水汽的水平分配与中尺度系统的环流和水汽通量散度有密切的关系。

10.4.2.2　水汽收支的垂直特征

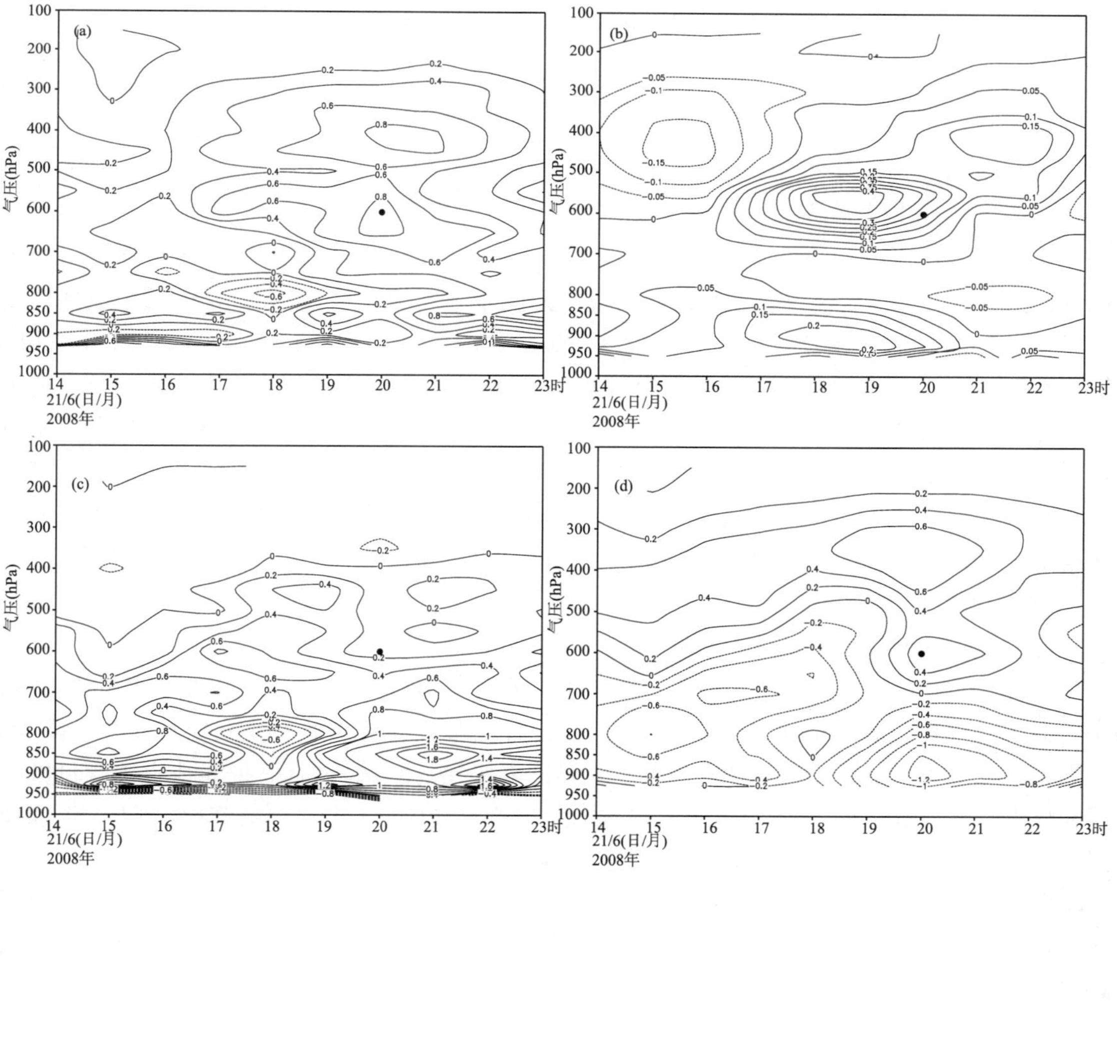

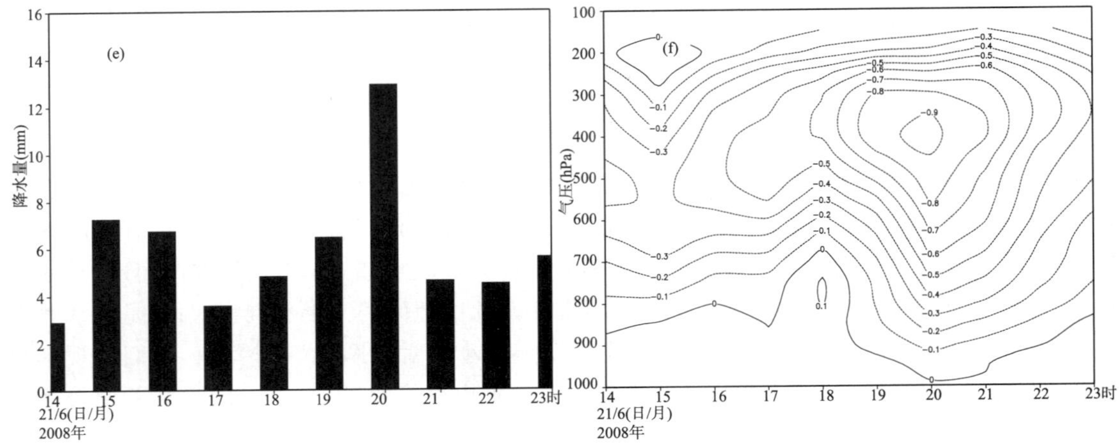

图 10.22　2008 年 21/6(日/月)区域平均水汽收支总量及分量、垂直速度随时间和高度的变化以及地面实测降水量随时间的变化

(a. 水汽收支总量(单位:g/(kg·h)),b. 水汽局地变化项(单位:g/(kg·h));c. 水汽水平辐合项(单位:g/(kg·h));d. 水汽垂直输送项(单位:g/(kg·h));e. 地面实测降水量(单位:mm);f. 垂直速度(单位:Pa/s))

表 10.2　降水过程平均水汽收支的垂直积分

(单位:mm/h)

	局地变化项	辐合项	垂直输送项			
层次(hPa)	$-\frac{1}{g}\int_{P_t}^{P_b}\frac{\partial q}{\partial t}\mathrm{d}p$	$-\frac{1}{g}\int_{P_t}^{P_b}\nabla\cdot\vec{v}q\,\mathrm{d}p$	$-\frac{1}{g}\int_{P_t}^{P_b}\frac{\partial\omega q}{\partial p}\mathrm{d}p$	bg	P	E_S
地面～150(hPa)	0.30	2.11	0.01	2.42	3.16	0.74

如图 10.22a 所示,水汽收支总量整个过程期间基本均为正值,最大值位于系统成熟时刻 20 时,高层和中层两个水汽收入大值中心(>0.8 g/(kg·h))分别位于 600 hPa 和 400 hPa 层,700 hPa 以下辐合项和垂直输送项符号相反,说明低层辐合进来的水汽大多数被垂直向上输送,并在中高层凝结形成降水,中层水汽收入大值中心是由水汽的局地变化、水平辐合、垂直输送三者共同作用增加水汽所形成的,其中垂直输送项贡献最大,如图中黑点标示三者贡献的水汽收入分别为:0.2g/(kg·h)、0.2 g/(kg·h)和 0.4g/(kg·h),高层的水汽收入大值中心略迟于中层,其主要是由强烈的垂直输送造成,此高层大值中心位于 0℃线(530 hPa 附近)以上,汇集的水汽大量凝结、凝华。

再来看收支方程各项对降水的贡献:

由式(10.8)可见水汽的个别变化等同于水汽凝结率,同时其又是水汽相变和水平、垂直输送的结果。水汽的输送导致了局地水汽的增加,而局地水汽凝结则导致大气水汽含量减少。水汽局地变化项为负表明凝结的水汽多于辐合进入气柱的水汽,也就是说局地水汽含量减小贡献降水。降水过程中,天气尺度上看降水前后局地水汽含量一般无显著变化,如丁一汇和胡国权(2003)使用一天四次数据认为水汽局地变化项同辐合项相比往往很小。本节结果则表明使用高时间分辨率的数据后此项明显增大,降水过程中局地水汽随时间先增大,后减小,说明前期辐合进入气柱的水汽含量大,使得局地水汽含量增加,而后期降水增强,使得凝结损失的水汽量多于辐合进入的水汽,导致局地水汽含量减小,这与 Sherwood 和 Wahrlich(1999)分析探空数据及卫星数据得到的结果一致。在系统发展—成熟阶段的中层700～500 hPa和低层925～800 hPa出现两个迅速增强的与另两项量级相当的水汽局地变小中心。其中，中层大值区与水汽收支总量(图10.22a)高度一致，说明对流层中层局地水汽变小并大量凝结贡献降水，且此层局地水汽的变小随时间呈从低向高的发展趋势，这与Sobel等(2004)结论也是一致的，而对流层低层局地水汽的变小则主要与水汽由低层向上强烈的垂直输送有关(图10.22d)，从水汽局地变化项可以看到过程平均局地水汽凝结增加的降水量达到0.3 mm/h，说明局地水汽尤其是对流层中低层水汽也是此次降水的水汽来源之一，并且此项于最大降水时刻前1.5 h达到最大值，对降水有一定的指示意义。

水平辐合项(图10.22c)代表雨区外水汽通过水平辐合集中到雨区上空贡献的降水，此次大别山强降水过程中400 hPa以下基本一直维持较强的水汽辐合，最大值达到1.8g/(kg·h)，此项产生的过程平均降水强度达到2.11 mm/h，其中低层(700 hPa以下)的水汽辐合最为重要，贡献降水强度达到1.53 mm/h，占整层水平辐合水汽收入的近3/4，可见中低层水汽的水平辐合是此次强降水主要的水汽来源，来自降水区以外深厚稳定的水汽输送对此次大别山强降水的形成和发展起到重要的作用。

水汽垂直输送项的主要作用是将进入气柱的水汽在垂直方向上重新分配，此项随时间变化(图10.22d)中低层为负值表明各层向上层输送的水汽大于下面层次向此层输送的水汽，导致水汽辐散、含量降低，中高层为正值表明水汽辐合、含量增加。这个水汽低层减少高层增加的分界线随时间高度不断抬升，说明随着垂直速度的不断加强，水汽被抬升到越来越高的层次汇集。系统成熟时刻垂直运动从近地面到对流层顶均为上升，最大上升高度达到400 hPa，最大上升速度接近1 Pa/s，此时刻水汽垂直输送项在最大上升高度存在一个水汽收入大值中心，最大值达到0.6 g/(kg·h)，同时在0℃层以下600 hPa层上出现一个新的水汽收入大值中心并维持到系统减弱，最大值也达到0.4 g/(kg·h)，低层向上的水汽输送，一部分汇集在中层，形成600 hPa层上的大值中心，另一部分则继续向高层输送，因此，中层的水汽输送项大值中心不仅是水汽的汇集区，还是高层水汽的过渡输送区，低层(900 hPa层)则是水汽减少中心，最大值达到−1.2 g/(kg·h)。

蒸发项贡献了0.74 mm/h降水量，此项为收支方程的余差，包含水汽收支方程的所有计算误差，并且由于SCHeREX资料和降水资料的格式及空间分辨率不同，插值得到的区域平均降水量存在一定误差，但仍然可以发现蒸发项在水汽的供应中扮演了重要角色，这表明地表水分蒸发重新进入大气的水汽循环过程对强降雨过程是很重要的。结合地表相对湿度可见，系统生成前一时刻主要降水区地表湿度均较大，尤其是系统强烈发展的大别山地区，地表相对湿度均≥80%，这可导致水分的强烈蒸发，成为降水的另一个水汽来源。

综上所述，理论计算结果得到的总水汽收入产生的降水量(2.42 mm/h)占实际降水量(3.16 mm/h)的77%，蒸发项贡献了其余的23%(0.74 mm/h)。水平辐合项贡献了总水汽收入的87%，且辐合主要在中低层进行；水汽局地变化项贡献了总水汽收入的12%；水汽的垂直输送项主要特点是低层将水汽强烈向上输送，中高层得到水汽累积并形成降水。总体说来水汽循环各项在降水过程中所起的作用是这样的：降水区的水汽主要来源于区域以外中低层水汽的汇合(水平辐合项)和地表水分的蒸发(蒸发项)，大气的垂直运动使水汽在气柱内重新分配，低层水汽减少、高层水汽增加(垂直输送项)，最终水汽凝结降落形成地面降水。同时本文还得到一些有意义的新结果：我们发现低层水汽水平辐合的极值和局地水汽收入的极值分别领先于最大降水 5 和 1.5 h 出现，对强降水预报有一定的指示意义。水汽收入在中层 600 hPa 和高层 400 hPa 有两个大值中心，且高层中心略晚于中层中心，说明低层辐合进来的大量水汽部分被截留在中层、部分被输送至高层的事实。并且局地变化项不再作为小项调整大气中水汽含量，在系统生成—发展阶段，强烈的上升运动造成对流层中低层凝结和继续向上输送的水汽量多于辐合进入的水汽量，导致局地水汽显著减少贡献降水。

10.4.2.3　水汽通量的分布特征

下面计算区域东、西、南、北四个边界上的水汽通量。水平辐合项在各方向上水汽的通量为：$Q_l = \int_l (-\frac{1}{g}\int_{P_t}^{P_b} q v_n \mathrm{d}p)\mathrm{d}l$。$Q_l$ 表示水汽在某边界上的水汽通量，l 为计算区域周长；v_n 是风沿区域周线的法向分量；$Q_l > 0$ 表示该边界有水汽输入，$Q_l < 0$ 表示该边界有水汽输出。

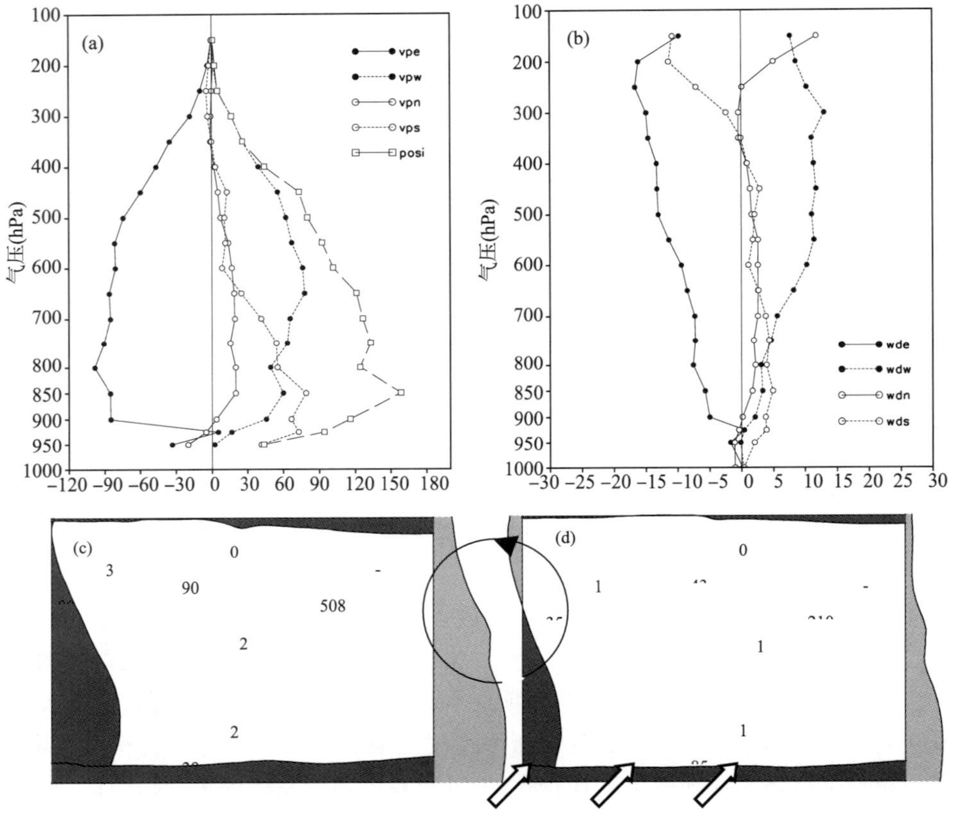

图 10.23　水汽通量的垂直廓线和水平分布及风场的垂直廓线

(a. 四个边界上沿边长平均的水汽通量(单位：g/(kg · h))随高度的变化，其中实心圆实线代表东边界、实心圆点线代表西边界、空心圆实线代表北边界、空心圆点线代表南边界，正值代表有水汽流入，负值表示水汽输出；空心方框长虚线为各边界上水汽输入的合成廓线；b. 四个边界上沿边长平均的法向风分量(单位：m/s)随高度的变化，线型与图 a 代表边界一致。正值代表气流向内，负值表示气流向外；c. 整层积分的水汽通量(单位：mm/h)在各边界上随经纬度的变化，廓线在区域外侧(浅色阴影)表明有水汽流出，廓线在区域内侧(深色阴影)表明有水汽流入，边界上的数值表示各边界平均的水汽收支量，中心数值表示所有边界总的水汽收支量，其中正值表示水汽收入，负值表示水汽支出；d. 低层(700 hPa 以下)积分的水汽通量在各边界上随经纬度的变化，图中带箭头的圆圈和空心箭头分别标示中尺度气旋和西南低空气流)

由图 10.23a 中水汽输入合成廓线来看，此次降水过程对流层低层为主要水汽输入层，其中 750 hPa 以下水汽收入占总水汽输入量的 50%，主要为西边界和南边界的贡献，具体来说，西边界水汽输入量最大，且整层均为水汽输入，低层和中层水汽输入均较显著，水汽通量流入量沿纬度先增加再减小，最大流入在 31.3°N 附近；南边界主要的水汽输入集中在 700 hPa 层以下，低层贡献了南边界整层总输入量的 3/4，高层为微弱的水汽输出，该边界水汽收支随经度变化不大。东边界为主要的水汽输出边界，整层皆为流出，其南、北部分别被西南和西北气流控制，辐合带位于 31.5°N 附近，故水汽流出量随纬度先增加再减小，最大流出位于 31.5°N 附近。北边界中低层为较弱的水汽流入，水汽流入均随经度增加，高层西部为水汽流出东部为水汽流入，输出输入相互抵消。

我们发现水汽输送在西边界和南边界存在差异，我们分析原因如下：如图 10.23d 所示，此次降水的主要影响系统中尺度气旋主要存在于 600 hPa 以下，对流层低层区域西侧主要受中尺度气旋影响，西边界南部强烈的水汽流入，被西边界北部由内向外的气流造成的水汽流出抵消了一部分，边界平均的水汽流入相对较小，南侧则受均匀的西南低空气流影响，水汽收入稳定，这两个系统的气流流向特征解释了西边界水汽收支随纬度变化先增加再减小，而南边界水汽流入随经度变化不大的原因；而 600 hPa 以上，整个区域的风向主要受风速随高度增加的盛行西风控制，而水汽含量随高度减小更快，这就造成了西边界在对流层中层水汽流入仍较强盛。

10.4.2.4　对流云内的微物理特征分析

水汽水平和垂直输送对降水起到关键性作用，但由于成云致雨需要经过一系列复杂的微物理过程，所以各种水成物含量变化对降水也是有重要意义的。SCHeREX 资料中水成物有五类，包括两种云粒子（液态云水、云冰）和三种可降水粒子（冰、雪、雨），此次降水过程平均整层积分各量中液态云水含量最高，约为水汽含量的 1/20，其次是云冰，含量约为云水的 29%，总可降水物含量约为云水的 14%，其中雨最多，雪略少，冰含量较其他可降水物要小一个量级。我们发现此个例水成物存在的最大高度较通常所用资料中水成物的最大高度显著偏高，其可能原因是：SCHeREX 对水成物的计算不是仅仅依靠雷达原始资料，而是依据云内的温度、湿度和其他物理量反演得到的；此次降水过程强度较强，且发生在山区，对流上升与地形重力波的上升支叠加，造成强对流发展得很旺盛，达到了 200 hPa 层，故水成物存在的高度也很高。

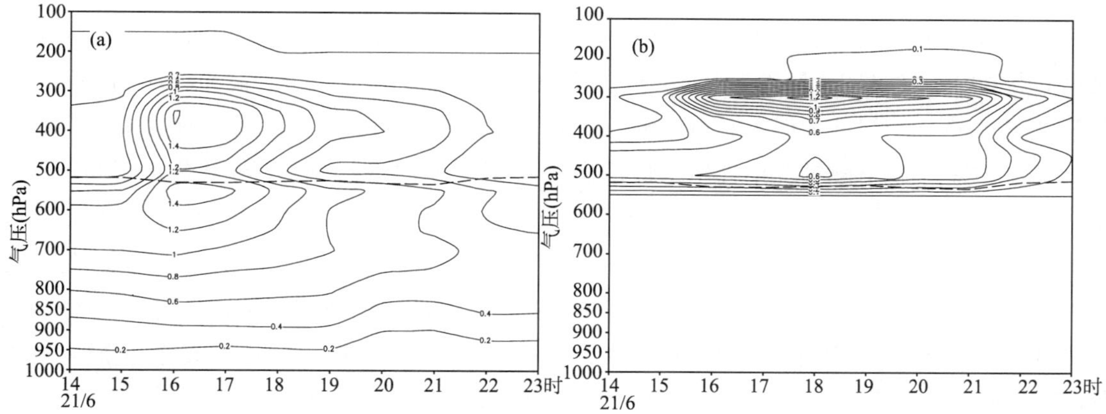

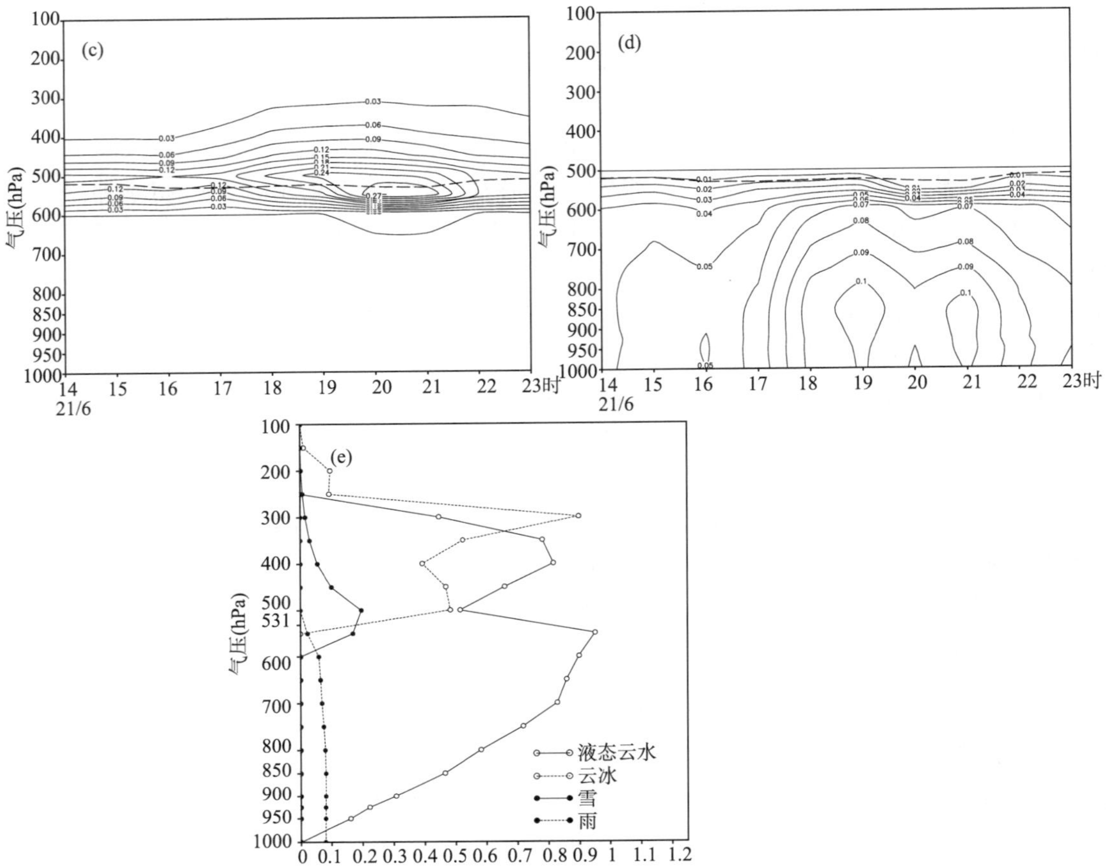

图 10.24　水成物含量(单位:g/m³)随时间和高度的变化及平均值随高度的变化

(a. 液态云水,b. 云冰,c. 雪,d. 雨,图中长虚线均为 0℃层,e. 各量过程平均值随高度的变化,其中液态云水、云冰、雪和雨分别用空心圆点实线、空心圆点虚线、实心圆点实线和实心圆点虚线表示)

如图 10.24 所示,各种水成物在 21 日 15—22 时段内均为相对大值,液态云水在 200 hPa 以下区域均存在,从 15 时开始迅速增加,于 16 时达到极大值,高层和中层大值中心(>1.6 g/m³、>1.4 g/m³)分别位于 0℃层上下的 400 和 550 hPa,两者随时间变化基本一致,液态云水在 500 hPa层附近为一个相对小值层,16—18 时减小最为迅速(含量减小了 0.7 g/m³),对应着此时段云冰、降雪和降雨均有显著增长;云冰主要位于 0℃层之上,18 时于 300 和 500 hPa 层出现两个大值中心(>1.2 g/m³、>0.6 g/m³),分别较云水的两个大值中心高 50 hPa,且滞后2 h出现,其中 500 hPa 层的大值中心与云水 500 hPa 层的相对小值层高度一致;降雪主要存在于 300～600 hPa,其在下降过程中先增长然后融化,除最强降水的 20—21 时下落至650 hPa层,其余时次均在 0℃层至 600 hPa 层间全部融化,最大值中心(>0.27 g/m³)出现在 20—21 时 0℃层下方550 hPa层上,次大值(>0.24 g/m³)出现在 19 时 0℃层上方 500 hPa 层上,比云冰的大值中心又晚 1—3 h;降雨主要分布在 0℃层以下,两个大值中心(>0.1 g/m³)分别位于 19 和 21 时,从800 hPa延伸至地面,略滞后于降雪的两个大值中心。总体来说:生成发展阶段,云水、云冰含量迅速增加,云水 16 时达到最大值。发展成熟阶段,云水迅速减少,云冰 18 时达到最大之后减少,雪和雨含量增加至 20 时前后达到最大值,对应地面每小时降水量最大值时段为 20—21 时。成熟衰减阶段，云水含量继续减少、云冰含量减少迅速，21 时之后雪和雨含量均开始减少。

数值试验表明(何观芳和胡志晋，1998；王鹏云等，2002；孙晶和王鹏云，2003；肖辉等，2004；洪延超和周非非，2005)，强降水主要发生在冰水混合云中，冰相粒子对强降水的形成有重要作用。本节结果显示(图 10.24)云粒子在 250 hPa 以上主要以云冰形式存在，550～250 hPa为液态云水和云冰共存，550 hPa 以下则主要以液态云水形式存在，说明此次降水为混合云降水，高层的冰晶浓度高，其凝华增长到一定程度后下落到混合层，16—18 时 300 hPa层附近液态云水含量迅速减小、云冰含量迅速增加，说明在混合层上部的冰晶通过冰水转化长大，而在 500 hPa 层附近，液态云水含量迅速减小同时云冰和雪含量及低层的雨含量均有显著增加，说明在混合层下部，长大的冰晶捕获过冷水淞附增长生成雪。在 600～250 hPa 高度范围既有气态的水汽、液态的云水和雨，又有固态的云冰、雪，20 时之前云水及云冰含量不断减少，雪和雨含量持续增加，雪的极大值出现在每小时地面降水最大值的开始时刻(20 时)的 0℃层上方，并略微提前于其下方的雨水最大值，说明在强上升运动产生的对流作用下 0℃层附近的冰晶相互黏连生成雪团，雪又经历撞冻过冷云水、收集云冰、凝华水汽等过程生长，并经历碰并过程由小粒子变为大粒子，最后向下降落进入暖区融化形成雨水，造成雨也显著增加，在 850～500 hPa，雨在降落过程中含量逐渐增加，液态云水则随高度降低含量减少，说明雨水下落穿行水云时碰并云水含量继续增加。20 时之后，云水含量已减少为峰值的一半左右，高层云冰含量迅速减少，中层的雪含量和低层的雨含量也显著减少，地面降水逐渐减弱。图 10.25 概括了的此次大别山强降水过程混合云降水形成的主要环节，可见冰水混合物极大值于强降水时刻前 2—3 h 出现，具有一定的指示意义，液态云水含量的迅速减少对应云冰、降雪和降雨的显著增长，雪含量出现极值时降水量达到最大，云冰迅速减少时降水减弱。

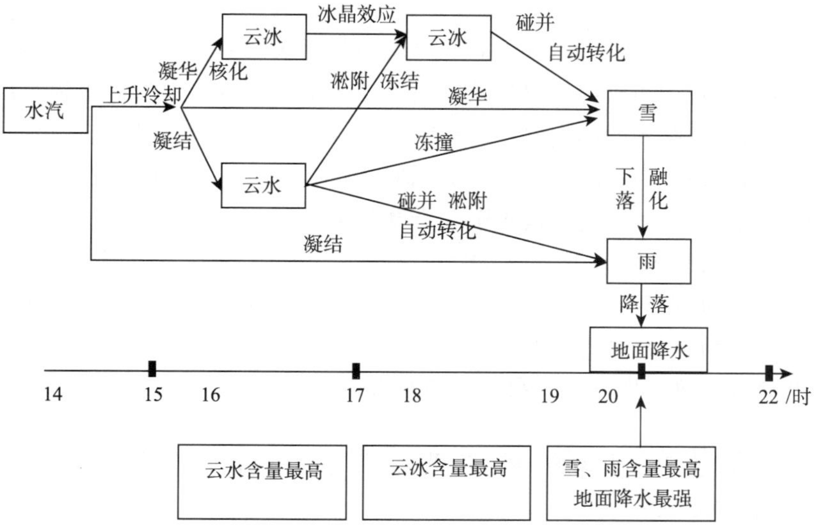

图 10.25　各种水物质之间的转化过程

10.4.3.5 水成物之间的转化

表 10.3 降水过程平均各量的垂直积分 (单位:mm/h)

	降水量	水汽	云水	云冰	降雪	降雨	降冰
时间平均	3.156	−2.42	0.172	0.116	0.019	0.019	0.004

物理量的局地变化减去水平与垂直的辐合辐散即得到含量的个别变化,也就是此物理量转化为其他物理量的数量(汇)或者有多少其他物理量转化为此物理量(源)。各种物理量过程平均转化的具体数据如表 10.3 所示,过程平均来看水汽减小了 2.42 mm 的比水含量,使大气中云粒子增加了 0.228 mm 的比水含量,可降水粒子增加 0.042 mm 比水含量,最终贡献了 2.15 mm 的降水量。过程平均各种水成物含量均有增加,这是由于系统发展各时段中水凝物增加的时期较长,除液态云水外,水成物基本都从系统成熟时刻才开始含量减少贡献降水,并且由于地形高度所限,地面到 925 hPa 水汽水平辐合未能精确计算,而这个区域的水汽含量又是非常丰富的,是水汽收入的重要来源,本文还没有考虑到夹卷、湍流、蒸发等更小尺度的过程对水汽和水成物含量的影响,再加上降水资料相对水成物资料分辨率差很多,因此与地面降雨量相比,水汽和水物质贡献的比水含量不足,这有待以后利用更高分辨率的资料和有效的计算方法或者使用模式进行更深层次的研究。

10.4.3 小结

本节应用常规气象资料和 SCHeREX 再分析资料,细致分析 2008 年 6 月一次大别山强降水过程水汽收支和微物理过程,我们得到以下结论:

(1)理论计算结果得到总水汽收入产生的降水量(2.42 mm/h)占实际降水量(3.16 mm/h)的 77%,地表水分蒸发也是一个重要的水汽来源。局地变化项贡献总水汽收入的 12%,水平辐合项贡献了其余的 87%。过程平均来看水汽共减少了 2.42 mm 的比水含量,使大气中云粒子增加了 0.228 mm 的比水含量,使可降水粒子增加 0.042 mm 比水含量,最终贡献了2.15 mm的降水量。

(2)强降水过程中水汽循环的特征:(a)对流层中低层水汽的水平辐合是强降水主要的水汽来源,其中南边界低层和西边界中低层的水汽通量流入贡献最大。水汽通量辐合层的增厚增加了中低层水汽收入,对强降水的形成有决定性意义。(b)我们首次发现局地水汽的变化,尤其是系统发展—成熟阶段气柱内对流层中低层的局地水汽减小对降水贡献也很显著(c)垂直输送项于强降水时刻达到最大值,前期的水汽水平辐合和局地水汽收入为后期水汽垂直输送和水汽通量的垂直辐合提供了大量水汽来源。(d)冰水混合物极值先于降水量极值 2～3 h 出现,雪含量极值出现在最强降水时刻,云冰迅速减少时降水减弱,说明冰相粒子在此次降水过程中的重要作用。(e)低层水汽通量和局地水汽收入极大值分别出现强降水发生前 5 和 1.5 h,液态云水和云冰极大值分别出现在强降水发生前 4 和 2 h,均对降水有一定指示意义。

10.5 β中尺度暴雨的非绝热加热过程及其对中尺度涡旋系统反馈影响的分析研究

研究强降水过程中热量、水汽收支状况及其与环境场相互作用是研究中尺度暴雨发生、发展机理的重要组成部分,而计算分析暴雨区视热源和视水汽汇的分布特征是研究降水过程中热量、水汽收支状况，探讨能量和水分循环与暴雨的内在联系的一种有效途径。

10.5.1 计算方案

热力学方程和水汽方程为

$$\frac{\partial s}{\partial t}+\nabla\cdot sV+\frac{\partial s\omega}{\partial p}=Lm+Q_R \tag{10.10}$$

$$\frac{\partial q}{\partial t}+\nabla\cdot qV+\frac{\partial q\omega}{\partial p}=-m \tag{10.11}$$

式中 $s=c_pT+gZ$ 为干静力能量，Q_R 为辐射加热率，m 为净凝结率（凝结率减去液态水的再蒸发率）。由 p 坐标下连续方程 $\nabla\cdot\vec{v}+\frac{\partial\omega}{\partial p}=0$，可得到区域内平均热量和水汽的收支方程，即式(10.5)和(10.6)。

方程反映了 Q_1 来源于辐射加热，净水汽凝结潜热释放和感热垂直涡动输送的垂直辐合，Q_2 由水汽的净凝结和水汽垂直涡动输送的垂直辐散构成。取大气顶垂直速度为零，将式(10.10)和(10.11)整层垂直积分可得

$$\langle Q_1\rangle=\frac{1}{g}\int_{P_t}^{P_s}Q_1\,\mathrm{d}p=LP+Q_s+\langle Q_R\rangle \tag{10.12}$$

$$\langle Q_2\rangle=\frac{1}{g}\int_{P_t}^{P_s}Q_2\,\mathrm{d}p=L(P-E_S) \tag{10.13}$$

式中 P 为地面降水，Q_s 为地面感热输送，E_s 为地面潜热输送，$\langle Q_R\rangle$为辐射加热（冷却）的垂直积分。根据 Luo 和 Yanai(1983)，由$\langle Q_1\rangle$、$\langle Q_2\rangle$的水平分布可以定性判断加热的主要作用项，由 Q_1、Q_2 的垂直分布则可以说明加热和降水过程的性质：

$$\langle Q_1\rangle-\langle Q_2\rangle=\langle Q_R\rangle+\langle Q_S\rangle+LE_S \tag{10.14}$$

一般来说，发生强降水时，辐射加热率 Q_R 相对其他量较小（Kuo，*et al.*，1983），并且潮湿下垫面的感热输送 Q_s 相对与潜热输送 E_s 也要小得多，故$\langle Q_1\rangle$与$\langle Q_2\rangle$的差值大体反映了下垫面蒸发对大气加热的贡献。

10.5.2　非绝热加热过程的特征分析

10.5.2.1　非绝热加热过程的水平特征

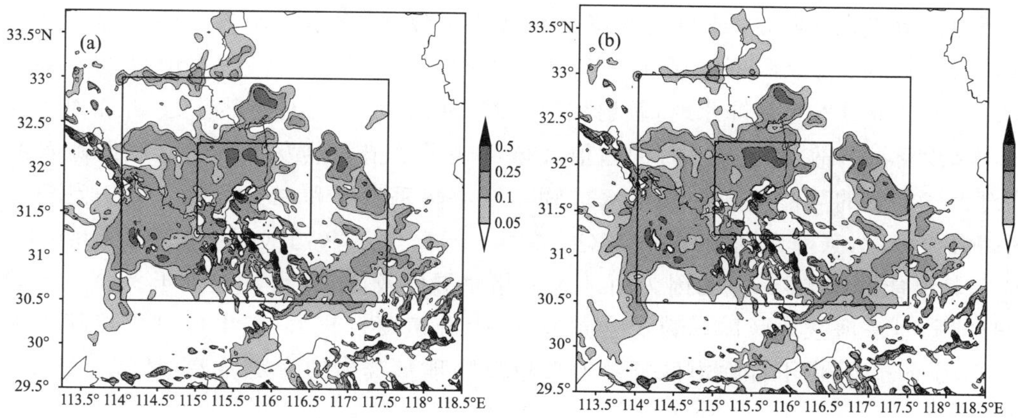

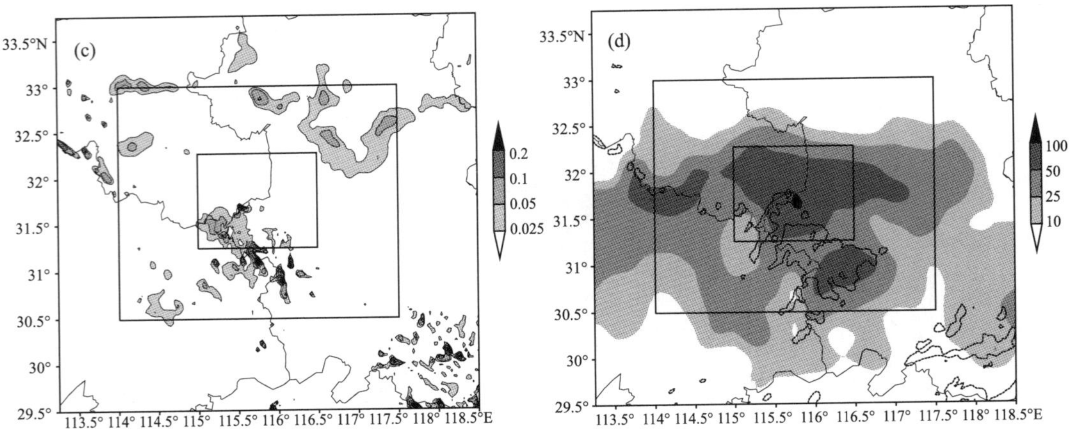

图 10.26　过程平均(15—22 时)整层积分(925—150 hPa)的特征量

(a. 视热源⟨Q_1⟩场(单位:10^8 J/(m^2 · h))b. 视水汽汇⟨Q_2⟩场(单位:10^8 J/(m^2 · h))c. ⟨Q_1⟩与⟨Q_2⟩的差值场(单位:10^8 J/(m^2 · h)),d. 8 h 累积降水量(单位:mm),点线描绘大别山地区海拔高度＞500 m 的区域。图中大方框大值为发生明显降水的区域,小方框为强降水区)

分析式(10.5)、(10.6)我们发现,Q_2 为水汽反演的凝结潜热,本质上反映水汽凝结释放相变潜热对大气的加热作用,这只是大气加热作用的一种。而 Q_1 则为大气加热的总体效果,是增温后的结果,真实地表示了温度变化对应的热量变化,不仅包含水汽凝结潜热的加热作用,还包括短波和长波的辐射加热或冷却作用,下垫面与大气之间的感热传递,湿热下垫面地表水蒸发形成的水汽进入大气,携带水汽中隐含的潜热向上输送,其他水物质相变导致的加热或冷却,和一些较大尺度加热过程导致的冷却。计算 Q_1 和 Q_2 目的是通过比热容和潜热因子将温度和水汽联系起来。Q_2 与 Q_1 的对比反映水汽凝结潜热释放占大气全部加热的比重,两者的差值显示了其他加热过程的影响。

将⟨Q_1⟩(图 10.26a)、⟨Q_2⟩(图 10.26b)与 8 h 累积降水量(图 10.26d)比较,发现除大别山地区以外,净加热、净减湿显著正值区范围与强降水区范围基本吻合,说明强对流发生并伴有强降水时,就会有强的视热源 Q_1 和视水汽汇 Q_2 出现,并且证明了这一强降水过程中 SCHeREX 中尺度再分析场资料的合理性。⟨Q_1⟩、⟨Q_2⟩的分布型式非常相似,并且量值基本一致,说明强降水过程中,大气的加热主要来源于水汽凝结潜热释放加热,强的水平辐合、垂直上升及垂直辐合导致大量水汽凝结,水汽凝结一方面释放凝结潜热加热大气,另一方面降落至地面形成地面降水,或者说水汽凝结造成了降水,降水雨滴在下落过程中蒸发吸收热量,降低周围大气的温度。图 10.26c 是⟨Q_2⟩与⟨Q_1⟩的差值(⟨Q_1⟩－⟨Q_2⟩＝⟨Q_R⟩＋Q_S＋LE_S),一般来说发生强降水时,辐射加热率 Q_R 相对较小,并且感热输送 Q_s 相对于潜热输送 E_s 也要小得多,故⟨Q_1⟩与⟨Q_2⟩的差值大体反映了下垫面蒸发形成的水汽所隐含的凝结潜热对大气加热的可能贡献和其他水成物相变潜热垂直累积加热效果。我们发现大别山山区高海拔区域,强降水区中⟨Q_2⟩与⟨Q_1⟩差值大于 0.05×10^8 J/(m^2 · h)(约为此区域 Q_1 的 10%),其可能原因有:一方面因为山区地表相对湿度较大,导致其有强于平原地区的潜热、感热作用,且高海拔地区冰相粒子含量较高,上升速度也较大,其生成过程伴随更多的潜热释放;另一方面,也不排除山区复杂地形造成物理量观测的一定误差,对⟨Q_1⟩、⟨Q_2⟩的计算有影响。

这一节我们通过对比降水过程中⟨Q_1⟩和⟨Q_2⟩的分布，发现此次降水过程大气加热主要来源于凝结潜热释放，但是在高海拔地区，其他加热效应也贡献了总加热量的 1/10。下面我们首先关注发生强降水区域(图 10.26 中大方框区)视热源和视水汽汇随时间的变化特征。

10.5.2.2　非绝热加热过程的垂直特征

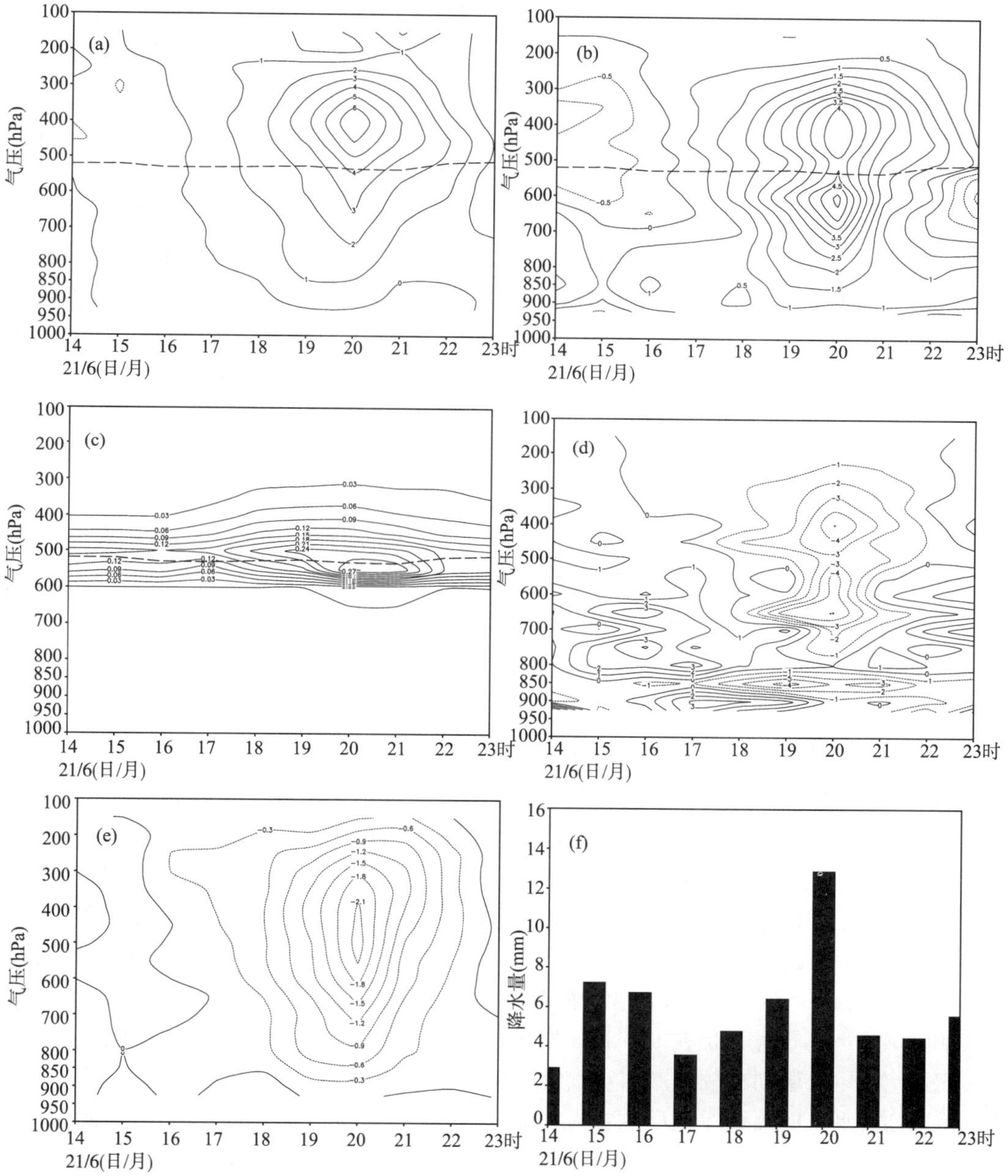

图 10.27　6 月 21 日(14—23 时)明显降水区(图 10.26a 中大方框)上面积平均(a)Q_1 视热源(单位：10^3 J/(kg·h))，(b)Q_2 视水汽汇(单位：10^3 J/(kg·h))、(c)雪含量(单位：g/m^3)，(d)三维水汽通量散度(单位：10^{-7} s^{-1})(e)垂直速度(单位：Pa/s)和随时间和高度的变化，图中长虚线为 0℃线，(f)逐时降水量

由图 10.27 可见,系统发展过程中均有较明显降水,逐时降水峰值发生在系统成熟的 20 时(图 10.27f),达到 13 mm。系统生成时刻,对流层中上部大气较为干燥,垂直输送至高层的水滴蒸发,吸收热量,造成高空相对冷层,为积云对流提供了有利的热力不稳定条件;发展时刻至减弱时刻,对流层整层均为水汽凝结(或凝华)含量减少,凝结释放潜热加热大气,维持深厚垂直上升气流。系统成熟时刻凝结潜热大值中心分别位于 400 和 600 hPa,最大值分别达到 5×10^3 J/(kg · h)和 4×10^3 J/(kg · h),增温中心位于 400 hPa 层,与凝结潜热高层大值中心位置一致,强度超过 6×10^3J/(kg · h),说明加热中心 2/3 的热量是由水汽凝结潜热释放加热所致;上升气流中心位于 500 hPa,强度达到 −2.1 Pa/s,上升运动使得水汽一方面被强烈向上输送至高层垂直辐合,水汽含量增加,另一方面由于迅速抬高而降温,两种效应均使得水汽大量凝结并释放潜热加热大气。

如图 10.27b 所示,700 hPa 以上 Q_2 呈现明显的双峰结构,Johnson(1983,1984)及冯业荣和王作述(1995)基于较低分辨率的观测资料,从对流云和层状云中视热源和视水汽汇分布特征的差异分别解释了热带扰动和东亚梅雨区 Q_2 的双峰结构。而我们利用高分辨率的三维水汽通量散度(图 10.27d)和雪含量(图 10.27c)资料,对此次大别山强降水过程中 Q_2 的双峰结构给出新的解释:Q_2 两个中心分别位于 400 和 600 hPa,分别与对流层中高层三维水汽通量散度两个中心辐合相对应,说明 Q_2 为水汽反演得到的凝结潜热,其本质上反映了水汽的汇集状况,Q_2 低层中心在凝结层以下,此高度上强烈的水汽水平辐合造成大量水汽汇集并凝结释放潜热,Q_2 高层中心在凝结层以上、最大垂直上升速度中心上方,此高度上水汽一方面迅速上升冷却凝结、另一方面垂直辐合大量凝结加热大气,造成 Q_1 的高层中心。也就是说,水汽的水平辐合和垂直辐合导致的大量凝结潜热释放造成了 Q_2 的双峰结构。

图 10.28 进一步给出了强降水区域 Q_1、Q_2 各分量随高度和时间的变化,易见 Q_1、Q_2 的主要贡献项均为垂直输送项,整层 Q_{1W}(图 10.28e)和 Q_{2W}(图 10.28f)均为正值,即有 $\omega\cdot\dfrac{\partial\theta}{\partial p}>0$、$\omega\cdot\dfrac{\partial q}{\partial p}<0$,并且整层 $\omega<0$,则有 $\dfrac{\partial\theta}{\partial p}<0$、$\dfrac{\partial q}{\partial p}>0$,即位温随高度增加,湿度随高度减小,强上升运动将低层的冷湿空气输送至高层,增加大气的重力势能及不稳定性。Q_{2W}的分布与 Q_2 的垂直积分非常类似,这反映了上升气流造成的水汽垂直输送是积云对流活动的主要水汽源。

Q_{2T}的含义是假定局地水汽含量的变化全部由相变导致而伴随的热量变化,Q_{2T}(图 10.28b)在系统生成时刻气柱整层增湿,且随着系统的发展,气柱内局地水汽含量逐渐由增加变为减少并持续到系统衰减时刻,这与 Sherwood 和 Wahrlich(1999)分析探空数据及卫星数据得到的结果一致。局地水汽含量的具体变化如下,生成时刻水汽增加大值中心分别位于 500 和 850 hPa,16 时开始在 600 hPa 层附近出现水汽汇,然后高层增湿逐渐变小,中层的减湿层逐渐变厚,低层则有较深厚的水汽增加从系统生成时刻维持到消亡时刻。由第 9 章的结果我们知道,水汽的辐合在低层主要为水平辐合,在中层则主要为垂直辐合,因此对流层中层水汽含量的降低是强烈的垂直输送结果,其一方面造成从低层抬升的水汽迅速降温而大量凝结,另一方面又将中层水汽进一步向高层输送,造成中层消耗的水汽量多于增加的水汽量,导致局地水汽含量降低;低层持续的水汽含量增加则是由于强烈的水平辐合补充大量水汽,超过了此层向上输送和凝结的水汽量,使得局地水汽含量略有增加。

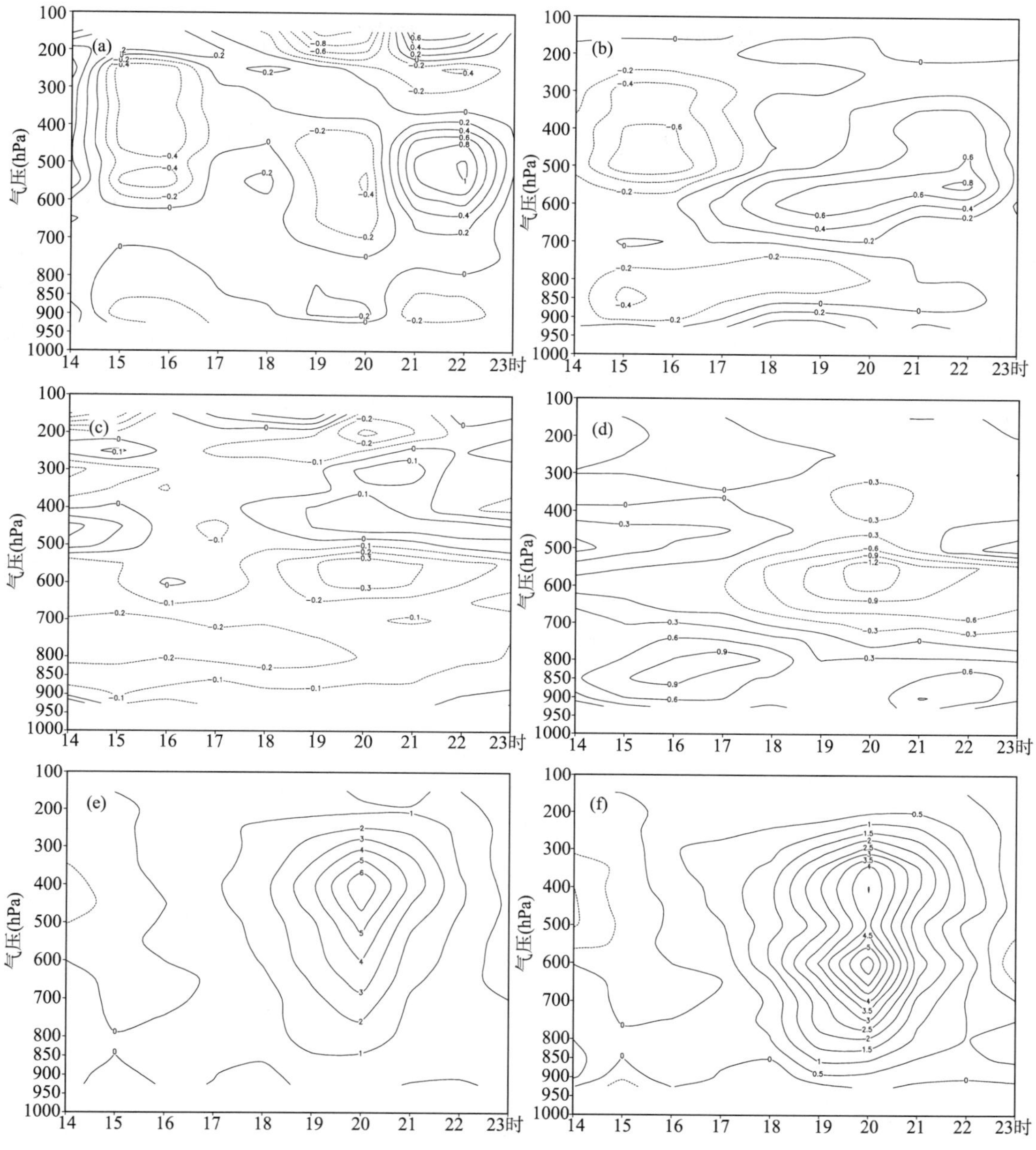

图 10.28 6 月 21 日 14—23 时强降水区面积平均的 Q_1 的局地变化项(a)、水平平流项(c)和垂直输送项(e);Q_2 的局地变化项(b)、水平平流项(d)和垂直输送项(f)随时间和高度的变化(单位:10^3 J/(kg·h))

Q_{1T}(图 10.28a)在 20 时之前主要表现为降温,这与短波和长波辐射的日变化是紧密联系的,14 时之后,太阳短波辐射减弱,近地面温度也逐渐降低,大气吸收的辐射加热量开始小于其释放的辐射冷却量,导致整层大气基本上维持降温状态。但是 15—17 时的 700 hPa 层附近和 17—18 时的 600 hPa 层附近则表现为弱加热,对照 Q_{2T} 我们发现,这两个阶段均为局地水汽含量减小的阶段,水汽凝结释放的潜热抵消了普遍的降温,使得局部温度有所升高;20 时之后,则由于局地水汽含量显著变小,导致了局地温度的迅速升高。具体看来,在系统发展期,气柱上部降温、下部升温,有利于层结不稳定的发展,且降温、升温的中心高度不断降低,即有利于不稳定层结发展的大气层次也在降低,20—21 时,对应最强降水的 1 h,中高层迅速升温,低层降温,至 22 时,气柱的温度变化趋势已完全相反,增温中心在中层,降温中心在低层,此项抑制层结不稳定的发展,使大气层结趋于稳定。

我们发现 $Q_{1H}(\vec{V}\cdot\nabla T)$(图 10.28c)在对流层中低层 500 hPa 以下始终为负值,则有 $(-\vec{V}\cdot\nabla T>0)$暖平流存在,且低值中心位于系统成熟时刻的 550 hPa,$Q_{2H}(-\vec{V}\cdot\nabla q)$(图 10.28d)在 700—500 hPa 为负值$(-\vec{V}\cdot\nabla q<0)$表示存在干平流,大值中心位于 850—800 hPa,16—17 时,700 hPa 以下为正值存在湿平流,大值中心位于 600 hPa 系统成熟时刻。考虑对流层中低层 400 hPa 以下始终为风场辐合,系统生成—发展阶段,对流层低层的暖湿平流显著,丰富的暖湿空气汇集到低层,有利于低层大气位温的升高,导致对流不稳定发生;系统发展—成熟阶段,对流层中层干暖平流强盛,大量干暖空气在中层汇集,在中层形成一个干燥暖中心,抑制对流的进一步发展,使得系统衰减,降水逐渐减弱。

10.5.3　非绝热加热与水分循环的关系

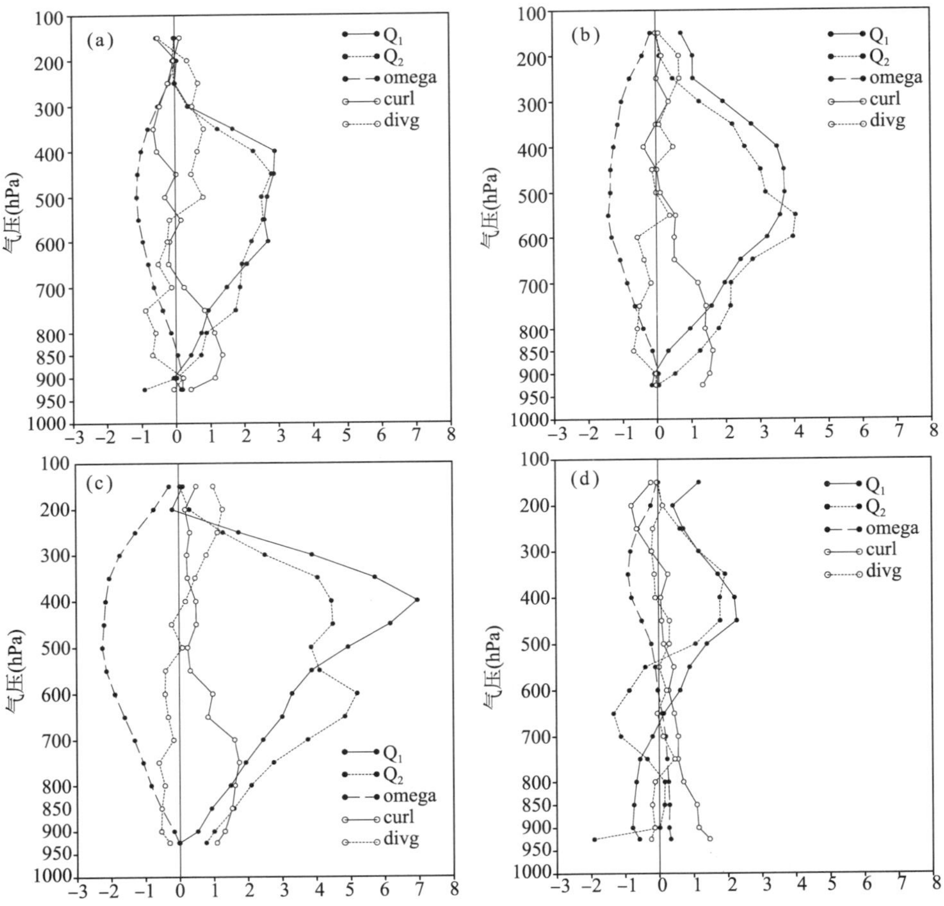

图 10.29　强对流区域平均 Q_1(单位:J/(kg·h),实心圆点实线),Q_2(单位:J/(kg·h),实心圆点点线)、ω(单位:Pa/s,实心圆点长虚线)、水平涡度(单位:$10^{-4}\ s^{-1}$,空心圆点实线)和水平散度(单位:$10^{-4}\ s^{-1}$,空心圆点点线)在(a)生成,(b)发展,(c)成熟和(d)衰减时刻的垂直分布

生成时刻(图 10.29a)强对流系统位于辐合带东南部的偏南气流中,辐合带低层 700 hPa 以下为正涡度,最大层位于 850 hPa,最大值达到 $1.3\times10^{-4}\,s^{-1}$,650—450 hPa 涡度呈正负振荡分布,400 hPa 以上层为负涡度,550 hPa 以下为辐合,500 hPa 以上为辐散,此时刻气旋低层 700 hPa 为气旋性辐合流入,400 hPa 以上为反气旋性辐散流出,中间为垂直上升占主导的过渡层;强对流系统中,800～250 hPa 存在垂直上升运动,最大值位于 500 hPa 层,超过－1Pa/s,视水汽汇为正值并呈现单峰结构,峰值位于 500 hPa 层附近,最大值接近 3×10^3J/(kg · h),视热源峰值位于中层 600～400 hPa 层,气柱中层加热明显,升温后的暖空气加强了上升运动,需要低空大量湿空气辐合补偿,有利于中低层对流不稳定的发展及气旋性环流的增强,MCS 开始形成,并逐渐靠近强对流中心。

发展时刻(图 10.29b)强对流系统与 MCS 位置基本一致,中层 700～500 hPa 正涡度和负散度均显著加强,最大层仍位于 850 hPa,但最大值有所增加,气旋性辐合流入的增强使得垂直运动加强,850 hPa 以上均为垂直上升,最大值接近－1.5 Pa/s,气旋性环流和垂直上升速度的加强导致 600 hPa 层附近视水汽汇显著增大,最大值达到 4×10^3J/(kg · h),视热源峰值仍位于 500 hPa 层,潜热释放和热量的增加有利于对流和气旋系统的进一步发展。

成熟时刻(图 10.29c)对流系统与 MCS 位置基本一致,整层均为正涡度,最大层抬升至 750 hPa,最大值进一步增加到 $1.7\times10^{-4}\,s^{-1}$,中下层为气旋性辐合流入,中上层为气旋性辐合流出,强盛高耸的气旋性环流使得垂直上升运动显著加强,最大值超过－2 Pa/s,视水汽汇峰值发展为双峰结构,两峰值分别位于 450 和 600 hPa 层,最大值超过 5×10^3 J/(kg · h),视热源峰值进一步抬升至 400 hPa 层,且最大值接近 7×10^3J/(kg · h),此时刻 500 hPa 以下层次视热源相对较弱,对流层高层的加热更加显著,不利于中低层对流的发展。

衰减阶段(图 10.29d)强对流系统逐渐脱离 MCS,低层辐合变为辐散,气旋性环流也显著减弱,数值仅为成熟时刻的 1/3 左右,且最大值出现在 925 hPa 层,中低层气旋性环流和辐合的减弱导致垂直上升运动减弱,上升运动仅存在于 600 hPa 层以上,且最大值减小为－1 Pa/s 左右,对流系统中,550 hPa 层以上视水汽汇仍为正值,但最大值减小至 2×10^3J/(kg · h)左右,550 hPa 层以下视水汽汇减小为负值,视热源峰值再次降至 450 hPa 层,最大值略大于 2×10^3J/(kg · h)。低层水汽输送由辐合变为辐散,减小了向高层的水汽输送,导致凝结潜热释放量减小,正涡度、垂直速度均显著减小。

雷达反射率(图略)垂直分布型变化很小,各时刻 700 hPa 层以下雷达反射率基本不变,700 hPa 层之上则随高度增加而迅速减小,最大值则从生成时刻的 14 dBZ 逐步增加至衰减时刻的 31 dBZ,衰减时刻雷达反射率最大值大于成熟时刻,但 500 hPa 以上层数值显著变小,说明衰减时刻由于降水依旧在持续,低层较多的可降水粒子导致雷达反射率仍较大,但中高层对流强度已经较成熟时刻显著变小。

整个过程看来,生成、发展到成熟时刻,气旋系统逐渐靠近强对流系统,气旋性环流涡度从低层逐渐向中、高层发展,最大值数值变大高度增加,辐合气流也从低层向中、高层发展,气旋性辐合环流的增强使得垂直运动加强,气旋性环流和垂直上升速度的加强有利于水汽的凝结和潜热释放,生成时刻视水汽汇大值区位于中层,发展时刻峰值出现在中低层,成熟时刻中高层出现次峰值呈双峰结构,与此同时,视热源强度不断加强,高度逐渐升高,气柱中层的显著加热使得上升运动加强,需要低空大量湿空气辐合补偿,有利于中低层对流不稳定的发展及气旋性环流的增强,成熟时刻雷达反射率发展层次最高,对流系统发展达最高,气旋性辐合环流存在的高度也最高,两系统同时达到最强,并且各高度层上视水汽汇最大值均出现在此时刻,这个正反馈过程使得降水持续发生,直到加热高度抬升至不利于低空环流的发展,强对流系统逐渐远离气旋系统,衰减时刻气旋性环流显著减弱,最大值移至最低层(925 hPa),散度场上中、低层转变为辐散,高层出现弱辐合,视水汽汇下层峰值消失,仅在高层存在潜热释放加热,低层吸收环境潜热减小热量。

这个过程中的显著特点有:(1)成熟时刻整层维持正涡度,中下层为气旋性辐合流入,中上层为气旋性辐合流出,MCS 发展最为强盛;(2)成熟时刻垂直上升运动强盛,且最大值位于较高的 500 hPa 层;(3)成熟时刻视水汽汇呈明显的双峰结构,两峰分别位于 600 和 400 hPa 层,视热源则为单峰结构,峰值与视水汽汇高层峰值高度一致;(5)衰减时刻对流层低层雷达反射率较成熟时刻仍有所增强,但中高层对流强度已显著减小。

10.5.4　小结

本节应用常规气象资料和 SCHeREX 再分析资料,分析 2008 年 6 月一次发生在大别山的强降水过程,计算分析其非绝热加热过程特征,得出以下主要结论:

(1)此次大别山降水过程强降水阶段,平原地区〈Q_1〉、〈Q_2〉与强降水区基本对应,说明强降水期水汽凝结释放潜热为加热场主要贡献因子;大别山地区〈Q_1〉和〈Q_2〉差值较大,可能是山区地表较显著潜热、感热作用及高海拔地区丰富的冰相粒子转化过程释放了较多潜热。

(2)Q_2 两个峰值与水汽通量散度两个辐合中心相对应,Q_2 低层中心在凝结层以下,强的水汽辐合造成大量水汽汇集并凝结释放潜热,而雪融化成雨同时吸收了大量的热量,抵消了一部分水汽凝结释放的潜热,故 Q_1 在低层显著小于 Q_2,且没有与其对应的大值中心;Q_2 高层中心在凝结层以上、最大上升速度中心上方,水汽被迅速抬升冷却同时垂直辐合,大量凝结加热大气,形成高层 Q_1 大值中心和 Q_2 高层的大值中心。

(3)Q_1 和 Q_2 各分量的作用为:水平平流项在系统生成—发展阶段使低层的暖湿空气汇集,位温升高导致对流不稳定发生,在系统发展—成熟阶段汇集大量干暖空气,形成中层干燥暖中心抑制对流发展,垂直输送项将低层的低位温高湿的空气输送至高层,增加大气的重力势能及不稳定性。Q_2 局地变化项是水平平流和垂直输送以及凝结和蒸发效应的结果,对流层中层消耗的水汽量(凝结与向高层输送的水汽量)多于补充量(蒸发与低层辐合进入的水汽量),导致局地水汽含量降低,减少对降水的贡献。

(4)研究中尺度涡旋系统与强对流系统相互作用的过程中〈Q_1〉和〈Q_2〉的演变发现:气旋性辐合环流从低层逐渐向上发展,使得垂直运动加强,并有利于水汽的凝结和潜热释放及加热高度的增加,中层加热反过来加强上升运动,进一步促使低层湿空气辐合,有利于对流不稳定的发展和气旋性环流的增强,并使得气旋系统逐渐靠近强对流系统,这个正反馈过程使得降水持续发生,直到加热高度抬升至不利于低空环流的发展,两系统逐渐远离并减弱,降水也逐渐减弱。

10.6　强降水过程的重要特征

10.6.1　强对流云团内降水量和水汽收入对应关系

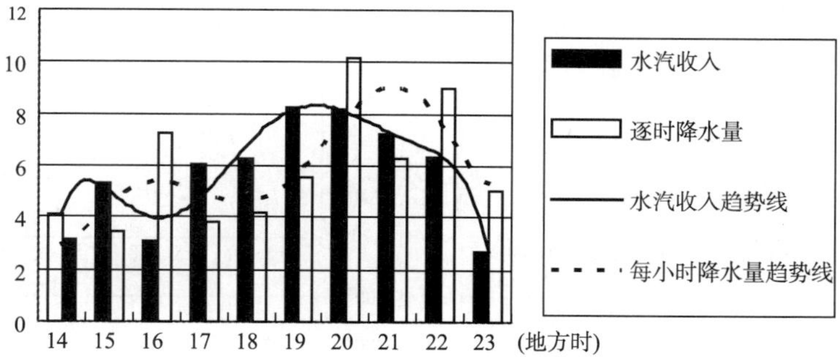

图10.30　强对流区域平均的逐时降水量和水汽收入及其趋势(单位:mm/h)

分析对流云团覆盖区域面积平均的逐时降水量和水汽收入特征发现,强降水过程(15—22时)平均来看,强对流云团每小时地面降水量为5.79 mm,理论计算得到的气柱总水汽收入为5.77 mm/h,与降水量非常接近,其余差部分中包含了地表蒸发的贡献。从图10.30中的逐时降水量和水汽收入多项式回归计算得到的趋势线我们很容易发现,水汽的收入变化领先于降水量变化1.5 h出现,无论是水汽收入的高峰还是低谷时期均显示此规律,这说明强对流云团气柱中所有高度水汽从凝结到降落至地面的平均时间约为1.5 h。

10.6.2　强降水过程局地水分循环特征

图10.31a描述了强降水区域和对照区域时间和面积平均的总水汽收入和垂直速度分布特征,强降水区对流层低层700 hPa以下均为总水汽收入大值区,对照区大值区仅向上发展至800 hPa,强降水区总水汽收入峰值位于800 hPa,高于对照区域50 hPa,强降水区总水汽收入最大值达到对照区域的4倍。强降水区对流层低层总水汽收入大值本质上是由深厚的低层水汽水平辐合造成的(图10.31b),强降水区从925 hPa向上直至凝结层以下的550 hPa,水汽水平辐合均非常显著,峰值位于850 hPa,最大值超过3 g/(kg·h),为对照区域的5倍。从强降水区水汽水平辐合随时间的变化(图10.31c)中,我们发现三个大值中心分别位于15、17和20时,恰为系统生成、发展和成熟的时刻,又分别为云水含量大值中心、云冰含量大值中心和雨雪含量大值中心的前一时刻,水汽水平辐合高度从750 hPa逐渐降低到875 hPa,最大值也从3 g/(kg·h)增大到4 g/(kg·h)。这清晰地显示了低层水汽辐合量值逐渐增加,最大值高度逐渐降低的过程与系统的发展及水物质的转化密切相关,在对照区的弱降水区则没有这个特征。强降水区中对流层中低层辐合进来大量水汽,由垂直输送项向上输送并凝结最终形成降水,因此水汽通量辐合层增厚增加了中低层水汽收入,对强降水的形成有决定性意义,并且首个水汽收入大值中心领先最强降水时刻5 h,对降水预报有重要指示意义。

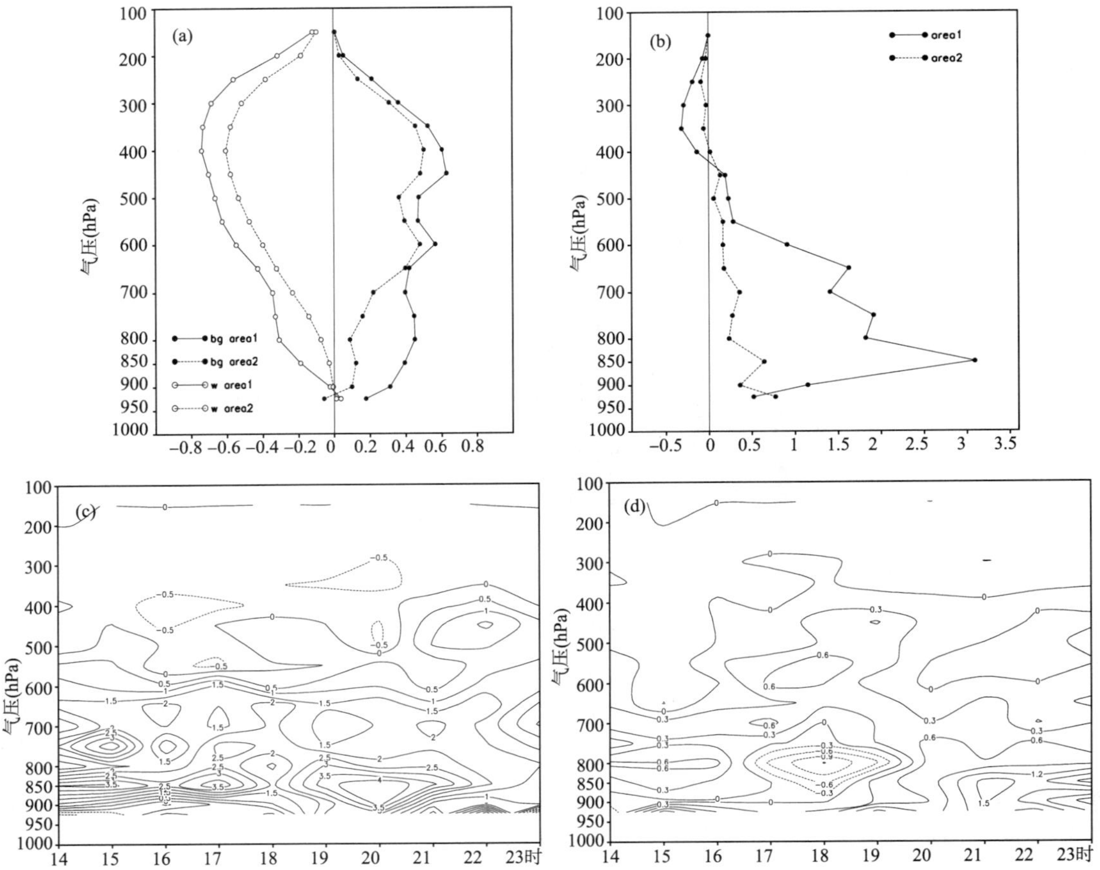

图 10.31　强降水区及对照区域水汽收支总量和水汽水平辐合量对比(单位:g/(kg·h)

(a. 实心圆点实线和实心圆点点线分别为过程平均的强降水区域(图 10.21a 中小方框内)和对照区域(图 10.21a 中小方框以外,大方框以内)面积平均的总水汽收入垂直分布,空心圆点实线和空心圆点点线分别描述强降水区域和对照区域面积平均的垂直速度垂直分布;b. 面积平均的水汽水平辐合垂直分布,线型代表的区域与图 a 一致;c. 为强降水区域水汽水平辐合的时间演变;d. 为对照区域水汽水平辐合的时间演变。)

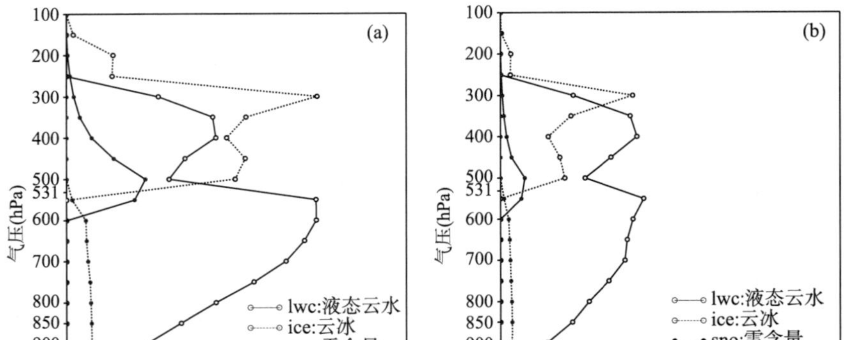

图 10.32　区域平均的水成物过程平均值(单位:g/m³)随高度的变化

(a. 强降水区域平均;b. 对照区域平均;其中液态云水、云冰、雪和雨分别用空心圆点实线、空心圆点虚线、实心圆点实线和实心圆点虚线表示;平均 0℃层位于 531 hPa。)

如图 10.32 所示，我们发现强降水区中水成物区别于一般降水区域的特征如下：(1)250 hPa以上冰晶层中，云冰含量约为一般降水区的 3 倍，凝华增长后下落进入混合层中的云冰量大；(2)550～250 hPa 冰水混合层上部更多的冰晶通过贝吉龙过程长大，云冰粒子含量约为一般降水区的 2 倍，混合层下部更多更大的冰晶捕获过冷云水凇附增长，使其含量超过一般降水区的 3 倍；(3)0℃层附近更多的冰晶相互黏连最终生成雪，其含量也超过一般降水区的 3 倍；(4)500 hPa 以下云水含量接近一般降水区的 2 倍，更多的雪撞冻更丰富的云水含量进一步增加，下落融化成约为一般降水区 2 倍的雨水，雨水下落穿行水云碰并丰富的云水含量进一步增加。强降水区的这些水成物分布特征最终导致了地面强降水的形成。

10.6.3 强降水过程潜热释放的重要特征

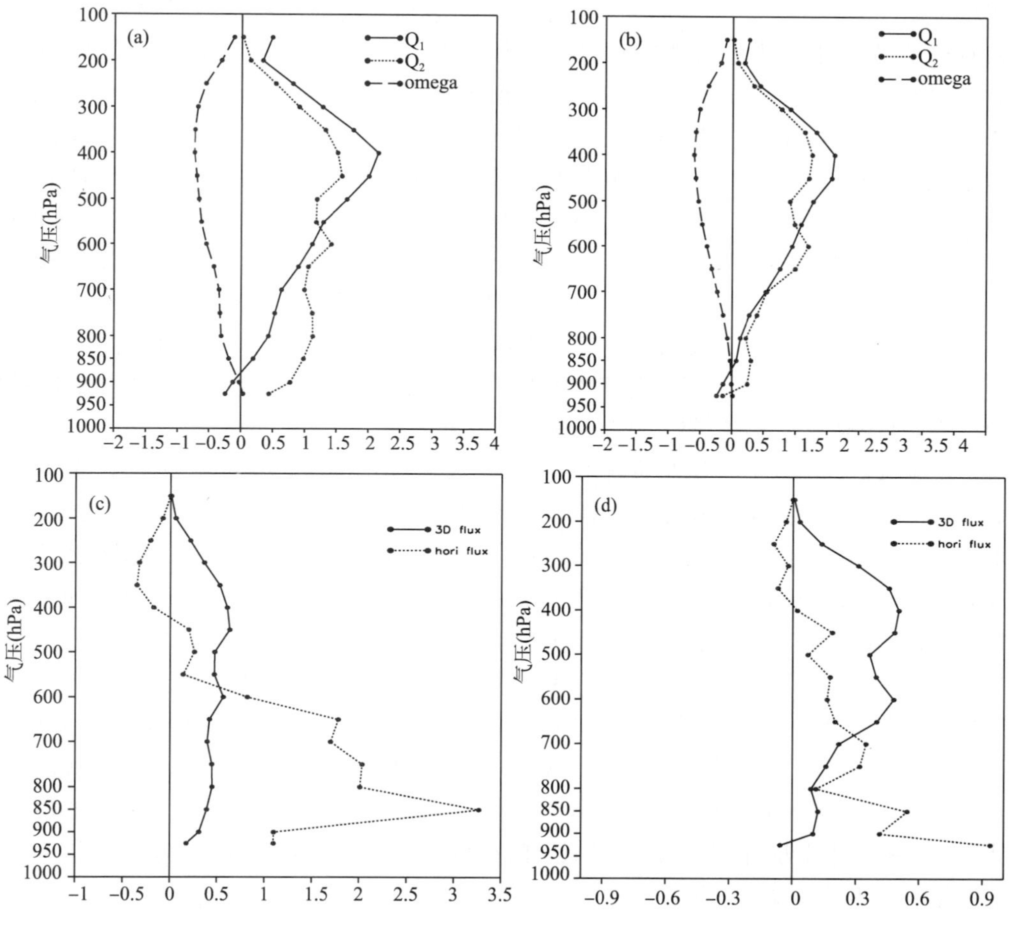

图 10.33　过程平均的(a)强降水区域和(b)对照区域面积平均 Q_1（单位：10^3 J/(kg · h)，实线）、Q_2（单位：10^3 J/(kg · h)，点线）和 ω（单位：Pa/s，长虚线）垂直分布，(c)强降水区域和(d)对照区域面积平均三维水汽通量辐合（单位：g/(kg · h)，实线）、水平水汽通量辐合（单位：g/(kg · h)，点线）垂直分布。

通过对比强降水区域和对照区域物理量的垂直分布特征，我们可以发现强降水区有以下一些特征：(1)上升运动更强。两区域整层均表现为强烈的上升运动，最大上升速度均位于 400 hPa 层，对照区域最大值为－0.6 Pa/s，强降水区最大值接近－0.8 Pa/s。(2)Q_1 极值更大。Q_1 从 850 hPa 向上均为正值,大值中心位于 400 hPa,两区域最大值分别达到 1.6×10^3 和 2.1×10^3 J/(kg·h)。(3)Q_2 两个极值均更大。700 hPa 以上层的 Q_2 在两区域均为双峰结构,两个中心分别位于 600 和 400 hPa 附近,区域最大值分别达到 1.3×10^3 和 1.6×10^3 J/(kg·h)。

通过分析两区域上三维和水平水汽通量散度(图 10.33c、d)发现,两区域大气总加热与水汽凝结潜热释放加热量不是完全对应:550 hPa 层以上 Q_1 高于 Q_2,550 hPa 则以下相反,冯业荣和王作述(1995)从 Q_1 与 Q_2 的差值公式出发,认为其代表次网格系统引起的湿静力能铅直通量,即反映次网格的积云对流过程,我们的资料空间分辨率达到 3 km,已包含中尺度对流的作用,因此我们对这种现象提出新的可能性解释:视水汽汇 Q_1 的计算基于减小的水汽全部转化为液态粒子释放凝结潜热加热大气的假设,而实际上,对流层高层的水汽不仅转化为液态粒子,部分还转化为固态粒子,水的气态到固态的相变潜热(2.8×10^6 J/kg)高于其气态到液体的相变潜热(2.5×10^6 J/kg),另外,还存在液态粒子凝固成为固态粒子。因此,虽然冰相粒子含量相对较少,但是其对凝结潜热还是有一定影响的。这就导致 0℃线以上对流层中高层大气的实际加热(Q_1)高于我们通过水汽凝结潜热计算得到的加热量(Q_2)。0℃线以下的 500 hPa到 700 hPa 层间大量固态粒子(主要是雪粒子)通过融化或升华等相变过程含量减小的同时吸收大量热量,抵消了一部分水汽凝结释放的潜热,导致低层大气的实际加热(Q_1)低于我们通过水汽凝结潜热计算得到的加热量(Q_2),Q_1 没有与 Q_2 中低层中心对应的大值中心。对比图 10.33a 和图 10.33b 可见,强降水区两者的差值更加明显:400 hPa 层上强降水区两者差值约为一般降水区的 1.83 倍,前者为 0.63×10^3J/(kg·h),后者仅为 0.34×10^3J/(kg·h);600 hPa 层上强降水区两者差值约为一般降水区的 1.25 倍,前者为 0.29×10^3 J/(kg·h),后者仅为 0.23×10^3 J/(kg·h),说明强降水区域上空与强对流活动相对应存在更多的冰相粒子的转化过程,其中高层冰相粒子生成量的增加更为显著。

对比视水汽汇(图 10.33a、b)与垂直水汽通量散度(图 10.33c、d)可见,两区域中 Q_2 三个中心均与垂直水汽通量散度上水汽辐合中心对应,再次说明 Q_2 本质上反映了水汽的汇集状况,其中强降水区三个中心都很显著,量值均在 0.5g/(kg·h)附近,一般降水区中层和高层视水汽汇中心量值接近 0.5 g/(kg·h),但低层视水汽汇中心明显偏低偏弱,仅为 0.1 g/(kg·h)。再将视水汽汇(图 10.33a、b)与水汽水平幅合(10.33c、d)相对照,发现强降水区中层和低层视水汽汇的大值中心与此区 550 hPa 以下显著的水汽水平辐合相对应,说明低层视水汽汇大值本质上是由深厚的低层水汽水平辐合造成的,大量水汽凝结释放潜热加热大气,造成了强降水区对流层低层视热源也显著高于对照区域,而低层的加热又加强了垂直上升运动,并导致低层更多的水汽辐合流入,形成一个有利于强对流发展的正反馈效应。总之,强降水区低层视水汽汇大值中心源于深厚的中低层水汽强烈水平辐合,而对流层中高层的显著加热中心则是中高层大量气—液和气—固相变过程伴随的热量释放造成的。

10.6.4 强降水过程重要特征示意图及小结

(1)根据本节对强降水区域局地水汽收支、水成物转化及热量收支的分析,我们总结如图 10.34。图中反映的强降水过程显著区别一般降水区的特征有:(a)强降水区 550 hPa 以下水汽辐合强烈,且伴随着系统的发展和水成物质的转化。强降水区对流层低层总水汽收入(水汽凝结)显著,说明对流层中低层充沛的水汽供应对强降水的形成有决定性意义。系统发展—成熟阶段气柱内对流层中低层的局地水汽减少对降水贡献也很显著。(b)250 hPa 以上冰晶层和 550—250 hPa 冰水混合层中云冰含量均很高，500—300 hPa 雪含量较高，500 hPa 以下云水含量丰富。(c)强降水区对流层低层视水汽汇明显高于对照区域，对应对流层低层外围水汽大量汇聚，水汽凝结释放潜热加热大气，造成低层视热源也显著高于对照区域，而低层的加热又加强了垂直上升运动，并需要低层更多的水汽辐合流入，同时导致大量水汽向上输送到上层凝结，造成中高层的增温，利于对流系统的深厚发展。强降水区的这些水汽和水成物分布特征最终导致了地面强降水的形成。

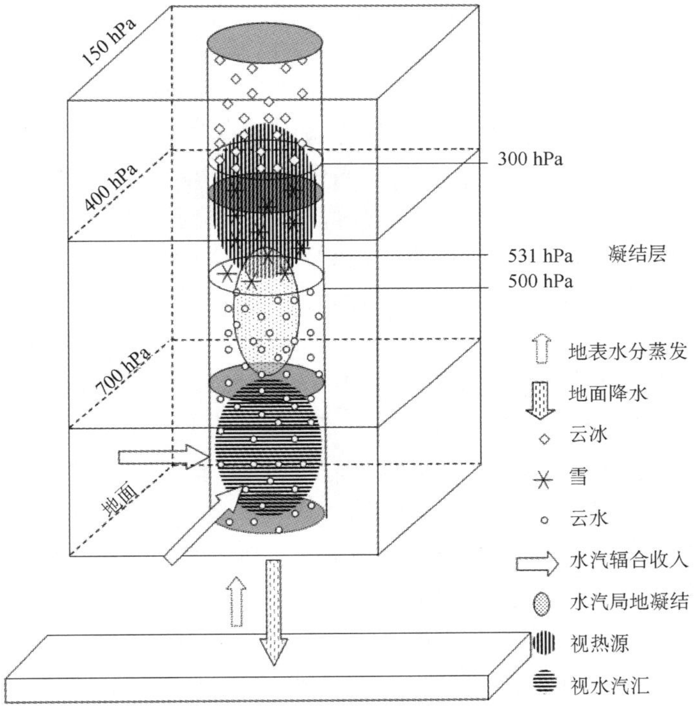

图 10.34　强降水过程水汽收支与水成物分布示意图

(2)通过跟踪强对流云团，发现整层气柱水汽总收入的变化领先于地面降水量变化 1.5 h 出现，这说明进入强对流云团气柱中所有高度水汽凝结降落到地面的平均时间约为 1.5 h。

(3)从这次大别山强降水个例分析中可见，SCHeREX 再分析资料时空分辨率高，资料信息量大，能够用来更加细致地研究强降水过程水汽和水成物的分布特征，研究强降水过程非绝热加热的分布特征，探讨能量和水分循环与暴雨的内在联系，增加对暴雨机制的了解。因此，在灾害性天气深入研究与业务天气预报服务中均有较大的优势。

10.7　结论和讨论

(1)利用 SCHeREX 高时空分辨率的中尺度再分析资料对亚洲季风背景下一次 β 中尺度对流涡旋的结构演变特征、发展机理、水分循环与微物理过程进行分析，得到一系列有意义的结果。这些结果充分表明中尺度再分析气象资料适用于中尺度强对流系统与强降水的分析与研究，这种融合了多种观测资料而形成的高时空分辨率的再分析气象资料充分显示了它对中尺度气象研究、甚至中尺度天气业务的发展具有重要的学术意义和应用价值。

(2)中尺度对流涡旋成熟阶段的主要结构特征是:对流层中层非绝热加热层明显增厚,加热中心的强度也明显增强,加热中心以下的气旋性涡旋环流增强,对应的正 PV 大值区和气流的辐合也加强,涡旋上方形成反气旋环流,对应着负涡度、负 PV 低值区和气流的强辐散,形成完整的气流流出层;偏南下泄流消失,低层气流的辐合主要源于持续增强的偏南低空急流和偏北下泄流的辐合;最大垂直上升速度和无辐散层升高到 450 hPa 左右,涡旋中心南北两侧次级环流的强度和范围均增强并向下伸展;上述结构特征强烈依赖于对流不稳定以及强对流的湿物理过程与涡旋环流的正反馈作用,这两个因素是亚洲夏季风背景条件下 MCV 发展最主要的驱动力,也是亚洲夏季风背景条件下 MCV 最重要的结构和机理特征。

(3)中尺度低空急流的加强东移,一方面引起暖湿气体的辐合造成中低层对流不稳定度的持续增强,另一方面与冷空气相互作用使得湿等熵面倾斜在湿斜压性和水平风垂直切变增强的作用下引起垂直涡度增长,上述两方面的共同作用使得中尺度强对流逐渐发展成熟;通过深对流不断释放凝结潜热和涡旋环流的发展,深对流和中低层低涡环流存在正反馈作用;这种正反馈作用是中尺度低涡环流发展演变的主要机制。

(4)此次大别山降水过程强降水阶段,平原地区$\langle Q_1\rangle$、$\langle Q_2\rangle$与强降水区基本相当,说明强降水期水汽凝结释放潜热为加热场主要贡献因子;大别山地区$\langle Q_1\rangle$和$\langle Q_2\rangle$差值较大,可能是山区地表较显著潜热、感热作用及高海拔地区丰富的冰相粒子转化过程释放了较多潜热。Q_2 两个峰值与水汽通量散度两个辐合中心相对应,Q_2 低层中心在凝结层以下,由于雪融化成雨同时吸收了大量的热量,抵消了一部分水汽凝结释放的潜热,故 Q_1 在低层显著小于 Q_2,且没有与其对应的大值中心;Q_2 高层中心在凝结层以上、最大上升速度中心上方,水汽被迅速抬升冷却同时垂直辐合,大量凝结加热大气,形成高层 Q_1 大值中心和 Q_2 高层的大值中心。

(5)Q_1 和 Q_2 各分量的作用为:水平平流项在系统生成—发展阶段使低层的暖湿空气汇集,位温升高导致对流不稳定发生,在系统发展—成熟阶段汇集大量干暖空气,形成中层干燥暖中心抑制对流发展,垂直输送项将低层的低位温高湿的空气输送至高层,增加大气的重力势能及不稳定性。Q_2 局地变化项是水平平流和垂直输送以及凝结和蒸发效应的结果,对流层中层消耗的水汽量(凝结与向高层输送的水汽量)多于补充量(蒸发与低层辐合进入的水汽量),导致局地水汽含量减少贡献降水。

(6)根据对强降水区域局地水汽收支、水物质转化及热量收支的分析,强降水过程与一般降水区不同的特征有:1)强降水区 550 hPa 以下水汽辐合强烈,且伴随着系统的发展和水成物的转化。强降水区对流层低层总水汽收入(水汽凝结)显著,说明对流层中低层充沛的水汽供应对强降水的形成有决定性意义。系统发展—成熟阶段气柱内对流层中低层的局地水汽减小对降水贡献也很显著。2)250 hPa 以上冰晶层和 550—250 hPa 冰水混合层中云冰浓度均很高,500—300 hPa 雪含量较多,500 hPa 以下云水含量丰富。3)强降水区对流层低层视水汽汇明显高于对照区域,对应对流层低层外围水汽大量汇聚,水汽凝结释放潜热加热大气,造成了低层视热源也显著高于对照区域,而低层的加热又加强了垂直上升运动,并需要低层更多的水汽辐合流入,同时,导致大量水汽向上输送,在上层凝结,造成中高层的增温,利于对流系统的深厚发展。强降水区的这些水汽和水成物分布特征最终导致了地面强降水的形成。通过跟踪强对流云团,发现整层气柱水汽总收入的变化领先于地面降水量变化 1.5 h 出现,这说明进入强对流云团气柱中所有高度水汽凝结降落到地面的平均时间约为 1.5 h。

第 11 章　利用双雷达观测资料和数值模拟对华南 β 中尺度强对流系统的分析与研究

11.1　多普勒雷达研究华南线状对流系统中尺度结构的方法

11.1.1　引言

大气中的对流常以普通积云对流形式出现，在空间分布上具有随机性，生命期仅数十分钟，一般情况下没有明显的强烈天气。然而，当多个积云对流组织在一起，常形成中尺度对流系统(mesoscale convective system，MCS)。现有观测中最常见的中尺度对流系统是准线状对流系统，其内部对流形态组织排列成线状。飑线就是一种典型的准线性对流系统，它在早期被定义为任何突变性强风的线性天气现象，这种定义常把锋面也包含其中。为了区分飑线和锋面，在 20 世纪 50 年代后期，飑线被明确地定义为“非锋面性狭窄带状的中尺度对流系统，或称为不稳定线”(Huschke，1959)。此种天气系统移动速度较快，其宽度约 50～100 km，长度达数百千米，且由于持续时间长、呈线状特殊形态，常伴随有剧烈的天气现象发生。因此，引起许多气象人员的研究兴趣。

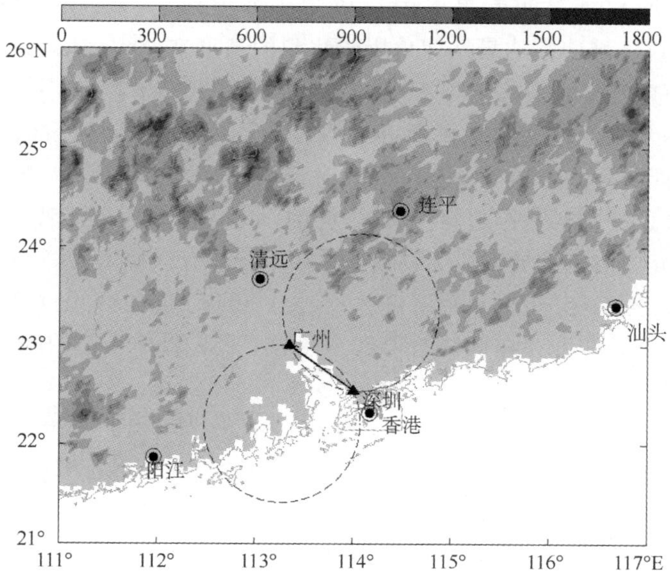

图 11.1　广州和深圳雷达位置

(虚线圆表示双多普勒雷达合成最佳区域，两圆虚线相交的区域为基线区域，不利于合成，同心圆符号代表探空站)

11.1.2　资料及分析方法

11.1.2.1　资料

研究主要采用2007—2008华南暴雨试验中的常规地面观测和加密高空(6 h一次)观测资料、10 min一次地面自动站观测资料，以及中国新一代多普勒天气雷达网的基数据(Level-II)资料。雷达资料每6 min完成一次体扫，包括9个仰角(0.5°、1.5°、2.4°、3.3°、4.3°、6.0°、9.9°、14.6°和19.5°)。其中，广州雷达位于(23.044°N，113.355°E，高度180.3 m)；深圳雷达位于(22.542°N，114.005°E，高度149.4 m)，两雷达相距约84 km，满足双多普勒雷达风场分析要求。图11.1是广州、深圳雷达位置。

11.1.2.2　资料预处理

利用美国国家大气研究中心(NCAR)提供的SOLOII软件对雷达资料进行预处理，包括去除噪声点、地物回波、二次回波和多普勒速度退模糊。资料处理后，利用NCAR的REORDER软件将雷达资料插值到笛卡儿坐标系下，其中数据插值采用Cressman 1959年提出的距离权重法，影响半径设置为经向距离1 km，仰角间隔1.5°，方位1°。

11.1.2.3　双多普勒雷达风场反演

本研究采用的双多普勒雷达合成风场的原理以及方法是根据Ray等(1978)提出的笛卡尔坐标系下的ODD技术(over determined dual-Doppler)，并使用NCAR所发展的CEDRIC(Custom Editing and Display of Reduced Information in Cartesian Space)软件进行分析计算。垂直速度场则是积分非弹性连续方程求得，积分的过程会因为水平风场的误差、积分的上下边界条件与低层到高层扫描时间差等原因造成垂直速度误差。由于广州和深圳雷达相距84 km，在双雷达合成区域中雷达最低仰角所能达到的高度在0.5～2.5 km，最高仰角则可超过15 km。因此，垂直速度场采用向下积分法(上边界取15 km，不论回波值大小，均令$w=0$ m/s)计算，并进一步以变分法调整风场(Ray，*et al.*，1978)，使调整后的风场满足连续方程的物理限制。而合理的垂直边界应设在地面和对流层顶，即物理边界。多普勒雷达风场合成时，往往将最低及最顶层资料当作边界资料，这样的设定无法将底层或者高层的辐合与辐散现象表现出来。本研究中对流发展的最大高度约为12 km，小于雷达采样的最大高度，因此，上边界影响相对较小。然而，分析格点距离雷达较远时，由于雷达波束随距离抬升，无法观测到下边界的风场，造成垂直速度存在低估的现象。针对下边界采样不足的问题，采用微量边界条件调整垂直运动场，方法如下：

$$W_B = f\Delta Z(\nabla \cdot V) \tag{11.1}$$

其中，B分别代表上下边界，f为微量调整因子，此处设定为1，也就是将原本的下边界向下延伸1个垂直网格间距。尽管对下边界进行了调整，近地面的辐合与辐散场仍存在低估，从而造成垂直速度被低估。此外，对合成后风速也采用二阶Leise滤波去除小尺度的噪声，因此波长小于4 km的系统均被滤除。

对于快速移动的线状对流系统(如飑线)，由于移动速度较快，且对流强度可能短时间发生改变，这对以几何为基础的双多普勒雷达分析可能产生较大误差。因此必须找出一个参考时间与对流系统移动速度，然后用时空转换方式进行时间修正，修正后可视两雷达观测是同时在瞬间完成的。本研究利用强回波外缘估计系统的移动速度，在双多普勒反演的水平风场中减去。

11.1.3　热力反演

Gal-Chen(1978)首次提出利用多个多普勒雷达反演三维风场扰动气压和扰动温度。该方法将三维风场资料代入水平动量方程，解一个二维的泊松方程，以获取扰动气压。随后，利用垂直动量方程获取扰动温度。这样的求解过程只能获取相对水平平均的扰动气压，而无法获取相对环境的扰动气压，也无法显示垂直方向扰动的分布。因此，Roux(1985)进一步发展出用运动方程和热力学方程反演位温和气压扰动的方法，经不断改进完善后(Roux，1988；Roux，*et al.*，1993)，被成功用于研究飑线内的热动力结构。该方法根据滞弹性假设下的动力和热力方程可反演出三维气压和位温扰动，其中，热源的变化主要根据回波强度的变化来计算液态含水量得到。最近，Liou 等(2001)则采用三维变分方法，可直接同时求解一组最佳的扰动气压和位温场。本研究采用 Roux 等(1993)的方法进行反演，并且利用 Chen(1978)和 Hane 等(1981)所定义的动量检查值(E_r)，评估反演结果的可靠性。一般来说，E_r 值在 0.25 以下，其反演的品质比较好。然而 Hane 和 Ray(1985)指出 E_r 值只要小于 1，所求出的扰动场就是合理的。

11.2　2007 年 4 月 24 日华南一次强飑线中尺度特征分析

2007 年 4 月 23—24 日在华南地区发生了一次强飑线过程，其持续时间超过 8 h，给广东部分县市带来 8～9 级的雷雨大风及超过 100 mm 的强降水。中国华南地区新一代多普勒天气雷达网完整监测到此飑线的发生、发展和演变过程。其中，在 24 日 02—03 时(本章时间为世界时)，该飑线进入由广州和深圳雷达组成的双多普勒雷达覆盖区域，为研究其内部三维风场结构以及维持机制提供了条件。本研究重点利用多普勒雷达网的观测资料，结合地面观测、探空和卫星等资料，研究此次飑线内部的三维风场结构。在此基础上，进一步通过热力反演和动量诊断方程，探讨此系统的维持机制。

11.2.1　天气背景

2007 年 4 月 23 日 12 时 500 hPa(图略)横槽在中蒙边界，逐渐向南压，同时高空冷涡中心南压，有一槽线在四川中部、贵州西部、云南东部，冷空气势力南压。700、850 hPa 切变线位于福建中部、江西南部、广西中部、云南南部。由于南方暖湿气团强大，850 hPa(图略)切变线北抬，到达浙江中部、江西南部、湖南南部、广西北部、云南中部，西南低压倒槽向东北发展。地面图上地面冷锋已到达福建西部，广东、广西的北部，从云南、广西至广东境内有中尺度涡旋生成，并且已经激发出中尺度对流系统，由于冷空气的南下，使得冷暖气团的交汇加剧，产生更强对流性天气。

23 日 09 时红外云图上，贵州南部、广西中部各生成一个小的对流云团，并各自迅速成长为两个尺度较大的对流云团，并东移南压。至 23 日 20 时，南侧对流云团减弱消失，北侧对流云团不断成长，广西—广东出现一长约 500 km、宽约 300 km 的中尺度对流复合体。24 日 00 时，500 hPa(图 11.2a)切断低涡减弱，极地冷空气沿着西北气流经新疆、蒙古地区，逐渐影响华北、四川等地，最后到达华南地区。700、850 hPa(图 11.2b)槽线南压至福建、广东中部、广西中部，冷空气顺着槽后偏北气流向南压，暖湿气流从南海顺着西南气流输送到广西南部—广东。广东清远西北风、河源西南风都达到了 20 m/s，因而，在广西东部和广东地区是冷暖交汇最剧烈的地区，中尺度对流系统发展到最强，这些地方出现了暴雨和强对流天气。随着北方强冷空气的南下，中低层切变线及地面冷锋(图 11.3)也逐渐南压，至 12 时，切变线、冷锋南压至海上，此次强对流天气过程结束。

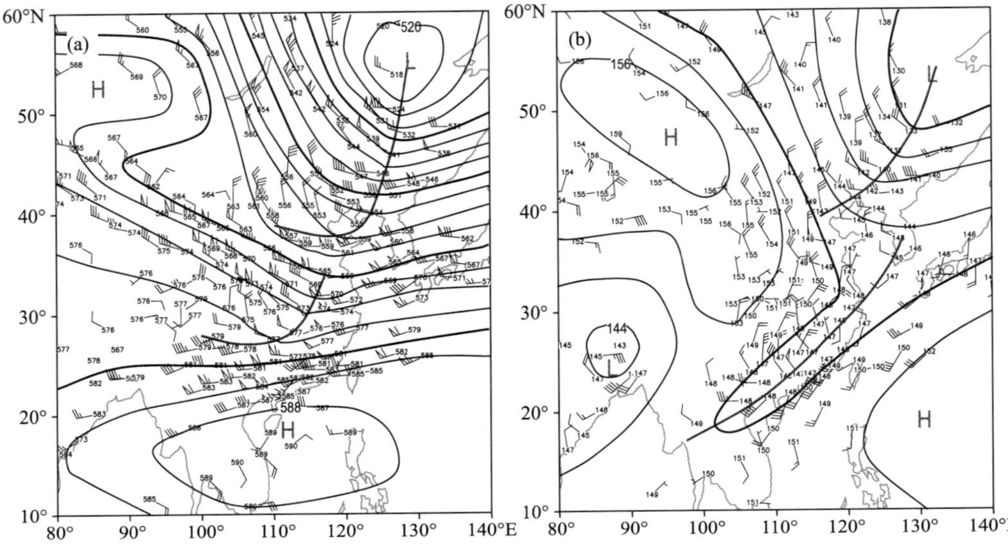

图 11.2　2007 年 4 月 24 日 00 时高空天气图

(a. 500 hPa，b. 850 hPa；细实线：等压线；粗实线：槽线)

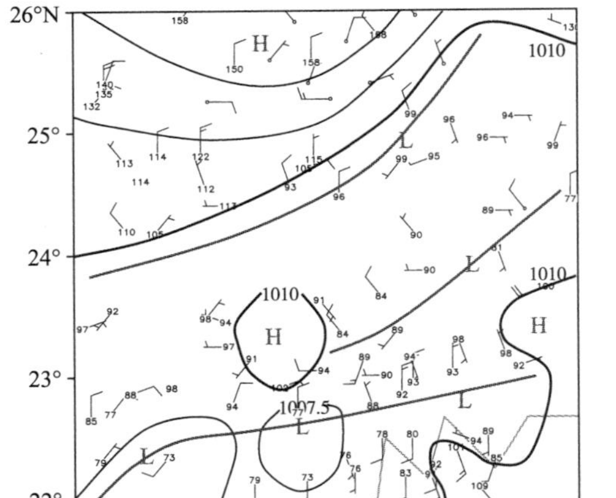

图 11.3　2007 年 4 月 24 日 00 时地面天气图(蓝色表示地面风切线)

11.2.2　飑线发展过程

中国新一代多普勒雷达观测网资料显示，23 日 18 时在广西中部有多个对流单体发展。

这些对流单体不断增强，逐渐组织成东北—西南走向的线状结构，并于 23 日 20 时进入广东北部—广州雷达监测范围（图略）。随后，飑线以 17 m/s 速度向东南方向快速移动，并进一步发展增强，至 22 时进入成熟阶段（图 11.4a，标注为 L1）。此时，系统呈显著的弓状，长度超过 300 km，最强回波超过 55 dBZ，回波顶高超过 15 km。在系统移动的后方开始有层云形成，而在系统的西侧则有新的对流单体生成。地面观测显示，此对流发生在地面中尺度辐合线附近。至 24 日 00 时（图 11.4b），飑线已移至广东省中部，在飑线前沿不断有新的对流形成，而老的对流单体则逐渐消亡、后移，在飑线对流区后方 40～150 km 范围内形成大范围层状云降水区。在层云区和对流区之间，存在一显著的宽约 30 km 的弱回波过渡区。这些降水结构与过去观测的热带（Chong，*et al.*，1987；Houze，1977）、副热带（Chen 和 Chou 1993；Wang，*et al.* 1990）和中纬度（Houze，*et al.*，1989；Smull 和 Houze，1985）成熟飑线系统相似。

值得注意的是，在飑线西侧因对流不断激发和发展，已形成一条长度约为 100 km 的新线性对流线（图 11.4b，标注 L2），其移动速度比 L1 快。至 24 日 02 时（图 11.4c），L2 与 L1 合并，形成一条长约 550 km 的飑线，向东东南方向以 12 m/s 的速度移动。飑线层云区回波范围进一步扩大，且回波结构沿飑线变化较小，呈显著的二维特征。此时，飑线前部的对流区已进入双多普勒雷达观测范围。24 日 04 时（图 11.4d），飑线的对流区已移至海面上，强度有所减

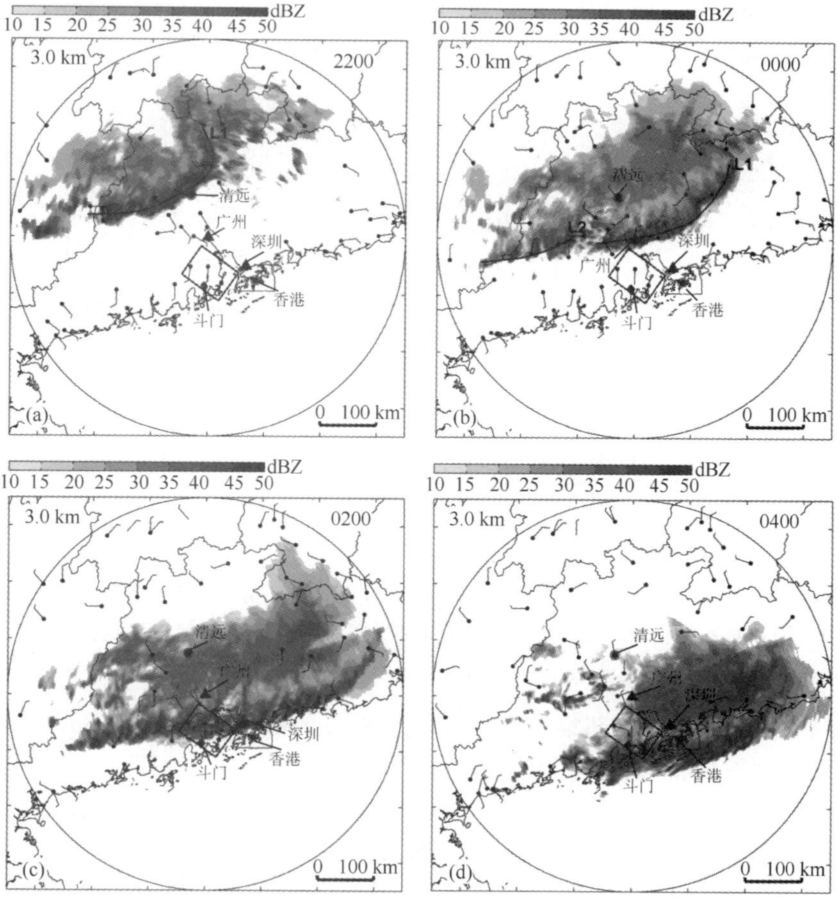

图 11.4 2007 年 4 月 23—24 日广州雷达 3 km 高度回波时序图和地面自动站观测风场

（a. 23 日 22 时，b. 24 日 00 时，c. 24 日 02 时，d. 24 日 04 时；其中方框表示双多普勒雷达合成范围（80 km×60 km））

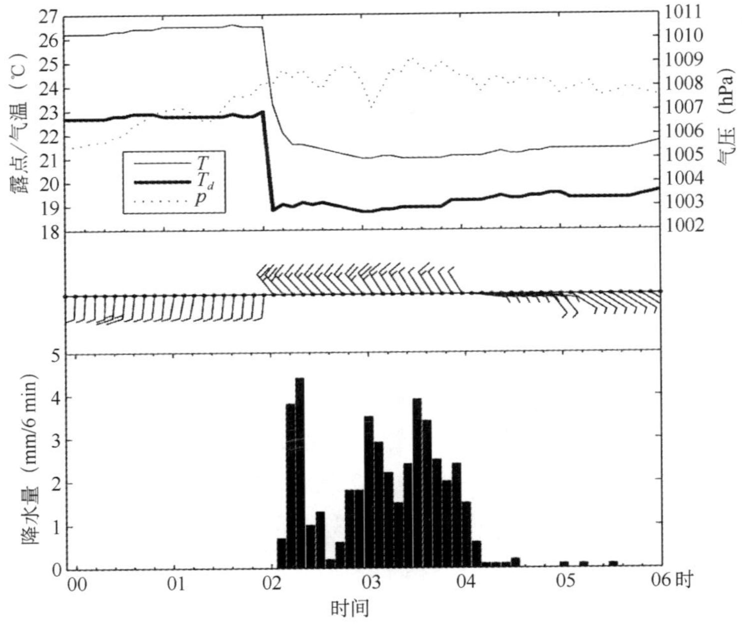

图 11.5　2007 年 4 月 24 日飑线过境时斗门自动气象站气象要素随时间变化图,(粗实线:露点温度;细实线:气温;虚线:气压;柱状图:6 min 降水)

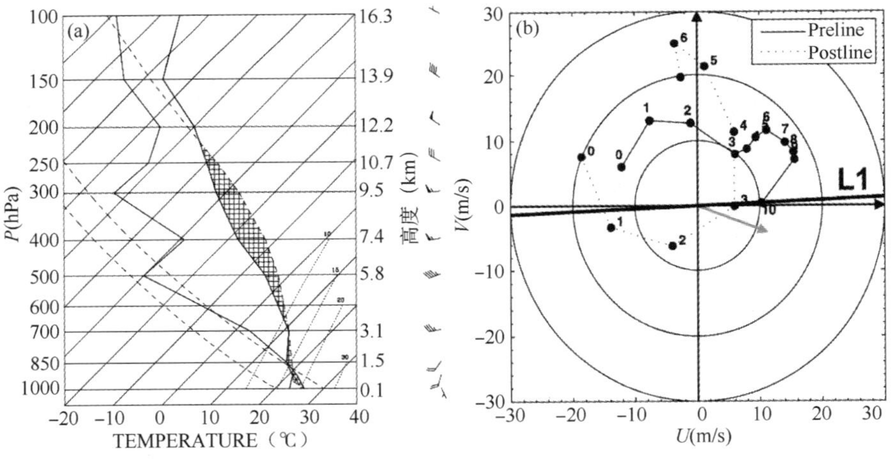

图 11.6　2007 年 4 月 24 日 00 时飑线前后的探空分析(a)香港站的 T—lnP 图;(b)相对系统移动的风径图(细实线和虚线分别表示香港和清远站观测,粗实线代表飑线走向,灰色箭头表示)

弱。其后方层状云区向系统东部集中,整个结构呈明显的不对称结构。Houze 等(1990)指出,此不对称结构的发展可能同层云区中的中尺度对流涡旋发展有关。事实上,广东雷达经向速度揭示层状云区中存在涡旋(图略)。随后,系统逐渐减弱、消散。Parker 和 John(2000)依据层状云和对流区相对位置,以及结构演变,将飑线系统分为层状云尾随、平行和前展型三类。按此分类,本个例应属于层状云尾随型。

图 11.4 的分析显示,飑线的前沿大约 24 日 02 时通过斗门自动站(22.2°N,112.2°E),因此我们利用该测站研究飑线过境前后的地面气象要素变化。图 11.5 显示,系统过境时气压抬

升约 1 hPa，风向由过境前的西南风转变成为东北风，风速增加约 8 m/s；气温和露点分别骤降 6℃和 4℃，表明飑线前近地面空气较暖，而飑线后空气较冷湿。地面降水显示，飑线对流区通过测站期间(02—04 时)，地面连续出现 3 个降水极值区，分别由对流区的强对流单体引起。飑线过境后(04 时后)，地面降水变弱，地面风又转为西南风。这些气象要素特征变化与过去副热带地区观测的快速移动飑线特征类似(Wang，*et al.*，1990；陈泰然等，2002)。

为进一步了解飑线成熟期，系统前后方的环境条件，对 24 日 00 时清远和探空(位置见图 11.1)进行分析。图 11.4c 显示，此时两探空站分别位于飑线后方的层状云区和移动前方的晴空区。由香港探空(图 11.6a)可见，飑线系统移动前侧的自由对流高度较低，约为 957 hPa，850 hPa 以下水汽充足，其上空气较为干燥，800—700 hPa 存在一逆温层。有效位能为1083 J/kg，0～3 km 和 0～5 km 垂直风切变分别为 18 和 22 m/s。参考过去的研究定义(Weisman，*et al.*，1988)，此环境条件属于中等不稳定和强风切变。进一步由两站系统相对的风径图(图 11.6b)可见，在飑线前方 10 km 以下均存在深厚的系统相对入流，且 3 km 以下垂直风切变存在显著的垂直飑线走向分量。Weisman 等(1988)指出该低层垂直风切变同飑线系统对流区降水形成的冷池平衡，是飑线系统维持的一个重要原因。在飑线后方，0.8—3 km 高度存在从后往前的风场分量，而近地层(0.8 km 以下)和中高层(3 km 以上)均为从前往后的分量。这表明飑线后方入流主要集中在低层，同中国台湾地区过去观测的飑线结构类似(Wang，*et al.*，1990；Chen 和 Chou1993；陈泰然等，2002)。

11.2.3　双多普勒雷达分析结果

图 11.4 分析表明，飑线系统的对流区于 24 日 02:00—03:00 进入深圳和广州雷达的双多普勒雷达观测区域内。本节中我们将利用这一阶段双多普勒雷达观测对飑线内风场、动力和热力场进行分析，并讨论其维持机制。双多普勒雷达分析区见图 11.7，区域中 X 轴正向为正东顺时针旋转 37.5°，平行双多普勒雷达基线方向；Y 轴正向为正北顺时针旋转 37.5°，垂直双多普勒雷达基线方向。在本个例中，热力反演用香港站 24 日 00:00 的探空，反演的扰动气压动量检查值小于 0.5，而扰动温度动量检查值略大，约为 0.7。这说明气压反演品质较好，可信度较高，而扰动温度则误差略大，但仍可用于定性解释。

11.2.3.1　飑线动力和热力结构

图 11.7 是 02:10、02:30 和 02:50 三个时刻双多普勒雷达观测的低层(1.5 km)和中层(5 km)的水平风暴相对运动速度。整体而言，三个时刻观测的对流区风场结构非常相似，呈明显的二维结构特征(即风场的主要变化在沿飑线走向方向)，同过去观测的飑线结构相似(Chong，*et al.*，1987；Wang，*et al.*，1990)。在对流区前侧低层存在一辐合线，辐合线两侧分别是飑线前侧的东南风和后侧偏北风，其中东南风为系统持续输送暖湿气流。在中层，主要盛行从前往后的气流(偏南风)。对应的回波场显示，飑线对流区由多个强对流单体组成，其中两个最强单体的回波强度均超过 50 dBZ(图 11.7a 中的 C1 和 C2)。在分析期间，C1 逐渐减弱并移出分析区，而 C2 则逐渐增强，表明 C1 和 C2 处于不同的发展阶段。

由于分析飑线的风场结构相似，接下来我们利用 02:10 的分析结果，研究飑线的热动力场和垂直结构。图 11.8 是 1.5 km 和 5 km 高度的垂直速度、扰动气压和温度。在低层，飑线前缘为上升区，呈带状分布(图 11.8a)，最大速度达到 4 m/s，位于低层强回波的前缘(图 11.7a)。

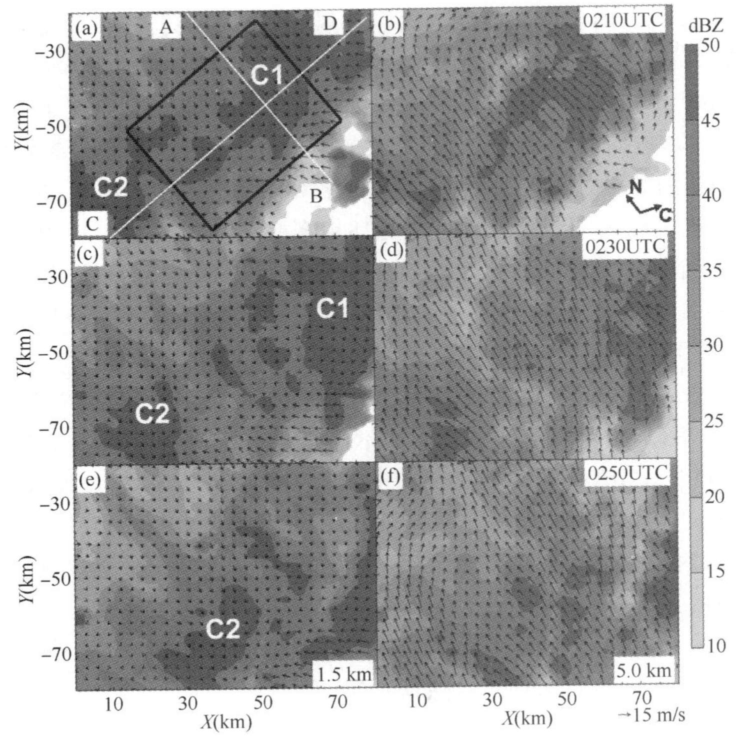

图 11.7　双多普勒雷达反演的 1.5 km(a、c、e)和 5.0 km(b、d、f)高度的风暴相对风场和雷达反射率因子(填色)(a、b. 02:10,c、d. 02:30,e、f. 02:50)

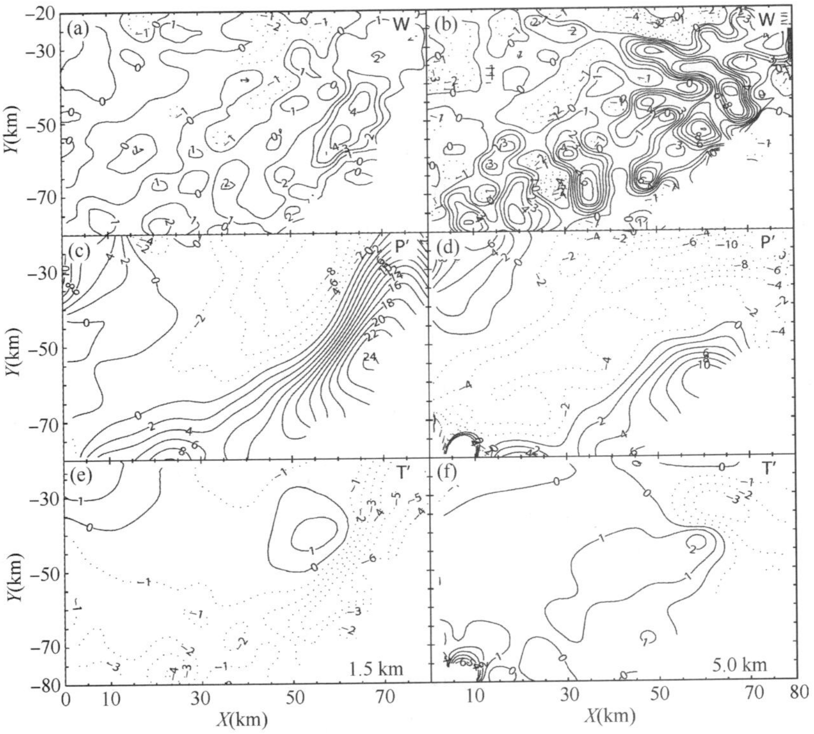

图 11.8　2007 年 4 月 24 日 02:10 双多普勒雷达反演的 1.5 km(a、c、e)和 5.0 km(b、d、f)高度(a、b)垂直速度,(c、d)扰动气压(单位:0.1 hPa),(e、f)扰动温度(单位:0.1℃)。

也同风场辐合区位置一致。紧邻上升区后部存在一些对流尺度下沉运动，最大值约1 m/s。气压扰动显示在飑线前沿为一明显的高压(图 11.8c)，和低层辐合线位置一致。温度扰动显示除了在单体 C1 内，基本上为负的温度扰动(图 11.8e)，此负温度扰动可能由降水的蒸发冷却造成。5 km 高度，反射率最大值已经向飑线系统后侧偏移(图 11.7a、b)，表明存在一倾斜的由前往后上升气流。同时，上升气流区结构也呈现明显的单体结构，最大上升速度达到 9 m/s。气压扰动显示上升运动区呈明显的低压扰动(图 11.8d)，相应的温度扰动为正扰动(图 11.8f)，表明与对流的潜热释放增温有关。

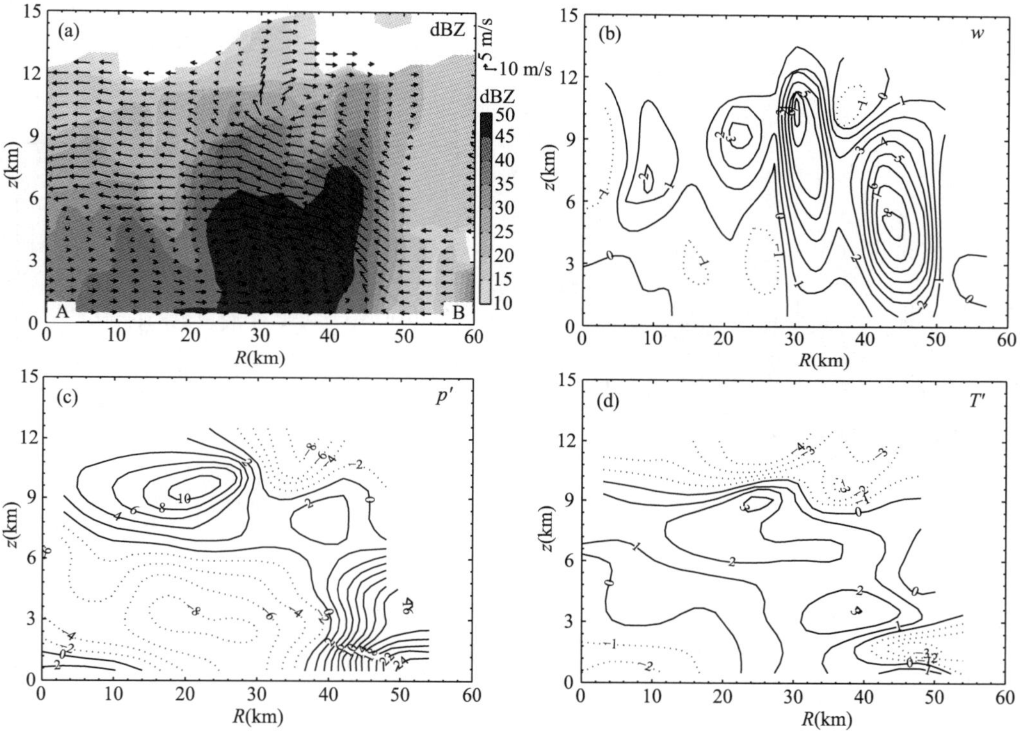

图 11.9　2007 年 4 月 24 日 02:10 沿垂直对流线方向的垂直剖面(剖面位置为图 11.7a 中实线 AB)
(a. 雷达反射率因子和风暴相对运动风场，b. 垂直速度，
c. 扰动气压(单位：0.1 hPa)，d. 扰动温度(单位：0.1℃))

为进一步了解飑线垂直结构，沿垂直和平行飑线走向(图 11.7a 中的 *AB*、*CD*)做垂直剖面。垂直飑线方向的剖面显示(图 11.9)，系统前方 0～10 km 高度存在深厚的从前向后气流(暖湿空气)，而系统后部低层($Z<3$ km)存在从后向前的气流。这两支气流在对流区前沿低层形成辐合后，转为向系统后方的倾斜上升运动，达到高层后($Z>10$ km)，部分反转为从后向前的运动(图 11.9a)。垂直速度剖面揭示(图 11.9b)，在系统前沿后方的上升气流存在两个最大值。其中一个最大值位于 $X=45$ km，高度 5 km，强度 8 m/s。此最大上升可能伴随由阵风锋激发的新对流单体。另一个最大值位于 $X=30$ km，高度 10 km，强度 7 m/s。这种两个最大垂直速度的分布结构在过去的飑线中也常观测到(Chong, *et al.*, 1987; Jorgensen, *et al.*, 1997)。在回波区后侧($X=10$～30 km)，倾斜上升区以下有一弱下沉运动区，此下沉运动应为降水拖曳和雨滴的蒸发冷却所致。扰动气压显示(图 11.9c)，1.5 km 以下，系统前沿($X=$ 45～55 km)水平气流辐合区存在一高压，是由于低层气流的动能差异引起(流体的伯努利效

应),称为动力高压。其产生的垂直向上气压梯度力,也是对流前缘低层暖湿气流初始上升的强迫机制。在高层存在另一个高压区,应为上升气流在高层辐合所至。扰动温度显示(图 11.9d)在上升区内存在正的温度扰动,表明倾斜对流下方的低压应为潜热释放增暖的静力反应(LeMone,1983)。在飑线后方(X=0～20 km),下沉运动将中层的干冷空气带到低层,造成负浮力扰动。平行飑线方向的垂直剖面显示(图 11.10),对流区由多个对流单体组成。每个单体伴随强回波中心和上升气流,同时单体间存在对流尺度的下沉运动(约－1～－2 m/s),造成底层负扰动温度,此外,在单体 C1 与 C2 移动前方 3 km 高度以下存在弱的相对入流。同时上升区存在正的温度扰动;在高层存在出流。配合图 11.9,高层的气流同飑线移动方向接近。同时,垂直剖面也显示,平行飑线方向的水平气流变化显著小于垂直飑线方向,进一步表明此飑线具有准二维结构。

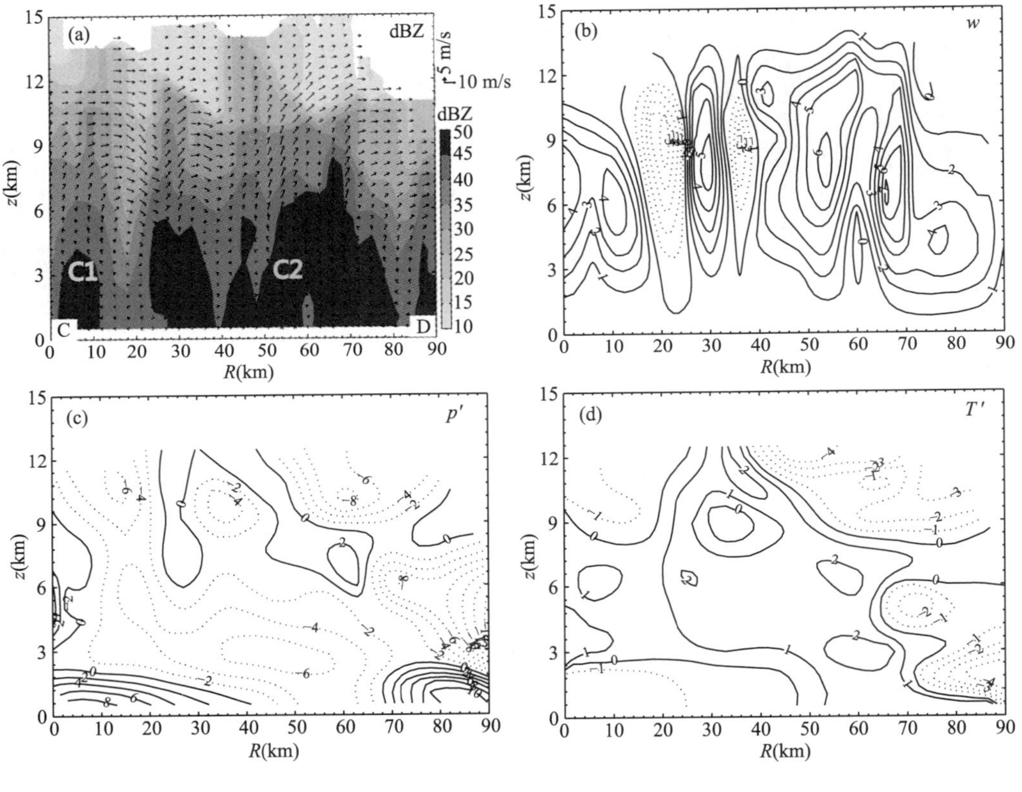

图 11.10,同图 11.9,但剖面位置为垂直对流线方向(沿图 11.7a 中实线 CD)

11.2.3.2　质量收支

为进一步探讨飑线维持机制,对飑线内的对流区质量收支进行诊断分析,以明确三维气流的作用。这里参考 Chong 等(1987)的方法,采用飑线坐标系,该坐标系下 X 方向代表平行飑线系统方向,Y 方向代表垂直飑线方向。因此,需将图 11.4 中的双多普勒雷达反演结果顺时针旋转 40°至平行飑线走向。由于雷达观测资料的局限,在低层 0.5 km 以下,并不进行任何诊断,同时为回避反演结果中的缺省值所在位置,选取诊断区域如图 11.7a 中的方框区域,大小 45 km×35 km,其长、宽边分别平行、垂直于飑线。

按照质量通量的定义，面积 A 上单位时间垂直质量通量计算公式如下：

$$M_z(z)=\rho_0(z)\overline{w}(z)A \tag{11.2}$$

其中，ρ_0 为空气密度，$\overline{w}$ 为高度 z 在面积 A 上的垂直速度平均。以 Δz 为间隔的相邻水平高度层产生的垂直质量净通量定义如下

$$F_z(z+\Delta z/2)=M_z(z)-M_z(z+\Delta z) \tag{11.3}$$

式中 $z+\Delta z/2$ 代表参考层。

用相同的方法计算平行和垂直飑线系统内的质量净通量——F_x，F_y。F_x、F_y 和 F_z 在本质上具有辐合、辐散的性质，其为正值（负值）时表示辐散（辐合）发生。

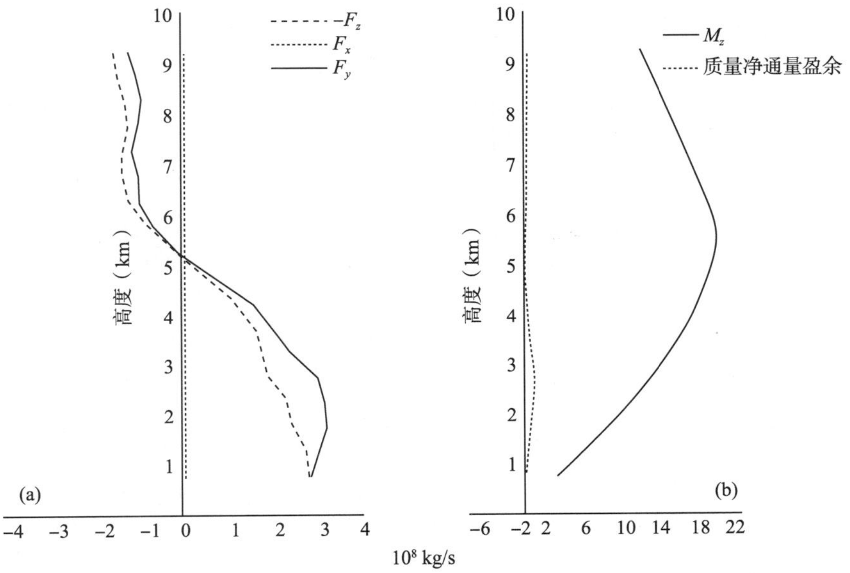

图 11.11　飑线系统对流区内净质量传送垂直分布

(a)平行飑线(F_x)、垂直飑线系统(F_y)和垂直方向($-F_z$)质量通量辐合/辐散，

(b)垂直质量输送分布 M_z 及质量净通量盈余(分析区域见图 11.7a 中的矩形框)

按照质量守衡的原则，垂直质量通量辐合（辐散）应和水平质量通量辐散（辐合）平衡。F_x、F_y 和 F_z 垂直廓线显示（图 11.11a），F_y 和 F_z 在所有高度上均是主要的贡献项，而 F_x 则小一个量级，表明其对整个气柱的质量传输贡献较小。在 5 km 以下（上）垂直飑线方向（F_y）为水平通量辐合（辐散），相应的垂直通量（F_z）为辐散（辐合），两者数值接近，则趋于平衡。这从另一角度证实此飑线内对流区气流为准二维结构。图 11.11b 显示区域平均的垂直质量通量在 9 km 以下均为正值，表明对流区透过上升运动向上传输质量。其中，最大垂直质量通量为 1.8×10^9 kg/s，位于高度 5 km 左右。这主要是因为 5 km 高度已转为水平辐散，垂直速度开始减弱。总体而言，此飑线垂直质量通量的分布特征同 Chong 等(1987)、Lin 等(1990)的研究结果相似。不同之处在于，Chong 等(1987)观测的热带飑线内对流区最大的垂直质量通量位于 2.5 km，而 Lin 等(1990)观测的最大值位于 3.5 km，均低于本研究的高度。造成此差异的一个主要原因是平均上升速度不同，本研究中平均上升速度最大值(2 m/s)的高度较高，约 6 km(图 11.12)。

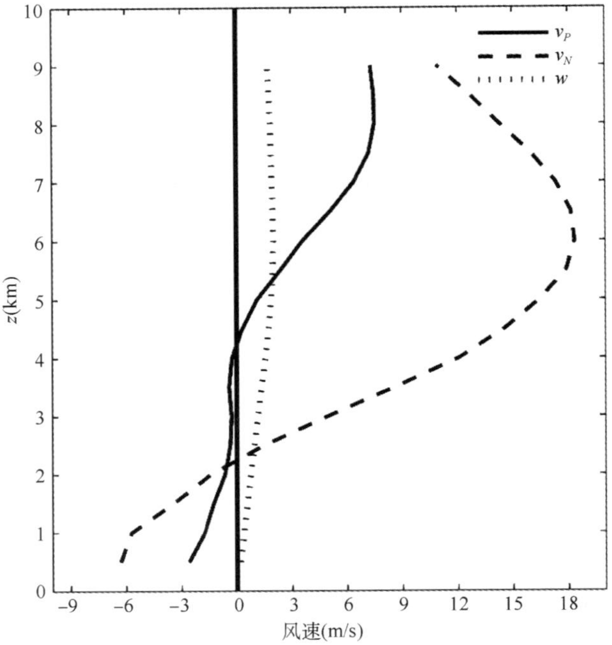

图 11.12　02:10 区域平均的水平和垂直速度随高度变化(v_N 和 v_P 分别表示垂直和平行飑线的风速分量,分析区域如图 11.7a 中方框)

11.2.3.3　动量收支

动量诊断采用 LeMone(1983)的方法。所选区域和反演时间与质量通量诊断区域一致。u 方向(x 方向,平行飑线系统对流区)总体的水平动量垂直输送为 $\rho_0\bar{u}\bar{w}$,水平平均动量垂直输送为 $\rho_0\ \overline{uw}$,水平扰动动量垂直输送为 $\rho_0\ \overline{u'w'}$,其中,$u=\bar{u}+u'$,$v=\bar{v}+v'$,$w=\bar{w}+w'$,ρ_0 是环境密度,$\overline{(\ )}$代表的是在所选区域的面积平均。同理可得 v 方向水平动量 $\rho_0\bar{v}\bar{w}$、$\rho_0\ \overline{vw}$ 和 $\rho_0\ \overline{v'w'}$。显然,这些项的垂直分布主要由平均气流决定。

图 11.12 显示所选区域中平均为上升气流($\bar{w}>0$);平均的$\overline{U}$在 4 km 以下为负,以上转为正;平均$\overline{V}$在 2.2 km 以下为负(从后往前的气流),往上转为正(从前往后的气流),至 6 km 时达到最大。u 方向动量垂直通量显示(图 11.13a),平均项在 4 km 以下均为向下输送,而 4 km 以上为向上传送,最大值位于 7.5 km 左右,和区域平均气流的分布特征一致(图 11.12)。而扰动场($\rho_0\ \overline{u'w'}$)项除在 6.5～8 km 为向上传输,其他层均向下,向下传送最大值发生在 2.5 km处。总的动量垂直通量在 4.5 km 以上(以下)为向上(向下)传输,其中 4.5 km 以下(以上)分布特征接近扰动项(平均项),表明对流尺度运动对动量分配的贡献在 4.5 km 以下相当重要。同 u 方向相比,v 方向(图 11.13b)平均场($\rho_0\ \overline{vw}$)垂直输送在 2.5 km 以下为向下传输,以上为向上传输,最大值在 5.5 km 处。扰动项($\rho_0\ \overline{v'w'}$)除 5～8 km 为负值外,其他高度均为正(向上传输)。总的动量垂直通量几乎在所有高度上均为正,最大值位于 5.5 km 处,这同前面分析的在垂直飑线方向存在深厚的从前向后上升气流一致。3 km 以下扰动场起主导作用,反映在这些高度上对流尺度运动对动量分配的贡献相当重要;3 km 以上平均场起主导作用,这同$\bar{v}$垂直分布一致。值得注意的是,在 2 km 以上,v 方向总动量通量明显高于 u 方向的值。

进一步计算 u 方向和 v 方向水平动量的垂直通量辐合，结果显示：u 方向(图 11.13c)在 2.5 km 以下和 7 km 以上，总垂直通量辐合($-\frac{1}{\rho_0}\frac{\partial\rho_0\overline{uw}}{\partial z}$)为正(通量辐合)，而其余高度为负(通量辐散)。该结果表明平均场和扰动场的垂直通量辐合造成 2.5 km 以下 $\bar{u}$ 增加，而 2.5～7 km 的 $\bar{u}$ 减少，其结果是减少 $\bar{u}$ 的垂直风切变。故 u 方向的水平动量为顺梯度传输。相比之下，v 的总动量通量辐合值在 2.5 km 以上均显著高于 u 方向。因此，对水平动量的垂直再分配具有主要贡献，这同前面分析的飑线具有准二维结构特征相一致。v 方向总垂直通量辐合($-\frac{1}{\rho_0}\frac{\partial\rho_0\overline{vw}}{\partial z}$)在 5 km 以下(上)为负(正)，表明 $\bar{v}$ 在 5 km 以下(上)减少(增加)。故 v 方向垂直风切将增加，这是逆梯度传输的行为。对于对流水平动量垂直传送的特性，其动量通量可用参数化表达为：

$$\overline{v'w'}=-K\frac{\partial\bar{v}}{\partial z} \tag{11.4}$$

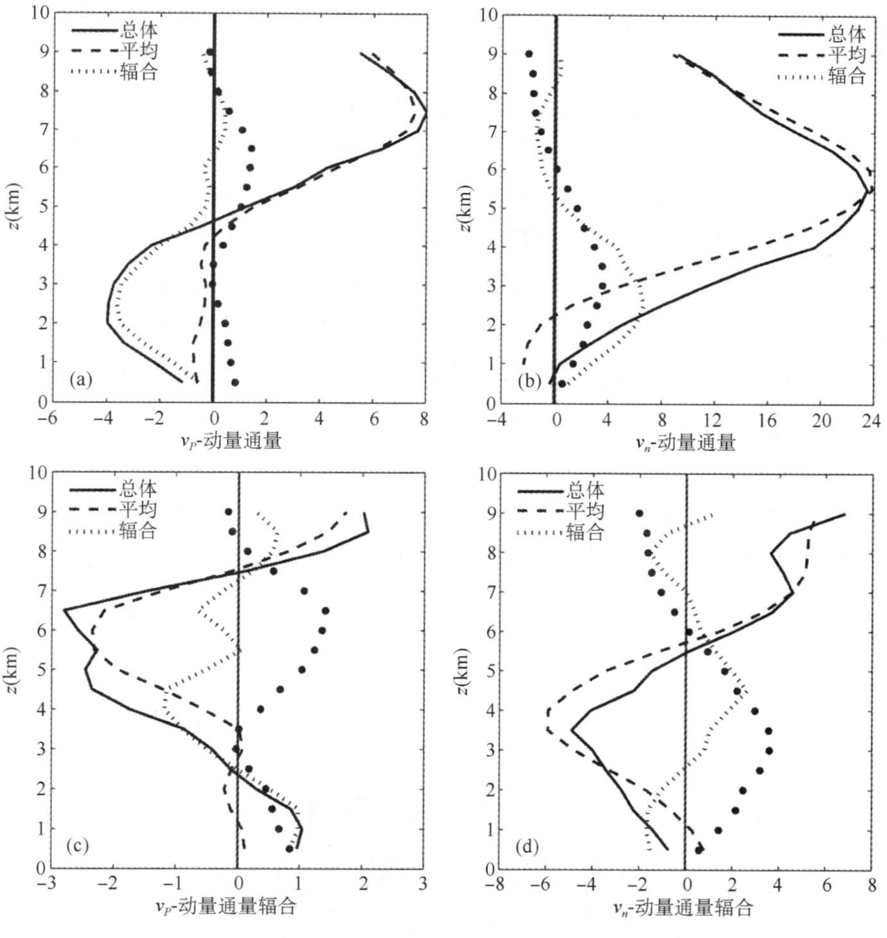

图 11.13　2007 年 4 月 24 日 02:10 区域平均的(a、b)垂直动量通量(单位：kg/(m·s))和垂直动量通量辐合的垂直分布(单位：g/(m·s))，其中(a、c)为沿飑线方向分量；(b、d)为垂直飑线方向分量(图中的圆点表示平均水平风的垂直切变，分析区域如图 11.7a中方框所示)

如 $K>0$ 代表混合的过程,即对流效果具有均匀化环境风垂直梯度的作用。然而,从图 11.11b 中可以看出,在垂直飑线方向,6 km 高度以下,$\overline{v'w'}$ 和 $\frac{\partial \bar{v}}{\partial z}$ 符号相同,因此 K 是负值。因此,从湍流的角度来看,意味着对流的组织性可以反抗环境风垂直梯度均匀化的趋势,有利于系统的维持(Houze,2004)。换句话说,动量逆梯度垂直传输是组织性对流的一个重要特征。事实上,过去许多研究都注意到飑线在平行方向上具有顺梯度传送特性(图 11.14),而在垂直方向对流具有逆梯度传送特性(Chong,*et al.*,1987;Chong,2010;LeMone,1983)。

11.2.4 小结

本研究主要利用华南暴雨试验期间,广州和深圳双多普勒对 2007 年 4 月 23 日发生于华南地区的一次飑线过程进行分析。分析结果显示:

(1)该系统发生在强垂直风切变和中等对流不稳定环境下的,其结构和演变同中纬度典型的层云尾随型对流系统相似。飑线三维结构概念图见图 11.14。在系统成熟期,由前(前方指系统移动方向)往后,降水结构依次为对流区、过渡带和层云区。气流特征呈显著的二维结构特征,包括系统前方 10 km 高度以下为深厚的从前向后气流,系统后部低层($z<3$ km)存在从后向前的气流。这两支气流在系统前缘低层辐合后形成一动力高压。此高压提供的垂直向上气压梯度力是对流前缘低层暖湿气流初始上升的强迫机制,不断触发新的对流单体,有利于对流系统的维持。低层的暖湿入流从前向后方倾斜上升,部分气流在高层(9 km 高度以上)翻转流向系统前侧。另外,在对流区的后侧形成对流尺度下沉气流。倾斜上升气流区因凝结潜热释放增暖的效应而伴随正的温度扰动,在其下方存在增暖导致的静力低压。该个例一个有趣的特征是,在系统西侧也不断形成新的对流单体,促进对流系统尺度的增加和维持。地面常规观测资料显示此对流的触发和中尺度辐合线有关。

(2)质量通量分析显示:飑线系统对流区的质量收支具有明显的二维性,在水平方向上,垂直于飑线系统方向的质量输送占绝对优势,其在 5 km 以下(上)为水平通量辐合(辐散),与质量通量相反,两者接近平衡。动量收支分析表明:垂直于飑线系统的水平动量的垂直输送有逆

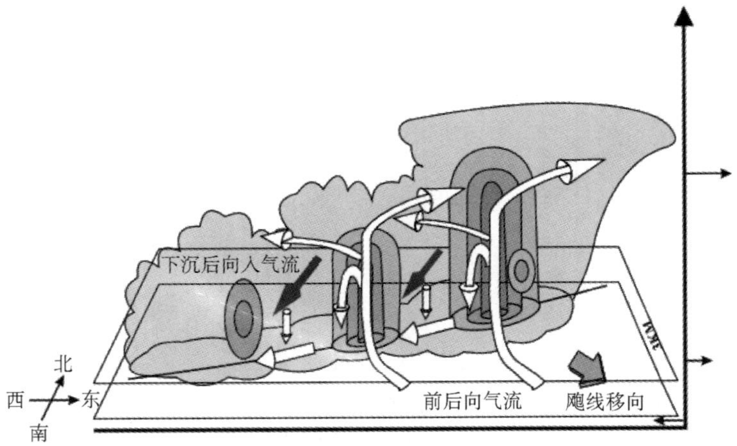

图 11.14 飑线三维结构示意图

梯度输送的特性,这意味着对流的组织性可以反抗环境风垂直梯度均匀化的趋势,有利于系统维持。相对的,平行飑线方向的水平动量具有顺梯度输送特征,该方向上风切变分量有被匀滑趋势,对流行为在此扮演湍流混合角色。这一水平动量垂直传送特征类似于过去观测的热带和副热带快速移动飑线。

11.3 2008 年 6 月 6 日华南一次准线状对流中尺度结构分析

11.3.1 天气背景

由 6 日 00 时(北京时)的 500 hPa 高空图(图 11.15)可以看出,从东北地区到西北地区东部,有一个槽正在东移,槽后有明显的冷高压,东南部海面受副热带高压控制,同时从四川、云南以西地区有小槽不断东移,此时,两广地区正在受一个缓慢东移的小槽影响。700 和 850 hPa 图中,福建、江西境内为高压控制,因而西风带系统移动缓慢,台湾以南及南海广大地区为副热带高压控制,副热带高压与福建、江西境内的高压之间即在广东、广西南部沿海形成狭长的东西向切变线,由于副热带高压强而稳定,北侧高压也相对稳定,因而该切变线能够长时间维持,从云贵高原不断有低涡向东移动,孟加拉湾地区也有低压倒槽向东北方向伸展,地面上不断有热带低压生成,因而在广西、广东境内不断产生低涡,并沿切变线向东移动,在广东境内造成一次又一次的强降水过程。

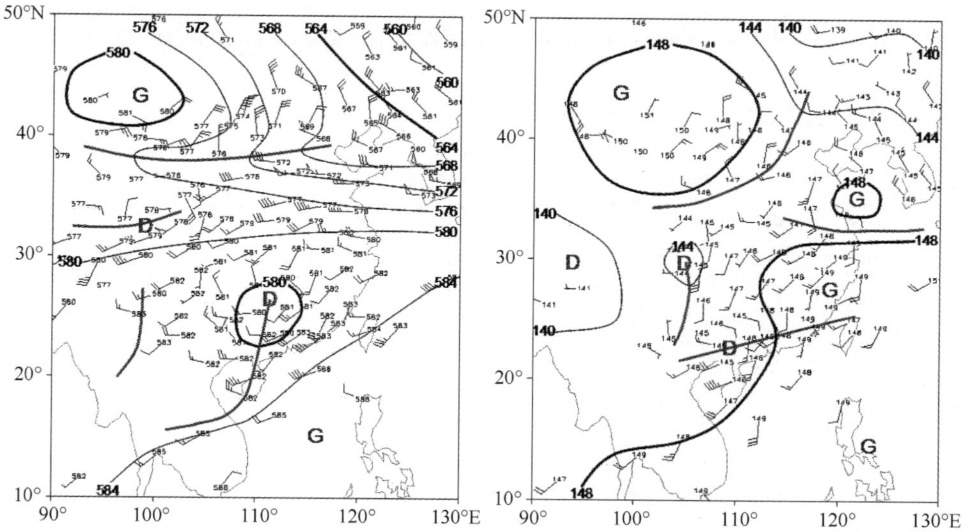

图 11.15 2008 年 6 月 06 日 00 时高空 500(a)和 850 hPa(b)天气图

11.3.2 雷达分析

本文利用广州和深圳的新一代天气雷达所收集到的双多普勒雷达资料,分析 2008 年 6 月 6 日广东中南部暴雨系统的中尺度三维结构,并讨论其维持机制。水平风场结构和雷达回波显示,在暴雨生成前期,广州雷达西南部有一西南偏西风和西南风形成的β中尺度辐合带,以

10 m/s 的速度向东北方向移动。辐合带上不断有对流单体形成，同时在其西北侧的中低层有一中尺度涡旋形成。此涡旋的发展使辐合带上的水平风场辐合和切变增强，随后辐合带上对流也逐渐组织加强成南北走向的带状结构(长约 100 km，宽约 30 km)并造成强降水。与此同时，在辐合带上有一系列新的 γ 中尺度的涡旋在低层生成，这些涡旋与雨带移动一致，但是维持时间较短。由强降水发生时雨带垂直结构显示，最强回波达到 50 dBZ，大于 40 dBZ 强回波高度约 6 km，且随高度略往运动方向倾斜。雨带前部的中低层均为入流气流，它与对流带后部的偏西风在中低层形成辐合后向上倾斜上升，在中高层向前流出形成砧状云。在降水后期，其北侧的中尺度涡旋也逐渐减弱消失，而降水则逐渐减弱。初步分析结果表明，暴雨系统主要是由 β 中尺度辐合带所引起，而低层中尺度涡旋对于暴雨的加强和维持则具有重要作用(图 11.16，另见彩图 11.16，图 11.17c)。

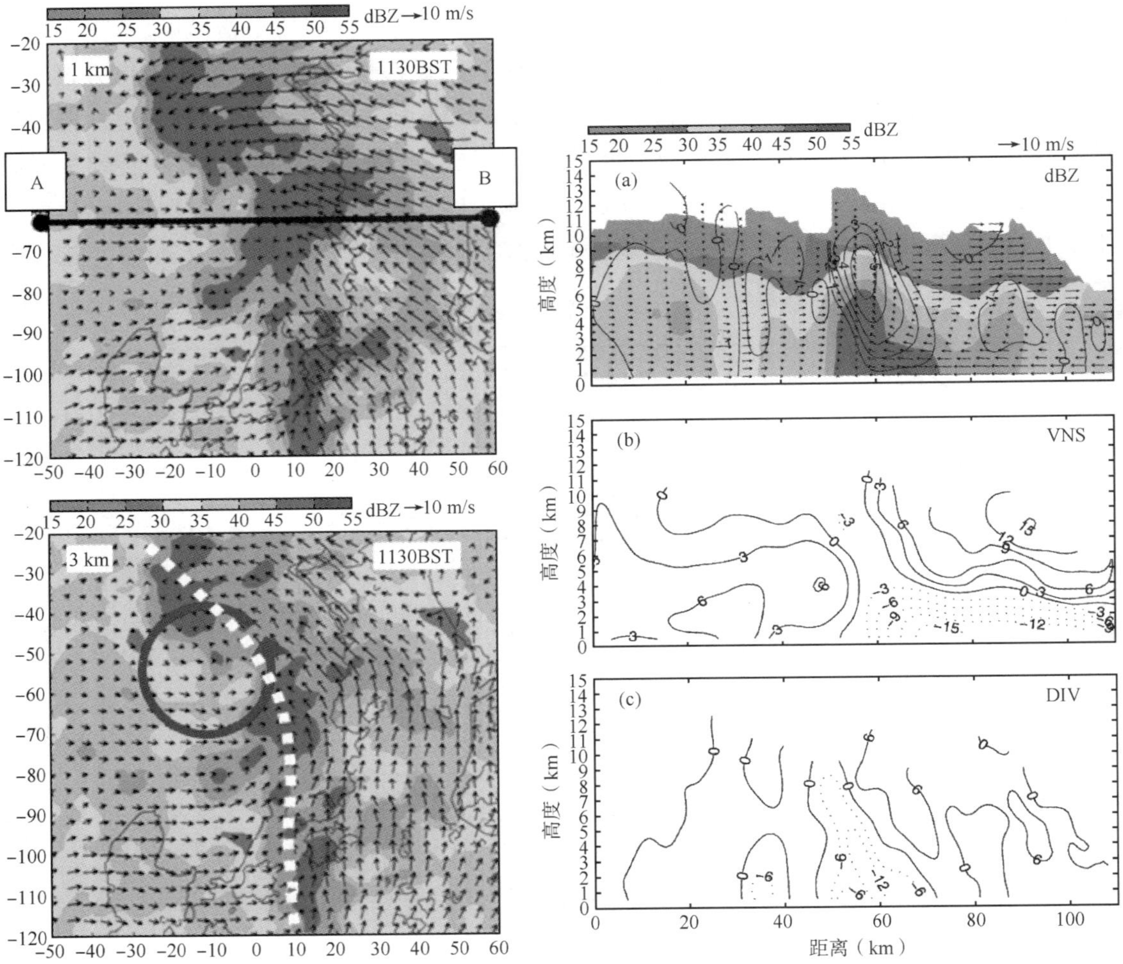

图 11.16　2008 年 6 月 6 日准线状对流系统三维结构概念图

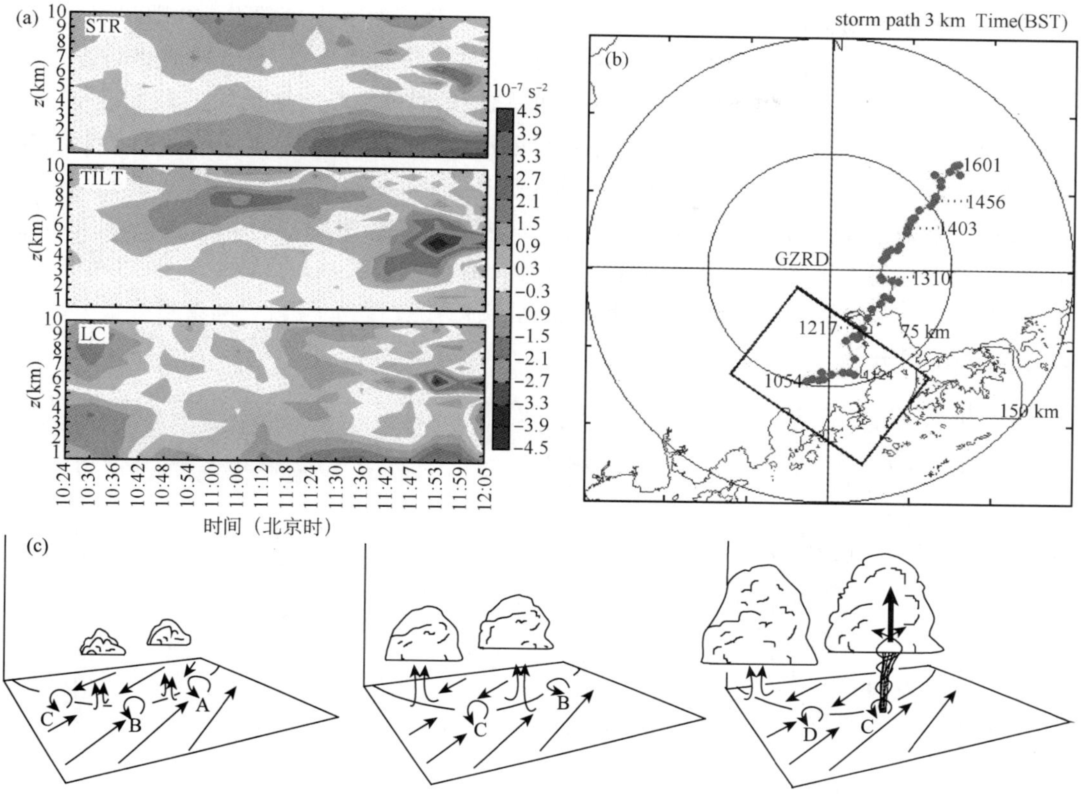

图 11.17　对流系统内中尺度涡旋(a)，路径(b)；涡度诊断结果和形成概念图(c)

引自 Wakimoto(1989)

11.4　2007 年 4 月 23—24 日广东飑线的观测分析和数值模拟

11.4.1　观测分析

11.4.1.1　概况

2007 年 4 月 22 日高原东侧有短波槽下滑，该短波槽在 23 日 18 时触发了这次飑线过程。该飑线 23 日 20 时(UTC，下同)开始影响广东省，全省出现大范围强降水，局部地区伴有雷雨大风或冰雹等强对流天气。这次过程范围广、强度大、持续时间长，沿途伴有强雷暴、暴雨和大风天气。24 日雨势最强，全省 26 个站降暴雨，顺德为大暴雨，花都出现雷雨大风，最大风速 30 m/s，曲江的沙溪镇出现冰雹。此过程造成广东省部分地区不同程度受灾，据广东省防总统计，全省倒塌或损坏房屋 3405 间，受灾人口 12.8 万人，5 人死亡，10 人受伤；农作物受灾面积 11.3×10^3 hm^2，成灾面积 6.7×10^3 hm^2，直接经济损失达 2.65 亿元。其中广州周围地区 30 多根电线杆被吹倒，公路行道树被吹倒或折断 3000 多棵，还造成了白云国际机场 80 个航班出现不同程度的延误。广州九佛自动观测站记录 8 h 降雨量达 56.6 mm，3 s 极大风速达 23.8 m/s。

从 4 月 23 日 20 时 05 分的雷达组合反射率(图 11.18a，另见彩图 11.18)上看，广西贺州和广东连山(图中黑圈标出)一带有一很强的对流带(最强反射率中心超过 60 dBZ),该强回波带迅速向东南方向移动发展,移速约 40 km/h;20 时移速增加到 50 km/h,回波移动过程中不断加强;21 时 41 分(图 11.18b)呈明显的弓形回波,新的对流不断在飑线的后部生成并与旧单体合并。到 24 日 00 时前后(图 11.8c)该系统已发展为长 350 km、宽 35 km 左右的强飑线并横穿广东全省。02 时29 分(图 11.18d)飑线横跨广东南部,在汕尾市开始分裂,强度也有所减弱,分裂后东西两个回波带长达 500 km 左右。东边的回波经揭阳、潮州、汕头逐渐向福建和海上移动,继续保持着强的带状回波,在福建及其沿海持续了数小时才消亡。西边则经深圳、中山、阳江向南部移动,之后回波强度大大减弱,此次飑线过程趋于消亡(陈泰然等,2002)。整个过程历时约 12 h。

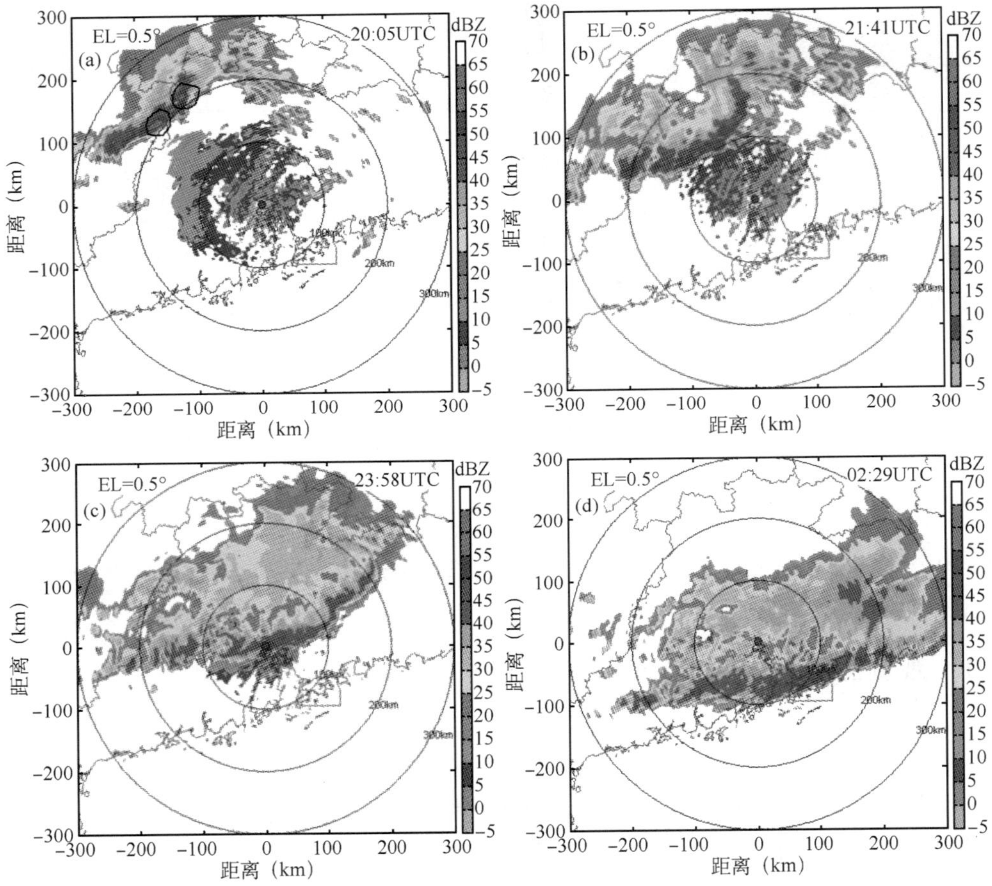

图 11.18　2007 年 4 月 23—24 日广州雷达组合反射率

(单位:dBZ;a. 23 日 20:05,b. 23 日 21:41,c. 23 日 23:58,d. 24 日 02:29)

11.4.1.2　天气背景分析

本节利用 NCEP 的 FNL 全球分析资料对这次飑线过程的天气形势进行分析。该资料时间间隔为 6 h,空间分辨率为 1°×1°,垂直方向分为地面和从 1000～10 hPa 共 26 个等压层。

23 日 12 时,在四川省边界上空 500 hPa 图上有一个浅槽东移(图 11.19,另见彩图 11.19)。

广东省的飑线就是这个浅槽在有利的环境条件下激发形成的。从不稳定环境来看，23 日 12 时槽线位置的 CAPE 值(图 11.20a，另见彩图 11.20)不是很大，系统发展较缓慢。随着系统的南压，槽线进入 CAPE 的高值区，其中 CAPE 值最大的地方超过 1500 J/kg，有利于触发强对流。从天气尺度抬升特征来看，24 日 00 时(图 11.21a，另见彩图 11.21)上升速度最大的地方在 850 hPa 有明显辐合，300 hPa 有明显的辐散。另外，充沛的水汽是对流发展加强的另一个重要因素。24 日 00 时，对应地面飑线辐合带的位置相对湿度超过 90%(图 11.21b)，可降水量也表现为一高值区。这为降水提供了非常好的水汽条件。

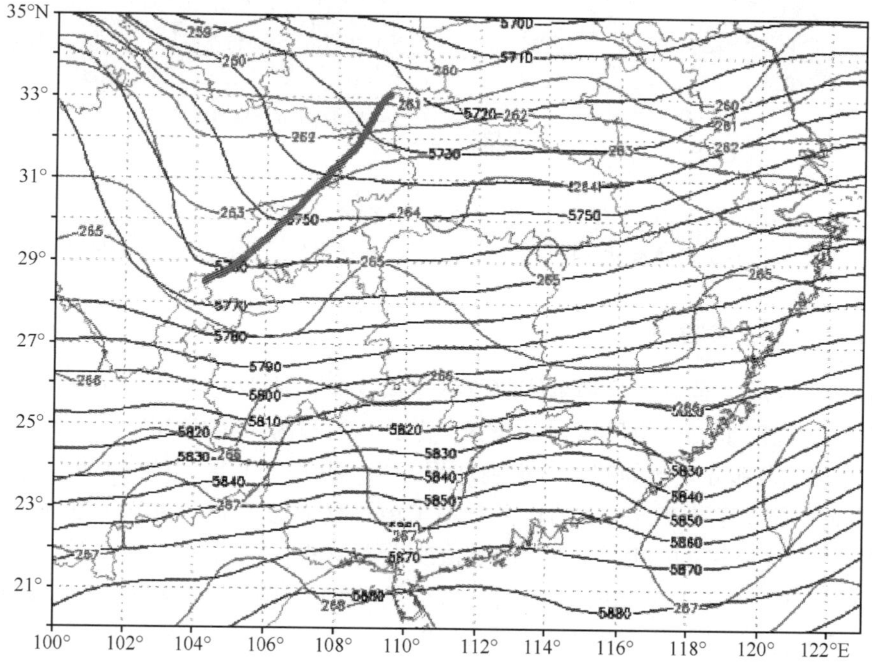

图 11.19　2007 年 4 月 23 日 12:00 500 hPa 天气形势

(黑色等值线:高度，m;红色等值线:温度，K)

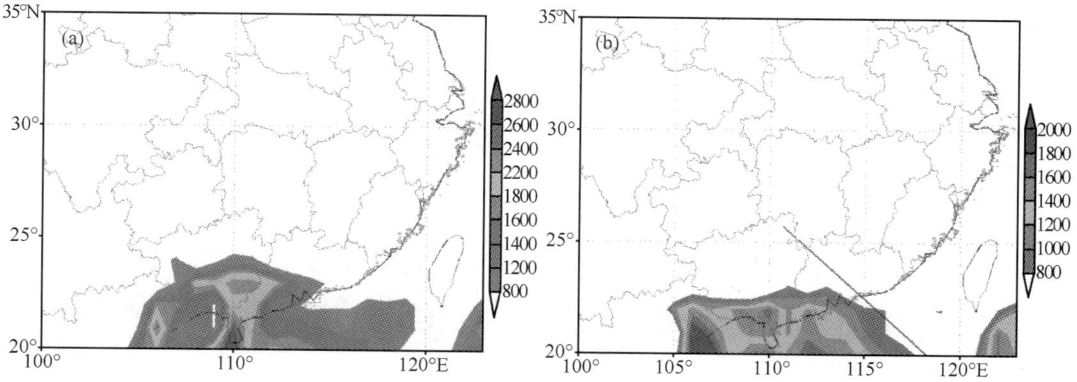

图 11.20　2007 年 4 月 23 日 12:00(a)和 24 日 00:00(b)的 CAPE 值分布(单位:J/kg)

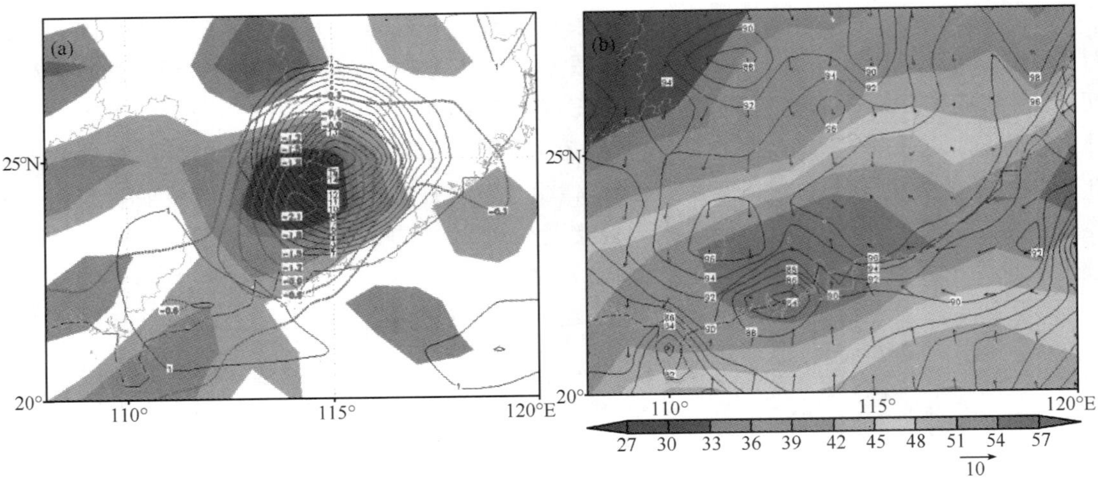

图 11.21　(a)2007 年 4 月 24 日 00:00 散度分布(阴影:850 hPa 层,黑色等值线:300 hPa 层,红色等值线:垂直速度,cm/s);(b)可降水量(阴影:可降水量,kg/m²;等值线:相对湿度,%;矢量:10 m 高风, m/s)

11.4.2　飑线的移动特征

飑线的移动实际上是每个风暴单体的位移与风暴单体传播的合成。气象学家 Merritt 和 Fritsch(1984)通过对上百个中尺度对流系统(其中大部分为中尺度对流复合体)的移动路径的研究,首次发现大部分系统的移动方向近似平行于 1000～500 hPa 层的厚度等值线。Fovell(私人通信)还曾指出等厚度线发散的地方有利于中尺度对流系统的发展。那么,本文的飑线移动特征是否与 1000～500 hPa 层的厚度等值线有类似的联系呢?

从 23 日 12 时 1000～500 hPa 厚度的分布情况(图 11.22a)可以看出,等厚度线在两广地区为西北—东南走向,而且往东南方向有发散特征。飑线的移动方向是从广西壮族自治区和湖南省的边界向广东省境内运动,也恰恰是西北—东南走向。在 24 日 06 时(图 11.22b),飑线移出广东省时,方向几乎是由西向东的,此时的 1000～500 hPa 的等厚度线的走向在广东东南部也基本接近东西走向。因此,1000～500 hPa 等厚度线的走向对中国南方飑线的移动方向也有很好的指示意义。

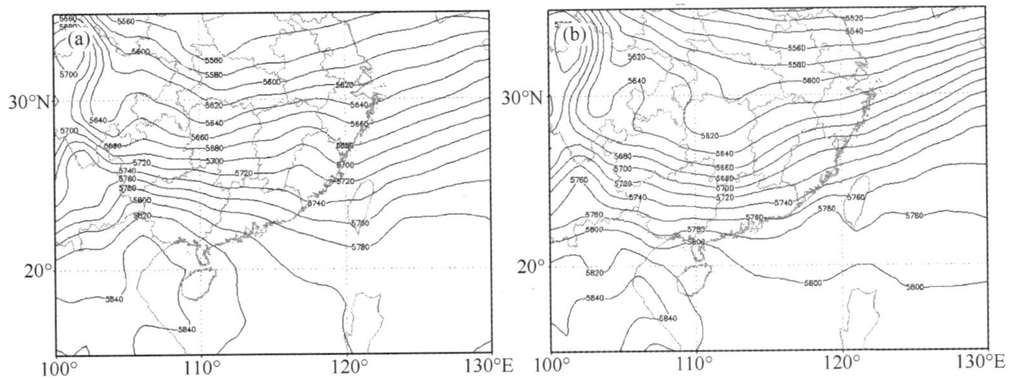

图 11.22　2007 年 4 月 23 日 12 时(a)和 24 日 06 时(b)1000～500 hPa 的厚度(单位:m)

已有的研究表明(Chen 和 Chou,1993),低层垂直风切变的方向对飑线的移动方向也有指示意义。图 11.23 是 925～850 hPa 的垂直风切变分布。飑线前后的低层垂直风切变有明显的差异。飑线后部垂直风切变平行于飑线,前部则与飑线近似垂直而与飑线的移动方向相近。由此可见,飑线前部的垂直风切变对飑线的运动有一定的指示意义。

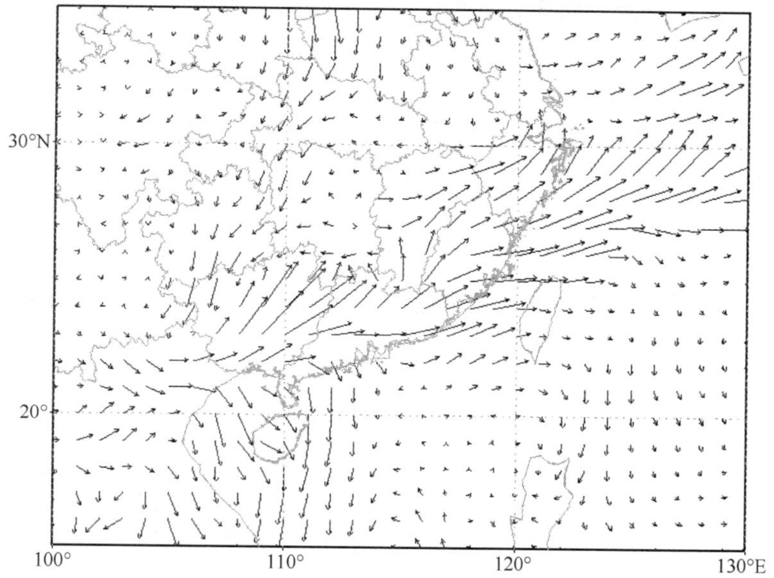

图 11.23 2007 年 4 月 24 日 00 时 850 hPa 与 925 hPa 层的垂直风切变(单位: m/s)

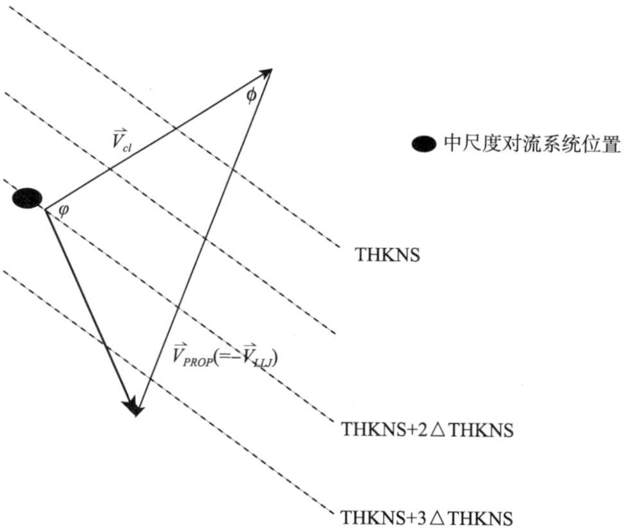

图 11.24 MCC 的移动方向示意图

(粗箭头:系统移动方向,$\vec{V}_{cl}$:单体移动方向,$\vec{V}_{prop}$:新单体生成方向,

THKNS 表示 1000～500 hPa 的等厚度线,选自 Corfidi(1996))

等厚度线只能给出移动方向的预示,那么飑线的移动速度的大小如何判断呢? 1996 年 Corfidi 对 Merritt 和 Fritsch(1984)的研究工作做了扩展和概括,提出了一种预报中尺度对流系统的短期(6～12 h)运动的简单方法。在这个方法中,中尺度对流系统的移动速度矢量可以用单体的移动速度矢量 V_{cl} 与新单体的生成方向 V_{prop} 之和来表示(图 11.24)。研究发现,V_{cl} 的

方向与 850～300 hPa 的平均风的方向一致，相关度为 0.78；而新单体生成的方向 V_{prop} 方向平行于低空急流(LLJ)的方向，如用 v_850 hPa 表示 850 hPa 层上的风速极值的轴向，则系统的移动速度可表示成下列式子：

$$v\_MCC = v\_mean(850\ hPa—300\ hPa) - v\_850\ hPa \tag{11.5}$$

由于这个矢量方法只需要低空急流和多层次平均风两种信息，因而对判断飑线的移动非常实用。下面我们就对此方法的适用性就本个例加以验证。

由于 NCEP 资料的时间间隔仅为 6 h，23 日 18 时飑线还没有进入广东。我们只能选取 24 日 00 时的资料加以分析。图 11.25 给出了 24 日 00 时的 850～300 hPa 的平均风和 850 hPa风速分布。如果我们把 850～300 hPa 的平均风和 850 hPa 强风速带走向(低空急流)标在等厚度线上(图 11.26)，可以看出，3 个矢量基本满足关系式(11.5)。该时刻低空急流轴取 14 m/s，850～300 hPa 的平均风速为 20 m/s，由矢量关系可得飑线向东南偏东方向移动，速度约为 12 m/s。与从雷达动画中得到的移速十分接近(13.5 m/s)。该结果表明，Corfidi 的矢量法很可能也适用于中国南方的飑线。

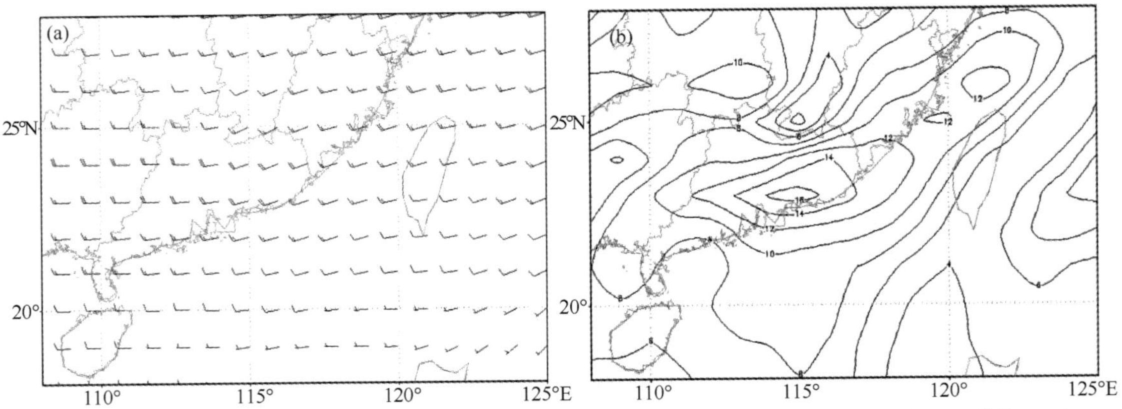

图 11.25　2007 年 4 月 24 日 00 时 850～300 hPa 层的平均风(a)和 850 hPa 层的风速(b)，单位：m/s

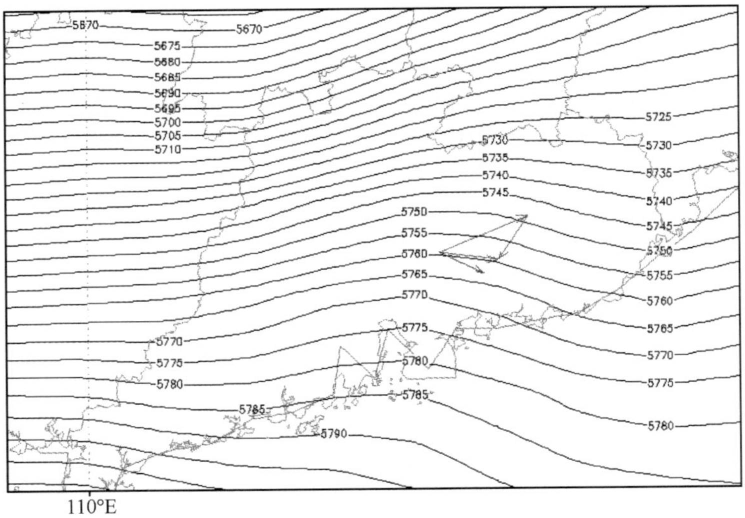

图 11.26　2007 年 4 月 24 日 00 时 1000～500 hPa 层的厚度分布

(单位：m；红色箭头：V_{cl}、V_{prop}、V_{mcc}，蓝色箭头：垂直切变)

11.4.3 飑线的中尺度结构特征

飑线过境时出现的中尺度天气一般表现为风向突变、风速剧增、气压骤升、气温陡降和湿度增加等情形，且可以产生很强的降水。清远站飑线过境时地面各要素的变化呈现出明显的突变特征(图 11.27)，例如 30 mm 的降水，4 hPa 的升压，4℃的降温和 10 m/s 的风速增加。

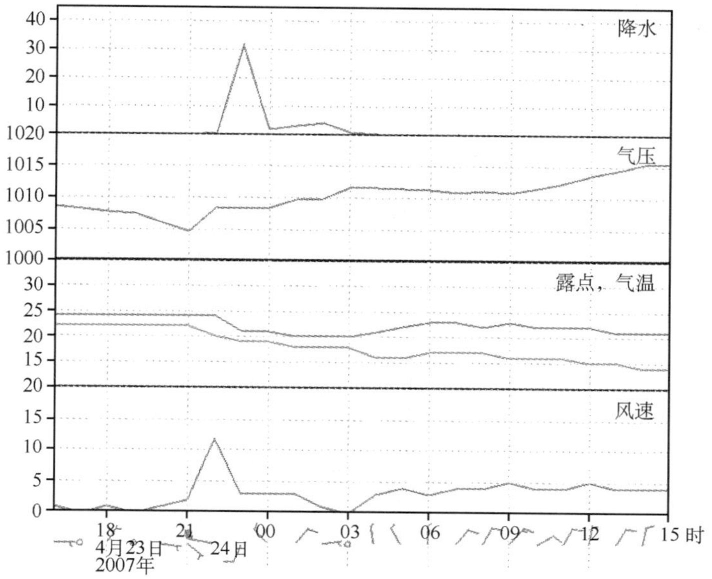

图 11.27　清远站飑线过境时地面要素变化

图 11.28(另见彩图 11.28)是 24 日 00 时的地面风场、气压场和降水的分布。从图可以很明显地分辨出飑线所具有的 β 中尺度的天气特征。在广东省东南部有一个中心值为 1007 hPa 的闭合低压，这对应的是飑线前方的位置，此处地面有辐合运动，存在强上升气流；沿着降水带有 4 个呈带状排列的雷暴高压；雷暴高压处的冷空气下沉至地面并向外辐散，使得该地区地面辐散区中的风场大大加强，导致地面强风的形成；同时，在雷暴高压带的后方存在几个较弱的尾流低压，位置与之对应的是飑线后方地面辐合区。

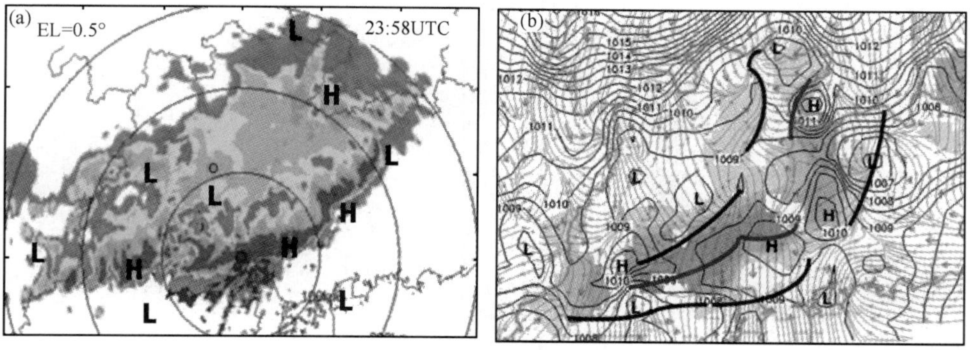

图 11.28　2007 年 4 月 24 日 00:00 中低压系统与雷达回波的相对位置分布(a)和时地面形势(b)
(阴影：降水，mm；黑色等值线：气压，hPa；红色为 10 m 高风流线；黑色粗线为地面辐合线，蓝色粗线为地面辐散线)

11.4.4 三维结构的数值模拟

本文采用中尺度数值模式 WRF(Weather Research and Forecast)对这次广东飑线进行了模拟。模式采用的是三重双向嵌套(图 11.29),格距分别为 40.5、13.5 和 4.5 km;模式垂直方向为 35 层;模式顶为 100 hPa。模式物理过程选用 WSM-6 云微物理方案;长波辐射采用 RRTM 方案,短波辐射采用 Dudhia 方案,积云对流采用 K-F 方案,边界层采用 YSU 方案。积分时段为 2007 年 4 月 23 日 12 时到 24 日 12 时。本文仅对第三重嵌套网格结果进行分析。

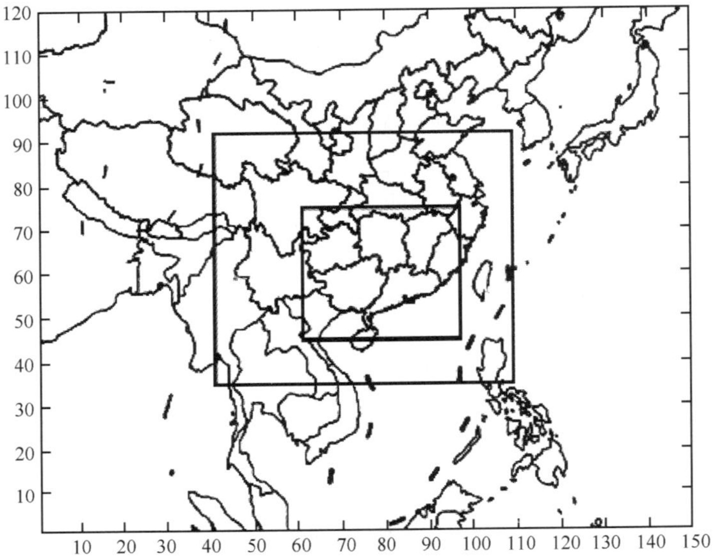

图 11.29 模式区域设置

通过模拟结果和观测结果的对比发现,模式很好地模拟出了逐时降水和雷达回波结构(图 11.30),因而可以基于模式结果分析飑线的三维结构。

23 日 22 时,飑线处在迅速加强的时刻。观测中的地面中低压系统在模拟的地面图上有所体现,尽管在位置上有着一定的偏差(图 11.31)。

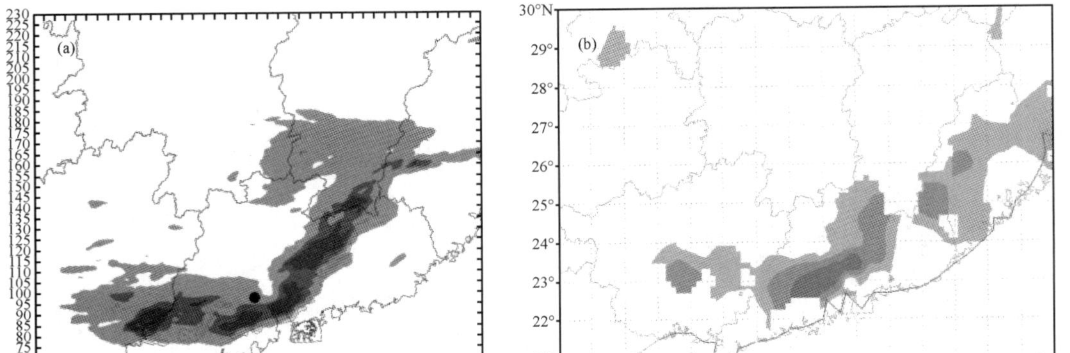

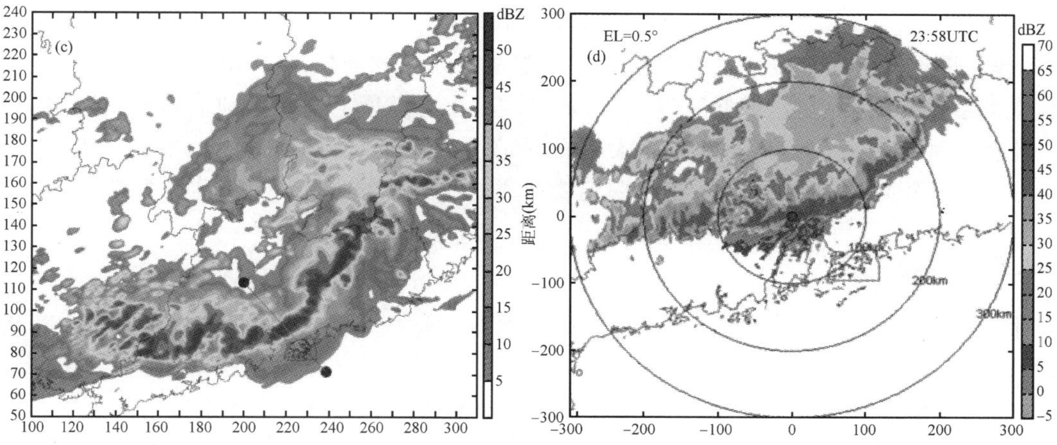

图 11.30　2007 年 4 月 24 日 00 时降水和雷达回波与实况的对比

(a. 模拟降水(mm)和垂直速度(m/s),b. 实况降水(mm),c、d. 雷达回波的模拟与实况(dBZ))

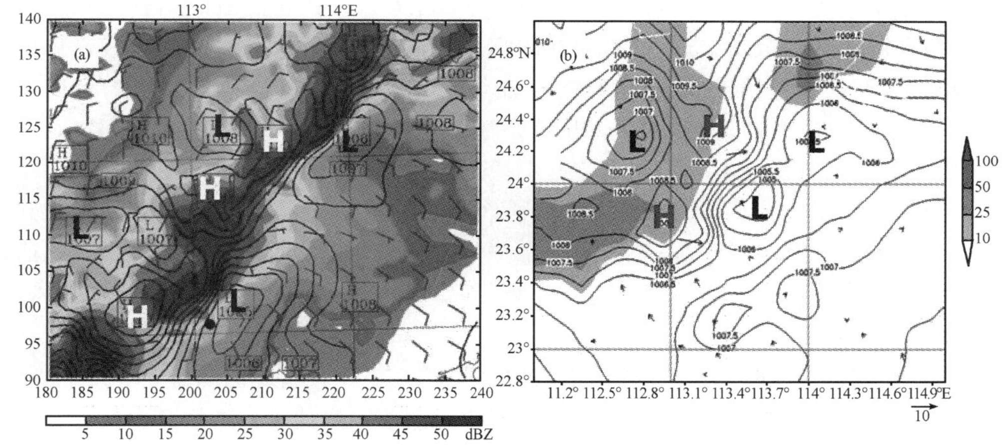

图 11.31　2007 年 4 月 23 日 22 时模拟(a)和观测(b)地面特征

(黑色等值线:海平面气压,彩色阴影,雷达组合反射率,黑白阴影:小时雨量)

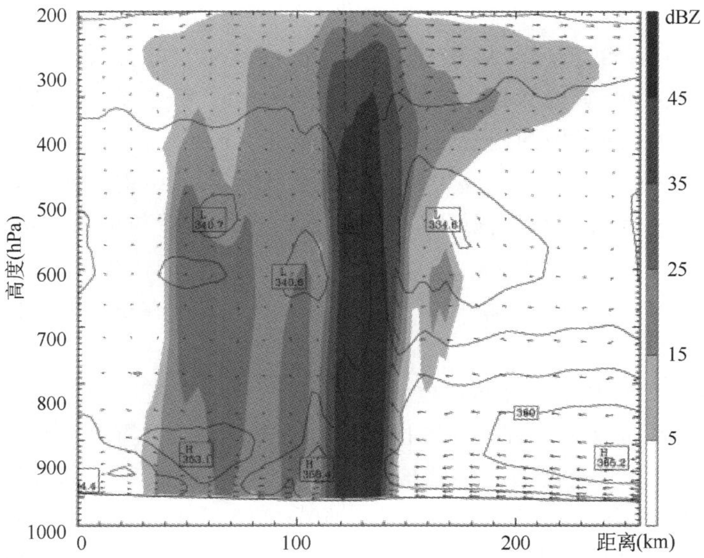

图 11.32　沿(23.4°N,113°E)和(22.2°N,114.1°E)连线的垂直剖面

(等值线:θ_{se},K,矢量:风场,阴影:雷达回波,dBZ)

图 11.32 是 θ_{se}、风矢量和雷达回波沿(23.4°N,113°E)和(22.2°N,114.1°E)连线的垂直剖面,连线见图 13c 中的直线。风矢量的分布表明在飑线前方低层 800 hPa 以下有一支很强的入流在飑线前部倾斜上升,并伸展到 350 hPa 附近,在此高度上向飑线前后两侧流出,向后流出的支流在飑线后方产生新的单体。从 θ_{se} 的垂直分布特征来看,在飑线前方,自 950 hPa 至 500 hPa θ_{es} 值随高度增加而递减,这说明飑线前方处在深厚的条件性不稳定环境中。

11.4.5 小结

本文通过对 2007 年 4 月 23—24 日的广东飑线的结构和演变特征的观测分析和数值模拟,初步得到以下结论:

(1)高原槽东移、良好的不稳定性条件以及充沛的水汽综合导致了本次飑线的发生、发展。浅槽在向东南沿海移动的过程中经历条件性不稳定的区域,加之来自南海的充沛水汽,迅速发展成为飑线。

(2)飑线在生成和发展的阶段,由西北向东南移动,从广西壮族自治区和湖南省的交界处移入广东省;在飑线逐渐减弱的过程中,飑线的移动方向逆时针偏转了一定角度,并从广东省的东部移出。本文的研究结果显示,该飑线的移动与 1000～500 hPa 等厚度线的走向基本一致。同时该飑线的移动方向可通过 Corfidi 的矢量法由低空急流轴和 850～300 hPa 间的平均风矢量合成得到。该结果预示着中国南方的飑线与北美的飑线移动特征具有一定的一致性。

(3)本节利用较密的地面观测资料,分析了该飑线的地面中尺度结构特征。飑线扫过之处,出现了明显的气压升高和降温;飑线前部有很强的辐合,海平面气压图上表现为飑前中尺度低压。飑线后方是强降水区,并伴随有雷暴高压,雷暴高压处的辐散使地面产生强风,也即飑锋。降水区后面有尾流低压出现。

(4)WRF 模式对这次飑线的模拟结果很好,基本模拟出了飑线的雷达回波的位置和形状,降水的区域和强度也与实况比较接近;模式还模拟出了飑线的垂直结构和中尺度特征。

11.5 结论和讨论

(1)飑线系统是中尺度对流系统中结构、演变与机理最为复杂的一种,对它的分析与研究具有相当的难度,目前只有利用双雷达探测资料和高分辨的数值模拟才有可能,本章介绍的方法与结果是中国这方面研究的探索,也反映了中国在这一领域研究的进步;

(2)本章介绍了利用双雷达同步观测资分析和反演中尺度对流系统的风场结构和热力场结构的方法,其中包括资料处理方法,这些方法都是国际通用的双雷达资料处理与反演方法,值得中国同行借鉴和应用;

(3)利用华南暴雨试验期间,广州和深圳双多普勒对 2007 年 4 月 23 日发生在华南地区的一次飑线过程进行分析。结果表明:

1)该飑线系统发生在强垂直风切变和中等对流不稳定环境下,其结构和演变同中纬度典型的层云尾随型对流系统相似。在系统成熟期,由前(前方指系统移动方向)向后,降水结构依次为对流区、过渡带和层云区。气流特征呈显著的二维结构特征,包括系统前方 10 km 高度以下为深厚的从前向后气流,系统后部低层($z<3$ km)存在从后向前气流。这两支气流在系统前缘低层辐合后形成一动力高压。此高压提供的垂直向上气压梯度力是对流前缘低层暖湿

气流初始上升的强迫机制，不断触发新的对流单体，有利对流系统的维持。低层的暖湿入流从前向后方倾斜上升，部分气流在高层(9 km 高度以上)翻转流向系统前侧。另外，在对流区的后侧形成对流尺度下沉气流。倾斜上升气流区因凝结潜热释放增暖的效应而伴随正的温度扰动，在其下方存在增暖导致的静力低压。

2)飑线系统对流区的质量收支具有明显的二维性，在水平方向上，垂直于飑线系统方向的质量输送占绝对优势，其在 5 km 以下(上)为水平通量辐合(辐散)，与质量通量相反，两者接近平衡。动量收支分析表明：垂直于飑线系统的水平动量的垂直输送有逆梯度输送的特性，平行飑线方向的水平动量具有顺梯度输送特征。这一水平动量垂直传送特征类似于过去观测的热带和副热带快速移动飑线。

(4)本章还利用双雷达资料分析了 2008 年 6 月 6 日华南一次准线状对流中尺度结构特征，分析结果表明其形成机理类似于 Wakimoto(1989)提出的概念模型(图 11.17c)；

(5)本章通过对 2007 年 4 月 23—24 的广东飑线的结构和演变特征的观测分析和数值模拟，进一步分析了华南系统的演变、移动与三维结构，初步得到以下结论：

1)高原槽东移、良好的不稳定性条件以及充沛的水汽综合导致了本次飑线的发生、发展。浅槽在向东南沿海移动的过程中经历条件性不稳定的区域，加之来自南海的充沛的水汽，迅速发展成为飑线。

2)该飑线的移动与 1000～500 hPa 等厚度线的走向基本一致。同时该飑线的移动方向可通过 Corfidi 的矢量法由低空急流轴和 850～300 hPa 层的平均风矢量合成得到。该结果预示着中国南方的飑线与北美的飑线移动特征具有一定的一致性。

3)分析该飑线的地面中尺度结构特征表明：飑线扫过之处，出现了明显的气压升高和降温；飑线前部有很强的辐合，海平面气压图上表现为飑前中尺度低压。飑线后方是强降水区，并伴随有雷暴高压，雷暴高压处的辐散使地面产生强风——飑锋。降水区后面有尾流低压出现。

4)WRF 模式对这次飑线的模拟结果很好，基本模拟出了飑线的雷达回波的位置和形状，降水的区域和强度也与实况比较接近；模式还模拟出了飑线的垂直结构和中尺度特征。

第12章　多种暴雨野外试验观测资料在区域数值预报中的应用试验

12.1　SCHeREX观测资料在华南数值预报中的应用试验

广州热带海洋和气象研究所发展了以GRAPES-MESO模式为基础的中尺度数值预报模式系统，在2009年野外试验期间实时应用野外试验资料于中尺度数值预报模式系统，对强降水预报取得了明显的改进。

12.1.1　CHAF系统的华南暴雨个例对比试验

在2009年野外试验期间广州热带海洋和气象研究所在CHAF系统的基础上，进行华南暴雨个例对比试验。首先利用CYCLE同化子系统从前一天的00时(即4日世界时00时，下同)开始同化引入观测资料，直至得到当日00时(即5日00时)同化场；然后应用滚动预报子系统RFSG以该同化场(5日00时)为模式初始场预报24 h降水。控制试验与敏感试验的区别在于，控制试验CYCLE仅同化00、12时的探空资料，敏感试验同化00、06、12、18时4个时次的探空资料。在上述两种试验中系统还分别同化应用了地面资料与船舶资料。所以敏感试验与控制试验对降水预报的差异，主要是源于对探空资料利用的频次不同。

(1)同化CYCLE结果分析

图12.1是4日00时至5日00时500 hPa水汽与200 hPa高度场同化前后的均方根误差。

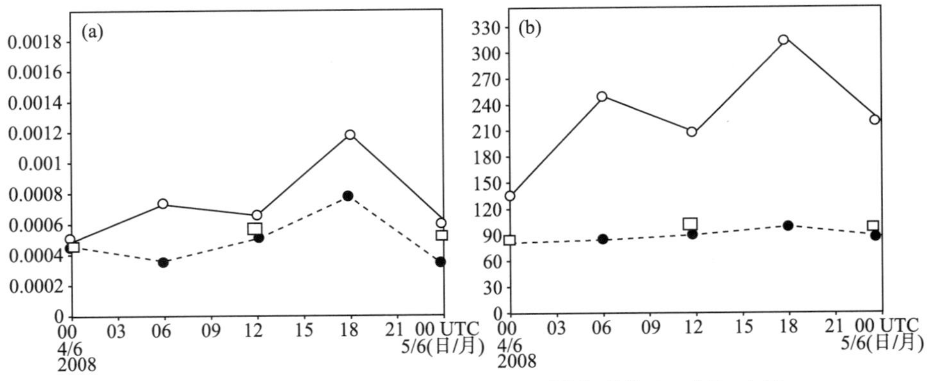

图12.1　2009年6月4—5日CYCLE同化系统500 hPa水汽(a，单位：kg/kg)与200 hPa高度场(b，单位：gpm)同化前后的均方根误差
(“●”为敏感试验同化后(虚线)，“□”为控制试验同化后，“○”为同化前(实线))

由图可知，两试验同化后水汽和高度场的均方根误差都比同化前明显减小，风场也类似(图略)。上述结果说明观测资料的同化在背景场中有效引入了观测信息，使同化分析场向实况接

近。对比上述试验结果表明，同化了 4 次探空资料 500 hPa 水汽的均方根误差比控制试验有所减小，表明 06 与 18 时探空资料的同化修正了水汽信息，使之更接近于实况。但高度场则差异不大。图 12.2 给出了各试验 5 日 00 时垂直各层次水汽和高度同化前后的均方根误差，可见敏感试验同化后各层次水汽的均方根误差基本小于控制试验，各层次水汽状况与实况更为接近；位势高度则没有明显差别。图中某层次的均方根误差为该层次所有站点均方根误差平均值。图 12.3 给出 2008 年 6 月 4—5 日实况与 CYCLE 同化系统分析的单站（阳江站）500、850 hPa相对湿度与高度时间变化曲线。之所以选取阳江站加以比较，是因为此次降水过程主要在粤西地区。由图可知，敏感试验分析得到的阳江站上空相对湿度与高度在数值和变化趋势上都比控制试验更接近实况。

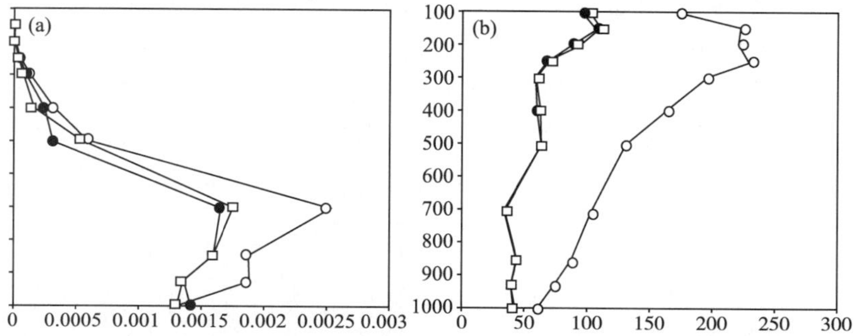

图 12.2 2009 年 6 月 5 日 00 时(UTC)CYCLE 同化系统垂直各层次水汽（a，单位：kg/kg）与高度场（b，单位：gpm）同化前后的均方根误差

（“●”为敏感试验同化后，“□”为控制试验同化后，“○”为同化前）

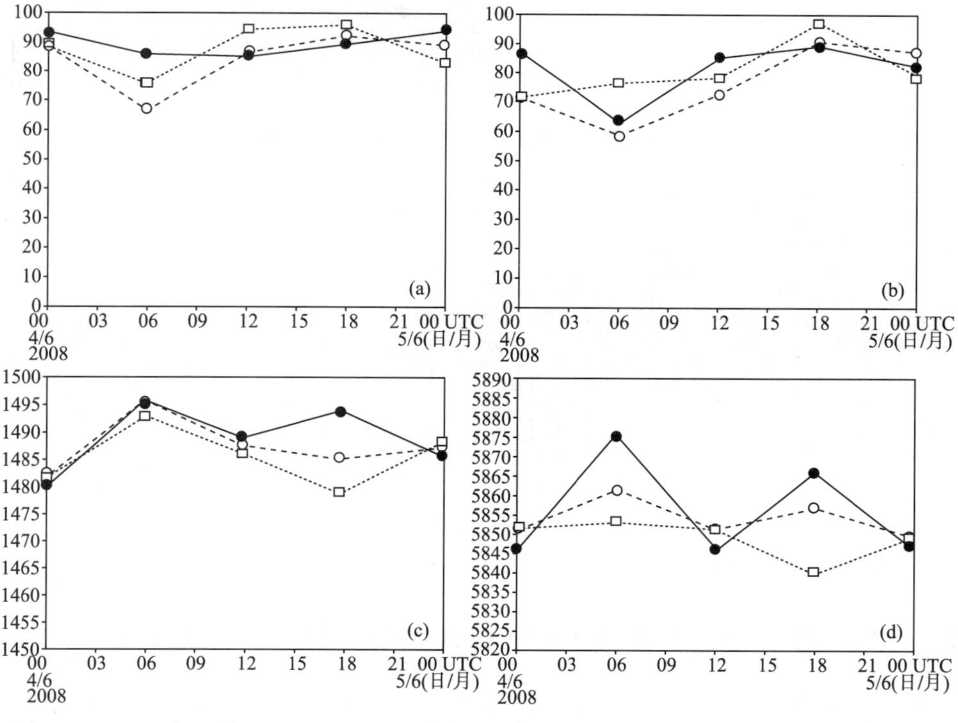

图 12.3 2008 年 6 月 4—5 日 CYCLE 同化系统单站（阳江站）850(a)、500 hPa(b)相对湿度（a、b，单位：%）与高度场（c、d，单位：gpm）时间变化曲线

（其中“●”为实况，“○”敏感试验，“□”为控制试验）

上述结果是从同化 CYCLE 分析变量的时间序列、垂直各层次、所有站点的统计平均、特定站点几个方面进行比较后得到的结果，结果表明加密探空的同化分析有利于提高分析场、初始场的质量。

(2)数值预报结果分析

以下对比两试验模式预报的结果。此次过程是受热带云团影响所致，在粤西地区造成暴雨、特大暴雨。图 12.4 给出 5 日 24 h 降水实况、两试验预报 24 h 降水与二者差值(敏感试验减去控制试验)。由图可知，两试验均报出粤西地区有暴雨，但暴雨的范围偏小，降水的量级偏小，未能报出超过 150 mm 的特大暴雨。由两试验的降水差值(图 12.4d)，敏感试验比控制试验在粤西地区降水增多，差值超过 20 mm，敏感试验预报的暴雨中心对应于实况阳江附近的暴雨中心；在其西侧则为降水的负差值，表明该地区降水比控制试验减少。对照图 12.4a、c，该地区实况降水基本为小雨量级，控制试验预报为中雨量级，比实况偏多，敏感试验预报的降水量更接近观测值。上述结果表明敏感试验预报 24 h 降水在量级和分布上比控制试验更接近于降水观测场。这说明多次同化探空资料改善了模式初始场，可以改善模式对华南暴雨的预报效果。

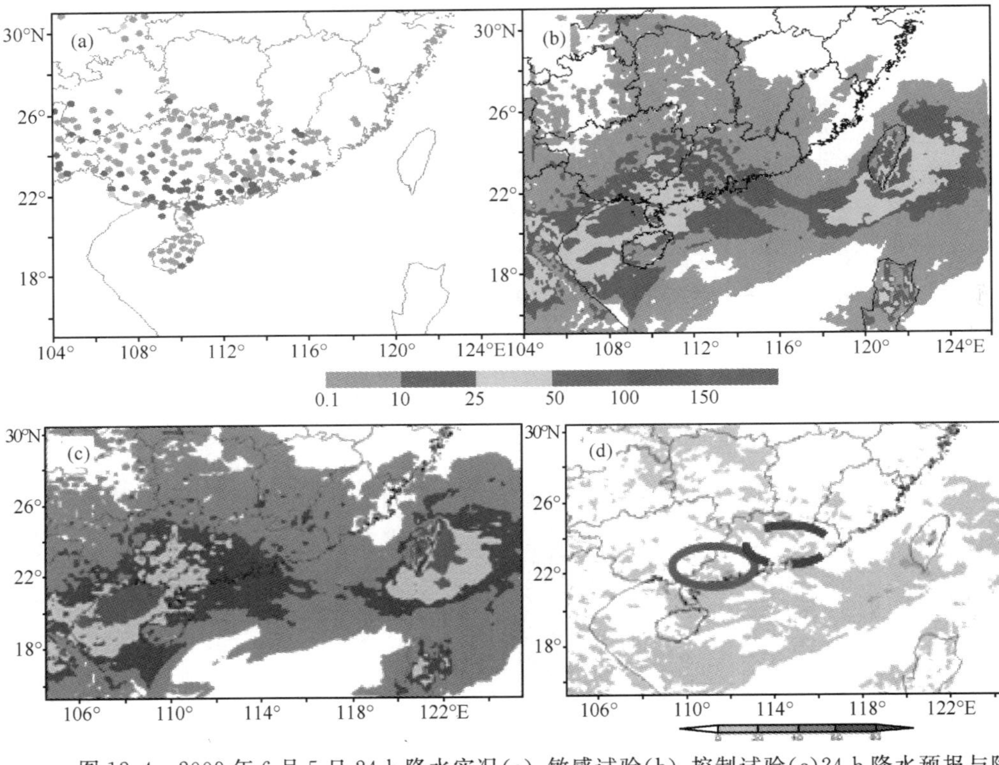

图 12.4　2009 年 6 月 5 日 24 h 降水实况(a)、敏感试验(b)、控制试验(c)24 h 降水预报与降水差值(d,敏感试验—控制;试验;单位:mm)

12.1.2　CINRAD 雷达云分析资料在 CHAF 业务系统中的同化应用

模式初始场大气的水成物含量(云水、雨水信息)及其反映大气状态真实程度对 0—6 h 的临近预报影响很大。为了提高模式预报的可参考性，本研究对华南区域 14 部雷达资料进行云水、雨水的反演，通过张弛逼近技术订正模式大气中的云水、雨水信息，以改善模式的临近降水预报效果。以下简要介绍雷达云水、雨水反演技术、张弛逼近技术及其业务应用效果。

(1)由雷达反射率因子反演暖云中雨水

从模式预报场或探空资料获取气压 p、温度 T 来计算空气密度 ρ，再由雷达反射率因子 Z 值反演出雨水混合比 q_r。从模式预报场或探空资料获得气压和温度后，可由状态方程(12.1)计算空气密度，再由 Z-q_r 关系方程(12.2)便可得到计算雨水的方程(12.3)。

$$p=\rho RT \tag{12.1}$$

$$Z=43.1+17.5\lg(\rho q_r) \tag{12.2}$$

$$q_r=10^{(Z-43.1)/17.5}/\rho \tag{12.3}$$

方程中，气压单位为 Pa，温度单位为 K，空气密度单位为 kg/m^3，雷达反射率因子单位为 dBZ，雨水混合比单位为 g/kg。R 为空气气体常数，干空气比气体常数 R_d＝287.05 J/(kg·K)。

(2)张弛逼近方案

张弛逼近方法就是模式积分的同化时段 δt 内，在预报方程中增加一个线性强迫项，该项与模式预报值和实况值之差成正比，其作用是使模式预报逐渐向观测逼近。

$$W^t=W_m^t+\alpha\times(W_o^t-W_m^t) \tag{12.4}$$

式中 W_m^t 为模式积分第 t 步的预报值；W_o^t 为同时刻的观测值(或反演值)；$\alpha>0$，为张弛逼近系数，其取值视实际情况而定，本文中取为时间步长 dt 与同化时段 δt 的比值；W^t 为经张弛逼近调整后的第 t 步预报值。

(3)业务应用试验

以上的模拟试验表明，考虑了雷达反演的云水、雨水资料后(图 12.5b，另见彩图 12.5)，成功地预报出了珠三角上空的系统，尽管在强度上比实况低，但系统的走向、结构与实况相符。此外。还很好地模拟出了北部的回波及强度，西部的回波带和强度也有所改善，与实况接近。从二者预报的反射率差值分布图中(图 12.5c)看，正值反射率分布从粤东北到沿海一线，其结构、走向与实况的雷达回波极为相似，且很好地与 1 h 降水中心相对应(图 12.5e)。这意味着张弛逼近雷达云水、雨水后，不仅改善西部的回波结构和区域，更重要的是成功地模拟了珠三角上空的回波带结构和区域，显示出考虑云水、雨水后模式有能力在短时间内预报出中小尺度系统的分布，对业务预报具有参考作用。

(4)雷达云资料同化对短时降水预报的影响试验

2007 年 5 月 19 日 06 时—20 日 06 时，受到高空低槽及低层切变线的共同影响，华南地区出现了入汛以来降水强度最大、范围最广的暖区暴雨天气过程。其中广东省境内降水量50 mm以上的站数超过 62 个，100 mm 以上达 20 个，这期间的强降水中心出现在广东沿海。在此以这个过程研究同化由雷达反演的云水、雨水和经向风对短时临近降水预报的影响。试验的方案设计如下：

控制试验(CTRL)：直接将广州区域中心的季风模式(水平分辨率为 36 km 的 GRAPES 模式输出产品)作为初始场。同化试验一(EXP1)：在控制试验方案的基础上，张驰逼近 19:06 UTC由雷达观测并反演出的雨水资料。同化试验二(EXP2)：在第 EXP1 的基础上，同化 19:06 UTC 雷达经向风及“视风速”。就以上各方案模式分别积分 36 h。文中所用的 GRAPES 模式的水平分辨率为 12 km，物理过程参数化方案包括 ARAKAWA 积云对流参数化，云微物理过程选取 NCEP 简化冰微物理方案等。图 12.6 为阳江站各方案模拟的逐时降水及实况降水图。如图 12.6 所示，EXP1 能分别在模式积分第 2 小时及第 11 小时模拟出 7 和 5 mm 的降水量峰值。与阳江站降水实况相比，预报的降水比实况稍大，但能准确地预报出前 2 h 的降水。EXP2 预报的降水也能分别把前 12 h 内的两个降水峰值很好地模拟出来，但在前 6 h 的降水时间预报上，比

EXP1 滞后 2 h,雨量比 EXP1 的低。与实况降水及时间演变相比,略比 EXP1 逊色。CTRL 在前 6 h 没有模拟出降水。可见,同化雷达经向风及“视风速”后的初值场,比没有考虑的能在前 6 h 预报出降水量;同化雷达反演的雨水资料后,模式有能力预报出前 2 h 的降水量,前 12 h 的逐时降水趋势更接近实况。虽然这些结论是基于个例分析,但与前人提出的改善初值场能缓解走转问题的研究成果一致,尤其通过张弛逼近雨水资料后,降水的临近预报结果更趋于合理。

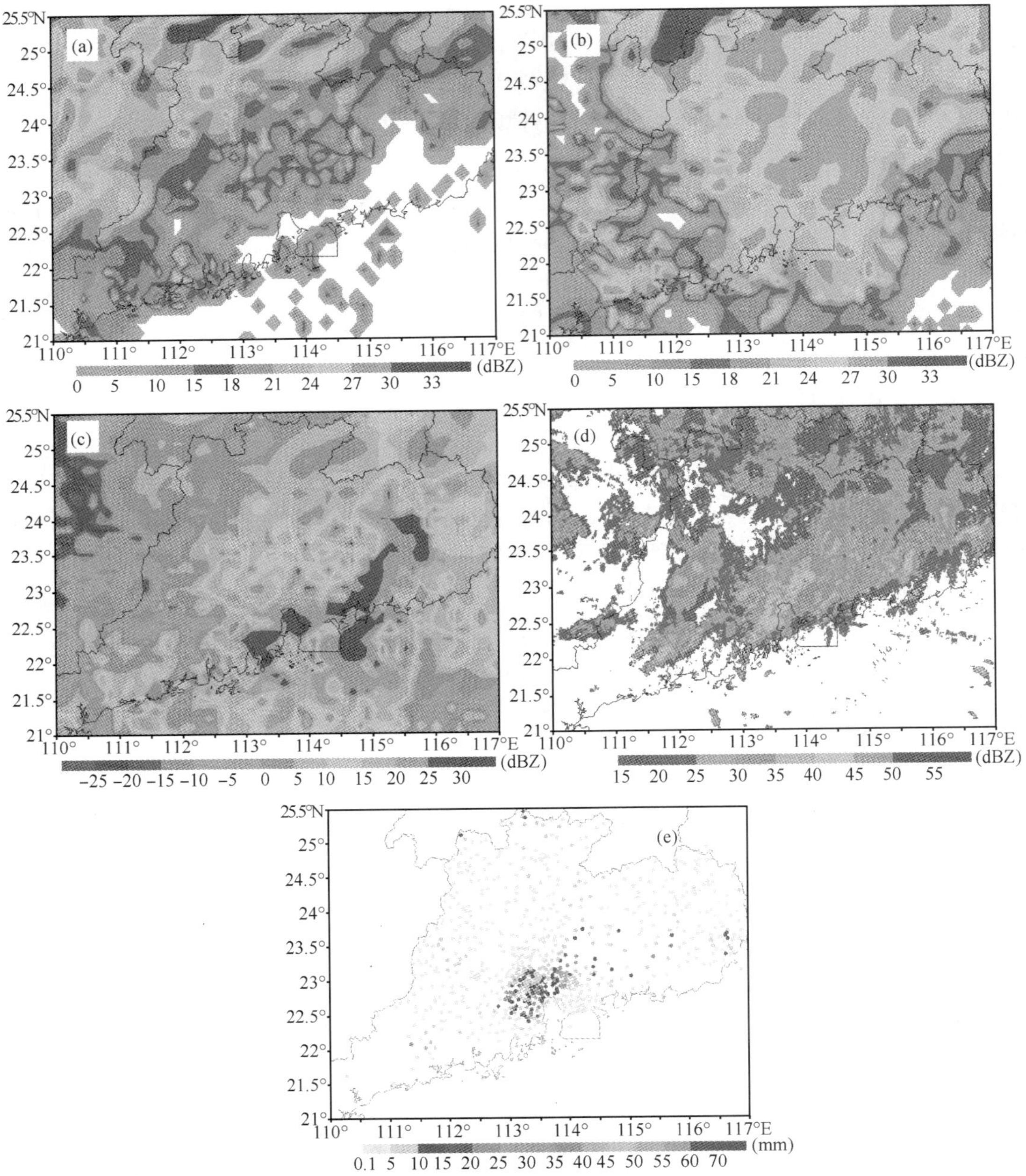

图 12.5　2008 年 6 月 12 日 23:00 UTC 的组合雷达反射率

(a)控制试验,(b)张弛逼近雷达云水雨水,(c)b 试验减 a 试验的反射率,(d)实况雷达反射率,(e)实况 1 h 降水

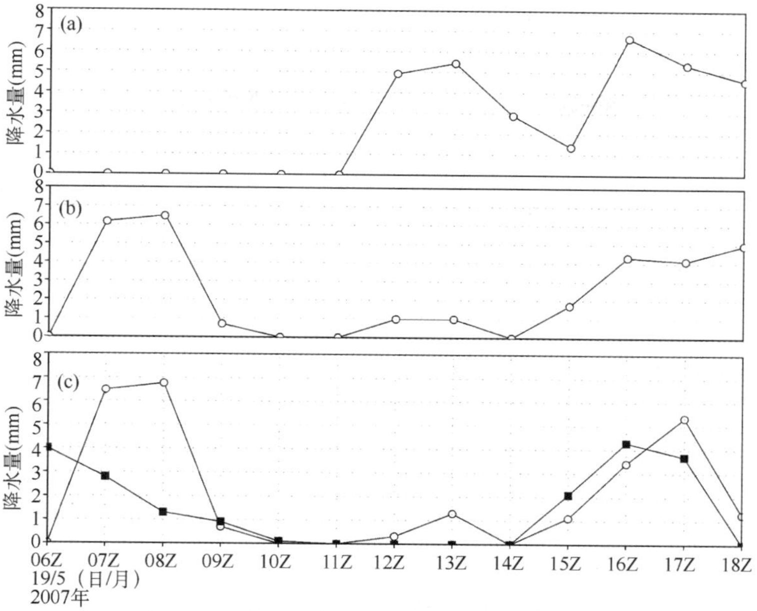

图 12.6　阳江站模拟的逐时降水及实况降水

(a. 控制试验(CTRL)，b. 试验 2(EXP2)，c. 试验 1(EXP1)(图中的黑方块线代表降水实况))

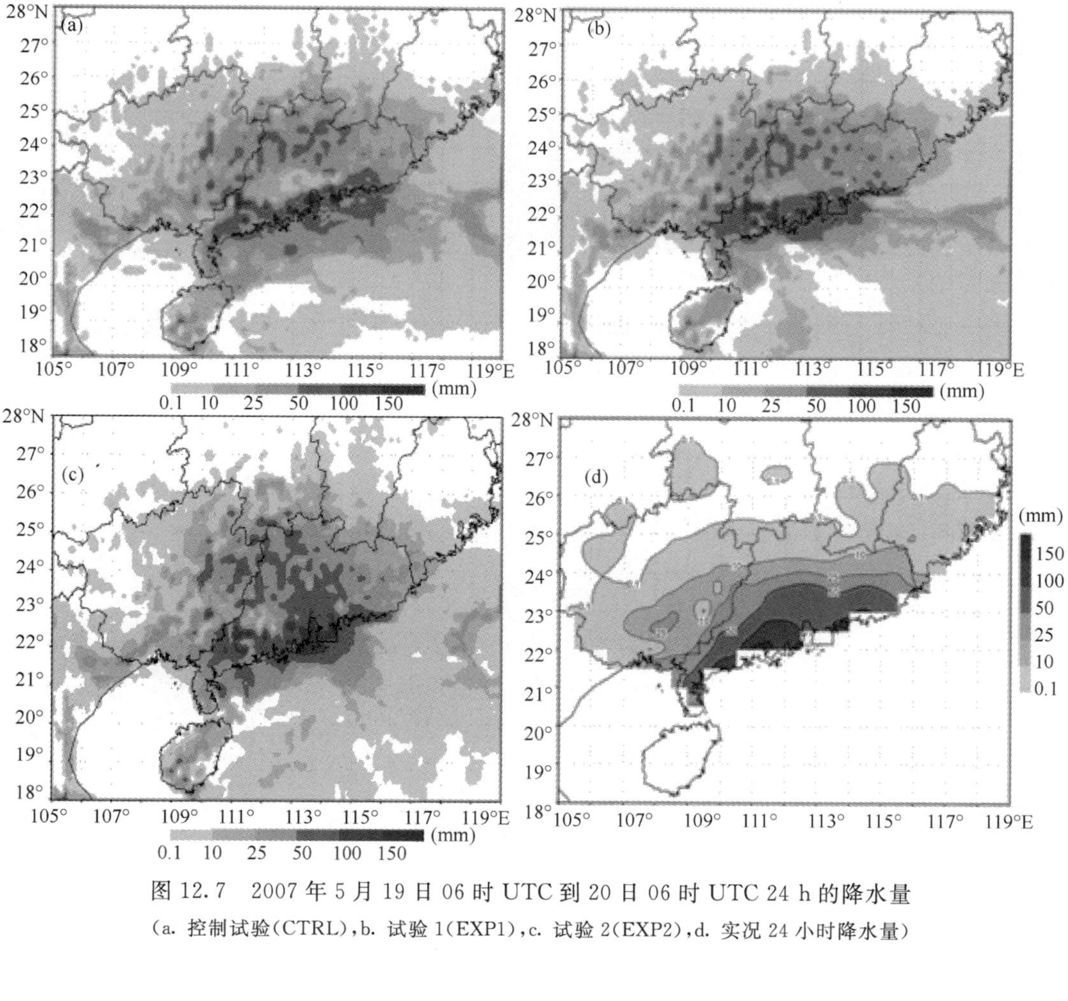

图 12.7　2007 年 5 月 19 日 06 时 UTC 到 20 日 06 时 UTC 24 h 的降水量

(a. 控制试验(CTRL)，b. 试验 1(EXP1)，c. 试验 2(EXP2)，d. 实况 24 小时降水量)

图 12.7(另见彩图 12.7)显示控制试验(CTRL)和试验 1(EXP1)两种方案能预报出广东沿海的暴雨、特大暴雨落区及范围，但对粤中及粤北，尤其在广州附近的暴雨区并没有完全模拟出来。EXP1 与 CTRL 最明显的差异集中在对粤中的降水预报：前者预报中到大雨，局部有暴雨；后者报小到中雨(图 12.7a、b)。EXP2 预报的 24 h 雨量图中，模拟的暴雨范围由沿海一带扩展到粤中的部分地区，100 mm 以上的特大暴雨集中在珠江三角洲附近，与实况降水基本一致。

以上分析表明，模式初值场考虑张弛逼近雨水资料后，对临近预报的降水有明显的正效果。

12.1.3　雷达经向风和导出观测量“视风速”在 CHAF 业务系统中的同化应用

应用数值预报三维变分同化技术，开发多普勒雷达的风场探测信息直接变分同化方法；挖掘多普勒雷达在直接变分同化中的可用观测信息，同化利用多普勒雷达的多种直接探测量，如经向风速和回波强度，克服多普勒雷达探测信息的“同化不确定性”。要实现上述目标的关键是为数值预报变分同化系统寻找合理、可利用的“导出”雷达探测量，增加进入变分同化系统的风场信息。万齐林等(2005)提出的直接同化雷达经向风和“视风速”的方法取得了良好的效果(详见技术报告)。但是，对于垂直分量的处理过于简单，仅仅保留水平分量，不能得到风场的准确信息，特别是在出现强降水的区域，会出现偏差。以下针对此问题进一步讨论和改进。

(1)雨滴末速度的计算

反射率 I(单位：dBZ)与雨水混合比 q_r 的关系可由经验公式计算：

$$I=43.0963+17.5\lg(\rho q_r),\qquad \rho q_r>b \tag{12.5}$$

由上式可以得到：

$$\rho q_r=b\mathrm{e}^{cI},\qquad I>I_c \tag{12.6}$$

式中 ρ 为大气密度，q_r 为雨水混合比，$b=0.0034463089$，$c=0.13157629$。在后文的计算中，我们取 $I_c=5$ dBZ。

把式(11.4)代入 Marshall-Palmer 滴谱可以得到雨滴末速度 w_d 与回波的关系：

$$w_d=5.4ab^{0.125}\mathrm{e}^{0.125cI},\qquad I>Ic \tag{12.7}$$

式中 $a=\left(\frac{p_0}{p}\right)^{0.4}$，$e=2.718$。

(2)雷达风场分析技术

众所周知，多普勒雷达的经向风速与风矢量的关系为：

$$S(V_R)=\frac{x-x_c}{R}u+\frac{y-y_c}{R}v+\frac{z-z_c}{R}(w-S(w_d)) \tag{12.8}$$

式中 V_R 为雷达经向风速观测，R 为观测点(x,y,z)到雷达站(x_c,y_c,z_c)的距离，u、v 为水平分析风场的两个分量，w 和 w_d 为空气的垂直速度与雨滴末速度。S 为观测代表性选择算子。

新的经向风表示为 V_{SR}，老的经向风表示为 V_R。保留雨滴末速度项，去掉垂直速度项，则有：

$$V_{SR}=S(V_R)+\frac{z-z_c}{R}S(w_d)=R_xu+R_yv \tag{12.9}$$

这里，$R_x=\frac{x-x_c}{R}$，$R_y=\frac{y-y_c}{R}$。

对“视风速”的讨论仍然假定云体的雷达回波强度守衡，对式(12.5)求垂直偏导，代入雷达回波守衡方程。在反射率梯度大的地区，这时回波强度的局地变化来自于云体的平流，考虑平滑和尺度选择：

$$\frac{\partial S(I)}{\partial t}=-\frac{\partial S(I)}{\partial x}u-\frac{\partial S(I)}{\partial y}v-\frac{\partial S(I)}{\partial z}(w-1.125S(w_d)) \tag{12.10}$$

这里，观测代表性选择算子采用 Barnes 插值一滤波方案，用于从雷达不同时间和地点的探测值，获得指定时间、一定空间分辨率的网格值。消去式(12.10)中回波强度的量纲，使其只具有风速的量纲，新的视风速表示为 V_{SN}，老的视风速表示为 V_{SO}。

$$V_{SN}=\frac{1}{I_{SN}}\frac{\partial S(I)}{\partial t}+1.125I_{SZ}S(w_d)=V_{SO}+1.125I_{SZ}S(w_d)=I_{SX}u+I_{SY}v \tag{12.11}$$

式中，$I_{SX}=-\frac{1}{I_{SN}}\frac{\partial S(I)}{\partial x}$，$I_{SY}=-\frac{1}{I_{SN}}\frac{\partial S(I)}{\partial y}$，$I_{SZ}=-\frac{1}{I_{SN}}\frac{\partial S(I)}{\partial z}$，和

$I_{SN}=\sqrt{(\frac{\partial S(I)}{\partial x})^2+(\frac{\partial S(I)}{\partial y})^2+(\frac{\partial S(I)}{\partial z})^2}$ 分别为无量纲的回波梯度的三维分量和回波强度梯度。

这里以新的经向风 V_{SR} 和视风速 V_{SN} 为雷达观测量，从式(12.9)和(12.11)可知，经向风和视风速的观测算子式 H 式分别为

$$R=(R_X \quad R_Y) \tag{12.12}$$

$$I_S=(I_{SX} \quad I_{SY}) \tag{12.13}$$

最终可以把雷达探测到的大气风场通过经向风 V_{SR} 和视风速 V_{SN} 这两个量利用变分同化方案放到初始场中。

(3)个例试验

以实况雷达资料做了两次模拟试验，方案如下：

以 2008 年 6 月 25 日 00 时(UTC)的 NCEP/NCAR1.0°×1.0°格点分析资料作为背景场，同化探空、地面站、船舶和人造台风资料。GRAPES 在粗网格上“冷”启动，积分 6 h。再次同化上述资料，然后从 06 时“热”启动，积分 6 h。

利用以上“冷启动”的结果，试验 1 中直接用格点分析资料作为初始场，“热启动”积分 6 h，以下称为控制试验；试验 2 在“冷启动”结果中，同化用新方法处理的实况雷达资料，用其分析场积分 6 h，其余都与试验 1 相同，以便讨论雷达资料是否可以改进模拟结果，以下称其为敏感性试验。

从总体来说，两次试验模拟降水分布都比较理想，降水强度都偏小，但加入雷达资料后，降水分布更紧密、有规则，中心的降水量也更接近实况，进一步说明同化雷达风场资料对数值预报结果有明显的改进。

为了系统地评估改进后的雷达同化方案对短时临近降水预报等的影响作用，下一节将给出批量模拟的分析结果。

雷达资料因其高时间、空间的分辨率而被认为最有可能有助于提高短时临近数值预报效果的观测资料之一。尤其目前新一代多普勒雷达在全中国范围的布网完成及其业务观测流程的完善，实时获取雷达基数据资料不再是困难的事情。这些条件均使数值模式的雷达资料同化模块业务化运行变成可能。

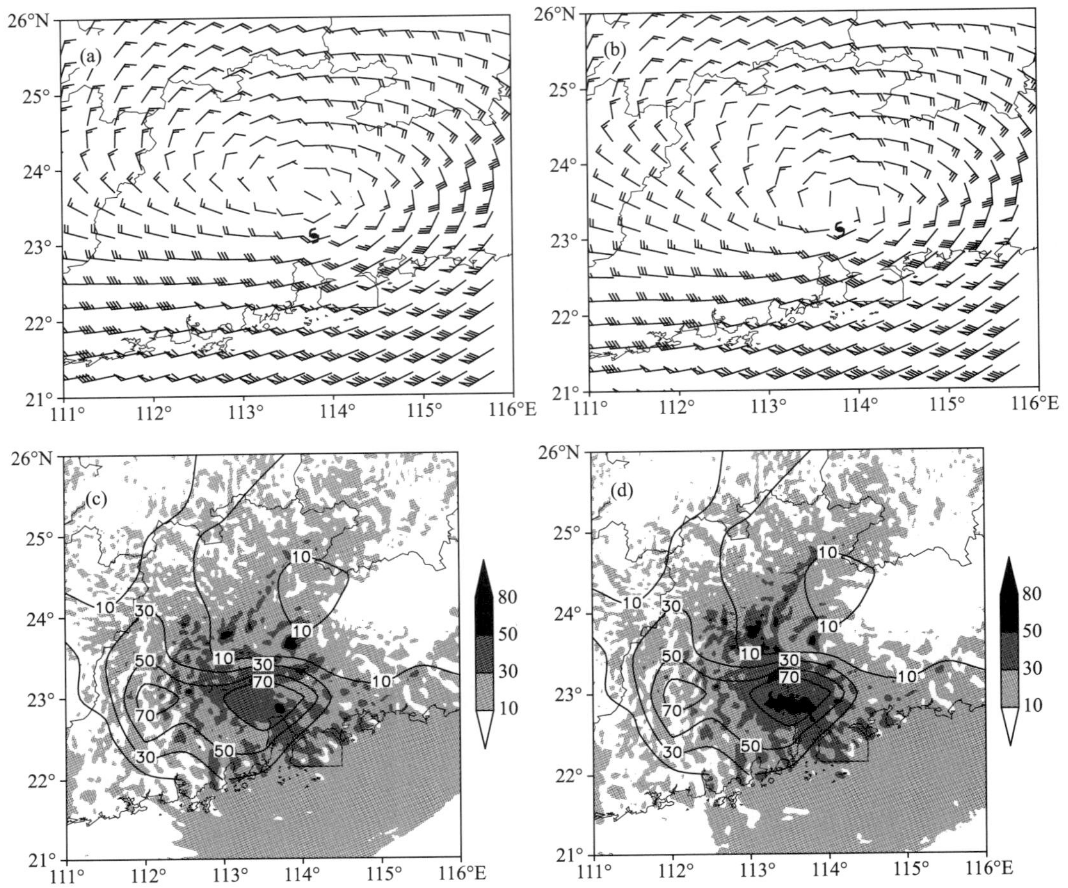

图 12.8　850 hPa 初始风场和实况台风中心位置

(a. 控制试验，b. 敏感性试验)小时实况降水(mm)与模式累计降水(mm)(c 控制试验，d. 敏感性试验)

雷达资料的同化，如包括资料的预处理、同化观测算子已在本章前几节有详细介绍。本节主要应用开发好的雷达经向风同化方案，以及广州热带和海洋气象研究所开发的、已准业务运行的逐时同化循环与预报系统(ChaF)，来评估加入雷达探测风等信息后 ChaF 系统对短时临近预报效果、降水等方面的影响。

(a)模式范围和试验方案

本模式系统主模块采用 GRAPES，该模块采用全可压原始方程静力平衡与非静力平衡可选的方程组，半隐式半拉格朗日差分计算方案，水平方向采用 Arakawa-C 跳点网格设计，垂直方向采用 Charney-Philips 跳层设置，垂直坐标采用地形高度追随坐标。微物理过程采用 NCEP 简冰方案，KF 积云参数化方案。

模式区域为华南：(15°—31°N，104°—126°E)。模式边界为逐 3 h 的 T213 资料，观测资料为常规的地面探空以及逐时的华南五部多普勒雷达资料。

试验方案：①控制试验：由 2008 年 6 月 7 日 00 时开始，至 6 月 14 日 23 时止，以 T213 资料为初值场。滚动预报每天做 2 次，时效为 24 h 的预报(即世界时 00、12 时分别预报)

②同化试验。逐 3 h 同化地面探空、船舶以及雷达经向风资料。逐 3 h 同化结果为初值场，每天做 2 次时效为 24 h 的预报(即世界时 00、12 时分别预报)。

(4)结果分析

表 12.1 为同化方案和控制试验两种方案 8 d 500 hPa 统计平均量：

表 12.1 两种方案的试验结果

	绝对平均误差	均方根误差	距平相关	倾向相关	技巧评分	标准差
同化经向风试验	7.99	9.22	0.99	0.81	69.68	5.59
控制试验	9.23	10.23	0.99	0.82	52.15	4.87

从表 12.1 可以看到，两种方案预报的 500 hPa 距平相关都较高，在 0.99 以上。绝对误差、技巧评分等项同化方案比控制试验的理想，其余项如标准差、倾向相关项则略比控制试验低或相当。

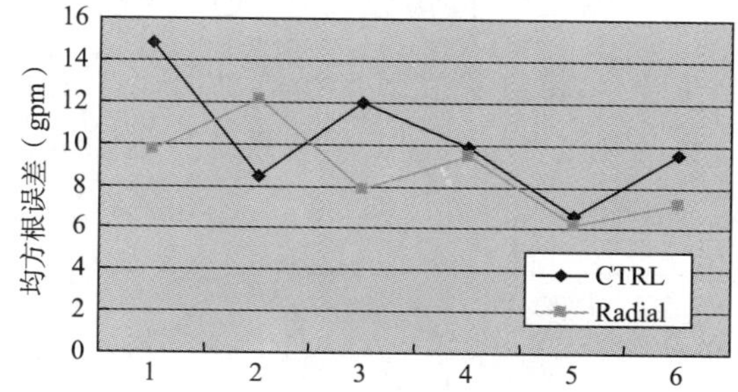

图 12.9 滚动预报均方根误差

从图 12.9 可以看到，逐日的预报的 500 hPa 形势均方根误差都不大，系统形势预报具备一定的能力和稳定性，同化雷达资料等资料后的均方根误差略比控制试验低。

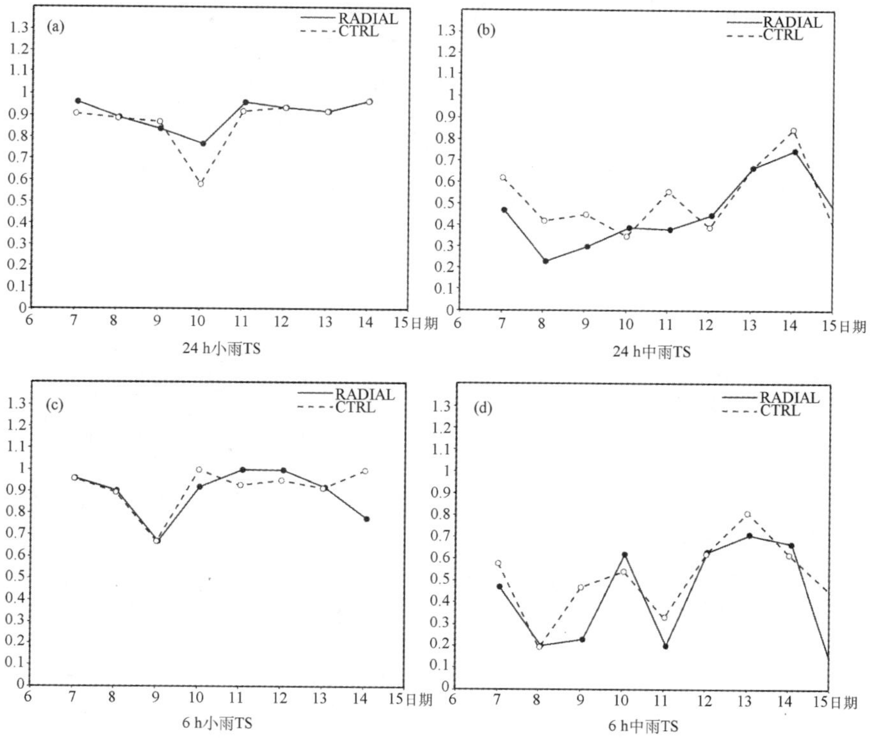

图 12.10 2009 年 6 月 6 日—6 月 15 日华南暴雨个例对比试验

(a. 24 h 小雨 TS，b. 24 h 中雨 TS，c. 6 h 小雨 TS，d. 6 h 中雨 TS)

两种方案的逐日 TS 如 12.10 图所示。在控制试验中,小雨的 24 h 预报 TS 波动大,从 0.5 到 0.95;同化经向风后,小雨 TS 逐日变化比较平缓,为 0.80—0.99。对于中雨预报,两种试验的 TS 均在 0.3—0.76,控制试验略比同化试验要好。6 h 的预报情况与 24 h 类似。因此,无论是 24 h 预报或是 6 h 预报,同化雷达风资料后的小雨略比控制试验高。但是对中雨的预报稍比控制试验低。

12.2 SCHeREX 观测资料在华中数值预报中的应用试验

12.2.1 LAPS 分析系统与 AREM 数值预报模式的连接

在华中区域,LAPS 系统为 AREM 模式提供初值,成为 AREM 模式可选的初值方案之一。利用"973"试验期间收集的观测资料通过 LAPS 系统为 AREM 模式提供初值场,并针对预报效果改进情况进行了批量试验。

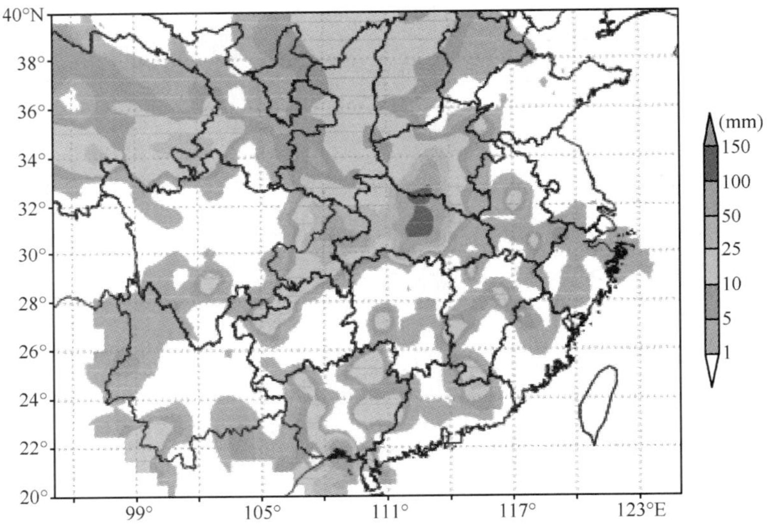

图 12.11 2007 年 6 月 18 日 08 时—19 日 08 时降水实况

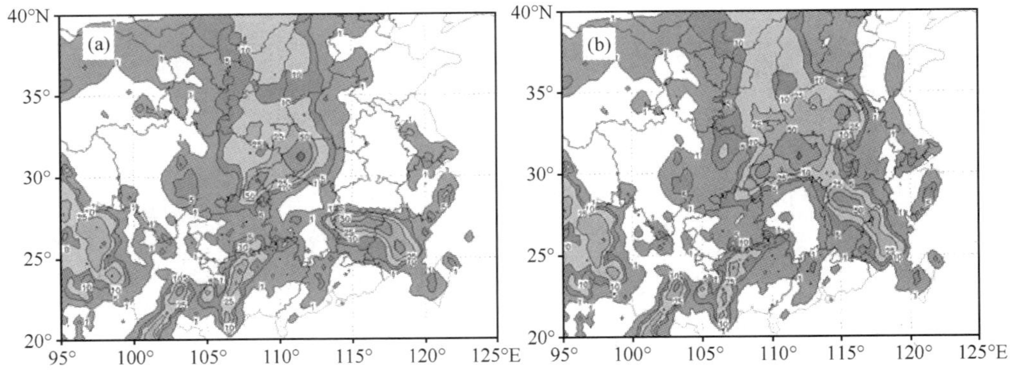

图 12.12 2007 年 6 月 18 日 08 时 24 h 降水预报

(a. LAPS 初始场(单位:mm),b. NCEP 初始场(单位:mm))

2007 年 6 月 18—19 日过程的预报试验中(图 12.12)：最大降水中心位于湖北中部，LAPS 作初始场的预报较 NCEP 资料作初始场的预报在降水强度和落区上更加接近于实况，特别是消除了河南安徽交界处 NCEP 资料作初始场预报中出现的虚假降水中心。

综合比较 NCEP、LAPS 的逐时降水量和实况降水中心的逐时降水量(图 12.13)可以看出，LAPS 作初始场预报的降水峰值出现的时间与实况较为接近。

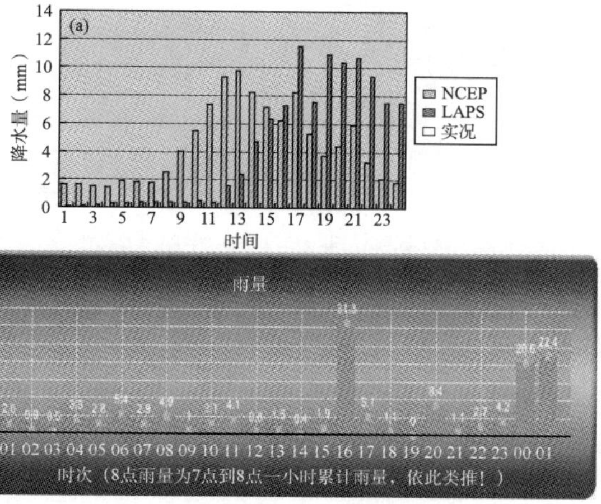

图 12.13　2007 年 6 月 18 日 00 时—19 日 00 时

(a. NCEP 和 LAPS 预报的逐时降水量，b. 实况降水中心的逐时降水量)

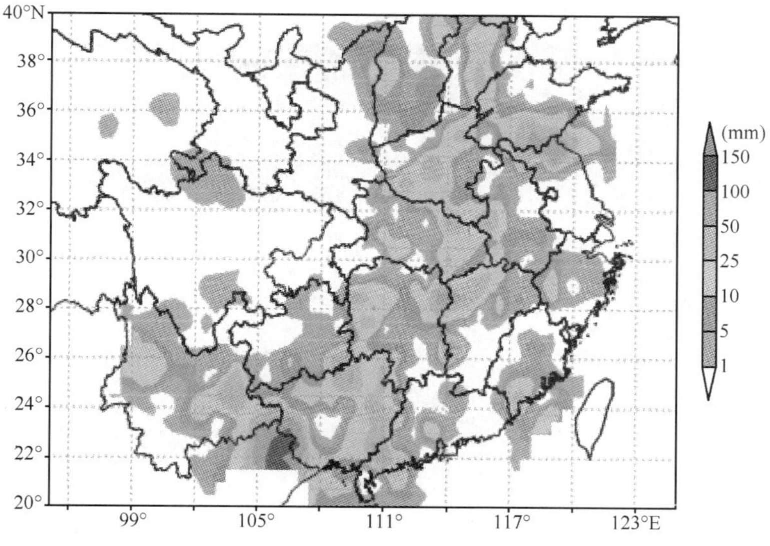

图 12.14　2007 年 6 月 26 日 08 时—27 日 08 时实况降水分布

2007 年 6 月 26 日 08 时—27 日 08 时，实况雨带呈西南—东北走向，强降水中心非常分散，不是连续的、成片的系统性降水，因而 NCEP 和 LAPS 两种初始场报的效果都不是很好。

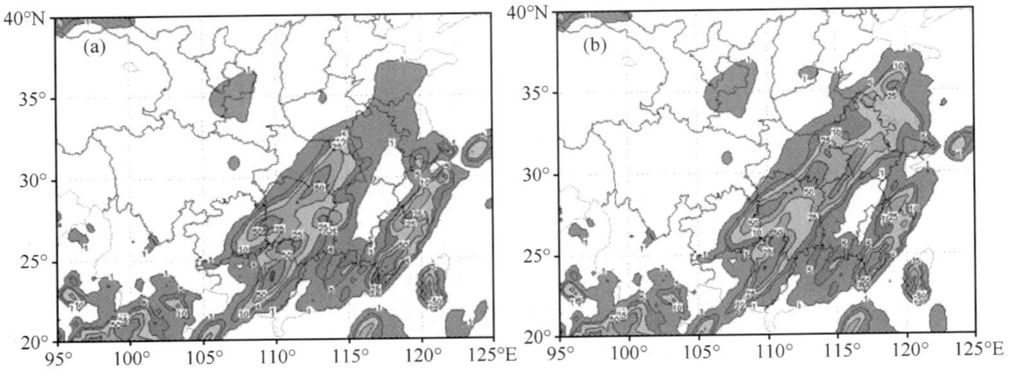

图 12.15　2007 年 6 月 26 日 08 时的 24 h 降水预报

(a. LAPS 初始场(单位:mm),b. NCEP 初始场(单位:mm)

在 LAPS 和 NCEP 两种初始场做预报效果都不是很理想的情况下,给出它们的逐时降水预报和实况观测进行对比,可以看到 LAPS 做初始场时降水出现峰值的时间总是跟实况较接近,这对于降水预报在精度的提高上是很有帮助的。

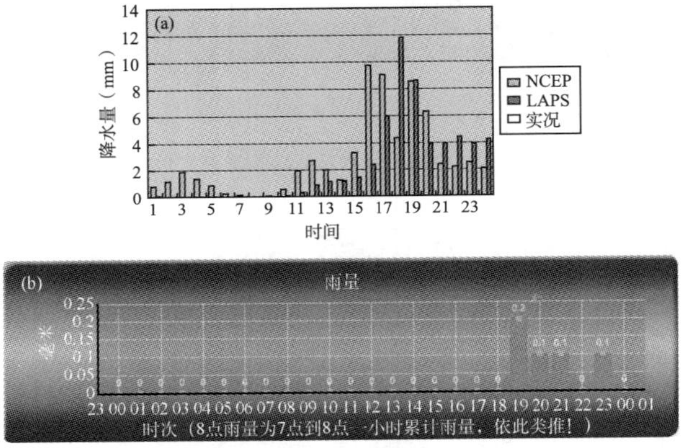

图 12.16　2007 年 6 月 26 日 00 时—27 日 00 时 NCEP 和 LAPS 预报及实况的逐时降水量

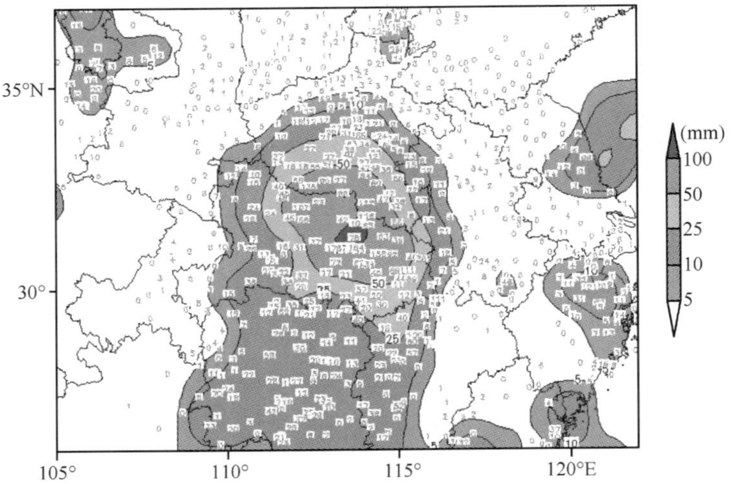

图 12.17　2007 年 7 月 13 日 08—14 日 08 时实况降水分布

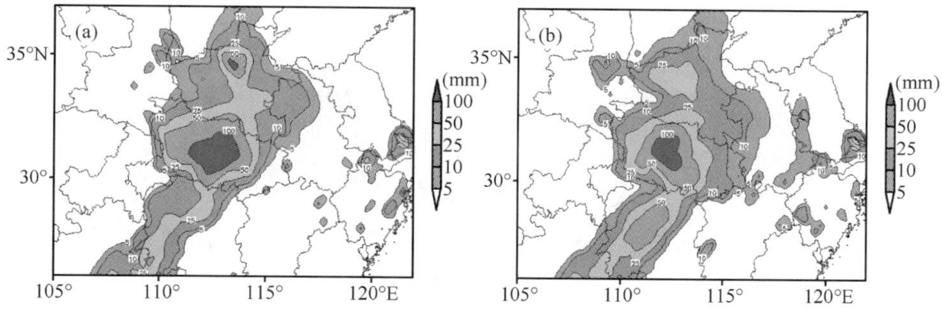

图 12.18　2007 年 7 月 13 日 08 时的 24 h 降水预报

(a. LAPS 初始场，b. NCEP 初始场)

2007 年 7 月 13 日 08 时—14 日 08 时湖北出现了大范围的降水过程，强降水落区主要在湖北北部，强降水中心位于京山，以 NCEP 初始场预报的强降水中心位置偏西，以 LAPS 作初始场预报的 24 h 降水在强度及区域分布上更接近实况。

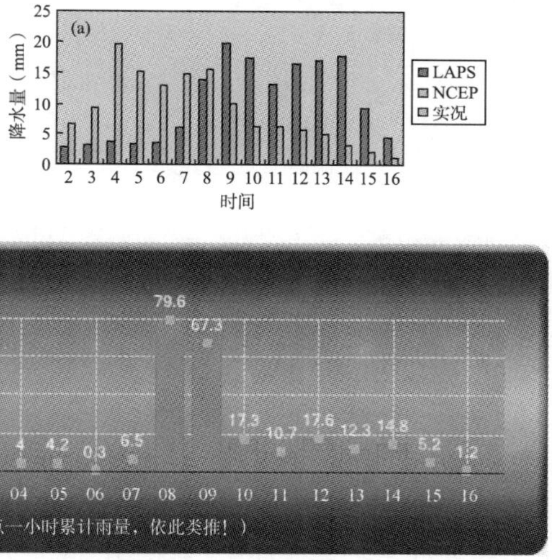

图 12.19　2007 年 7 月 13 日 00 时—14 日 00 时 NCEP 和 LAPS 预报及实际的逐时降水量

图 12.19 中京山的实况降水主要集中在 13 日 08—09 时，以 NCEP 作初始场预报的降水主要集中在 13 日 04—05 时，而以 LAPS 作初始场预报的降水主要集中在 13 日 08—14 时，以 LAPS 作初始场预报的强降水发生的时间比 NCEP 更接近实况。

12.2.2　GRAPES_3dvar 系统与 LAPS 系统对比

为了比较 GRAPES_3dvar 和 LAPS 系统在降水数值预报中的作用，本节利用中尺度数值模式 AREM 分别使用 GRAPES_3dvar 和 LAPS 系统均以 NCEP12 h 预报场为背景场，同化或融合了地面资料和探空资料生成的初始场，分别积分 24 h，通过下述四个个例比较其降水预报结果说明上述两个分析系统的性能。

个例 1：

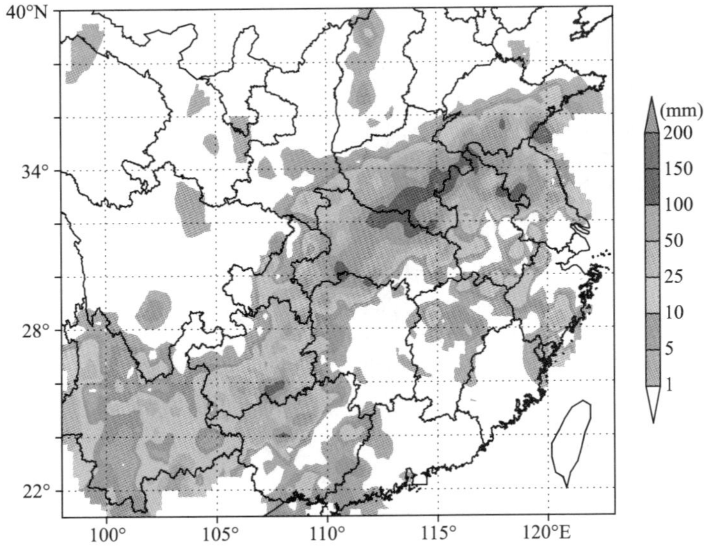

图 12.20　2008 年 7 月 22 日 08 时—23 日 08 时实况降水分布

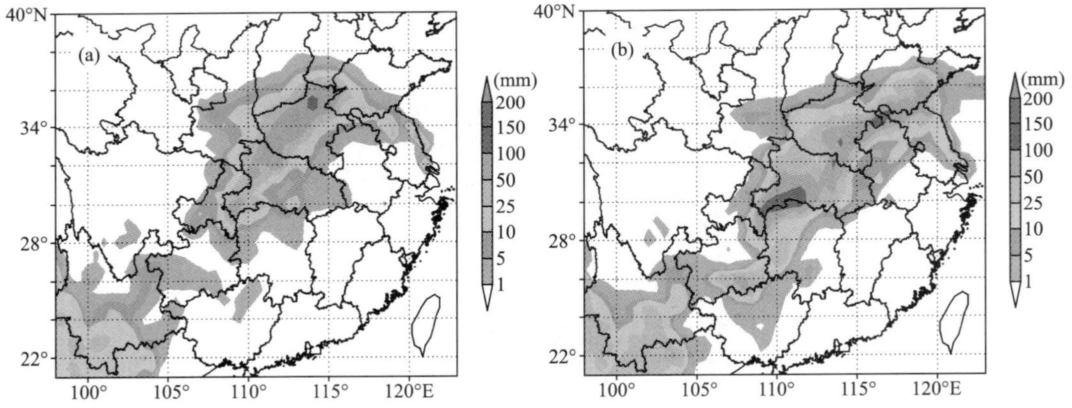

图 12.21　2008 年 7 月 22 日 08 时 24 h 降水预报

(a. GRAPES_3dvar 预报，b. LAPS 预报)

两种初始场均以 NCEP 12 h 预报场为背景场，同化了地面资料和探空资料。图 12.20 中实况雨带呈西南—东北走向，主要雨带分布在云南—贵州—湖北—河南—安徽北部—江苏北部—山东南部，强降水中心分布在湖北、河南、山东，量级达 150 mm。从 24 h 预报降水图 12.21 可以看出，两个模式均能模拟出与实况雨带走向一致的降水区域，但是 GRAPES_3dvar 模拟的雨带偏向西北方，雨带中段湖北省内的降水区域明显缩小，雨带南段贵州—湖南上空的降水也未模拟出，降水中心的量级报到 100 mm；而 LAPS 模拟的雨带走向，降水落区，以及降水中心量级(150 mm)都更接近实况。

在 24—48 h 的预报中，LAPS 初始场所作的降水预报同样更接近实况雨带的分布。实况雨带呈西南—东北走向，主要位于山东南部—江苏北部—安徽北部—河南南部—湖北东部—湖南西北部，降水中心位于胶东半岛，雨量达 100 mm。GRAPES_3dvar 在 24—48 h 的预报时段中预报的雨带走向虽然也是西南—东北向，但是整个雨带偏西北，降水落区偏到河南北部—河北南部—山东西北部—山西南部，并且模式未能预报出南部的降水（贵州—湖南—广西）。而 LAPS 作初始场预报的雨带走向，降水中心的落区以及降水中心的量级均与实况吻合。

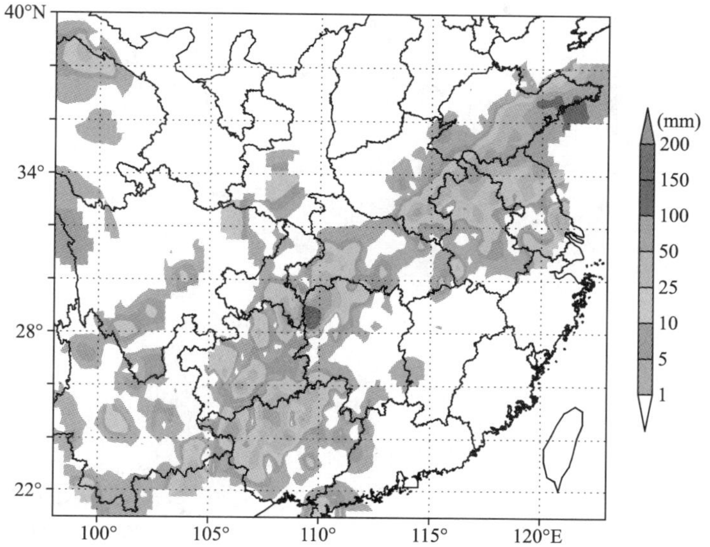

图 12.22　2008 年 7 月 23 日 08 时—24 日 08 时实况降水分布

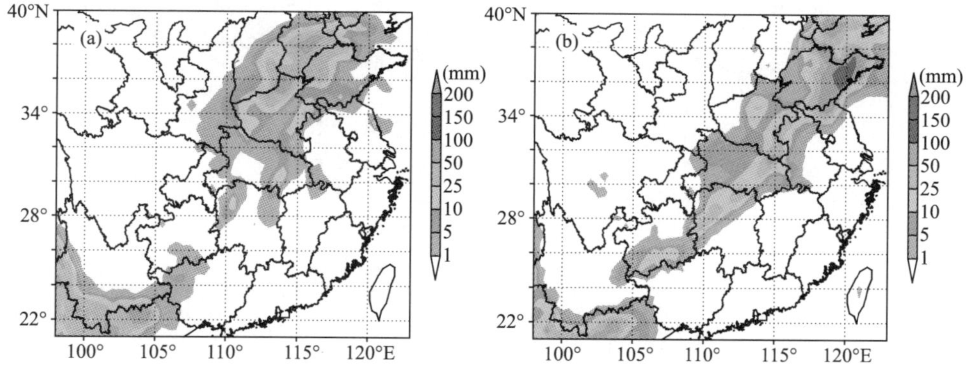

图 12.23　2008 年 7 月 22 日 08 时 24—48 h 降水预报

（a. GRAPES_3dvar 预报，b. LAPS 预报）

个例 2：

在 2008 年 6 月 21—22 日过程中，实况雨带主要位于贵州西北部—湖北—河南西南部—安徽中部，雨带大部分呈东西带状分布，强降水中心位于湖北东北部—河南东南部—安徽西部，降水中心达 150 mm。两种初始场对此次过程雨带的模拟都较好，能把东西向的雨带模拟出来，但是，GRAPES_3dvar 模拟的雨带更偏北，降水中心的量级偏小，只报出 25 mm；而 LAPS 作初值模拟的雨带与实况非常接近，降水中心报出了 100 mm 的量级，只是在鄂西南出现了一个虚假的强降水中心。

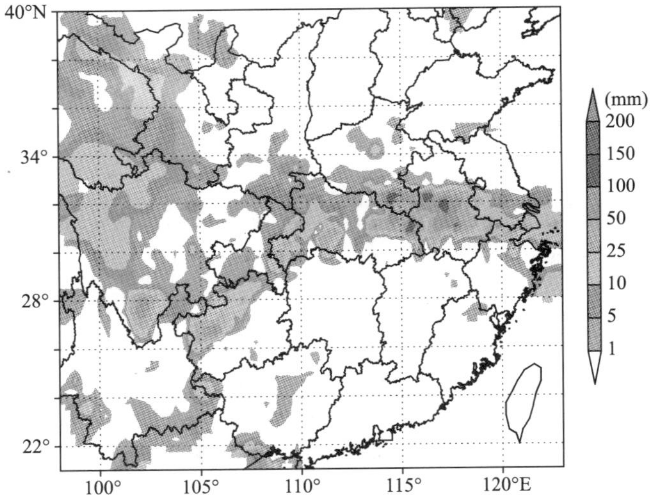

图 12.24　2008 年 6 月 21 日 08 时—22 日 08 时实况降水分布

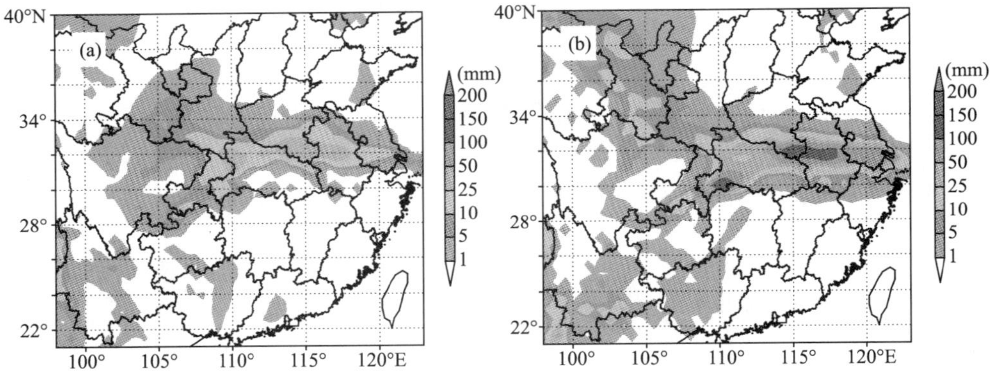

图 12.25　2008 年 6 月 21 日 08 时 24 h 降水预报

(a. GRAPES_3dvar 预报，b. LAPS 预报)

个例 3：

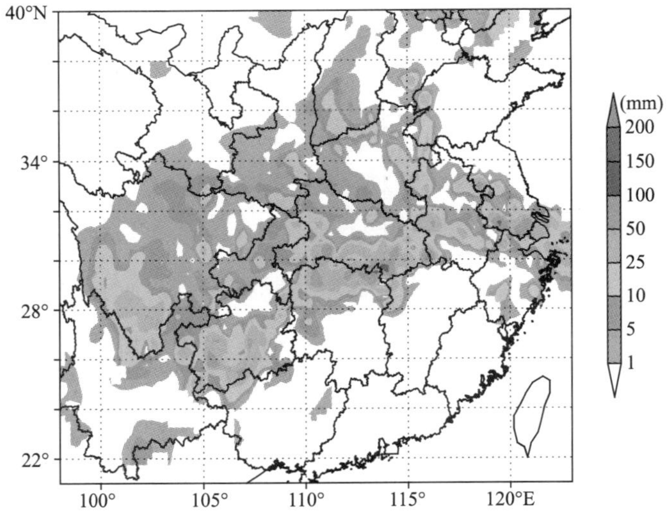

图 12.26　2008 年 6 月 22 日 08 时—23 日 08 时实况降水分布

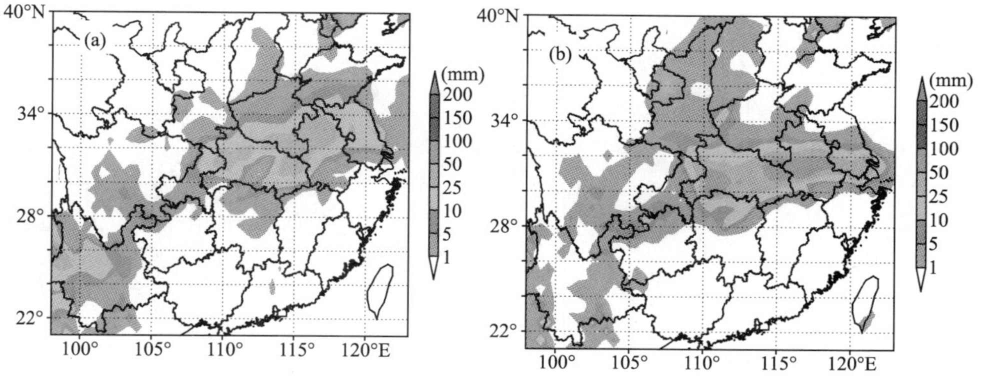

图 12.27　2008 年 6 月 21 日 08 时 24—48 h 降水预报

（a. GRAPES_3dvar 预报，b. LAPS 预报）

6 月 22 日 08 时—23 日 08 时的降水较为分散，主要雨带分布在贵州—湖南北部—湖北南部—江苏南部，强降水中心降雨量达 50 mm。两种初始场均不能很好地模拟出西南地区的降水，这可能与模式本身的缺陷有关。对照湖北—安徽—江苏区域的实况降水，两种初始场所预报的雨带走向大致与实况吻合，但是雨带落区都存在偏北的现象，LAPS 模拟雨带偏北 1 个纬度左右，GRAPES_3dvar 初值模拟的雨带偏北约 3 个纬度，预报降水中心的量级 GRAPES_3dvar 为 25 mm、LAPS 为 50 mm，LAPS 模拟的降水落区和量级均与实况更接近。

个例 4：

在 6 月 22—23 日的实况降水中，雨带较为分散大致呈西南—东北走向。50 mm 的降水中心主要有 3 个，分别位于安徽南部、江苏中北部和广西。分别使用两种初始场的 AREM 模式在 48—72 h 的预报中均能模拟出一条西南—东北向的雨带，但是对云南—广西一带的降水都没有很好地反映。对于北段降水的模拟，两种初始场的预报差别主要是强降水中心的位置上，GRAPES_3dvar 报出一个 50 mm 的降水中心，位于江西东北部；LAPS 报出两个 50 mm 的降水中心，分别位于安徽南部和江苏南部。与实况相比，使用 LAPS 作初始场的模拟与实况更为接近。

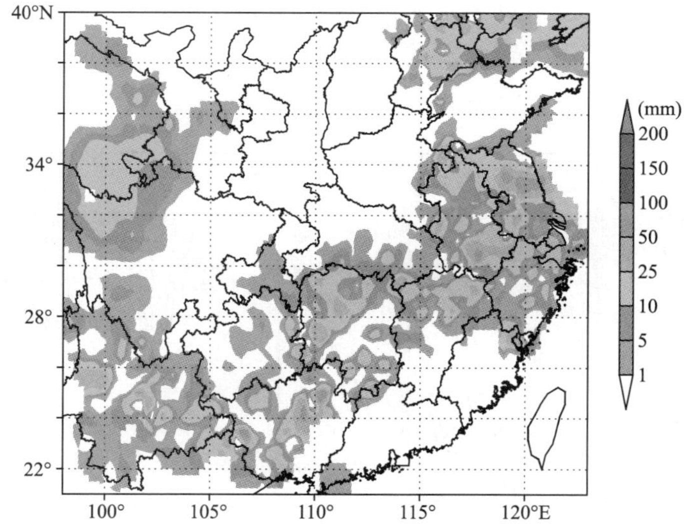

图 12.28　2008 年 6 月 22 日 08 时—23 日 08 时实况降水分布

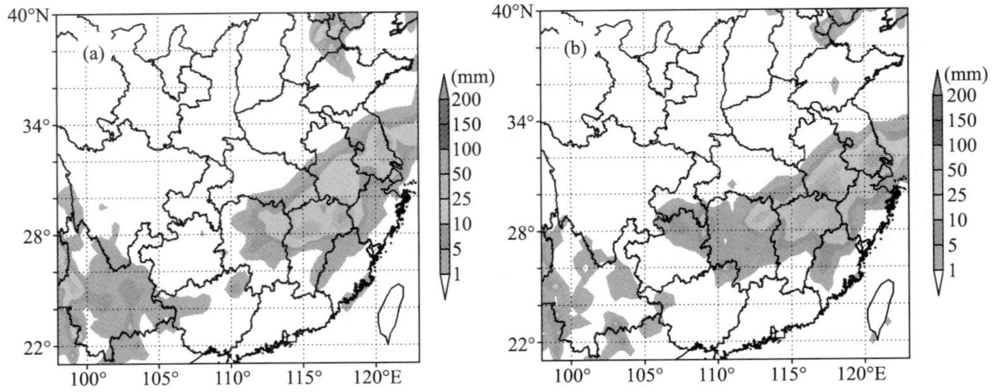

图 12.29　2008 年 6 月 21 日 08 时 48—72 h 降水预报

(a. GRAPES_3dvar 预报,b. LAPS 预报)

通过上述四个个例的比较可以看到中尺度数值模式 AREM 分别使用 GRAPES_3dvar 和 LAPS 系统均以 NCEP 12 h 预报场为背景场,同化或融合了地面资料和探空资料生成的初始场,其 24 h 预报结果表明不论在雨带分布、暴雨中心位置和降水强度的预报上,(LAPS+AREM 都要比 GRAPES_3dvar+AREM)更接近于观测结果,充分表明使用 LAPS 系统融合观测资料生成的初始场对模式 24 h 降水预报的优越性。

12.2.3　基于 LAPS 云分析结果的模式热启动研究

LAPS 通过云分析模块能够产生模式热启动所需的云水、雨水含量,因此,我们开展了一系列基于 LAPS 云分析结果的模式热启动研究。研究中使用的数值预报模式为 AREM 模式 2.3 版本。热启动方案就是利用 LAPS 分析系统为 AREM 模式提供预报所需的初始场,由于 LAPS 系统包含云分析模块,它可以产生云水含量、雨水含量等热启动需要的气象信息。因此,由包含有云分析模块的 LAPS 系统连接 AREM 模式就构成热启动数值模式系统,而不包含云分析模块的 LAPS 系统连接 AREM 模式就构成冷启动数值模式系统。使用上述冷、热启动的两种不同数值模式系统对下面几次典型强降水过程分别积分 24 h,从而比较冷、热启动方案的优劣。

个例 1:2007 年 7 月 13 日京山暴雨过程

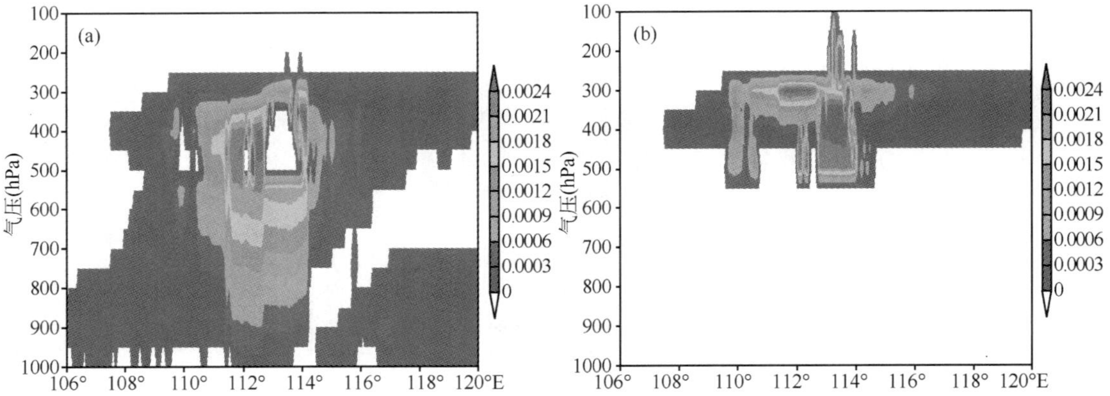

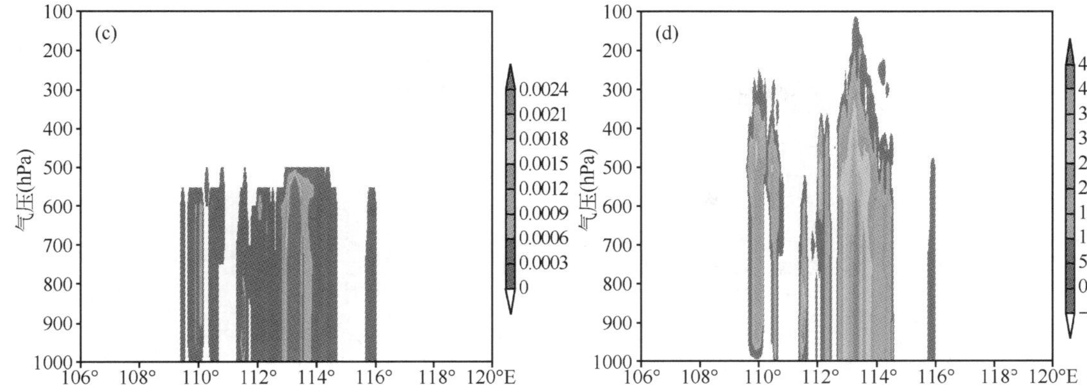

图 12.30　2007 年 7 月 13 日 08 时沿 31°N 的垂直剖面图

(a. 云水含量(单位:kg/m³);b. 云冰含量(单位:kg/m³);c. 雨水含量(单位:kg/m³);d. 雷达反射率(单位:dBZ))

图 12.30 是由 LAPS 云分析模块生成的云水、云冰、雨水、雷达反射率沿 31°N 的垂直分布。而图 12.31(另见彩图 12.31)是 850 hPa 云类型、云量、云水含量和雨水含量的水平分布，上述资料由分析模块产生并应用于模式的热启动。

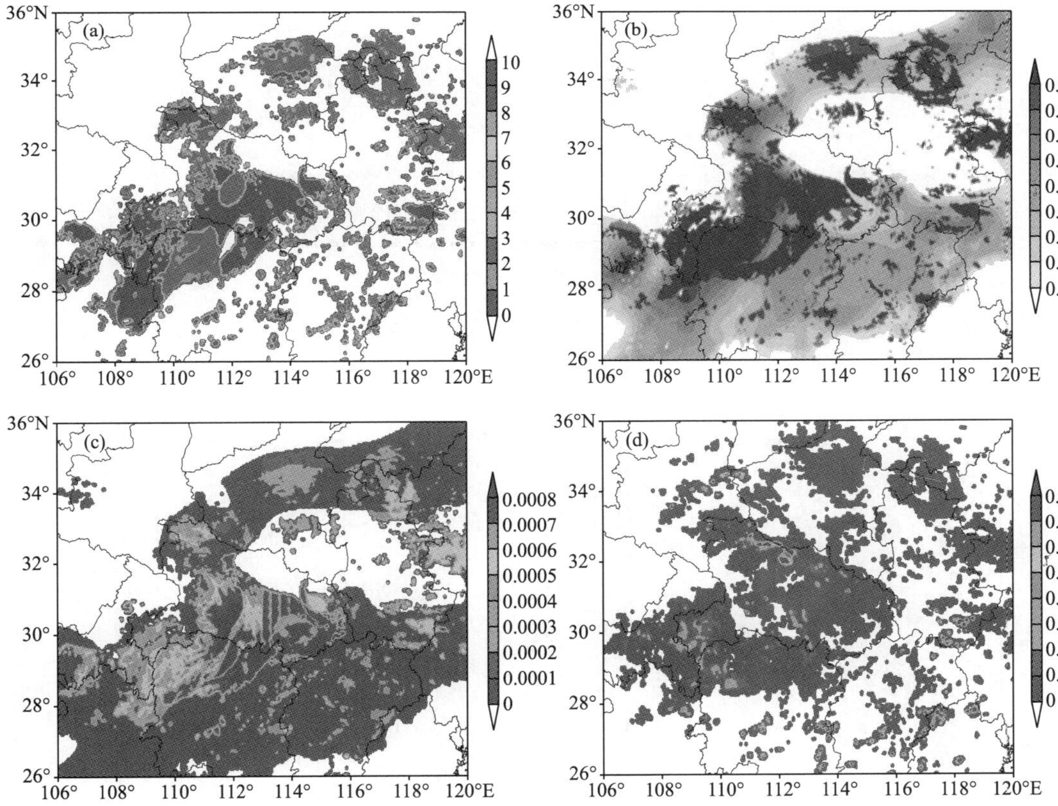

图 12.31　850 hPa 云类型，云量，云水含量，雨水含量的水平分布

a. 各颜色代表的云类型(黄:层积云或高积云;粉:密卷云;红:积雨云;淡蓝:卷层云;蓝:卷云;黑:层状云;灰:无云)

(a. 云类型 b. 云量 c. 云水(单位:kg/m³)d. 雨(单位:kg/m³))

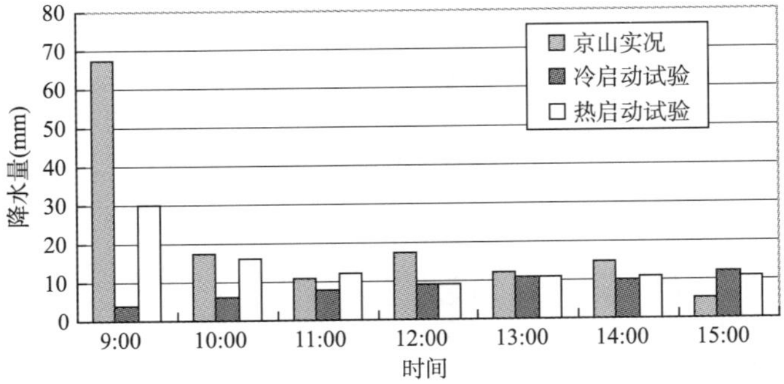

图 12.32　京山站 2007 年 7 月 13 日 9—15 时逐时降水量

图 12.32 是京山站逐时降水实况与冷、热启动试验预报的逐时降水。从图 12.32 可看到热启动在模式积分的初始阶段就产生出较强的降水,有效地改善了模式的起转现象。模式热启动,对降水改进的时段主要在前 6 h。这个时间段,正是模式冷启动产生出符合实际的云所需要的时间。因此,热启动是解决冷启动带来的起转问题的有效手段,对模式 0—6 h 短时临近预报水平的提高有重要作用。

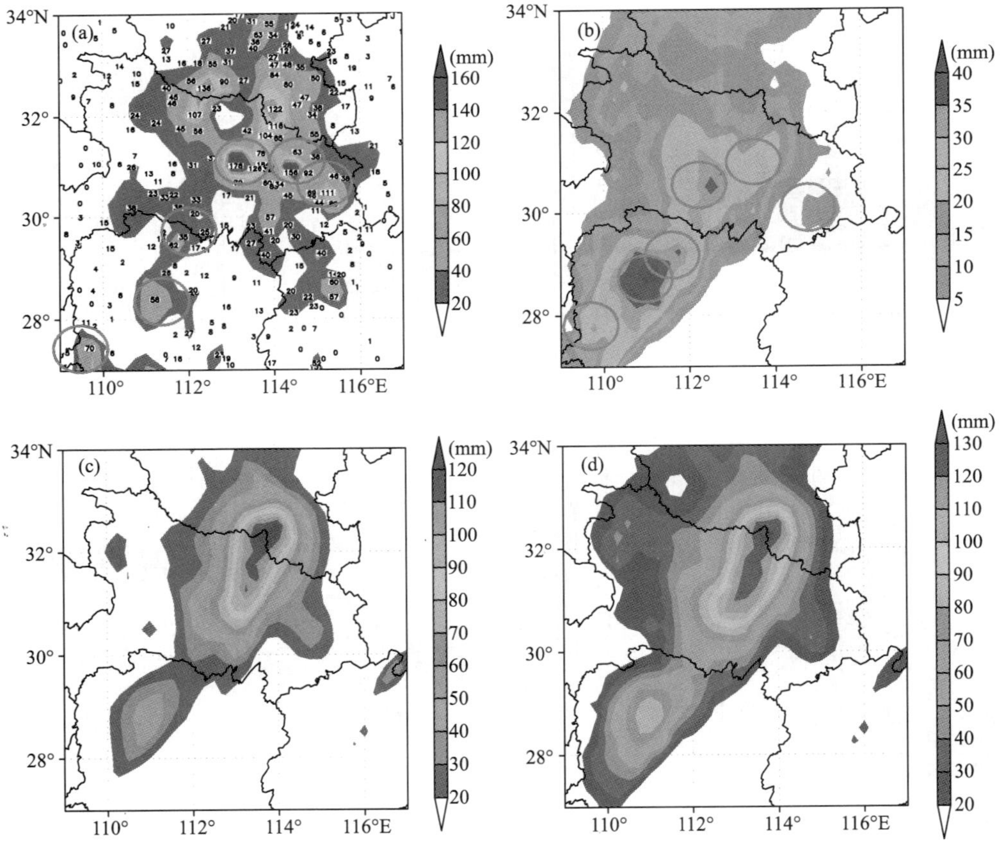

图 12.33　2007 年 7 月 13 日 08:00—14 日 08:00 降水量

(a. 实况,b. 冷、热预报差值场(热—冷),c. 冷启动,d. 热启动)

2007 年 7 月 13—14 日的实况降水中湖北省内降水中心位于京山，雨量为 176 mm。从冷、热启动预报的降水与实况降水对比(图 12.33，另见彩图 12.33)看出，热启动试验预报的强降水较冷启动试验预报的量级更接近实况，热启动落区在京山附近及以北的区域，而冷启动预报的雨带南部降水量偏小；热启动预报京山附近的降水为 120 mm，冷启动预报京山附近降水为 80 mm；从冷、热启动预报降水量的差值场(图 12.33b)可以看到差值场的中心与实况降水中心的位置对应较好，这说明热启动方案更能准确地预报出强降水中心。

个例 2：襄樊大暴雨过程

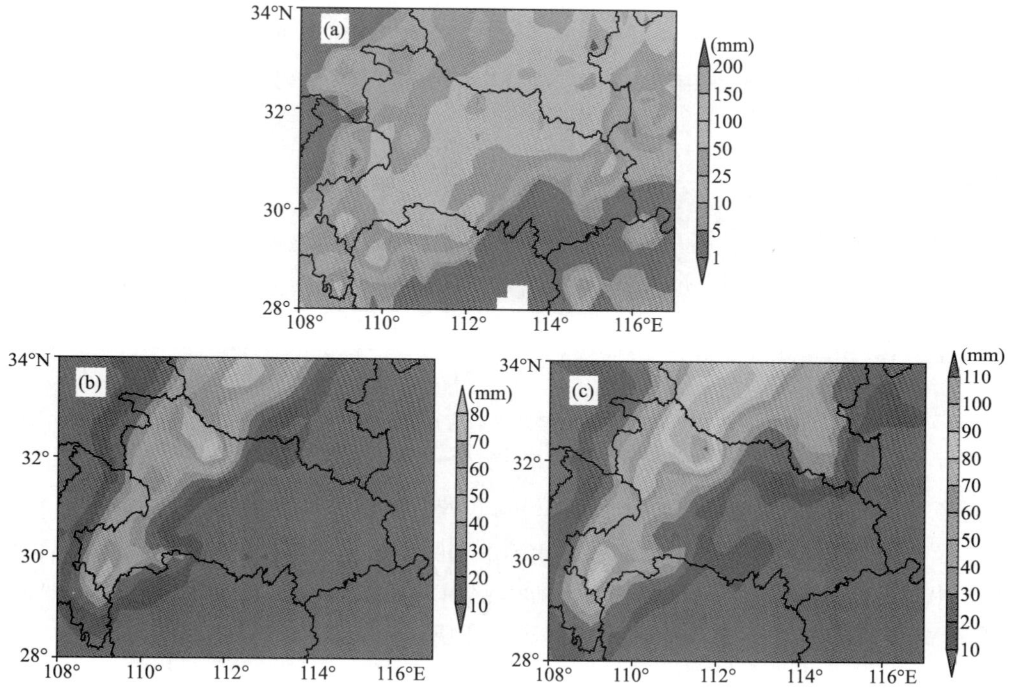

图 12.34　2008 年 7 月 22 日襄樊市 24 h 降水

(a. 实况降水(最大：181 mm)，b. 冷启动(最大：85 mm)，c. 热启动(最大：113 mm))

2008 年 7 月 22 日受西南涡东移的影响，在湖北省襄樊市出现了一次特大暴雨过程，实况降水图中雨带呈西南—东北向(图 12.34，另见彩图 12.34)，襄樊站(32°N，112°E)的降水达 181 mm。在冷、热启动模拟中均能较好地模拟出西南—东北向的雨带，但是冷启动的雨带较实况的窄很多，河南境内雨带只落在西部地区，降水中心的量级也较小，最大只报出 80 mm 降水量；而热启动模拟的雨带宽度较冷启动的有所改善，整个河南省都在雨带范围内，强降水中心的量级也提高到 110 mm。

个例 3：2008 年 8 月 29—30 日降水过程

2008 年 8 月 29 日 08 时—30 日 08 时在江淮地区发生了一次强降水过程(图 12.35，另见彩图 12.35)，雨带大致呈东西走向，强降水中心位于湖北省东北部，局地雨量达 200 mm。冷、热启动方案均能模拟出东西走向的雨带，但对强降水的落区和量级的模拟，两种方案还是有明显的差别。冷启动中最强的降水中心位于河南东南部与安徽交界处，模拟的降水量级为 100 mm，相对于实况降水中心模拟的降水落区偏北；而热启动模拟的强降水中心位于湖北省东北部，降水量达 200 mm，与实况十分接近；对整个雨带降水的模拟，冷启动基本上都偏小

1～2 个量级,而热启动的与实况比较接近。

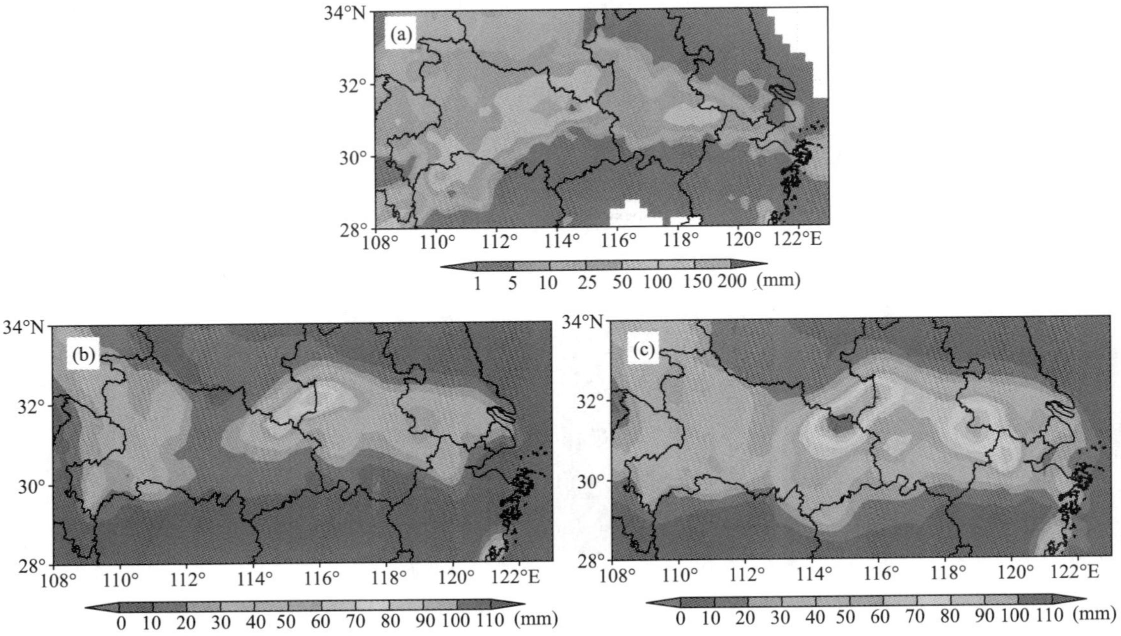

图 12.35　2008 年 8 月 29 日 08:00—30 日 08:00 江淮地区降水过程

(a. 实况降水,b. 冷启动,c. 热启动)

通过以上各例子冷、热启动方案的比较,可以看出热启动可以有效地改善模式 0—6 h 降水预报。模式热启动,对降水改进的时段主要在前 6 h。这个时间段,正是模式冷启动形成与模式大气相对应的云分布所需要的时间。因此,热启动是改善冷启动带来的起转问题的有效手段,对模式 0—6 h 短时临近预报水平的提高有重要作用。

12.3　SCHeREX 观测资料在长三角地区数值预报中的应用试验

12.3.1　上海台风研究所数值天气预报业务系统

目前上海台风研究所每天接收和处理中国气象局及其他国家的全球数值预报产品,同时也建立了自己的中尺度分析与预报系统,即 STI-WARMS(Shanghai Typhoon Institute-WRF ADAS Real-Time Modeling System)。该系统基于 ADAS-WRF 建立。ADAS 由 GFS 分析场作为初始场,同化各种当地加密观测资料之后得到 WRF 模式所需的初始场,同时侧边界条件也由 ADAS 生成。

ADAS(ARPS Data Analysis System)是由 Oklahoma 州立大学国家强风暴试验室(CAPS,the Center for Analysis and Prediction of Storms)开发的一套气象数据分析与同化系统,从 LAPS 发展而来的。ADAS 具有非绝热初始技术,主要是依靠复杂云分析模块实现的。

目前 ADAS 可同化多种观测数据,主要包括探空观测和地面气象站观测,后者如常规天气观测(SYNOP),船舶观测(SHIP),机场地面报(METAR),浮标(BUOY),自动气象站(AWS),飞机观测(AMDAR)。另外,也同化了 CINRAD 的 SA、SB 波段雷达的经向速度和反射率，和 FY-2C 的红外 1 和可见光通道数据。其中，雷达反射率、卫星 FY-2C 的红外和可见光通道数据是由复杂云分析系统引入的。除雷达数据外，每个时刻的数据量基本稳定。

目前，上海台风研究所共有 2 套基于 ADAS 和 WRF 的预报系统，分别是：9 km 分辨率的中国东部区域数值模式天气预报系统和 15 km 分辨率的覆盖全中国区域的数值模式(STI-WARMS)。模式结果显示在上海台风研究所数值预报业务网 http://172.21.90.2 上，同时也通过华东区域共享服务器向区域内各省发布。

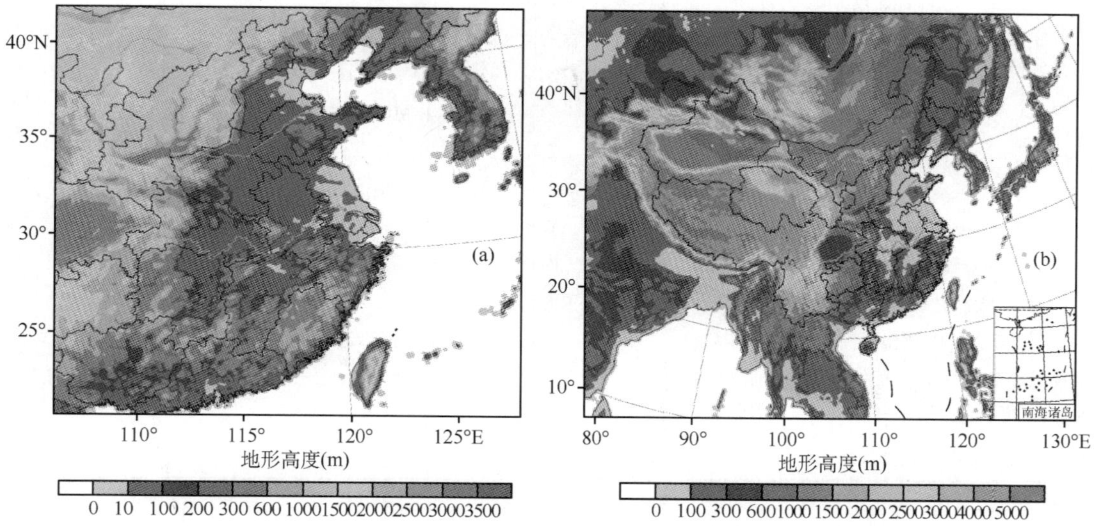

图 12.36　华东区域中尺度数值预报系统预报范围和地形

(a. 9 km　b. 15 km)

STI-WARMS (9 km)于 2007 年底初步建成，2008 年 7 月升级，是目前业务上应用最广泛的中尺度数值模式天气预报系统。模式预报范围主要为中国华东地区，模式分辨率为 9 km，重点在要素预报。以 GFS 分析场为初猜场，结合本地加密观测资料，通过 ADAS 形成模式初始场和侧边界，分别在 00、06、12、18 UTC(对应北京时 08、14、20、02 时)启动预报，预报时效为 72 h。该系统在 IBM/AIX 下运行，积分 72 h 需运算约 45 min。该系统同时在上海台风研究所 PC-cluster 备份运行。

STI-WARMS(15 km)于 2008 年 10 月底建成，其预报范围较大，可为全中国提供 72 h 的预报参考，该系统也是对 STI-WARMS 系统的一个补充，主要提供形势场预报。采用 K－F 积云对流参数化方案及使用自适应时间步长。模式所需初始场及侧边界与 9 km 处理方法相同，分别在 00、12 UTC(对应北京时 08、20 时)启动预报，预报时效为 72 h。该系统在 IBM/AIX系统下运行，计算耗时约 40 min。

目前 STI-WARMS 预报系统采用 NCL 绘图，输出主要产品如下：

表 12.2　STI－WARMS 预报系统输出的主要产品

名称	时间间隔	说明
地面温度	3 h	色标根据季节会有所变化
地面风场	3 h	圆圈表示风速<1 m/s，1 条短线表示风速为 2 m/s，1 条长线表示风速为4 m/s，三角形表示风速为 20 m/s

续表

名称	时间间隔	说明
3 h 累计降水	3 h	
6 h 累计降水	6 h	
24 h 累计降水	24 h	
高低空形势场配置	3 h	
能见度	3 h	
6 h 累计降雪	6 h	
24 h 累计降雪	24 h	
观测资料空间分布		初始时刻
K 指数	3 h	
雷达反射率	3 h	模拟的最大雷达反射率
卫星云图预报	6 h	
徐家汇站点湿球相当位温 θ_{ew} 垂直剖面图	6 h	
徐家汇站温度垂直剖面图	6 h	
温度一对数压力图(埃玛图)	6 h	现有 25 个站点的埃玛图
华东区域 139 个站点气象要素时间演变(2 m 气温、湿度、气压、降水)	1 h	
海区及城区站点风廓线(12 个)	1 h	

12.3.2 数值天气预报产品的检验

数值天气预报产品的检验对于数值预报业务具有三个重要的作用。首先可以监控预报的质量——预报的精确程度以及是否有进展。其次可以改进预报的质量——做得更好的前提就是发现错误。第三是可以比较不同预报系统的质量——某预报系统在何种等程度上优于其他系统及其原因。预报结果需要与实际观测资料或者真实输出的准确估计值进行比较和检验。检验分为定性和定量检验,这两者都可以给出预报错误的本质信息。检验的方法包括传统的简单统计和评分,以及诊断和科学检验等。由于中尺度模式的“高分辨率”,需要使用与大尺度模式不同的检验方法。近年来发展的“目标检验”就是针对中尺度模式的重要方法。上海台风研究所区域中尺度模式系统的检验就采取了“目标检验”方法。

目前上海区域中尺度模式系统的检验主要有两大部分,一是提供观测资料的客观分析结果,二是 MET(Model Evaluation Tools)检验系统。

目前提供的观测资料客观分析包括 MICAPS 站点降水资料客观分析,以及 TRMM 格点降水资料和 MICAPS 站点降水资料客观分析(网格 0.25°×0.25°);还计划提供等格距的降水(包括自动站)、气温和风场等的客观分析资料。

MET 是 NCEP 和 NCAR 在美国空军及 NOAA 的支持下共同开发的,它集成了世界上最先进的模式检验技术。目前 MET 检验系统已经应用在上海区域中尺度模式系统中,完成了 MICAPS 数据、GDAS(NCEP)观测资料、TRMM 卫星资料和 WRF 模式结果等数据接口,构造了所需检验区域经纬度文件,编写了 MET 检验的操作流程,完成 MET 检验结果的实时传输、网页显示和中文说明书,图 12.37 为 MET 检验业务流程。

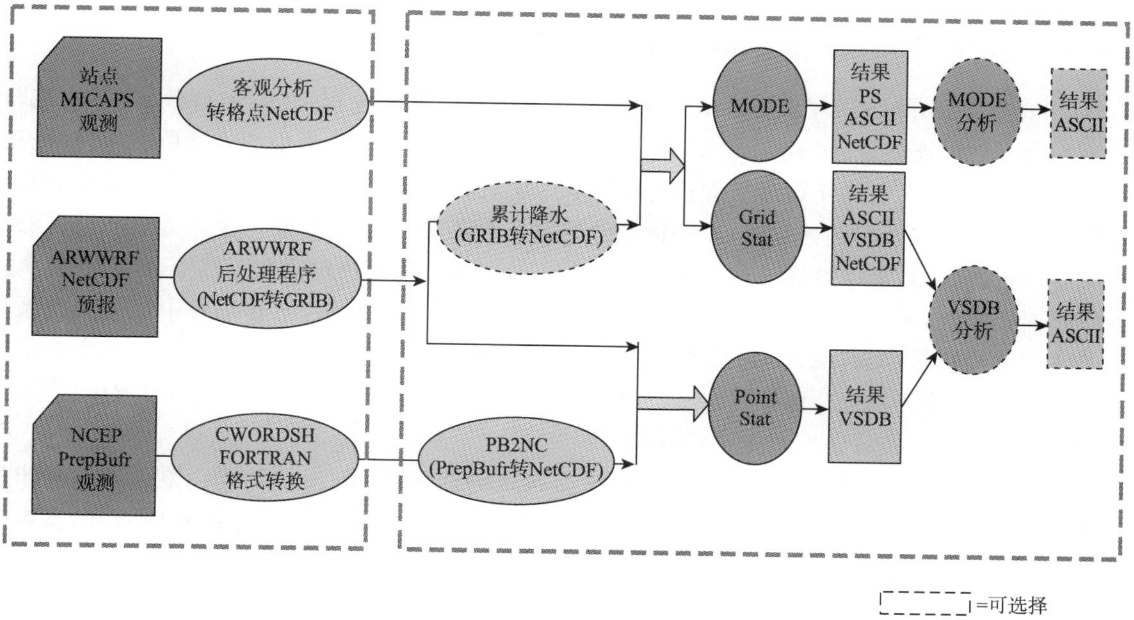

图 12.37　MET 检验流程

MET 目前输出的产品主要有文本和图片两种格式，包括(1)模式结果和站点观测之间，以及模式格点和格点观测之间的统计评分检验，包括中国常见的 TS、ETS 等，以及较少见的其他检验系数；(2)针对降水落区或其他区域的评估(MODE)，包括落区中心的距离、落区形状中心轴的差异、重合区域比例等。这些产品都可以从区域数值预报网页上获得。

以上海区域中尺度模式预报结果为例 MODE 说明如图 12.38。

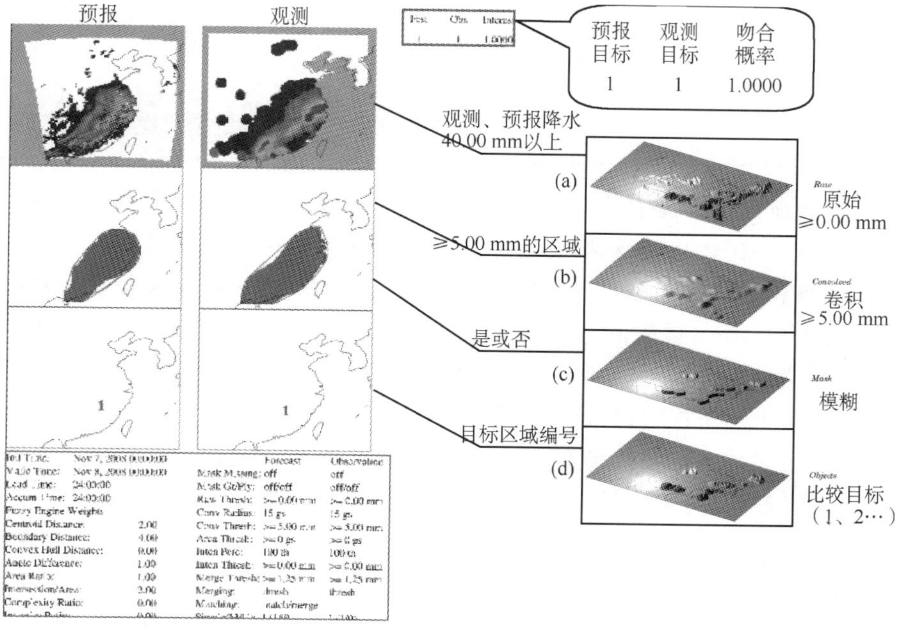

图 12.38　模式降水预报 MODE 目标分辨流程应用举例

12.3.3 2009年汛期加密观测资料应用分析

2009年汛期,华东区域出现多次强对流天气和持续性降水过程,其中包括台风"莫拉克"在浙闽交界处的连续性强降水。强对流天气预报一直是一线业务预报中的难题所在。为了提高预测的准确性,人们往往通过扩大预警联防和加密观测的方式,判断雨带尤其是强降水的移动方向和降水量级。而这种方式,往往依赖于预报员的主观经验,也很难对降雨强度和范围做出很好的定量预测,难以精确描述导致强降水发生的三维结构和物理机制。然而,加密观测资料经过同化模块,实时融合进模式初始场,对于提高模式预报准确率,尤其是对中尺度天气系统的三维结构预报,会有明显的正影响。因此,加密观测资料在数值模式业务系统中的实时应用,往往代表着业务系统对强降水过程的预报性能。在上海台风研究所的区域中尺度模式中,加密观测资料均在实时业务预报中得到应用。

2009年"973"项目在长三角观测区进行了5次观测试验,如表12.3所示。观测期间均出现了重大降水过程。其中6月29日—7月2日,华东区域自北向南出现连续暴雨天气,安徽南部长江流域出现了区域性大暴雨。

表12.3 2009年长三角观测区探空加密观测

序号	加密观测时段	加密站点数	加密次数	参加加密观测的台站
1	6月20日20时—22日20时	10	4	宝山、南京、徐州、射阳、杭州、洪家、衢州、南昌、安庆、阜阳
2	6月28日02时—7月1日20时	6	8	宝山、南京、徐州、射阳、安庆、阜阳
3	6月28日02时—7月5日10时	4	15	杭州、洪家、衢州、南昌
4	7月6日02时—9日14时	1	8	宝山
5	7月6日02时—14日14时	5	18	南京、徐州、射阳、安庆、阜阳

加密观测资料在业务系统中的应用,使得模式在02和14时所用初始场观测资料大幅增加,尤其是探空资料。在2009年汛期的几次加密观测资料,尤其探空资料在业务模式中的实时应用对降水量级和落区的预报有很好的效果。6月29—30日长江流域普降大暴雨,在未统计自动站的情况下6 h降水量极值已达83 mm,是本次资料加密过程中的典型过程。图12.39(另见彩图12.39)为28日14时在业务模式实时运行中应用的观测资料。其中蓝色圆点为常规站观测,红色圆点为加密探空,黑色雪花为船舶报,黄色直线为飞机报,紫色三角为浮标站,绿色方框为雷达站,黑色十字为机场地面报,此外还有卫星FY-2C的红外和可见光通道数据。

图12.40—图12.42(另见彩图12.40—图12.42)是对6月29—30日长江流域大暴雨的分时预报。从图12.40可以看到,30日02—08时强降水区主要在安徽和江苏境内的长江流域,中心雨量均在80 mm以上(若有自动站观测,极值降水量更大)。而模式预报该时段强降水落区和极值中心与实况均相当接近,但极值略偏大。随后6 h雨带逐渐呈东北—西南走向,强降水中心主要集中在安徽南部,6 h累积降水量在50～80 mm。而模式预报强降水中心位置与实况极为吻合,在安徽南部;而中心降水量在50～100 mm,与实况相当接近,但东部雨带略偏南

(图 12.41)。在经历12 h的持续强降水后,雨强逐渐减弱,降水中心逐渐东移南落至安徽东南与浙江交界处,雨量中心 6 h 累积在 50～60 mm。模式准确预报了强降水中心东移南落的过程,且极值降水亦在 50 mm 左右,但位置略偏南,对湖南境内降水落区面积预报过大(图 12.42)。总体而言,业务模式对本次过程的预报有相当强的指导意义。

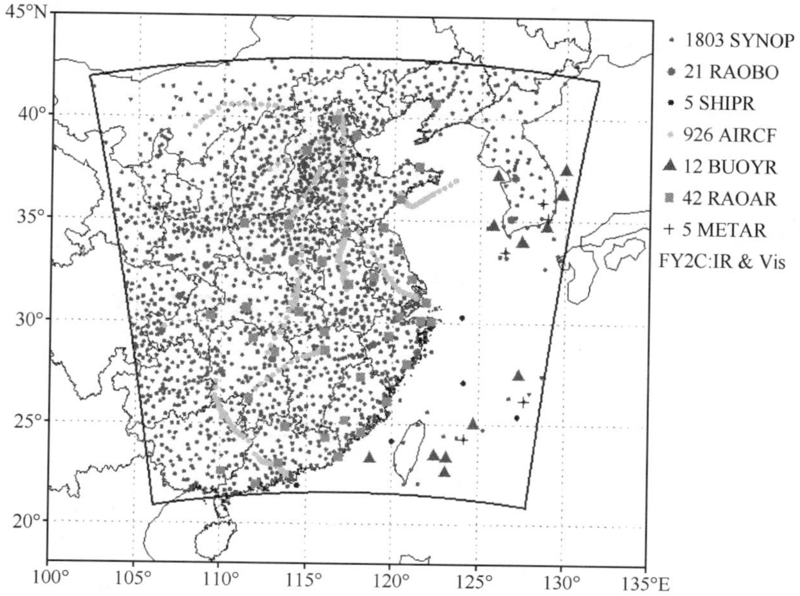

图 12.39　2009 年 6 月 28 日 14:00 在业务模式中应用的各类观测

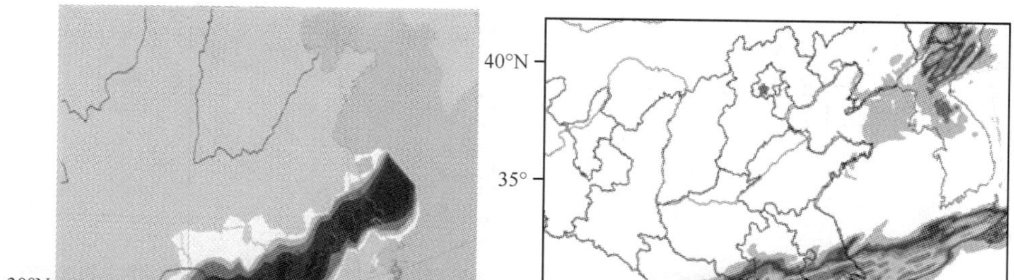

图 12.40　2009 年 6 月 29 日 20:00 起报 30 日 02:00—08:00 6 h 累积雨量

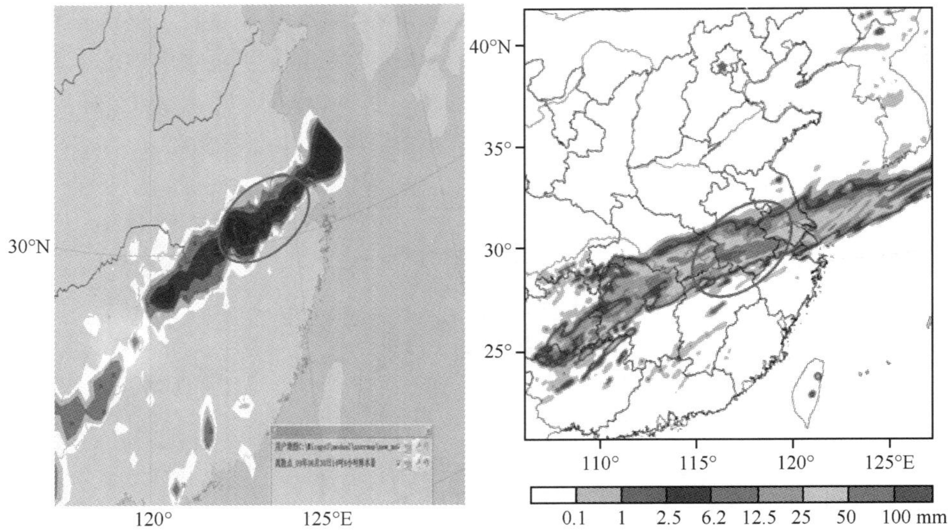

图 12.41　2009 年 6 月 29 日 20:00 起报 30 日 08:00—14:00 6 h 累积雨量

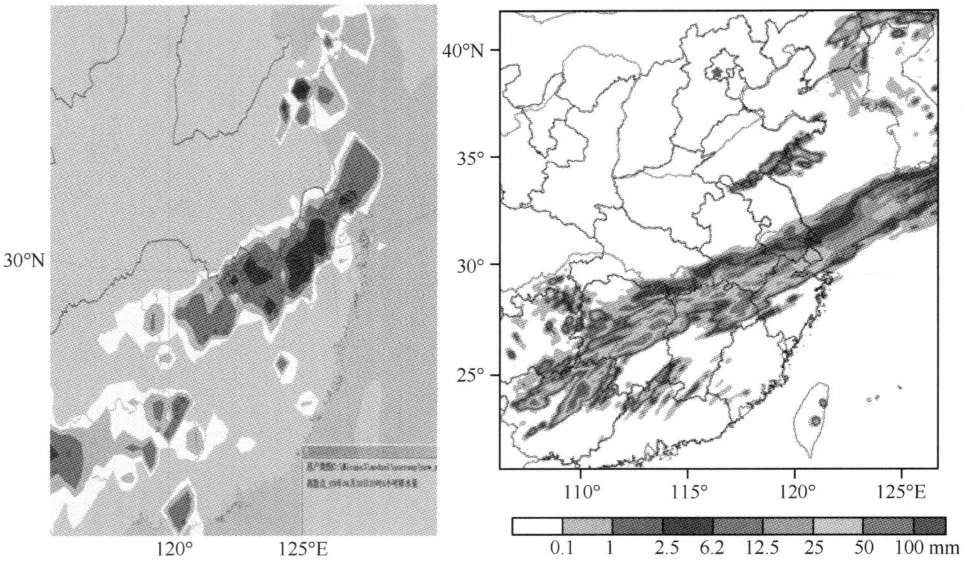

图 12.42　2009 年 6 月 29 日 20:00 起报 30 日 14:00—20:00 6 h 累积雨量

12.3.4　加密观测对短时强对流的作用

众所周知,短时强对流往往以突发性、剧烈性而著称,如上海 2008 年“0825”和 2009 年 6 月 5 日冰雹过程。此时仅仅依靠加密观测的诊断分析,很难预报局地性如此之强的过程。而区域模式由于全球背景资料的延时以及模式启动对系统的提速时间,对这种短时、剧烈、危害性极强的局地强对流很难做出准确预报。

而快速同化更新系统由于起报频次很高以及对天气系统合理的动力协调过程,通过采用暖启动的方式,不仅克服了全球背景资料的延时问题,也克服了模式冷启动对天气系统发展较为缓慢的难题。从上海台风研究所快速同化更新系统看,模式在积分 30 min 后天气系统就在模式大气中得到发展，接近实况。而每小时启动一次的高频率预报，也从时间尺度上满足了强对流预报的需求。

加密资料在快速同化更新系统中的应用，将极大发挥观测资料的价值，使得前期的观测实况能在模式大气中得到应用，势必大大提高强对流预报的准确率。

12.4　讨论和结论

在 2008—2009 年 SCHeREX 野外试验中应用 SCHeREX 加密观测资料研究加密资料对提高强降水预报能力的作用问题主要集中在中国气象局武汉暴雨研究所、中国气象局广州热带海洋气象研究所以及中国气象局上海台风研究所。上述结果也反映了这三个研究所在强降水数值预报研究和业务发展中的各自特点，中国气象局武汉暴雨研究所重点开展了 LAPS 分析系统及 AREM 中尺度暴雨数值模式连结构建的中尺度暴雨数值预报系统在 SCHeREX 试验期间在业务数值预报中的应用。中国气象局广州热带海洋气象研究所利用自己发展研制的快速循环和资料更新系统及雷达资料同化技术应用SCHeREX的加密观测资料对强降水数值预报的改进，而中国气象局上海台风研究所发展了 ADAS 分析系统和 WRF 模式的连接构建的中尺度数值预报模式系统应用 SCHeREX 加密观测资料，对长三角地区强降水预报能力提高的试验和分析，这些研究工作总体上反映了中国专业气象研究所在发展强降水数值预报的各自特点和取得的重要成果，这些成果集中反映在应用 SCHeREX 加密观测资料对进一步发展各自模式系统预报能力的作用，具有重要的学术意义和应用价值。

(1)中国气象局广州热带海洋气象研究所应用 SCHeREX 加密观测资料，尤其是探空资料明显改进了雨带的分布，强降水中心和暴雨强度的预报，同化了雷达的经向风速和“视风速”后对预报结果同样具有明显改进，说明了同化雷达资料对提高强降水预报的重要意义。

(2)中国气象局武汉暴雨研究所在应用 SCHeREX 加密观测资料发展了两方面的工作：一是发展了 LAPS 分析系统和 AREM 中尺度暴雨数值模式连接构建了 LAPS＋AREM 的中尺度暴雨预报模式系统，结果表明在同样加密观测资料条件下应用 LAPS 分析系统生成的初始场应用 AREM 模式所做的 24 h 强降水预报其预报精度要明显优于应用 Grapes-3Dvar 同化分析系统生成的初始场积分 24 h 后得到的预报结果，清楚地表明 LAPS 分析系统对改进强降水预报中的作用；二是应用了 LAPS 系统中的云分析模块生成了带有云分析场的初始场对 AREM 模式实施热启动，结果表明其结果在 0～6 h 强降水预报精度上得到进一步的提高。

(3)中国气象局上海台风研究所发展 ADAS＋WRF 的模式系统利用 SCHeREX 加密观测资料也证明了应用 SCHeREX 加密观测资料，尤其探空观测资料对提高强降水预报能力具有明显作用。

上述三方面的工作一致表明 SCHeREX 加密观测资料对提高中国南方暴雨数值预报的水平和能力都具有重要作用。这一结论值得中国业务部门重视。

第13章 综 述

国家“973”“我国南方致洪暴雨监测与预测理论和方法研究”项目组织的“2008/2009 年我国南方暴雨野外科学试验”已经取得圆满的成功，它为国家“973”项目的研究任务的完成和研究目标的实现做出了重要的贡献，这次野外科学试验的规模大(涉及中国南方 12 省(区)2 市各级气象部门)，装备先进、目标高、任务复杂，但由于中国气象局领导和各部门的正确领导与精心指导，以及参与试验的地方气象部门领导和业务人员的大力支持和认真实施保证了这次试验的圆满成功，取得了一系列重要成果，我们从下述四个方面综述这次野外试验所取得的成果与取得成功的重要原因以及还存在的一系列问题：

1. 2008—2009 年中国南方暴雨野外科学试验(SCHeREX)的特点以及在科学技术上的创新性

(1)中国南方暴雨野外科学试验是一次科学目标明确，观测范围大，装备精良，观测时间长的一次暴雨野外科学试验，它的特点是：

1)覆盖了中国南方 13 省(区)2 市，几乎包括整个中国长江以南地区，对中国汛期雨带的主要影响区域及其北抬的完整过程实施加密观测，这是在单一项目支持下规模最大、装备最为先进的一次观测试验；

2)组织了多部车载雷达和多部雷达组网观测，生成组网观测产品；

3)通过中尺度分析系统融合多种观测资料生成高时空分辨的实时中尺度分析场和再分析场，提供业务和研究使用；

4)通过中尺度监测、分析和预报平台，实时应用野外试验资料生成相应的监测、分析和预报产品，提供野外试验指挥与业务应用。

上述四点表明这是一次在中国组织的较为先进，又具有实时应用试验能力的暴雨野外科学试验，从观测、分析和应用等多方面填补了中国的多项空白，具有先进性。

(2)首次在野外试验中实施机载下投式探空观测，获取了近 40 条气象廓线的观测资料，并对所取的观测资料开展了试验性研究，这在中国气象观测史上是一个突破。

机载下投式探空观测在发达国家已经有几十年的发展历史，中国气象局也试图发展机载下投式探空观测，但鉴于种种原因，中国在此以前一直没有真正进入实施阶段，在组织这次野外试验中，在项目首席科学家的领导下，野外试验把实现机载下投式探空观测作为野外试验中的重要任务之一来完成，在中国气象局和空军的支持下我们经过将近三年的计划、协调、引进装备和组织实施四个阶段，终于和行业专项“西太平洋观测试验”合作成功实施了中国首次机载下投式探空观测试验，为提高中国野外科学试验的水平和业务应用能力奠定了良好基础。

(3)首次利用野外科学试验的加密气象资料，通过引进的中尺度气象分析系统，生成了高时空分辨率的中尺度气象分析场，为研究中尺度暴雨系统提供了高时空分辨率的资料，为进一步开展中尺度研究和业务应用提供了良好的技术支撑。

本试验通过武汉暴雨研究所引进的 LAPS 中尺度分析系统，在野外试验中融合了多种实时观测资料，在四个观测区分别生成 5 km，3 h 分辨率的实时中尺度气象分析场和再分析场，在大别山地区生成 3 km，1 h 的更高时空分辨的中尺度再分析场，为实时业务应用和研究 β 中尺度暴雨系统提供了十分宝贵的融合多种观测资料的高时空分辨率再分析场。研究表明，这一中尺度分析场对中尺度系统有较强的再现能力，其计算精度完全达到了中尺度分析的要求，对中尺度诊断分析具有较强的适用性。研究人员利用这样的分析场第一次分析了发生在中国大别山地区的一次 β 中尺度暴雨系统的结构、机理和强降水生成条件的研究。这一分析场的生成不仅为研究中 β 尺度暴雨系统提供了强有力的资料支持，同时也为今后中尺度业务应用提供了有力的技术支撑，中尺度气象分析场和再分析场的发展具有重要的学术意义和广泛的应用前景。

(4)自主研制的中尺度暴雨监测、分析和预报平台(M-WAFS)，在野外试验中的四个观测区实时应用试验，由该平台生成的监测、分析、预报产品直接提供野外试验指挥和业务使用，使野外试验的观测资料实时为业务所应用，应用结果表明野外试验观测资料在业务数值模式中的应用以及生成的监测与分析产品明显提高了强降水的分析和预报水平，具有很强的业务应用潜力。

(5)利用野外试验提供的资料，课题组组织了 8 个典型暴雨过程的研究，利用观测资料和中尺度再分析资料，提出了在梅雨锋上发展的中尺度涡旋和华南飑线过程的结构、机理和强降水成因特征的研究结果，这在中国“973”项目尚属第一次取得这样的研究成果，标志着在中尺度暴雨系统的研究上取得的重要进展。

2. SCHeREX 的成功实施对中国“973”项目的圆满完成以及暴雨监测分析与预报业务能力的提高所做出的贡献

中国“973”项目“我国南方致洪暴雨监测与预测理论和方法研究”在 2008—2009 年组织的“我国南方暴雨野外科学试验(SCHeREX)”，的实施，明显看出该试验对推动国家“973”项目总体目标的完成以及国家灾害天气的监测预报的业务发展都起到重要的作用。

(1)通过野外科学试验获取了高时空分辨率的加密观测资料，为国家“973”项目的中尺度暴雨研究与灾害天气学科发展起到了重要的推动作用。

国家常规业务观测网仅能提供水平分辨率在 200 千米以上空间分辨率和一天两次的时间分辨率的实时三维观测资料，而国家“973”项目研究的主要对象是暴雨，它是由 β 中尺度强对流系统引发的，而它的空间分辨率只有 20～200 千米，时间变化只有几个小时到 10 多个小时，因此，采用常规业务观测网的资料只能用来研究和预报天气尺度(空间分辨为几百千米至一千千米以上)的天气系统的影响，要研究天气更为激烈对国民经济与人民生命财产影响更为严重的中尺度灾害天气必须获取更高时间、空间分辨率的观测资料和再分析资料，为此我们必须组织既依托于常规业务观测网，又配有一系列非常规观测装备的野外科学试验，其中包括常规探空观测由每天 2 次加密观测到每天 4 次，雷达 6 min 扫描，连续 24 h 的运行观测，还配有车载的雷达甚至装备机载下投式探空观测等，同时，我们要发展能融合和同化多种观测资料的中尺度再分析系统，利用上述观测资料生成高时空分辨率的中尺度气象再分析场。现在我们已经生成中国南方四个观测区(华南、华中、江淮、长三角)空间分辨率为 5 km，时间分辨率为 3 h 的中尺度气象再分析资料，在安徽省大别山地区是中尺度暴雨的频发区，我们在大别山地区增设 5 个探空站,使原有探空站间距为 200 km 缩小到仅有 50 km,从而生成了空间分辨率为 3 km 时间分辨率为 1 h 的中尺度分析资料。这些资料抓住了 20 多个暴雨过程,在中国首次利用高时空分辨率的中尺度观测与再分析资料研究分析了中尺度暴雨系统的三维结构与形成机理,同时也是中国首次利用华南双雷达同步观测分析得到了一个华南飑线过程的三维结构。这些成果是中国几十年中尺度灾害天气研究首次获得的研究成果,极大地推动了中国中尺度灾害天气研究水平与能力的提高,为国家"973"项目的研究任务与目标的完成以及为这一领域赶上国际先进水平提供了良好的资料基础。

(2)野外科学试验同时推动了灾害天气监测与预报业务能力的提高,在此基础上有可能形成和发展一个新的领域,即中尺度分析与诊断分析领域,为中尺度灾害天气业务水平的提高提供新的分析资料与分析工具。

在野外试验期间我们在四个中尺度观测基地均安装了由项目研制的中尺度灾害天气监测、预测与预警平台(M-WAFS)。该平台集成了国家"973"项目研发的 15 项成果,构成了从利用遥感资料监测灾害天气,中尺度分析以及中尺度数值预报模式的预告产品的应用试验平台,在野外试验期间利用实时加密观测资料生成上述产品提供预报员使用,一方面通过野外试验检验项目成果对业务所起的作用与效果,另一方面把野外试验与业务应用紧密结合起来,促进业务在新技术应用方面的发展。

(3)野外试验也试验和检验了我们新研制的一系列的新的观测装备,为新装备的研制、应用提供了一个测试平台,为新的观测装备的发展起推动作用。

在 2008 年中国南方暴雨野外试验中我们研发了 C 波段和 X 波段双偏振多普勒雷达各 1 部,8 mm 波长测云雷达 1 部,在华南野外试验中同样取得了很好的观测资料,分析研究了暴雨云内水凝物的分布,对发展对流云微物理过程提供了良好的基础。

我们在野外试验中实施了机载下投式探空观测试验,下投式探空观测也是中国第一次在野外试验中应用,该系统于 2009 年 8—9 月首次对台风实施了观测试验。

以上分析清楚地表明,国家"973"项目组织暴雨野外试验为国家作出了三方面的贡献:第一,获取了高时空分辨率资料,利用这些资料分析研究了中尺度暴雨系统结构与机理为推动中国灾害天气学科的发展和业务应用打下了坚实的科学基础,同时为国家"973"项目研究任务与研究目标的完成提供了必要的高时空分辨率的观测资料;第二,应用野外试验资料提高对暴雨的监测与观测能力,为业务能力的提高探索新的途径与发展新的技术;第三,研发新的观测装备在野外试验中进行应用试验既推动了在观测领域中的新技术与新装备的应用,也使野外试验提高了获取更多观测资料的能力。

3. 野外试验培养了一支具有适应于高水平野外科学试验,研究人员与业务人员相结合,并具有相当创新能力的野外试验组织管理和实施队伍

本试验的研究队伍包括两部分,一部分以国家"973"项目研究人员为主体的项目内的研究队伍,另一部分是以四个观测区的研究人员和业务人员为主体的野外试验实施队伍。显然,野外试验的成功实施主要依靠四个观测区的研究人员与业务人员组成的这支队伍。野外试验实施和研究队伍的创新能力体现在两个方面:

第一,国家"973"项目研究人员在野外试验设计,重要新装备的观测试验以及资料的质量控制和资料应用研究四个方面表现出很强的创新能力。例如,我们课题组在中国首次成功应用 LAPS 中尺度分析系统,生成了高时空分辨的中尺度再分析场;首次成功利用中国研制的 C

波段和X波段的车载双偏振雷达及毫米波云雷达实施野外试验的观测，并对资料的质量控制和分析开展了研究，成功地生成了多种探测产品；首次利用引进的机载下投式探空装备在我们自主改装的探测飞机上实施作业观测，并对观测资料第一次进行分析和应用，这些工作在中国均属首次。同时本项目研究人员利用观测资料提出了中尺度对流涡旋系统的结构和机理，利用双雷达资料分析得到了华南飑线的三维结构，这些工作也是中国第一次得到的研究成果。上述结果表明，本项目的研究人员具有较强的创新能力，是一支完全能胜任近代先进的野外观测试验和研究，又具有较强创新能力的研究队伍。

第二，四个观测区的研究人员和业务人员承担了两方面的工作，一方面承担野外试验的作业观测，成功地完成了四个观测区2008—2009年的野外试验任务，没有漏掉一次暴雨过程，完整地提交所有观测资料汇集到项目资料组，另一方面他们利用野外试验资料在业务中实时应用，对业务能力的提高起了明显的作用，这两点也充分说明这次野外试验作业和应用的主体队伍也具有较强的创新能力和业务能力。

上述结果充分表明，本项目以及参加野外试验的整体队伍具有较强的创新能力，是一支能在野外试验中实干、真干的有很强研究能力和业务能力的野外试验作业与研究队伍。

4. 中国气象局的正确领导和局业务管理部门的密切配合以及地方各级领导与业务人员大力支持和精心实施是中国南方暴雨野外试验成功实施的基本保证

(1)中国气象局领导和局有关职能司全力支持国家“973”项目组织实施的中国南方暴雨野外科学试验。在野外试验实施方案组织专家讨论、论证时，时任中国气象局副局长的郑国光、许小峰、张文健和宇如聪都参加了野外试验方案专家论证会。在一个野外试验实施方案的专家论证会上有四位副局长同时参加(秦大河局长因会议而未能参加)是国家“973”项目立项启动(1999年开始)以来的第一次，尤其是当野外试验结题验收时郑国光局长作为专家组成员参加了结题验收，这就体现了中国气象局领导对中国南方暴雨野外科学试验的高度重视。在试验准备阶段和实施过程中局有关职能司先后给参加试验的各省(区、市)气象局多次下达相关文件，其中有野外试验指挥部的组成文件，要求参加试验的各省(区、市)气象局全力配合国家“973”项目的野外试验的有关文件，甚至给空军司令部发函要求空军在实施机载下投式探空观测试验中给予飞机、机务人员和地勤相关事宜的支持与配合，由于这些文件的下达，以及给空军司令部的要求支持的公函对中国南方野外科学试验顺利实施起到了决定性作用，充分体现了中国气象局领导和局有关职能司对野外试验的正确领导和精心指导。

(2)地方各级领导的重视和组织各级台站积极参与、认真实施使野外试验成功地获取了大量有用的观测资料。在这次野外试验中，整个加密观测涉及四个观测区(四个区域指挥部)和12省(区)2市的气象台站，在这样规模的试验中我们主要依靠四个观测区的指挥部决定何时何地实施加密观测，发布加密观测或停止加密观测的指令，这一工作涉及范围广，要指挥55部雷达，48部探空(由原来2次/d观测加密到4次/d观测)，7000个地面观测站和自动站资料的收集、处理、传输，尤其是我们在大别山地区5个县级站增设了5部GPS边界层探空观测，给这些台站人员增加了大量的业务以外的工作量，5 cm和3 cm双偏振雷达观测和8 mm测云雷达观测与选址都得到当地台站人员的大力支持，所有这些加密观测没有台站人员的辛勤工作和各省(区、市)气象台预报员的配合以及领导支持不可能取得2008—2009年野外试验的成功实施。在这里我们还要特别提及中国气象局信息中心领导和技术人员给了我们大力的帮助，破例开通四个区域指挥部与北京双向的通讯通道，使我们各试验观测区能实时接收到信息中心传输的各气象台站的加密观测资料，并使野外试验的加密观测资料在业务中得到应用，使项目得以开展野外试验资料在业务应用中的效果试验，上述情况都说明了各省(区、市)气象局领导，省级台站的积极参与和认真实施是我们野外试验成功实施的基本保证。

(3)空军领导和指战员的积极参与和精确实施对我们野外试验能成功实施机载下投式探空观测试验起了决定性作用。

实施机载下投式探空观测试验是我们野外试验的重要内容之一，这一试验从一开始就得到空军司令部的大力支持，因为这是中国第一次在恶劣天气条件下组织下投式探空观测试验，因此我们项目多次组织空军的专家、飞行员、指挥人员和我们项目人员进行研讨，空军司令部作战部副部长，装备部副部长都先后参加我们的研讨，空军研究所的研究技术人员亲自参加飞机改装，我们项目还组织了美籍华裔科学家(机载下投式探空观测专家)向空军某部飞行员讲解机载下投式探空观测对飞行的要求，部队派了10多个飞行员、地勤人员参加听课，认真为飞行观测作充分准备。台风天气观测对这些飞行员是第一次，这些飞行员和我们研究人员合作在“莫拉克”和“天鹅”两个台风之间的空隙处实施了我国首次机载下投式探空观测试验，三次投下了40多个下投式探空仪，取得了试验的成功，使观测资料在数值预报中得到应用，24 h台风路径预报精度提高了20 km，使整个试验取得了成功。我们在此向空军领导和参加试验的指战员表示我们崇高的敬意。

5. 存在问题

(1)中国南方暴雨野外试验的组织和实施是一项复杂的系统工程，它涉及的省份多(12省(区)2市)，使用的装备多而且有的装备是自主研制的最新装备，正因为如此，我们整个野外试验的时间推迟了一年，由原来的2007/2008年野外试验推迟到2008/2009年实施，我们面临的问题：

1)试图引进THORPEX计划所体现的观测思想即敏感区的确定和实施目标观测，制订野外试验的方案，方案草案制订后分别在广东、湖北、安徽、上海三省一市以及项目内部专家进行多次讨论；

2)研制了三部新型车载雷达——即5 cm、3 cm波段的车载双偏振雷达和8 mm波段的测云雷达，这三部雷达分别由23所和18所自主设计、研制，这三部雷达一直到2008年上半年才完成交付投入使用；

3)为了实施机载下投式探空，我们用了三年时间进行组织协调、装备引进和人员培训，从中国气象局到空军司令部，再到地方有关部门，经过艰苦的协调才得到空军司令部的批文，从装备购置、改装飞机到人员培训，我们整整用了三年时间，到2009年8—9月才得以实施；

4)四个基地的建设，我们在广东、湖北、安徽和上海建设了四个观测与应用试验基地，在基地上建设了实时数据库，雷达组网观测与分析产品生成系统、地面自动站资料处理和分析系统、中尺度分析系统和两个中尺度数值模式系统以及基于GIS技术的显示平台，四个基地建设到2008年上半年才完成。

鉴于上述原因，原定2007/2008年野外试验不得不推迟到2008/2009年实施。

(2)因为上述原因，野外试验获取的暴雨过程资料我们以2008年捕获的8个暴雨过程资料为基础开展对β中尺度暴雨过程的结构、机理研究，2009年的资料在研究中虽尚未充分使用，却为以后的中尺度研究提供了更为丰富的加密观测资料。

(3)LAPS中尺度分析系统是一个十分有用的分析工具，我们虽然已经引进使用，但由于我们的观测资料的质量控制问题和缺测问题常常会给中尺度分析带来一定的困难，甚至影响中尺度分析的产品质量，这些问题还有待我们进一步改进资料的质量控制以及如何解决资料缺测（如雷达故障造成的雷达资料缺测）问题，进一步提高中尺度分析的质量。

(4)要真正实施“目标观测”还具有相当的困难。

要实施目标观测，要求观测装备具有高度的机动性，而且观测条件不受人为的限制。这两点目前在中国还很难实现。观测装备的机动性在地面观测方面最机动的和观测范围最广的当数车载雷达，但在中国车载雷达的机动观测也受到雷达发射频率的限制，要事先得到观测地的有关管理部门的批准，由于观测的机动性和观测地点的不确定性很难完全做到这一点。目前我们的雷达观测水平仅能实现雷达观测地的移动但又相对固定，无法做到随时机动，随时实施观测的程度。这一点就限制了实施目标观测对观测装备和观测条件的要求，从而很难真正实施目标观测。实施目标观测的最好装备当数机载下投式探空，因为它具有更高的机动性，而且可以观测到气象要素的垂直廓线，它是实施目标观测最有效的观测装备。但由于我国的空域管制很严，实施机载下投探空观测要求空军、地方的密切配合，同时我们的飞行员还不能适应在恶劣天气条件下的飞行。基于上述缘故我们很难利用这种最适合目标观测的装备实施目标观测。因此，我们在南海实施机载下投式探空观测试验时，事实上是在两个台风之间的缝隙中非常狭小的范围内实施机载下投式探空观测，这就大大削弱了它应具有的观测能力和发挥更高的观测效益的可能性。

致谢

对2008/2009年我国南方暴雨野外科学试验(SCHeREX)做出重要贡献的人员有：

广东省气象局：余勇　梁建茵　许永裸　肖永彪

浙江省气象局：崔讲学　柯怡明　方虹　潘鄂芬

安徽省气象局：翟武权　胡雯　盛绍学　张苏

上海市气象局：汤绪　袁招洪　丁若洋　辅绍云

对参加野外科学试验的所有业务单位和全体工作人员的辛勤工作和全力支持表示万分感谢！

参考文献

巴德 MJ 等. 卢乃锰等译. 1998. 卫星与雷达图像在天气预报中的应用. 北京:科学出版社,382pp.
贝耐芳等. 2003. 1998 年“二度梅”期间武汉—黄石突发性暴雨的模拟研究. 大气科学,**27**(3):399-418
陈德辉,沈学顺. 2006. 新一代数值预报系统 GRAPES 研究进展. 应用气象学报,**17**(6):773-777.
陈敏,郑永光,王洪庆等. 2005. 一次强降水过程的中尺度对流系统模拟研究. 气象学报,**63**:313-324.
陈荣,顾松山,黄延刚. 2008. 一次强飑线过程的多普勒雷达特征. 广东气象,**30**(1):20-23.
陈泰然等. 2002. TAMEX IOP-2 飑线之结构特征研究. 大气科学(台湾),**34**:351-353.
陈忠明,闵文彬等. 2004. 高原气象,**23**(增刊):1-4.
程麟生等. 1993. 中国暴雨中尺度系统发生与发展的诊断分析和数值模拟Ⅰ:诊断分析. 应用气象学报,**4**(3):257-268.
程明虎等. 2004. 暴雨系统的多普勒雷达反演理论和方法. 北京:气象出版社.
崔春光,李红莉,彭菊香等. 2009. LAPS 资料在一次鄂东初夏暴雨分析中的应用. 暴雨灾害,**27**(4):307-312.
党建涛主编. 2007. 西南天气. 北京:国防工业出版社,124-128.
丁一汇,胡国权. 2003. 中国大洪水时期的水汽收支研究[J]. 气象学报,**61**(2):146-163.
丁一汇,王笑芳. 1988. 1983 年长江中游梅雨期的热源和热汇分析. 热带气象,**4**(2):134-145.
冯业荣,王作述. 1995. 一次梅雨锋暴雨过程 Q1 和 Q2 的结构. 气象学报,**53**(1):86-91.
傅慎明,赵思雄,孙建华等. 2010. 一类低涡切变型华南前汛期致洪暴雨的分析研究. 大气科学,**34**(2):235-252.
国家“973”“我国南方致洪暴雨监测与预测理论和方法研究”项目. 2007. 中国 SCHeREX 计划——我国南方暴雨野外科学试验(2007—2009),pp78.
何观芳,胡志晋. 1998. 不同云底温度雹云成雹机制及其引晶催化的数值研究. 气象学报,**56**(1):31-45.
洪延超,周非非. 2005.“催化—供给”云降水形成机理的数值模拟研究. 大气科学,**29**(6):885-896.
科技部基础司. 2003. 国家重大基础研究发展规划项目“我国重大天气灾害形成机理与预测理论研究”结题验收专家组验收意见.
李红莉,崔春光,王志斌等. 2009. LAPS 的设计原理、模块功能与产品应用. 暴雨灾害,**28**(1):64-70.
李红莉,张兵,陈波. 2008. 局地分析和预报系统(LAPS)及其应用. 气象科技,**36**(1):20-24.
李真光,梁必骐,包澄澜. 1981. 华南前汛期暴雨的成因与预报问题. //华南前汛期暴雨文集. 北京:气象出版社,1-8.
林开平. 1996. 1994 年 6 月中旬广西一次西南低涡大暴雨过程的中尺度分析. //1994 年华南特大暴雨洪涝学术研讨会论文集. 北京:气象出版社,93-96.
刘国忠,丁治英等. 2007. 影响华南地区西南低涡及致洪低涡活动的统计. 气象,**33**(1):45-50.
刘黎平,张沛源,梁海河等. 2003. 双多普勒雷达风场反演误差分析和资料的质量控制. 应用气象学报,**14**(1):17-29.
刘淑媛,孙健,王洪庆等. 2007. 香港特大暴雨 β 中尺度线状对流三维结构研究. 大气科学,**31**(2):353-363.
卢敬华. 1986. 西南涡概论. 北京:气象出版社,270pp.
陆汉城,成巍,朱民等. 2002. 梅雨锋致洪暴雨的中尺度涡旋机理的分析. 解放军理工大学学报,**3**(4):70-76.

蒙伟光，李江南，王安宇等．2005．凝结加热和地表通量对华南中尺度对流系统（MCS）发生发展的影响．热带气象学报，**21**(4)：368-376.

倪允琪，周秀骥，张人禾．2006．我国南方暴雨的试验与研究．应用气象学报，**17**(6)：690-704.

倪允琪．2003．国家重大基础研究发展规划项目“我国重大天气灾害形成机理与预测理论研究”结题验收汇报报告．

倪允琪．2007．建设中尺度业务平台的若干科学技术问题．I：科学问题与基本架构．气象，**33**(9)：3-8.

潘玉洁，赵坤，潘益农，王亦平．2012．双多普勒雷达分析华南一次飑线系统的中尺度结构特征．气象学报 **70**：736-751.

施晓晖，徐祥德，谢立安．2006．NCEP/NCAR 再分析风速、表面气温距平在中国区域气候变化研究中的可信度分析．气象学报，**64**(6)：709-721.

孙建华，赵思雄．2000．一次罕见的华南大暴雨过程的诊断与数值模拟研究．大气科学，**24**(3)：381-392.

孙建华，赵思雄．2002a．华南“94·6”特大暴雨的中尺度对流系统及其环境场研究 I：引发暴雨的β中尺度对流系统的数值模拟研究．大气科学，**26**(4)：541-557.

孙建华，赵思雄．2002b．华南“94·6”特大暴雨的中尺度对流系统及其环境场研究 II．物理过程、环境场以及地形对中尺度对流系统的作用．大气科学，**26**(5)：633-646.

孙晶，王鹏云．2003．用 MM5 模式 Reisner 霰方案对华南暴雨的数值模拟．气象，**29**(4)：10-14.

陶诗言，卫捷，梁丰等．2010．Rossby 波的下游效应引发我国高影响天气的分析．气象，**36**(7)：81-93.

陶诗言．1980．中国之暴雨．北京：科学出版社．

王改利，刘黎平，阮征．2007．多普勒雷达资料在暴雨临近预报中的应用，应用气象学报，**18**(3)：388-398.

王红艳，刘黎平等．2009．多普勒天气雷达三维数字组网系统开发及应用．应用气象学报，**20**(2)：214-224.

王建林，刘黎平，曹俊武．2005．双线偏振多普勒雷达估算降水方法的比较研究．气象，**31**(8)：25-30.

王鹏云，阮征，康红文．2002．华南暴雨中云物理过程的数值研究．应用气象学报，**13**(1)：78-87.

王婷，吴池胜．冯瑞权．2008．2005 年 6 月广东一次暴雨过程的中尺度对流系统的数值研究．大气科学，**32**(1)：184-196.

Weldon R B，Holmes S J. 1994．水汽图像在天气分析和天气预报中的解译与应用．郑新江，陆文杰等译，许健民，方宗义等校．北京：气象出版社，218 pp.

吴国雄，蔡雅萍，唐晓菁．1995．湿位涡和倾斜涡度发展．气象学报，**53**(4)：378-405.

吴国雄，蔡雅萍．1997．垂直切变和倾斜涡度发展．气象学报，**55**(3)：274-281.

吴庆丽，陈敏，王洪庆等．2002．暴雨雨团中β尺度流场结构的数值模拟．科学通报，**18**：1437-1441.

夏茹娣，赵思雄，孙建华等．2006．一次华南锋前暖区暴雨β中尺度系统的环境特征的分析研究．大气科学，**30**(5)：988-1008.

夏茹娣，赵思雄．2009．2005 年 6 月广东锋前暖区暴雨β中尺度系统特征的诊断与模拟研究．大气科学，**33**(3)：468-488.

肖辉，王孝波，周非非等．2004．强降水云物理过程的三维数值模拟研究．大气科学，**28**(5)：385-404.

肖艳姣，刘黎平．2006．新一代天气雷达资料的三维格点化及其拼图方法研究．气象学报，**64**(5)：647-657.

谢义炳．1956．中国夏半年几种降水天气系统的分析研究．气象学报，**27**(1)：1-23.

杨绮薇．2009．短时临近预报系统在强对流天气预报和预警中唱主角．广东气象．http://www.grmc.gov.cn

袁佳双，寿绍文．2002．高低空位涡扰动、非绝热加热与气旋的发生发展．热带气象学报，**18**(2)：121-130.

张庆红，刘启汉，王洪庆等．2000．华南梅雨锋上中尺度对流系统的数值模拟．科学通报，**45**(18)：1988-1993.

赵天保，符淙斌．2009．应用探空观测资料评估几类再分析资料在中国区域的适用性．大气科学，**33**(3)：634-648.

中国气象局．2009．中国气象灾害年鉴(2009)．北京：气象出版社．

中国气象局．2010．中国气象灾害年鉴(2010)．北京：气象出版社．

中国气象局决策气象服务中心. 2008. 决策气象服务. 北京:气象出版社.

中国气象局决策气象服务中心. 2009. 决策气象服务. 北京:气象出版社.

中国气象局培训中心. 2009. MICAPS3 系统培训教材. 北京:气象出版社.

中国气象科学研究院. 2007. RAFS系统在华南中尺度观测与应用试验基地成功进行准业务运行. 中国气象科学研究院年报(英文版),23-24.

周秀骥,薛纪善等,2003. 1998 华南暴雨科学实验研究. 北京:气象出版社,218pp.

周秀骥. 2006. 中尺度气象学研究与中国气象科学研究院. 应用气象学报,**17**(6):665-671.

诸葛秀华,赵思雄,刘苏红. 1981. 1979 年 6 月 9 号—11 号华南前汛期暴雨的数值试验. //华南前汛期暴雨文集. 北京:气象出版社,202-204.

Albers S, McGinley J. Birkenheuer D, *et al.*, 1996. The Local Analysis and Prediction System (LAPS): Analyses of clouds, precipitation, and temperature. *Wea. Forecasting*, **11**:273-287.

Bartels D L, J M, Tollerud, E I. 1997. Structure of a midtropospheric vortex induced by a mesoscale convective system. *Mon. Wea. Rev.*, **125**: 193-211.

Bengtsson L, Hodges K I, Hagemann S. 2004. Sensitivity of the ERA40 reanalysis to the observing system: Determination of the global atmospheric circulation from reduced observations. *Tellus*, **56A**:456-471.

Bennetts D A, Hoskins B J. 1979. Conditional symmetric instability—a possible explanation for frontal rainbands. *Quart. J. Roy. Meteor. Soc.* **105**: 945-962.

Brandes E A. 1990. Evolution and structure of the 6-7 May 1985 mesoscale convective system and associated vortex. *Mon. Wea. Rev.*, **118**: 109-127.

Chen G T J, Chou H C. 1993. General characteristics of squall lines observed in TAMEX. *Mon Wea Rev*, **121**: 726-733.

Chen Gal T. 1978. A method for the initialization of the anelastic equations: Implications for matching models with observations. *Mon. Wea. Rev.*, **106**: 587-576.

Chong M, Amayenc P, Scialom G, *et al.* 1987. A tropical squall line observed during the COPT 81 experiment in West Africa. Part I: Kinematic structure inferred from dual-Doppler radar data. *Mon. Wea Rev.*, **115**: 670-694.

Chong M. 2010. The 11 August 2006 squall-line system as observed from MIT Doppler radar during the AMMA SOP. *Quart. J. Roy Meteorol Soc.*, **136**: 209-226.

Corfidi S F, Merritt J H *et al.* 1996. Predicting the movement of mesoscale convective complexes. *Wea. Forec*, **11**:41-46.

Davis C A, Trier S B. 2007. Mesoscale convective vortices observed during BAMEX. Part 1: kinematic and thermodynamic structure. *Mon. Wea. Rev.*, **135**: 2029-2049.

Derbyshire S H, Beau I, Bechtold P, *et al.* 2004: Sensitivity of moist convection to environmental humidity. *Quart. J. Roy. Meteo. Soc.*, **130**: 3055-3080.

Ding Yi hui, Hu Jian. 1988. The variation of the heat sources in East China in the early summer of 1984 and their effects on the large - scale circulation in East Asia. *Adv. Atmos. Sci.*, **5**(2): 171-180.

Durkee J D, Mote T L. Shepherd J M. 2009. The contribution of meso-scale convective complexes to rainfall across subtropical South America. *J. Cli.*, **22**(17): 4590-4605.

Ertel H. 1942. Ein neuer hydrodynamischer wirbelsate. Meteorolog. Zetschr Braunschweig 1942. **6**: 277-281.

Fritsch J M, Murphy J D, Kain J S. 1994. Warm-core vortex amplification over land. *J. Atmos. Sci.*, **51**: 1780-1807.

Fu S M, Sun J H, Zhao S X. and Li W L. 2009. An analysis of eddy kinetic energy budget of a southwest vortex during heavy rainfall over South China. *Atmos. Oceanic Sci. Lett.*, **2**(3): 135-141.

Grabowski W W. 2003. MJO-like coherent structures: Sensitivity simulations using the cloud-resolving convection parameterization (CRCP). *J. Atmos. Sci.*, **60**: 847-864.

Hane C E, Ray P S. 1985. Pressure and buoyancy fields derived from Doppler radar data in a tornadic thunderstorm. *J. Atmos. Sci.*, **42**: 18-35.

Hane C E, Wilhelmson R B, Gal- Chen T. 1981. Retrieval of thermodynamic variables within deep convective clouds: Experiments in three dimensions. *Mon. Wea. Rev.*, **109**: 564- 576.

Hiemstra C A, Liston G E, Pielke R. A. Sr, *et al*. 2006. Comparing local analysis and prediction system (LAPS) assimilations with independent observations. *Wea. Forecasting.*, **21**: 1024-1040.

Hoskins B J, McIntyre M E, Robertson A W. 1985. On the use and significance of isentropic potential vorticity maps. *Quart. J. Roy. Meteor. Soc.*, **111**: 877-946.

Houze R A Jr, Rutledge S A, Biggerstaff M I, *et al*. 1989. Interpretation of Doppler weather radar displays of midlatitude meso-scale convective systems. *Bull. Amer. Meteor. Soc.*, **70**: 607-619.

Houze R A Jr. 2004. Mesoscale convective systems. *Rev. Geophys.*, **42**: RG4003.

Houze R A, Smull B F, Dodge P. 1990. Mesoscale organization of springtime rainstorms in Oklahoma. *Mon. Wea. Rev.*, **118**: 613-654.

Houze R A Jr. 1977. Structure and dynamics of a tropical squall-line system. *Mon. Wea. Rev.*, **105**: 1540-1567.

Howard B. Bluestein. 1993. Synoptic-Dynamic Meteorology in Midlatitudes: Volume II: *Observations and Theory of Weather Systems*. Oxford University Press., 520-522 pp.

Huschke R. E. 1959. *Glossary of Meteorology*: Boston: Amer. Meteor. Soc., 638 pp.

Johnson R H, Bartels D L. 1992. Circulations associated with a mature-to-decaying midlatitude mesoscale convective system. Part II: Upper-level features. *Mon. Wea. Rev.*, **120**: 1301-1320.

Johnson. 1983. Heat and moisture budgets of tropical mesoscale anvil clouds. *Atmos. Sci.*, **40**: 2138-2147

Johnson. 1984. Partitionning tropical heat and moisture budgets into cumulus and mesoscale components: Implications for cumulus parameterization. *Mon. Wea. Rev.*, **112**: 1590-1601.

Jorgensen D P, LeMone M A, Trier S B. 1997. Structure and evolution of the 22 February 1993 TOGA COARE squall line: Aircraft observations of precipitation, circulation, and surface energy fluxes. *J. Atmos. Sci.*, **54**: 1961-1985.

Knievel J C, Johnson R H. 2002. The kinematics of a midlatitude, continental mesoscale convective system and its mesoscale vortex. *Mon. Wea. Rev.*, **130**: 1749-1770.

Kuo Y H, Chen G T J. 1990. The Taiwan area mesoscale experiment (TAMEX): An overview. *Bull. Amer. Meteor. Soc.*, **71**(4): 488-503.

Kuo Ying - Hwa, Anthes R A. 1983. Mesoscale Budgets of Heat and Moisture in a Convective System over Central United States. *Mon. Wea. Rev.*, **112**: 1482-1497.

LeMone M A. 1983. Momentum flux by a line of cumulonimbus. *J. Atmos. Sci.*, **40**: 1815-1834.

Lin Y J, Wang T C, Pasken R W, *et al*. 1990. Characteristics of a subtropical squall line determined from TAMEX dual-Doppler data. Part II: Dynamic and thermodynamic structures and momentum budgets. *J. Atmos. Sci.*, **47**: 2382-2399.

Liou Y C. 2001. The derivation of absolute potential temperature perturbations and pressure gradients from wind measurements in three-dimensional space. *J. Atmos. Oceanic Technol.*, **18**: 577-590.

Luo H B, Yanai, M. 1983. The large-scale circulation and heat sources over the Tibetan plateau and surrouding areas during the early summer of 1979. Part Ⅱ, Heat and moisture budgets. *Mon. Wea. Rev.*, **111**:

966-989.

Maddox R A. 1980. Mesoscale convective complexes. *Bull. Amer. Meteor. Soc.* ,**61**(11):1374-1387.

McGinley J A, Albers S C, Stamus P A. 1991. Validation of a composite convective index as defined by a real-time local analysis system. *Wea. Forecasting.* , **6**: 337-356, 956.

Menard R D, Fritsch J M. 1989. A mesoscale convective complex-generated inertially stable warm core vortex. *Mon. Wea. Rev.* , **117**: 1237-1261.

Merritt J H, Fritsch J M. 1984. On the movement of the heavy precipitation areas of mid-latitude mesoscale convective complexes. //*Conference on Weather Forecasting and Analysis*, 10*th*, Clearwater Beach, FL; United States; 25-29 June 1984. 529-536.

Michael J, Fritsch, Carbone R E. 2002. Rearch and Development to improve quantitative precipitation forecasts in the warm season, A report to the Science Steering Committee of the United States Weather Research Program.

Ni Y Q, Cui C G Li H L. 2011. Establishment and quality evaluation on mesoscale meteorological analysis field in South China Heavy Rainfall Experiment (SCHeREX). *Acta Meteorologica Sinica.* , **25** (4): 478-493.

Nitta T. 1972. Energy budget of wave disturbance over the Marshall Islands during the years of 1956 and 1958. *Meteor Soc Japan.* , **50**:71-84.

Numerical Weather Prediction Progress Report for 2001, NWPP Report Series No. 28, Technical Document WMO/TD-No. 1151, 2002.

Parker M D, Johnson R H. 2000. Organizational modes of midlatitude mesoscale convective systems. *Monthly Weather Review*, **128**: 3413-3436.

Ray P S, Wagner K K, Johnson K W, *et al.* 1978. Triple-Doppler Observations of a Convective Storm. *J. Appl. Meteor.* , **17**: 1201-1212.

Roux F, Marécal V, Hauser D. 1993. The 12/13 January 1988 narrow cold-frontal rainband observed during MFDP/FRONTS 87. Part I: Kinematics and thermodynamics. *J. Atmos. Sci.* , **50**: 951-974.

Roux F, Testud J, Payen M, Pinty B. 1984. West African squall-line thermodynamic structure retrieved from dual-Doppler radar observations. *J. Atmos. Sci.* , **41**: 3104-3121.

Roux F. 1985. The retrieval of thermodynamic fields from multiple Doppler radar data using the equations of motion and the thermodynamic equation. *Mon. Wea. Rev.* ,**113**: 2142-2157.

Roux F. 1988. The West African squall line observed on 23 June 1981 during COPT 81. Kinematics and thermodynamics of the convective region. *J. Atmos. Sci.* , **45**: 406-426.

Scott J D, Rutledge S A. 1995. Doppler radar observations of an asymmetric mesoscale convective system and associated vortex couplet. *Mon. Wea. Rev.* , **123**: 3437-3457.

Shen X S, et al. 2008. On the development of the GRAPES—A new generation of the national operational NWP System in China. *Chinese Science Bulletin*, **53**(22): 3429-3432.

Sherwood S C, Wahrlich R. 1999. Observed evolution of tropical deep convective events and their environment. *Mon. Wea. Rev.* , **127**: 1777-1795.

Smull B F, Houze R A, Jr. 1985. A midlatitude squall line with a trailing region of stratiform rain: Radar and satellite observations. *Mon. Wea. Rev.* , **113**: 117-133.

Snook J S, Stamus P A, Edwards J, *et al.* 1997. Local-Domain Mesoscale Analysis and Forecast Model Support for the 1996 Centennial Olympic Games. *Wea. Forecasting*, **13**: 138-150

Sobel A H, Yuter S E, Bretherton C S, *et al.* 2004. Large-scale meteorology and deep convection during TRMM KWAJEX. *Mon. Wea. Rev.* , **132**: 422-444.

Stirling J, Wakimoto R M. 1989. Mesoscale vortices in the stratiform region of a decaying midlatitude squall line. *Mon. Wea. Rev.*, **117**: 452-458.

THORPEX, A Global Atmospheric Research Programme, International Science Plan (Full Version), http://www.wmo.int/thorpex/pdf/THORPEXV2.pdf.

Tompkins A M. 2001. Organization of tropical convection in low vertical wind shears: The role of water vapor. *J. Atmos. Sci.*, **58**: 529-54.

Trenberth K E, Stepanlak D P, Hurrell J W, *et al*. 2001. Quality of reanalysis in the tropics. *J. Climate*, **14**: 1499-1510.

Trier, Skamarock, LeMone, Parsons. 1997. Structure and evolution of the 22 February 1993 TOGA COARE squall line: Numerical simulations. *J. Atmos. Sci.*, **53**: 2861-2886.

Wallace John M, Hobbs Peter V. 2006. *Atmospheric Science*, Second Edition: *An Introductory Survey*. Edited by Renata Dmowska, Dennis Hartmann, and H. Thomas Rossby. Academic Press. 337.

Wang T C C, Lin Y J, Pasken R W, *et al*. 1990. Characteristics of a subtropical squall line determined from TAMEX dual-Doppler data. Part I: Kinematic structure. *J. Atmos. Sci.*, **47**: 2357-2381.

Wang Xiaokang, Ni Yunqi, Xu Wenhui, et al. 2011. Water cycle and microphysical processes associated with a meso-scale convective vortex system in the Dabie mountain area. *Adv. Atmos. Sci.*, **28**(6): 1405-1422.

Weisman M L, Klemp J B, Rotunno R. 1988. The structure and evolution of numerically simulated squall lines. *J. Atmos. Sci.*, **45**: 1990-2013.

Weisman, Davis. 1998. Mechanisms for the generation of mesoscale vortices within quasi-linear convective systems. *J. Atmos. Sci.*, **15**: 2603-2622.

Xu Weihui, Ni Yunqi, Wang Xiaokang, *et al*. 2011. A study of structure and mechanism of a meso-scale convective vortex and associated heavy rainfall in the Dabie mountain area. *Adv. Atmos. Sci.*, **28**(5): 1159-1176.

Yanai M, Esbensen S, Chu J-H. 1973. Determination of bulk properties of tropical cloud clusters from large scale heat and moisture budgets. *Atmos Sci*, **30**: 611-627.

Yu C K, B. J.-D. Jou, Smull B F. 1999. Formative stage of a long-lived mesoscale vortex observed by airborne Doppler radar. *Mon. Wea. Rev.*, **127**: 838-857.

Zhao Sixiong, Bei Naifang, Sun Jianhua. 2007. Mesoscale analysis of a heavy rainfall event over Hong Kong during a pre-rainy season in South China. *Adv. Atmos. Sci.*, **24** (4): 555-572.

Zipser E J. 1977. Mesoscale and convective-scale downdrafts as distinct components of squall-line circulation. *Mon. Wea. Rev.*, **105**: 1568-1589.

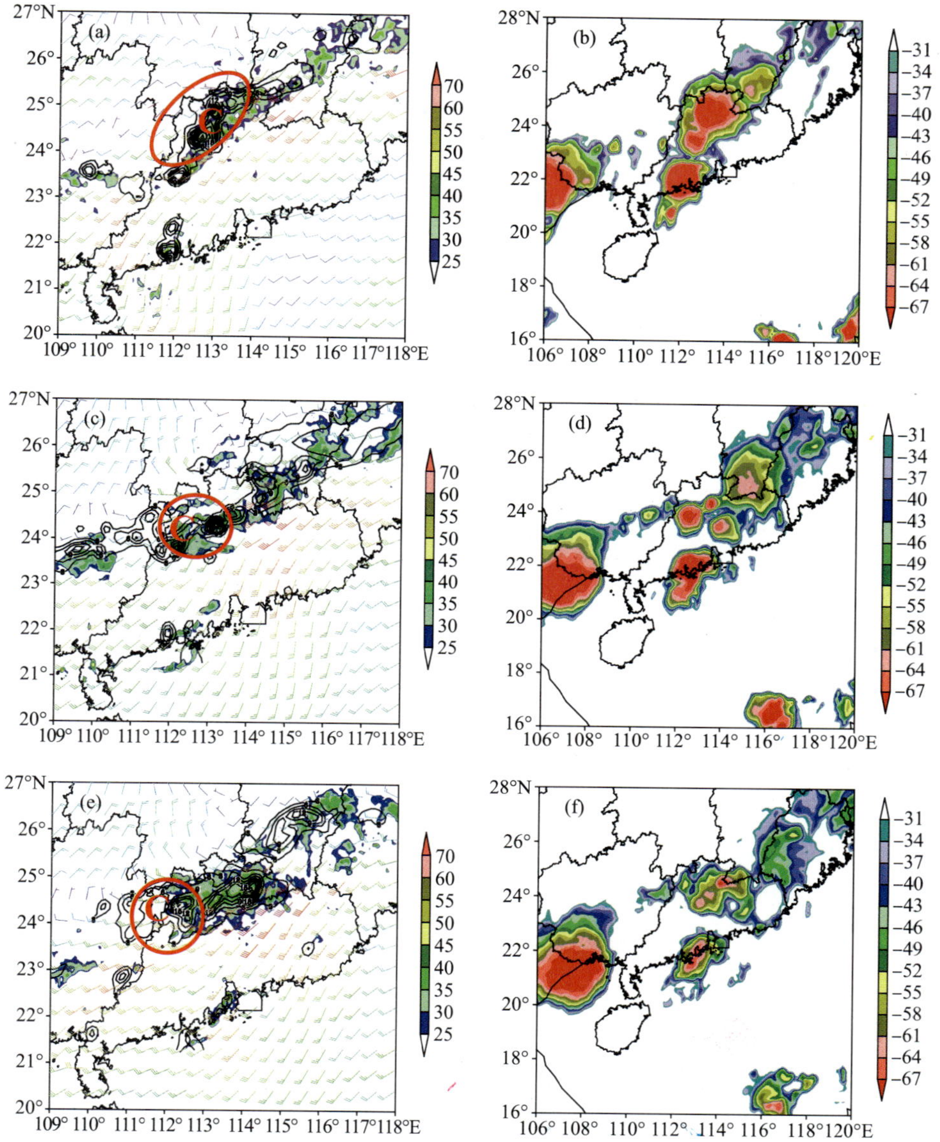

图 5.5　2009 年 6 月 2 日华南区域 850 hPa 的 SCHeREX 风场、雷达回波（阴影，单位：dBZ）及未来 1 h 降水（图中数字，单位：mm）和 TBB 图（单位：℃）

（a. 2 日 18:00 SCHeREX 风场，b. 2 日 18:00 TBB，c. 2 日 21:00 SCHeREX 风场，d. 2 日 21:00 TBB，e. 3 日 00:00 SCHeREX 风场，f. 3 日 00:00 TBB）

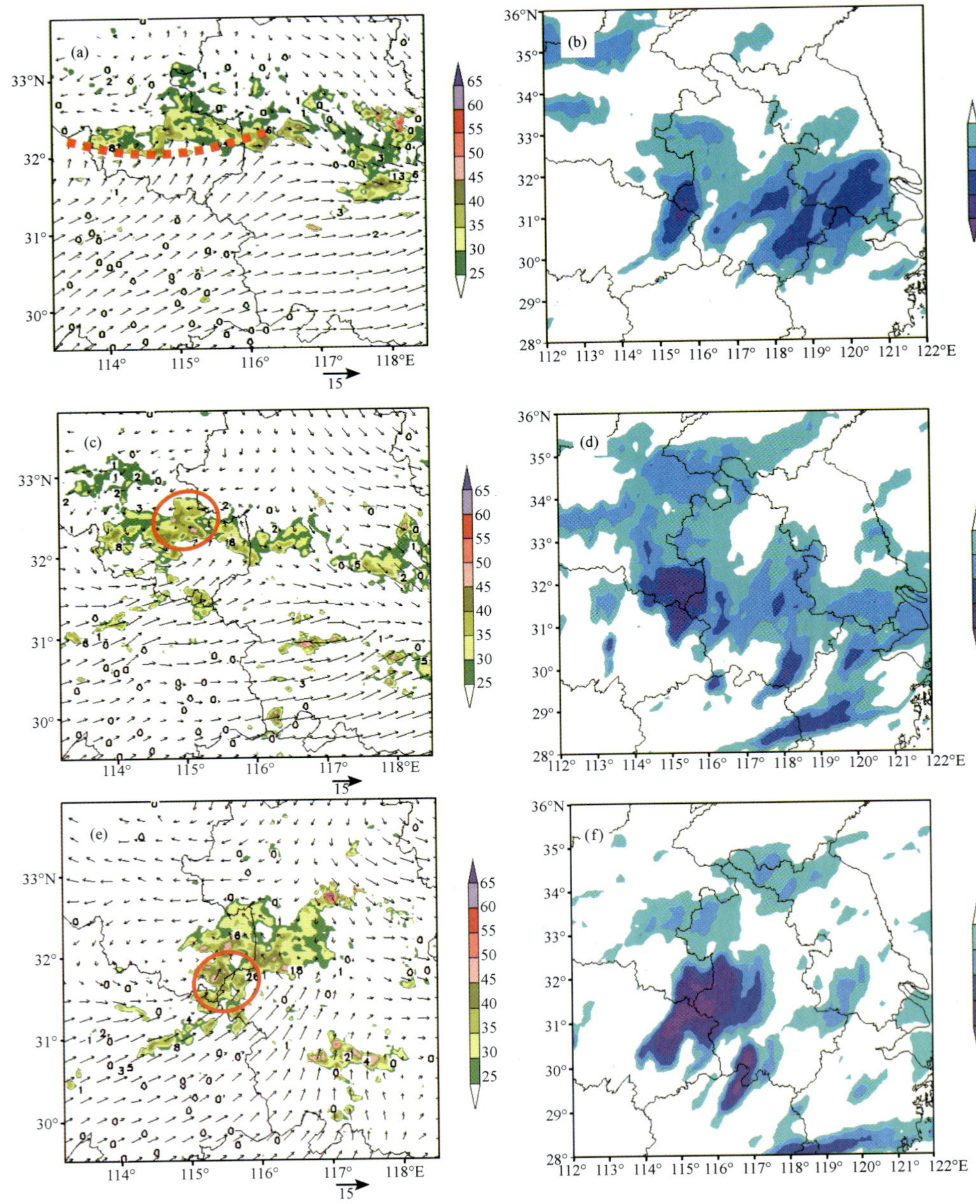

图 5.6　2008 年 6 月 21 日江淮区域 850 hPa 的 SCHeREX 风场、雷达回波(阴影,单位:dBZ)及未来 1 h 降水(图中数字,单位:mm)和 TBB(单位:℃)

(a. 06:00 LAPS, b. 06:00 TBB, c. 09:00 LAPS, d. 09:00 TBB, e. 12:00 LAPS, f. 12:00 TBB)

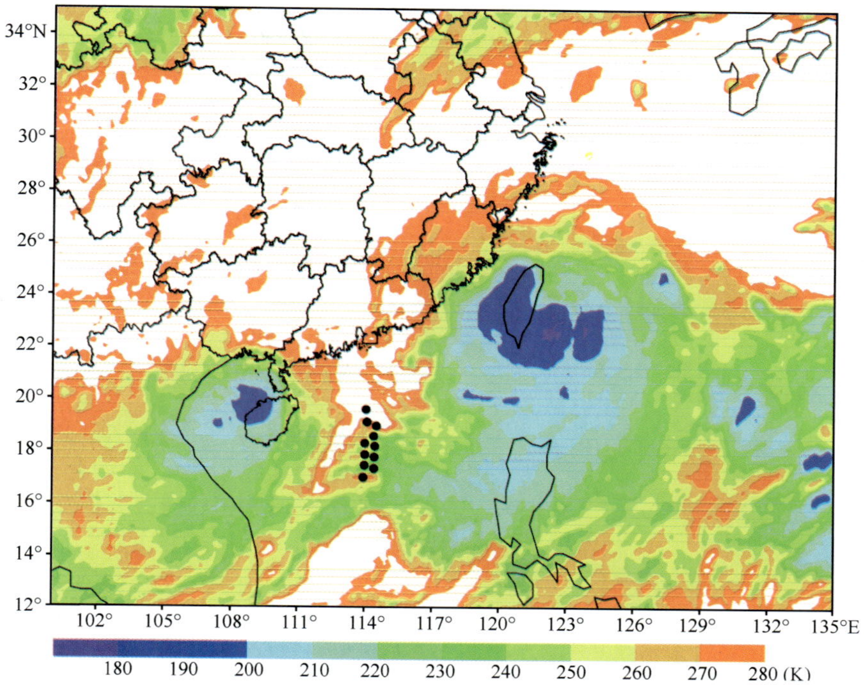

图 7.3　2008 年 8 月 7 日 05:00 UTC(协调世界时)的 TBB 及下投探空位置(黑圆圈点)

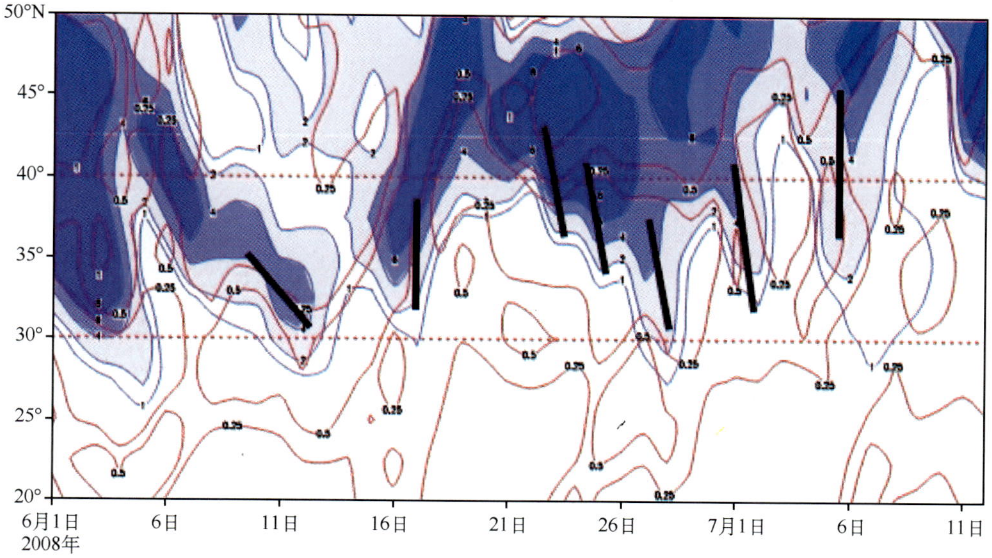

图 8.13　2008 年 6 月 1 日—7 月 6 日沿 105°—120°E 平均的 350 K 等熵位涡

(蓝色线,单位:1 PVU=10^{-6}(m^2 · k)/(s · kg),阴影区:2～3PVU 区域)和 315 K 等熵位涡(红色线)时间—纬度剖面

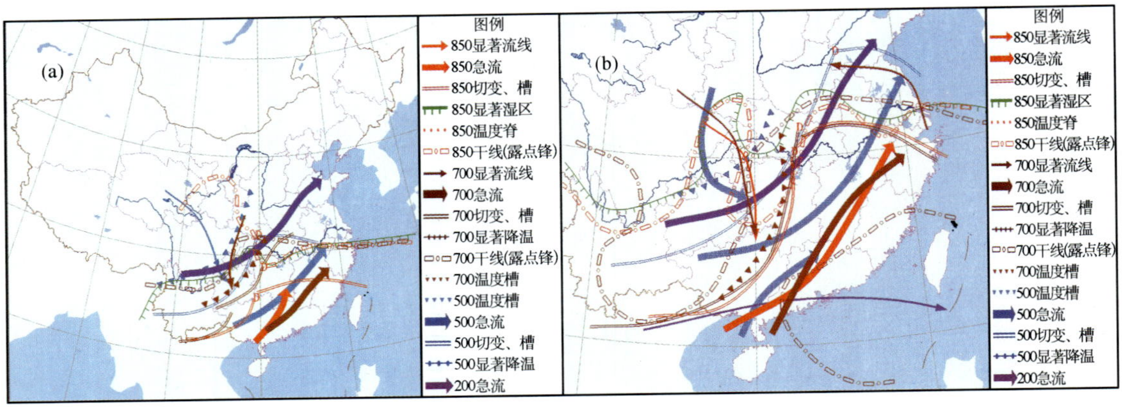

图 8.20　(a)2009 年 5 月 19 日 20:00 中尺度天气综合分析;(b)20 日 08:00 中尺度天气综合分析

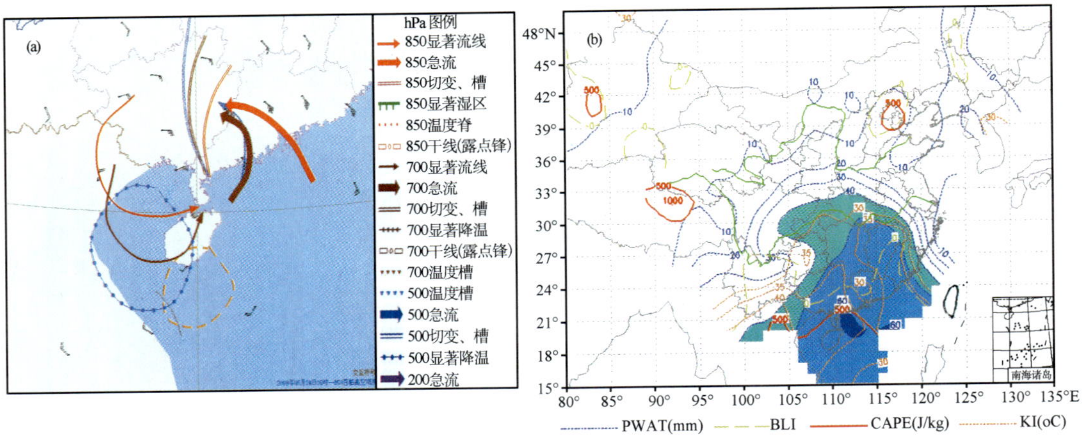

图 8.21　(a)2009 年 5 月 24 日 08:00 中尺度天气综合分析;(b)5 月 24 日 20:00 对流参数分析

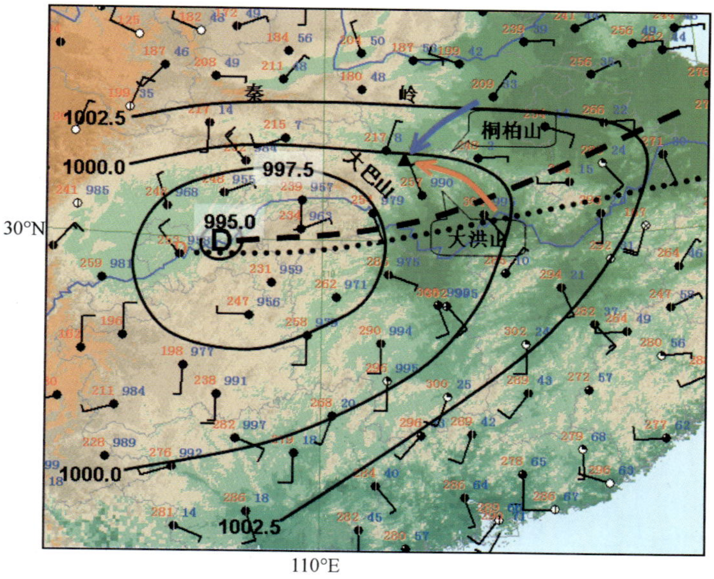

图 9.39　2008 年 7 月 22 日 08:00 地面天气形势

（实线为等海平面气压线，单位：hPa；D 表示低压；蓝色箭头示意冷气流，红色箭头示意暖气流；虚线为低压倒槽，点线为 21 日 20:00 的低压倒槽，▲表示襄樊站）

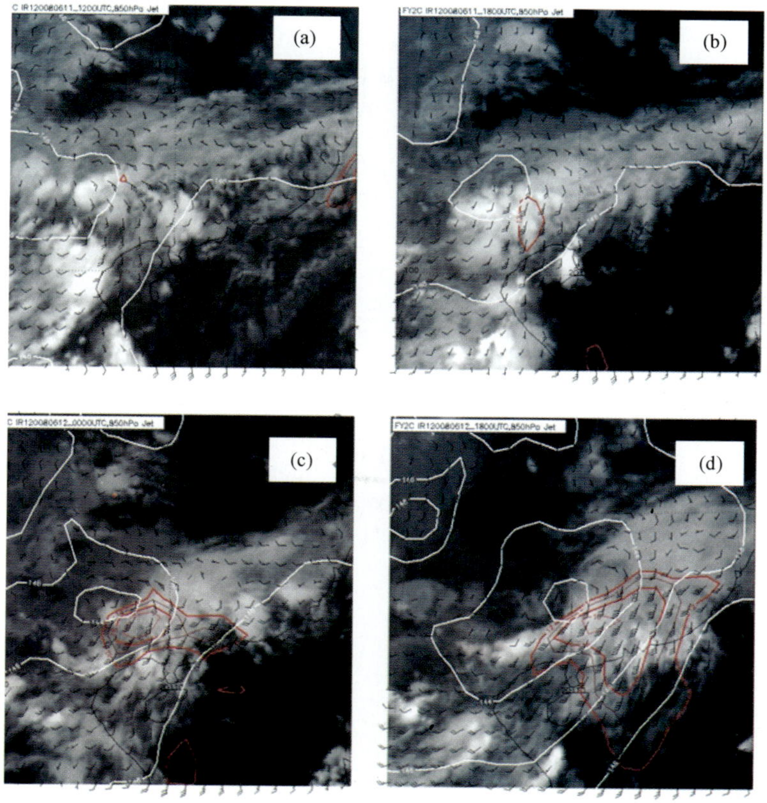

图 9.46　2008 年 6 月 11—12 日 FY-2C 红外云图和 850 hPa 高度场（白色实线）、12m/s 等风速线（红色实线）叠加图（a、b、c、d 的时间与图 9.42 相同）

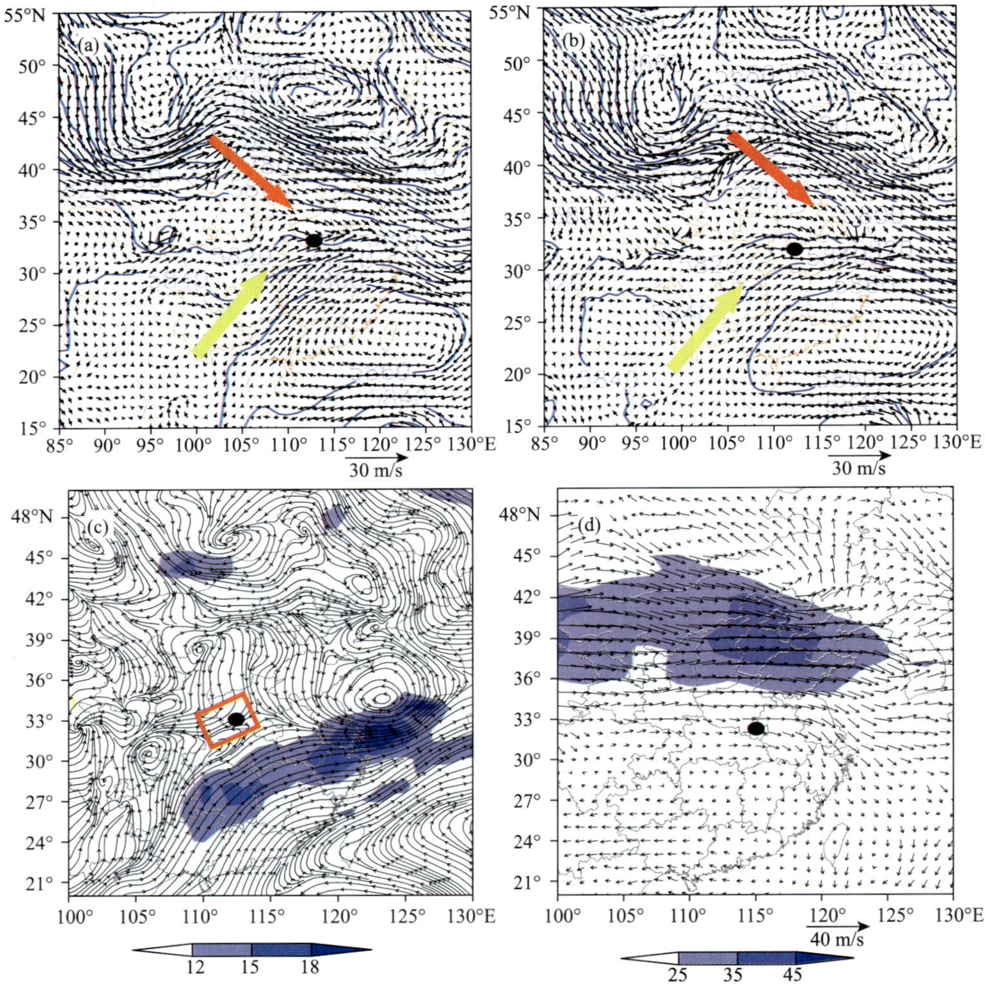

图 10.4　2008 年 6 月 21 日的天气形势场分布(实心圆表示对流系统的位置)

(a. 06:00 500 hPa 上高度场和风矢量场,西北红色箭头表示干冷空气,西南黄色箭头表示暖湿空气;b. 12:00 同图 10.4a 相同的物理量分布;c. 00:00 850 hPa 上流场和风速场(阴影, m/s),方框表示鞍型场的位置;d. 00:00 300 hPa 上风矢量场(箭头, m/s)和等风速场(阴影, m/s))

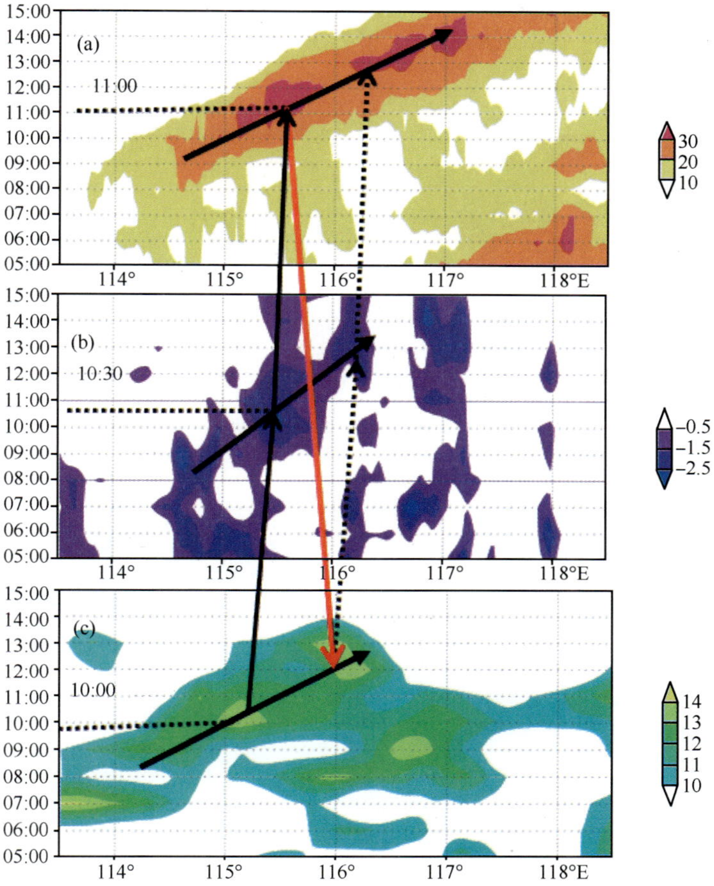

图 10.15　2008 年 6 月 21 日 05:00—15:00 850 hPa 上纬向平均的(a)雷达反射率(≥10 dBZ)、(b)水汽通量散度场≤-0.8×10^{-7} g/(s· hPa · cm^2)和(c)等风速场≥10 m/s 的经向分布演变

(等风速场是在 31°—31.5°N 平均,水汽通量散度和雷达反射率均是在 31.5°—32.5°N 之间平均)

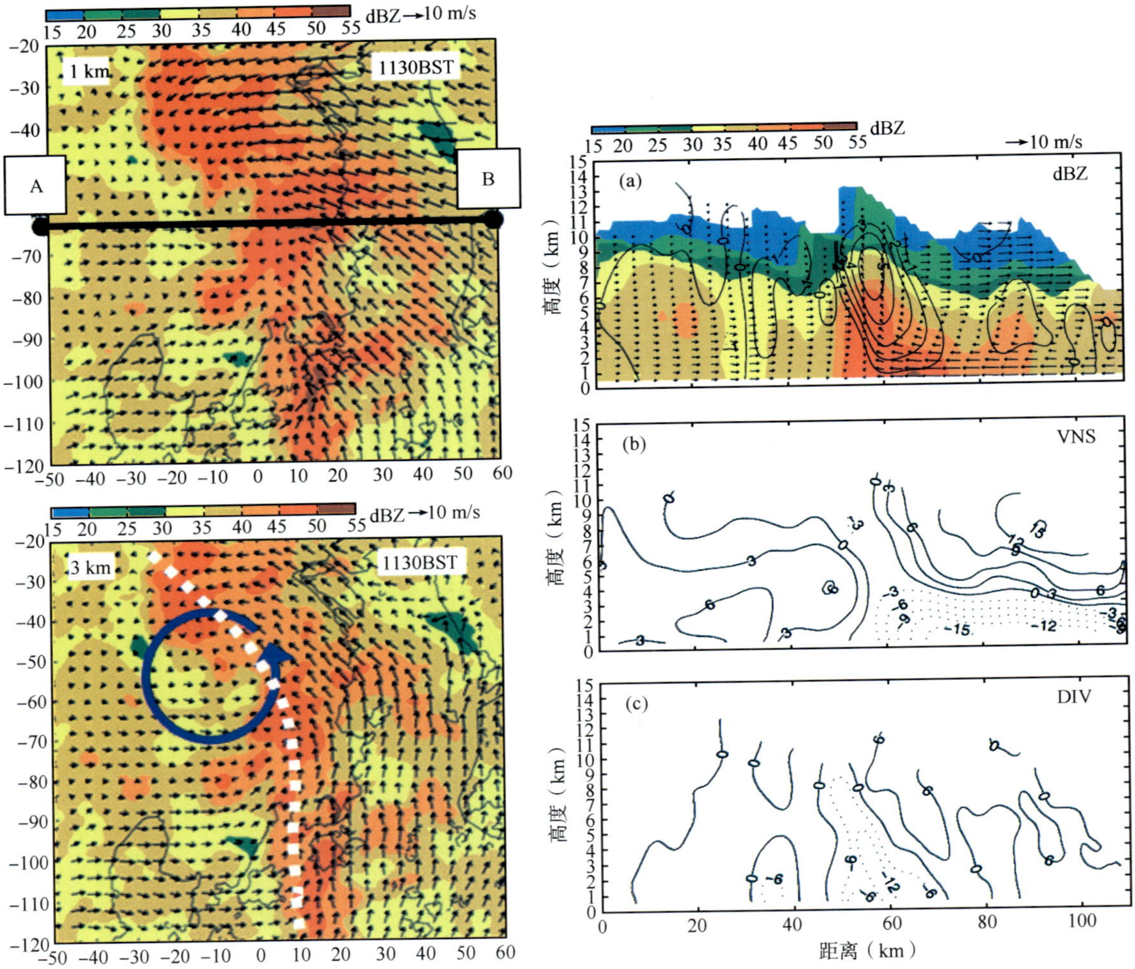

图 11.16　2008 年 6 月 6 日准线状对流系统三维结构概念图

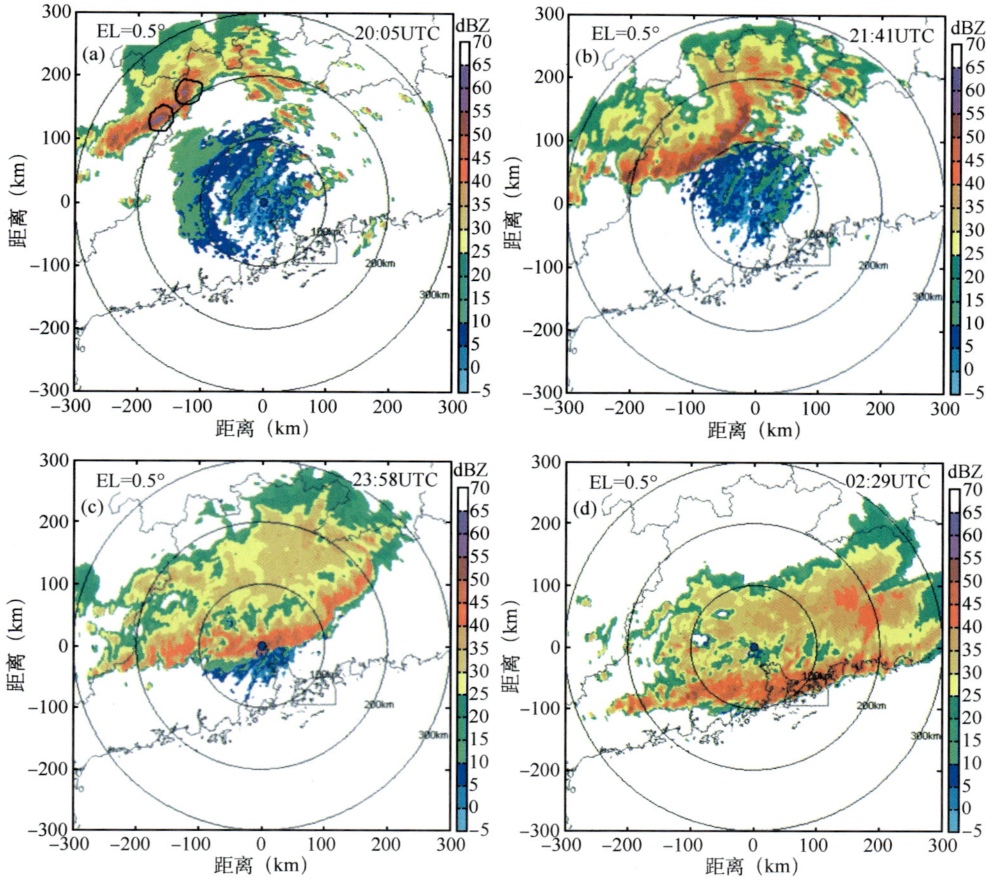

图 11.18　2007 年 4 月 23—24 日广州雷达组合反射率

（单位：dBZ；a. 23 日 20：05，b. 23 日 21：41，c. 23 日 23：58，d. 24 日 02：29）

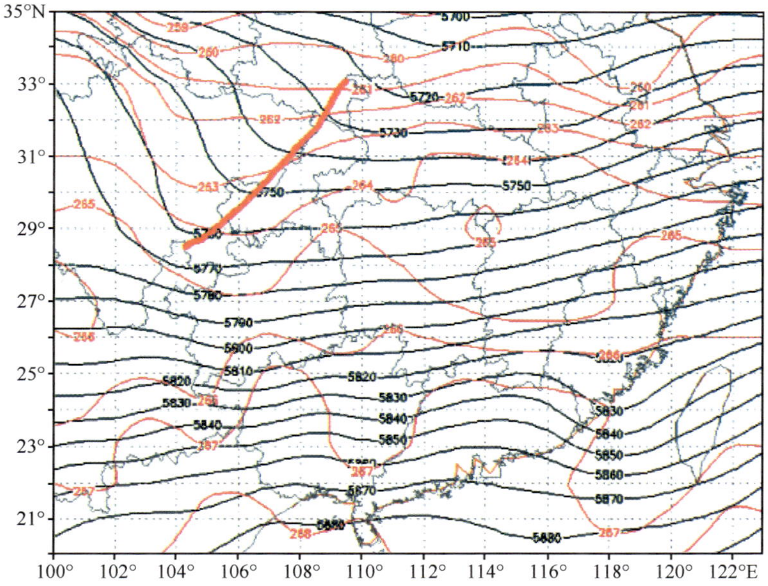

图 11.19　2007 年 4 月 23 日 12：00 500 hPa 天气形势

（黑色等值线：高度，m；红色等值线：温度，K）

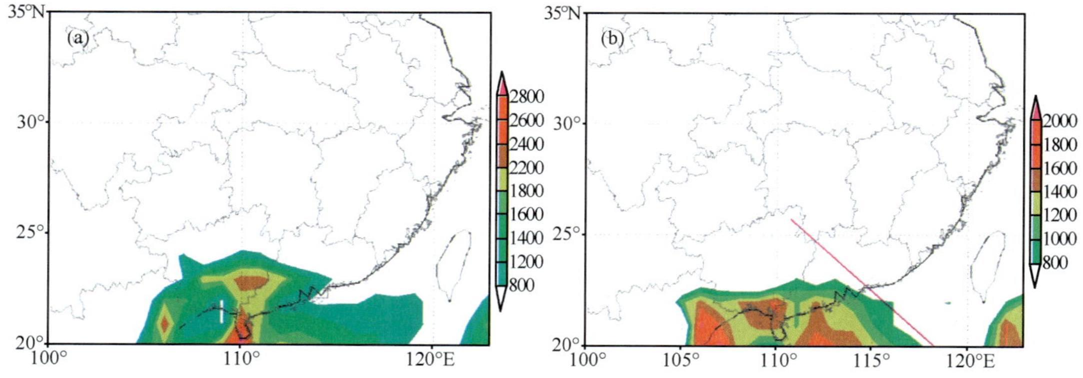

图 11.20　2007 年 4 月 23 日 12:00(a)和 24 日 00:00(b)的 CAPE 值分布(单位:J/kg)

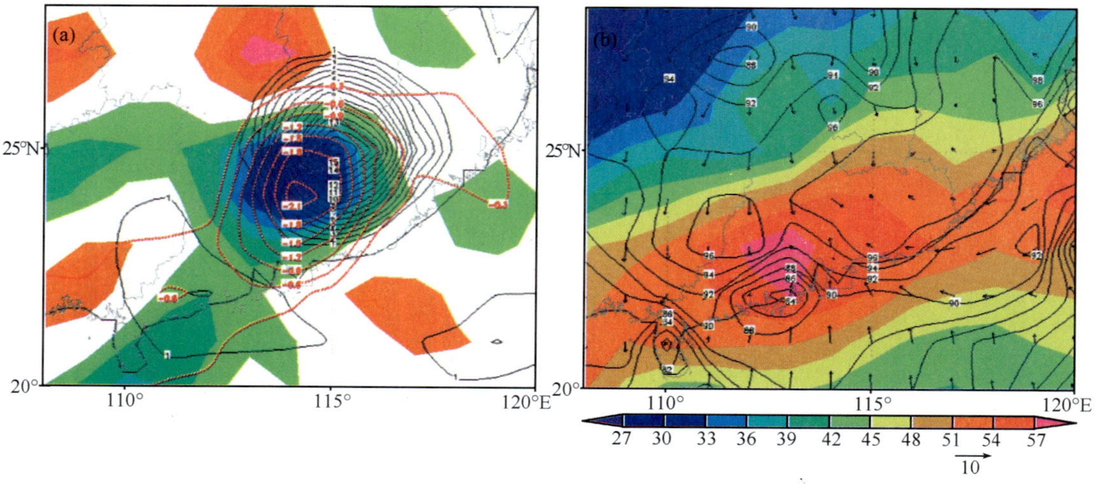

图 11.21　(a)2007 年 4 月 24 日 00:00 散度分布(阴影:850 hPa 层,黑色等值线:300 hPa 层,红色等值线:垂直速度,cm/s);(b)可降水量(阴影:可降水量,kg/m²;等值线:相对湿度,%;矢量:10 m 高风, m/s)

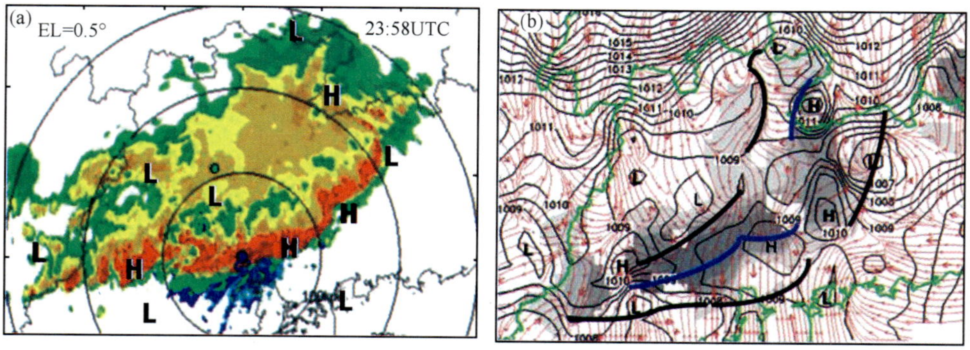

图 11.28　2007 年 4 月 24 日 00:00 中低压系统与雷达回波的相对位置分布(a)和时地面形势(b)(阴影:降水,mm;黑色等值线:气压, hPa;红色为 10 m 高风流线;黑色粗线为地面辐合线,蓝色粗线为地面辐散线)

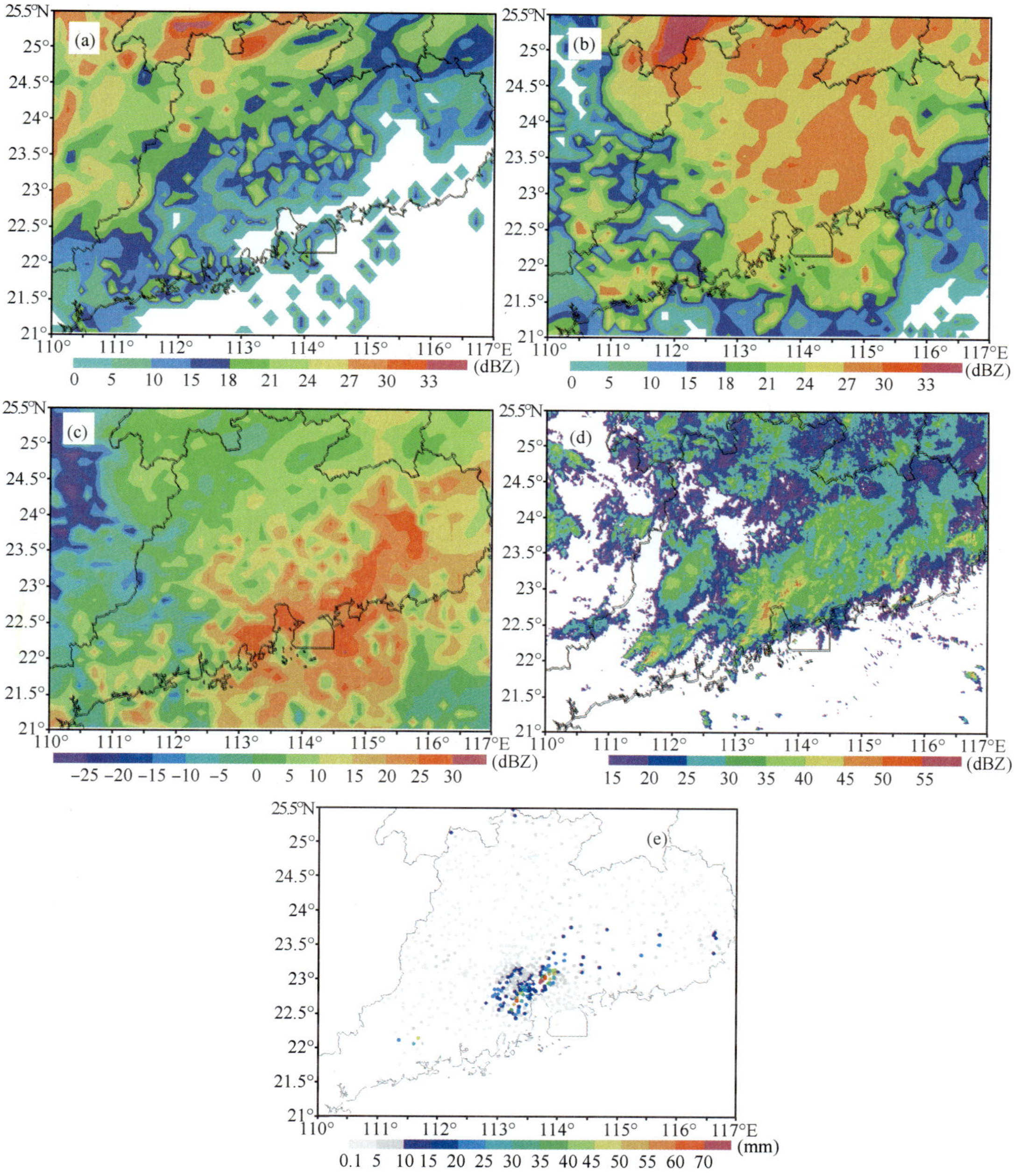

图 12.5　2008 年 6 月 12 日 23:00 UTC 的组合雷达反射率

(a)控制试验，(b)张弛逼近雷达云水雨水，(c)b 试验减 a 试验的反射率，(d)实况雷达反射率，(e)实况 1 h 降水

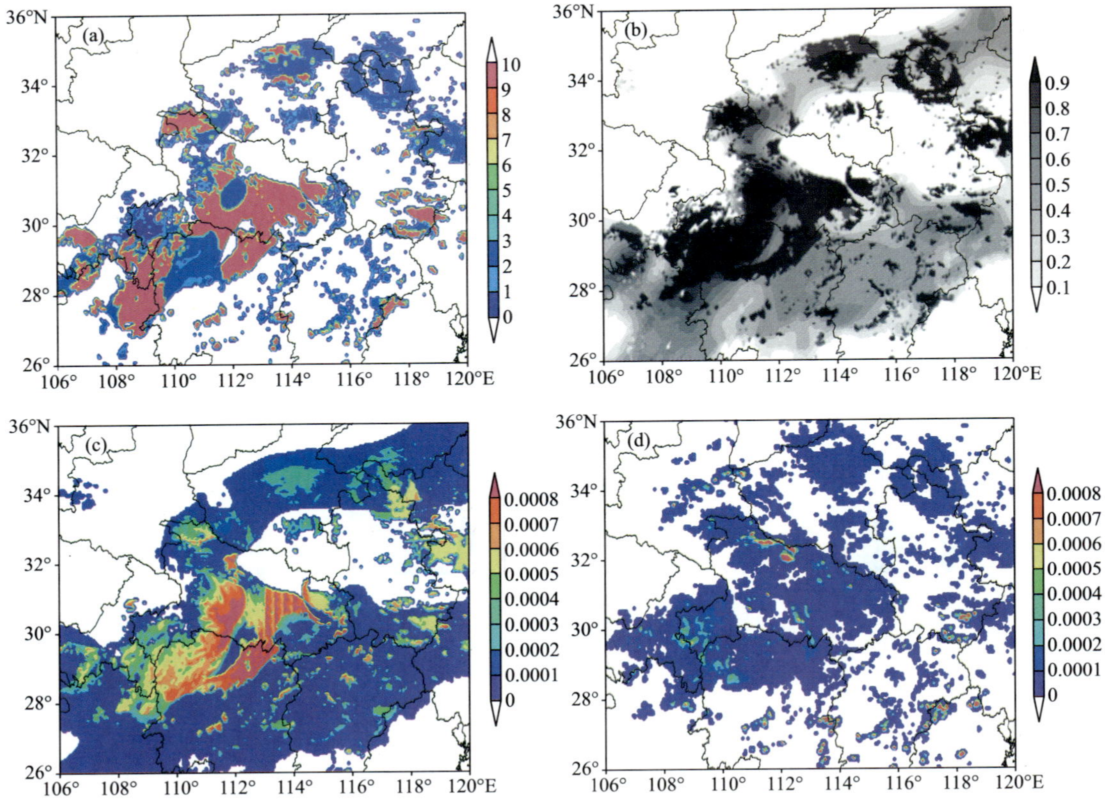

图 12.31　850 hPa 云类型，云量，云水含量，雨水含量的水平分布

a. 各颜色代表的云类型（黄：层积云或高积云；粉：密卷云；红：积雨云；淡蓝：卷层云；蓝：卷云；黑：层状云；灰：无云）

（a. 云类型 b. 云量 c. 云水（单位：kg/m^3）d. 雨（单位：kg/m^3））

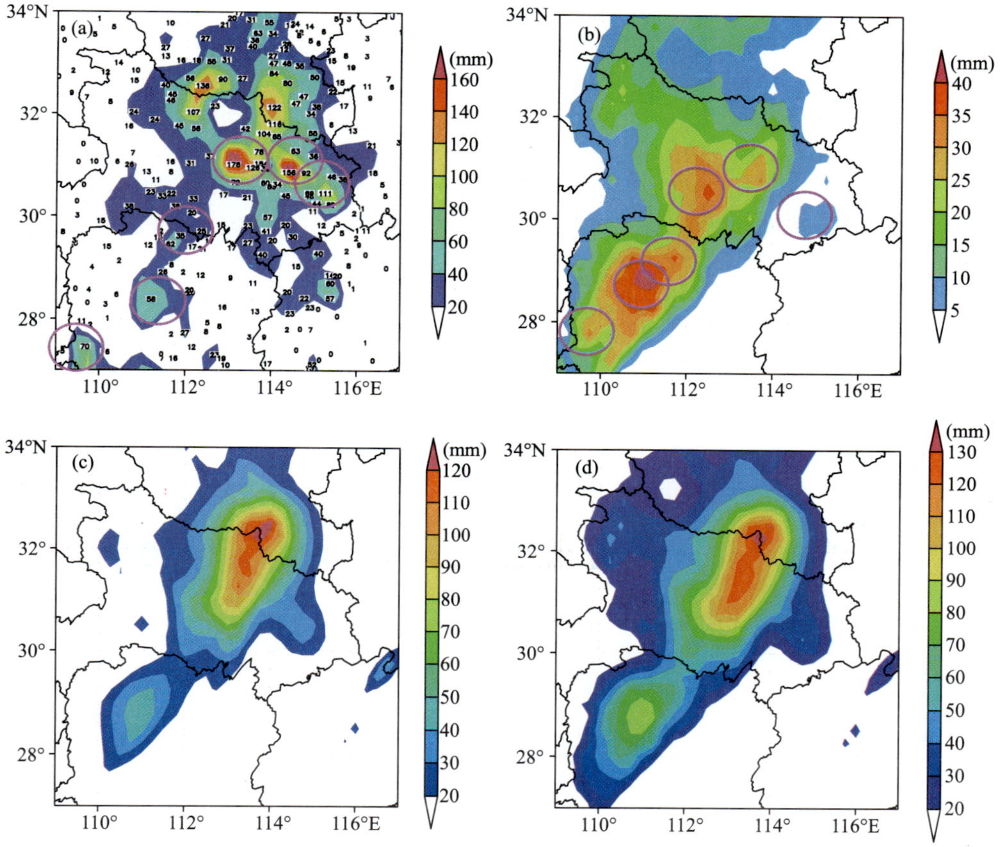

图 12.33　2007 年 7 月 13 日 08:00—14 日 08:00 降水量

（a. 实况，b. 冷、热预报差值场（热—冷），c. 冷启动，d. 热启动）

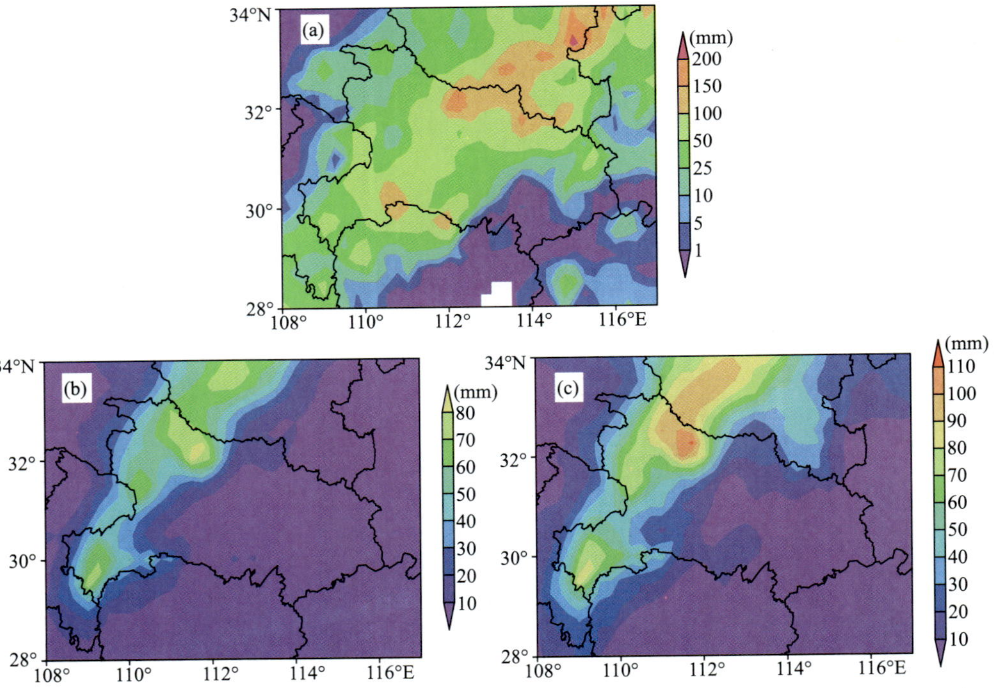

图 12.34　2008 年 7 月 22 日襄樊市 24 h 降水

（a. 实况降水（最大：181 mm），b. 冷启动（最大：85 mm），c. 热启动（最大：113 mm））

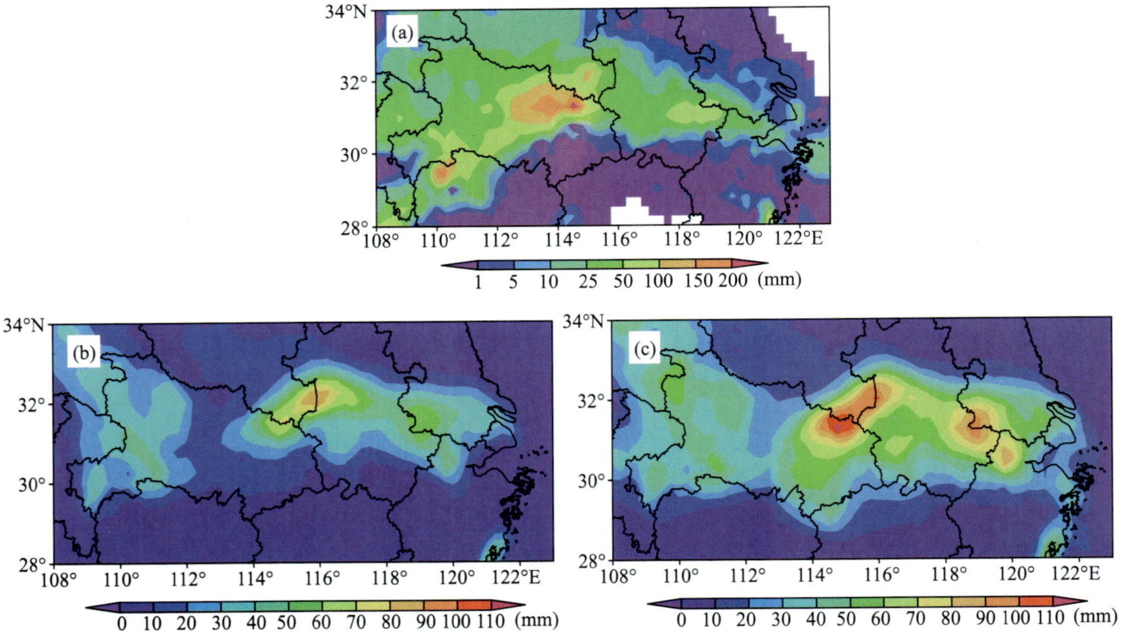

图 12.35　2008 年 8 月 29 日 08:00—30 日 08:00 江淮地区降水过程

（a. 实况降水，b. 冷启动，c. 热启动）

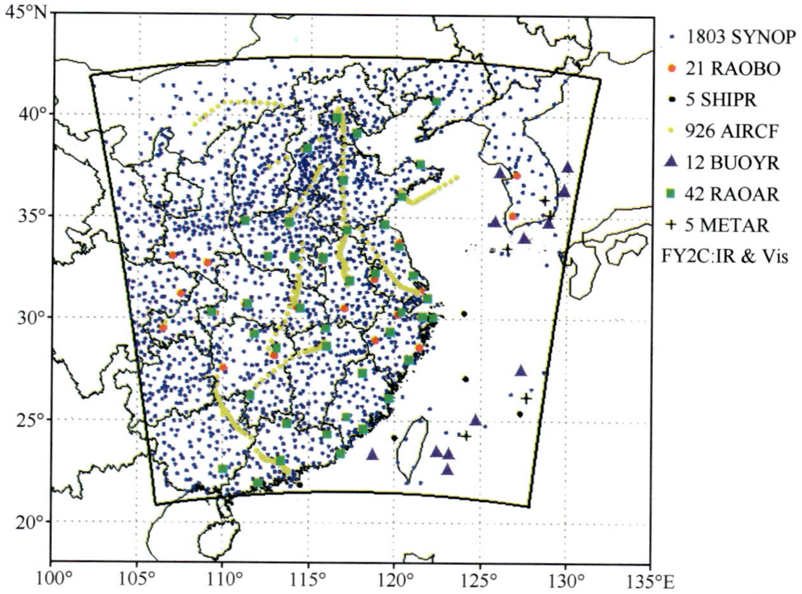

图 12.39　2009 年 6 月 28 日 14:00 在业务模式中应用的各类观测

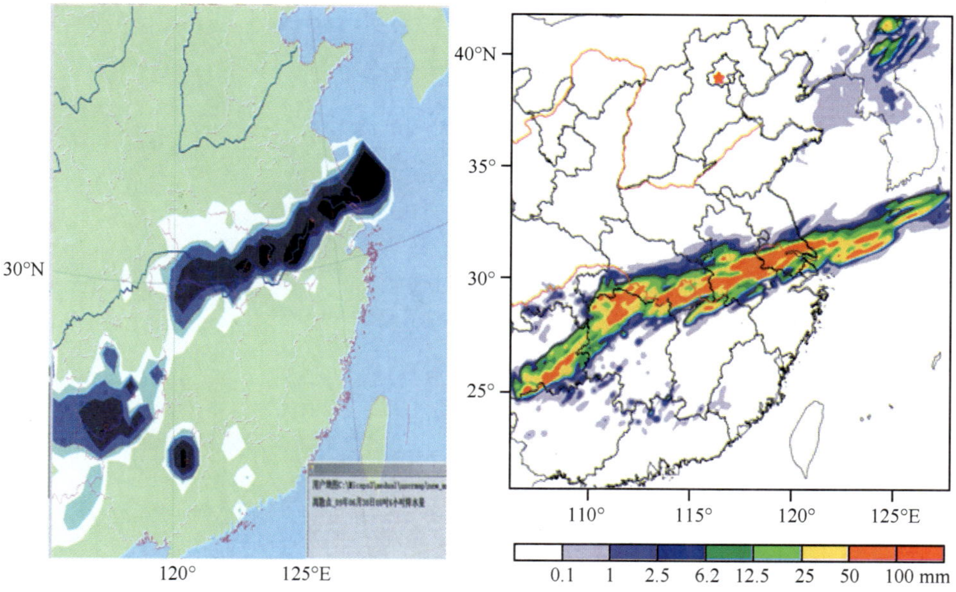

图 12.40　2009 年 6 月 29 日 20:00 起报 30 日 02:00—08:00 6 h 累积雨量

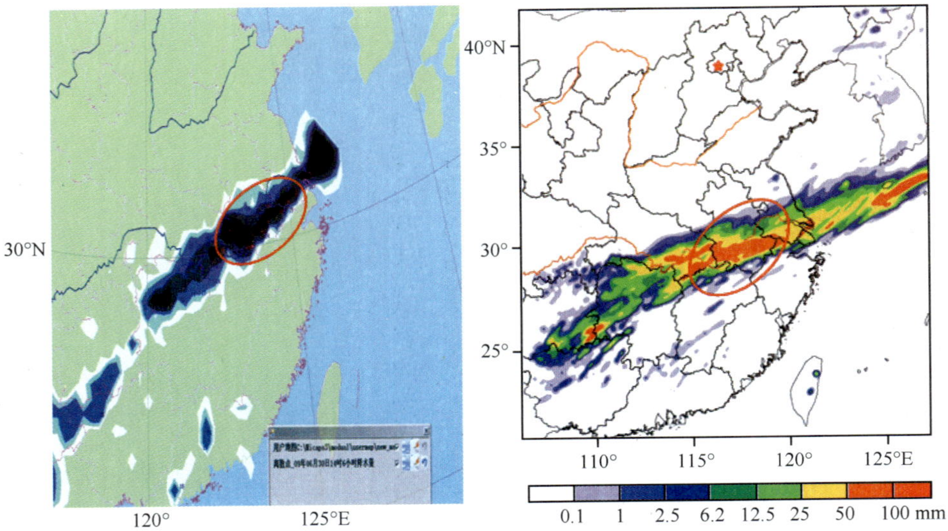

图 12.41　2009 年 6 月 29 日 20:00 起报 30 日 08:00—14:00 6 h 累积雨量

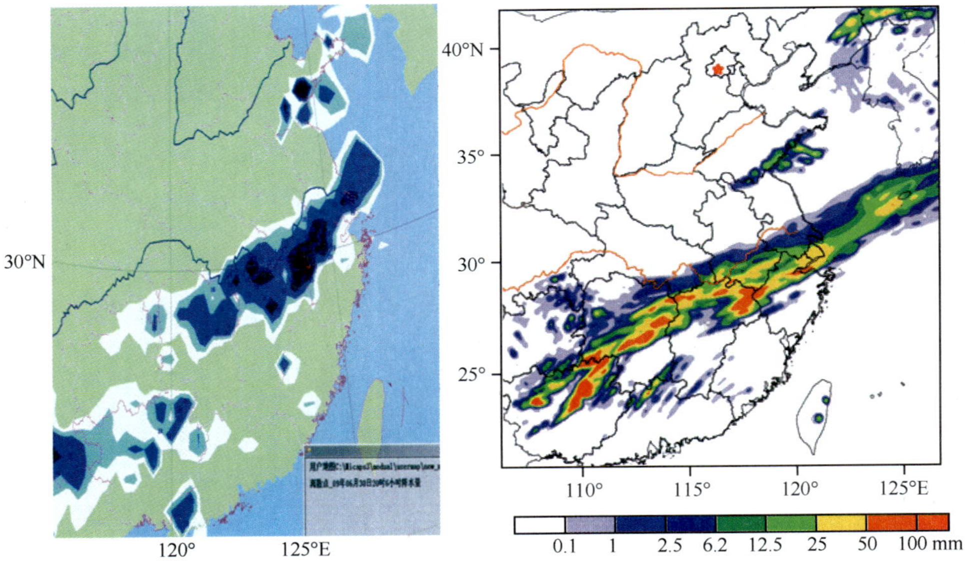

图 12.42　2009 年 6 月 29 日 20:00 起报 30 日 14:00—20:00 6 h 累积雨量